全国高等职业教育"十二五"规划教材

植物生长与环境

宋志伟 主编

中国农业出版社

北 京

内 容 简 介

　　本教材为高职高专植物生产类、园林类专业核心课程，主要阐述植物生长发育现象，植物生长的基本原理和过程，控制植物生长的水、肥、气、热、土等环境来调节植物的生长发育。本教材内容共 11 个项目：植物的生长环境、植物的基本构成、植物的生长物质、植物的物质代谢、植物的生长发育、植物生长的土壤环境、植物生长的温度环境、植物生长的光环境、植物生长的水分环境、植物生长的养分环境和植物生长的气候环境。本教材以项目导向、任务驱动为依据，按照项目—任务—活动进行编写，每一项目包括项目目标、项目内容、知识拓展、考证提示、师生互动等栏目，突出岗位职业技能，设置综合技能应用，教材内容按工作任务环节或流程进行编写，注重体现工学结合、校企合作教学需要。

　　本教材可作为植物生产类、园林类、林业类、生态环境类等专业高职高专与成人专科生的教材，亦可供相关专业的教师、农技推广人员、工程技术人员使用。

编审人员名单

主　　编　宋志伟

副 主 编　杨净云　李秀霞　李小为

编　　者（以姓名笔画为序）

王亚英　成文竞　朱宏爱

刘桂芳　李小为　李秀霞

李常英　杨净云　杨首乐

宋志伟　赵　晖　郭　媛

审　　稿　李振陆　张爱中　程道全

前　言

　　根据教育部《关于加强高职高专教育教材建设的若干意见》《关于全面提高高等职业教育教学质量的若干意见》《高等职业学校专业教学标准（农林牧渔大类）》等文件有关精神，借鉴高等职业教育近年来工学结合的实践性成果，充分吸收植物与植物生理、土壤肥料、农业气象等领域的新知识、新技术、新成果、新工艺，并围绕培养技能型、应用型人才目标，按照项目教材要求，由中国农业出版社组织编写了《植物生长与环境》教材。其特点主要有：

　　1. 根据学生认知规律和职业教育发展需要，为适应工学结合、项目教学需要，教材编写采取"项目—任务—活动"体例编写，共设置了11个项目、33个任务、87个活动。每一项目包括项目目标、任务内容、知识拓展、考证提示、师生互动等栏目，每一任务包括任务目标、背景知识、活动内容等栏目，每一活动包括活动目标、活动准备、相关知识、操作规程和质量要求、问题处理等体例，实现"理实一体、教学做一体"，使教材简练、实用，较传统该类教材有重大突破。

　　2. 教材编写体现了现代职业教育体系最新教学改革精神，突出"专业与产业、职业岗位对接，专业课程内容与职业标准对接，教学过程与生产过程对接，学历证书与职业资格证书对接，职业教育与终身教育学习对接"五个对接。每一活动的操作规程按照工作任务的环节或流程以表格任务单形式进行编写和训练，突出操作环节和质量要求，体现教学与职业岗位的"零距离对接"。

　　3. 教材编写突出知识与技能的融合性。以基础知识"必需"、基本理论"够用"、基本技术"会用"为原则，打破植物与植物生理、土壤肥料、农业气象等课程界限，按"阐述植物生长发育现象、植物生长的基本原理和过程，控制植物生长的环境，达到调节植物的生长发育"理念对课程内容进行有机融合。同时在实现教材技能优势的基础上，突出技能融合，设置若干个综合技能应用，使其与生产实践对接。

　　4. 教材编写中及时吸纳当前的新知识、新技术、新成果，使教材内容体现新颖性，并增加了实用性。较原来传统教材增加了"测土配方施肥技术及应用""设施条件下温度、光照、水分等环境的调控""植物生长调节剂的综合应用""植物营养液配制与缺素症观察"等新知识、新技术。

　　5. 教材编审人员体现多元性，邀请学校、推广机构、生产企业等单位的人员组成编审队伍，参加教材的编写和审稿，使教材内容更具有前瞻性、针对性和实用性，更体现生产实际需要，更具有企业个性和职业特色。

　　本教材由河南农业职业学院宋志伟主编。项目一、项目十由宋志伟编写，项目二由新疆农业职业技术学院李秀霞、河南农业职业学院杨首乐、甘肃农业职业技术学院赵晖编写，项目三由临汾职业技术学院刘桂芳编写，项目四由怀化职业技术学院朱宏爱编写，项目五由上海农林职业技术学院成文竞编写，项目六由黑龙江农业职业技术学院李小为编写，项目七、项目八由云南农业职业技术学院杨净云编写，项目九由潍坊职业学院李常英编写，项目十一由山西林业职业技术学院王亚英编写。全书由宋志伟统稿。全书光盘由宋志伟、刘桂芳、杨净云、晋中职业技术学院郭媛制作。本教材承蒙苏州农业职业技术学院李振陆教授、河南省土壤肥料站程道全推广研究员、河南中威高科技化工有限公司张爱中审稿。在编写过程中，得到中国农业出版社、河南农业职业学院、云南农业职业技术学院、新疆农业职业技术学院、黑龙江农业职业技术学院、甘肃农业职业技术学院、上海农林职业技术学院、潍坊职业学院、山西林业职业技术学院、怀化职业技术学院、临汾职业技术学院等单位的大力支持，在此一并表示感谢。

　　由于编者水平有限，加之编写时间仓促，错误和疏漏之处在所难免，恳请各学校师生批评指正，以便今后修改完善。对本教材有疑惑或修改建议者，可以联系主编，主编信箱：szw326135085@qq.com。

编　者
2014 年 6 月

目　　录

项目一

植物的生长环境

项目目标

　　了解植物的分类及多样性，认识植物生长周期性和相关性规律；了解植物生长的特点和作用，认识植物生长的自然环境条件和农业生产的农业增长要素。能进行植物生长大周期规律观察；能进行植物生长相关性调查及应用、当地植物生长的自然环境条件现状和当地农业增长要素调查。

任务一　认识植物生长发育

【任务目标】

● **知识目标**：了解植物的分类及多样性；熟悉植物生长、分化和发育的概念；认识植物生长周期性和相关性规律。

● **能力目标**：能进行植物生长大周期规律观察；能进行植物生长相关性调查及应用。

【背景知识】

植 物 的 生 长

　　地球上的生命诞生至今，经历了近 35 亿年漫长的发展和进化过程，形成了约 200 万种的现存生物，其中有 50 余万种属于植物。尽管植物种类繁多，但绝大多数植物仍然具有共同的基本特征：具有细胞壁；能进行光合作用；具有无限生长的特性，大多数植物从胚胎发生到成熟的过程中，能不断产生新的器官或新的组织结构；体细胞具有全能性，在适宜的条件下，一个体细胞经过生长和分化，即可成为一个完整的植物体。

　　1. 植物的分类及多样性　所有植物根据进化程度可划分为有根、茎、叶分化的高等植物和无根、茎、叶分化的低等植物两大类（图 1-1）。

　　植物具有多样性，主要表现在：一是在地球上分布的多样性。无论是高山、高原、丘陵、平原、大陆、荒漠、河海，还是在热带、亚热带、温带、寒带以至两极地带，都有不同种类的植物生长繁衍。二是形态结构的多样性。有的植物形体微小，由单细胞组成的简单生物体；有的由一定数量的细胞松散形成群体；有的形成多细胞植物体。三是营养方式的多样性。绝大多数植物为绿色植物或自养植物。此外还有一些寄生植物、腐生植物。非绿色植物中也有少数种类属于化学自养植物。四是植物生命周期的多样性。有的细菌仅存活 20～30min，即产生新个体。一年生和二年生的种子植物多为草本类型。多年生的种子植物有草本和木本两种类型，其中木本植物的树龄，有的可达数百年甚至数千年、数万年。

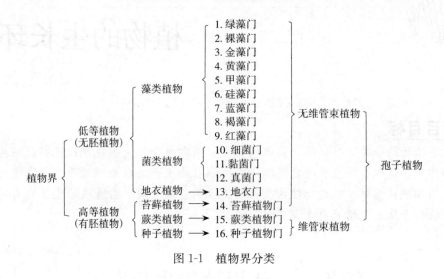

图 1-1　植物界分类

2. 植物的生长发育

（1）生长。在植物的生命周期中，植物的细胞、组织和器官的数目、体积或干重的不可逆增加过程称为生长。它是通过原生质的增加、细胞分裂和细胞体积的扩大来实现的，如根、茎、叶、花、果实和种子的体积扩大或干重的增加都是典型的生长现象。

通常将营养器官（根、茎、叶）的生长称为营养生长；生殖器官（花、果实、种子）的生长称为生殖生长。当植物的营养生长进行到一定程度后，就会进入生殖生长阶段。花芽开始分化（穗分化）是生殖生长开始的标志。在植物生长发育进程中，营养生长和生殖生长是两个不同阶段，但二者相互重叠，不能截然分开，它们之间往往有一个过渡时期，即营养生长和生殖生长并进期。

（2）分化。从一种同质的细胞类型转变成形态、结构和功能与原来不相同的异质细胞类型的过程称为分化。它可在细胞、组织、器官等不同水平上表现出来。如从生长点转变成叶原基、花原基；从形成层转变为输导组织、机械组织；保护组织等。

（3）发育。在植物生命周期中，植物的组织、器官或整体在形态结构和功能上有序变化的过程称为发育。如从叶原基的分化到长成一片成熟叶片的过程是叶的发育；从根原基的发生到形成完整根系的过程是根的发育；由茎端的分生组织形成花原基，再由花原基转变成花蕾以及花蕾长大开花，就是花的发育；受精的子房膨大、果实形成和成熟则是果实的发育。

生长、分化和发育之间关系密切，有时交叉或重叠在一起。生长是量变、是基础，分化是质变，而发育则是器官或整体有序的一系列的量变与质变。一般认为发育包含了生长和分化。

活动一　认识植物生长的周期性

1. 活动目标　了解植物生长大周期、昼夜周期和季节周期等，能够进行植物生长周期的基本观察方法。

2. 活动准备 准备发芽的绿豆种子 10 粒、培养箱、滤纸、毛笔、绘图墨水、直尺等。

3. 相关知识 植物生长的周期性是指植株或器官生长速率随昼夜或季节变化发生有规律变化的现象。植物生长的周期性主要包括生长大周期、昼夜周期、季节周期等。

（1）植物的生长大周期。在植物生命周期中，植物器官或整株植物的生长全过程称为生长大周期。如果以植物（或器官）的体积对生长时间作图，可得到植物的生长曲线。生长曲线表示植物在生命周期中的生长变化趋势。典型的有限生长曲线呈"S"形，表现出"慢—快—慢"的规律（图 1-2）。即在生长过程中，初期生长缓慢，以后逐渐加快，生长达到高峰后，开始逐渐减慢，以致生长完全停止。如果用干重、高度、表面积、细胞数或蛋白质含量等参数对时间作图，也可得到类似的生长曲线。

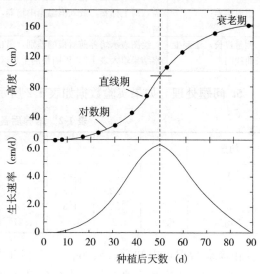

图 1-2 玉米生长曲线

在生产实践中，任何促进或抑制生长的措施都必须在生长速率达到最高以前采用，否则任何促控措施都将失去意义。农业生产上要求做到"不误农时"就是这个道理。如在果树、茶树育苗的时候，要使树苗生长健壮，必须在其生长前期加强肥水管理，使其早生快发，形成大量的枝叶，积累较多的光合产物，使树苗生长良好。

（2）植物生长的昼夜周期。在自然条件下，温度变化表现出日温较高、夜温较低的周期性。因此，植物的生长速率随昼夜温度变化而发生有规律变化的现象，称为植物生长的昼夜周期性或温度周期性。一般来说，在夏季，植物生长速率一般白天生长较慢，夜间生长较快；而在冬季，植物生长速率则白天生长较快，夜间生长较慢。

（3）植物生长的季节周期。是指植物生长在一年四季中随季节的变化而呈现一定的周期性规律。这是因为一年四季中，光照、温度、水分等因素发生有规律的变化。如温带树木的生长，随着季节的更替表现出明显的季节性；一般春季和初夏生长快，盛夏时节生长慢甚至停止生长，秋季生长速度又有所加快，冬季停止生长或进入休眠期。

4. 操作规程和质量要求 植物或其各器官的生长常只局限于某些区域，通过对植物生长区域的观察，可以加深对植物生长大周期这个植物生长基本规律的认识，可以用画线法来测定植物生长区域（表 1-1）。

表 1-1 植物生长大周期规律观察

工作环节	操作规程	质量要求
种子发芽	将准备发芽的种子置于培养皿中，加水覆盖，使其发芽	尽量选择大小一致、无损害的绿豆种子
选择发芽种子	选择根系生长较好的发芽种子 2 粒	发芽种子根长度为 1.5～2.0cm
根系画线	用滤纸将根上水分吸干，然后从根尖起，用绘图墨水画线 10 道，彼此间隔 1mm	画线时小心不要使幼根受伤

（续）

工作环节	操作规程	质量要求
恒温培养	待墨水干后，把种子放入铺有湿滤纸的培养皿中，盖上盖，写上标签，放入恒温箱中培养，1～2d后观察根的生长情况	温度一般控制在20～25℃
测量根长，绘制生长曲线图	绘图表示培养前后根的差别，量出各道线间的距离，将观察结果填入表1-2，说明根的生长区域在幼根的哪一部分	准确测量，认真绘图

5. 问题处理 如果实验数据如表1-2所示，则可根据平均值来进行判断。

表1-2 培养后各段根的长度（mm）

幼根	1	2	3	4	5	6	7	8	9	10
1	1	1.3	1.2	1.3	1.7	1.6	1.8	1.7	1.1	1.1
2	0.9	1.2	1.2	1.3	1.6	1.7	1.7	1.6	1.2	1.2
3	1	1.2	1.3	1.2	1.8	1.7	1.7	1.6	1.2	1.1
平均值	0.97	1.23	1.23	1.27	1.70	1.67	1.73	1.63	1.17	1.13

由实验数据可以知道，5、6、7、8段生长最快，故根据已有资料可以判定该段位伸长区，而2、3、4生长次之，估计为分生区，9、10段有明显的根毛，为根毛区，可以看到第一段没有生长，故为成熟区。

活动二 认识植物生长的相关性

1. 活动目标 了解植物地上部分与地下部分的相关性、主茎与侧枝的相关性和营养生长与生殖生长的相关性等，认识植物生长的相关性规律。

2. 活动准备 查阅当地种植的农作物、蔬菜、果树等作物种类，了解其生长相关性有关基本情况。

3. 相关知识 植物各部分之间相互联系、相互制约、协调发展的现象称为植物生长的相关性，主要有地上部分与地下部分的相关性、主茎与侧枝生长的相关性、营养生长与生殖生长的相关性等。

（1）地上部分与地下部分的相关性。植物的地上部分和地下部分处在不同的环境中，两者之间通过维管束的联络，存在着营养物质与信息物质的大量交换。通常所说的"根深叶茂""本固枝荣"就是指地上部分与地下部分的协调关系。一般地说，植物根系生长良好，其地上部分的枝叶也较茂盛；同样，植物地上部分生长良好，也会促进根系的生长。

对于地上部分与地下部分的相关性常用根冠比（R/T）来衡量。根冠比是指植物地下部分与地上部分干重或鲜重的比值，它能反映植物的生长状况，以及环境条件对地上部分与地下部分生长的不同影响。不同物种有不同的根冠比，同一物种在不同的生长发育期根冠比也有变化。多年生植物的根冠比还有明显的季节变化。

一是根和地上部分相互促进。根的生长有赖于叶子的同化物质，尤其是糖类的供给；而地上部分的生长，有赖于根所吸收的水分及矿物质营养的供给。在生产上，当幼苗移栽时，如果进行摘叶，或子叶受到损害，就会减少根的生长量，延迟缓苗。番茄采取晚打杈的办法，促进刚定植的幼苗扩大根系范围。

二是根和地上部分相互抑制。土壤水分不足，根系抑制地上部分生长；反之，土壤水分稍多，减少土壤通气而限制根系活动，地上部分水分供应充足，生长过旺。蹲苗的措施，主要是创造根系生长的有利条件，使地上部分的生长受到抑制。在生产上，果菜类蔬菜生长发育前期，应注意施用氮肥（发棵肥），土壤水分充足；后期氮肥减少，地上部分生长缓慢，并增施磷、钾肥（磷使糖分向根系运输，钾使淀粉积累），促进果实生长，提高产量与品质。

（2）主茎和侧枝的相关性。植物的主茎生长与侧枝生长有极密切的相关性，当主茎快速生长时，侧枝往往生长缓慢或不能萌发。这种主茎的顶芽生长而抑制侧芽生长的现象称为顶端优势。生产上对利用主蔓结果的瓜类、番茄、豆类等蔬菜，常摘除侧枝保持主茎生长的优势。对利用侧枝结果的甜瓜、瓠瓜等则需要抑制或打破顶端优势（摘心）达到提早结实的目的。

另外，主根与侧根的生长也有类似的相关现象，如主根切断后，能促使发生多数侧根，故生产上常采取育苗移栽的措施，使秧苗移栽后总根数增加，对定植后的成活，缓苗有一定的良好作用。

（3）营养生长与生殖生长的相关性。营养生长与生殖生长的关系主要表现为两方面：

一是依赖关系。生殖生长需要以营养生长为基础。花芽必须在一定的营养生长的基础上才分化。生殖器官生长所需的养料，大部分是由营养器官供应的，营养器官生长不好，生殖器官的发育自然也不会好。

二是对立关系。营养器官生长过旺，会影响到生殖器官的形成和发育；生殖生长抑制营养生长。一次开花植物开花后，营养生长基本结束；多次开花植物虽然营养生长和生殖生长并存，但在生殖生长期间，营养生长明显减弱。

4. 操作规程和质量要求　生产中植物生长存在着很多植物生长相关性，如何合理调节根冠比、顶端优势等，直接影响到植物产量和品质（表1-3）。

表1-3　植物生长相关性调查及应用

工作环节	操作规程	质量要求
地上部分与地下部分的相关性调查及应用	（1）调查当地农作物、果树、蔬菜等作物生长中地上部分与地下部分生长存在抑制的现象。以日光温室番茄生长为例。图1-3为不少菜农日光温室番茄生产中出现的情况。由于菜农在番茄定植后盲目追求肥水猛促，造成营养生长过旺，生殖生长受到了严重抑制；本该第一、二穗果坐住，第三穗花开的时期，却出现了惊人的空秧现象，损失巨大。图1-4为在果菜类生产中，结实数量的多少，直接影响着营养生长。如前期番茄留果过多，果实也会向根部争夺养分，而影响根系的生长，从而抑制茎、叶的生长，会导致植株卷叶，早衰。所以结实多的丰产田，更应注意肥水的供应 （2）根冠比的合理调控。生产中主要通过以下措施进行调控 一是土壤水分适宜。水稻栽培中的落干烤田以及旱田雨后的排水松土，由于能降低地下水位，增加土中含氧量而有利于根系生长，因而能提高根冠比 二是适宜光照。强光使根冠比增大；光照不足根冠比降低 三是矿质营养。不同营养元素或不同的营养水平，对根冠比的影响有所不同	（1）土壤水分不足根冠比增大，土壤水分过多根冠比减少 （2）在一定范围内，光照度提高则光合产物增多，对根与冠的生长都有利 （3）氮素缺少时根冠比增大；氮素充足根冠比降低。磷、钾肥通常能增加根冠比 （4）修剪和整枝刺激了侧芽和侧枝的生长，使大部分光合产物或贮藏物用于新梢生长，削弱了对根系的供应。另一方面，因地上部分减少，留下的叶与芽从根系得到的水分和矿质（特别是氮素）的供应相应地增加，因此地上部分生长要优于地下部分的生长

工作环节	操作规程	质量要求
地上部分与地下部分的相关性调查及应用	四是适宜温度。通常根部的活动与生长所需要的温度比地上部分低些，故在气温低的秋末至早春，植物地上部分的生长处于停滞期时，根系仍有生长，根冠比因而加大；但当气温升高，地上部分生长加快时，根冠比就下降 五是修剪与整枝。修剪与整枝去除了部分枝叶和芽，当时效应是增加了根冠比，其后效应是减少根冠比 六是中耕与移栽。中耕引起部分断根，降低了根冠比，并暂时抑制了地上部分的生长。苗木、蔬菜移栽时也有暂时伤根，以后又促进发根的类似情况 七是使用生长调节剂。三碘苯甲酸、整形素、矮壮素、缩节胺等生长抑制剂或生长延缓剂对茎的顶端或亚顶端分生组织的细胞分裂和伸长有抑制作用，使节间变短，可增大植物的根冠比。赤霉素、油菜素内酯等生长促进剂，能促进叶菜类如芹菜、菠菜、苋菜等茎、叶的生长，降低根冠比而提高产量	（5）中耕由于断根后地上部分对根系的供应相对增加，土壤又疏松通气，这样为根系生长创造了良好的条件，促进了侧根与新根的生长，因此，其后效应是增加根冠比 （6）在农业生产上，常通过肥水来调控根冠比，对甘薯、胡萝卜、马铃薯等这类以收获地下部分为主的作物，在生长前期应注意氮肥和水分的供应，以增加光合面积，多制造光合产物，中后期则要施用磷、钾肥，并适当控制氮素和水分的供应，以促进光合产物向地下部分的运输和积累
主茎和侧枝的相关性调查及应用	（1）调查当地农作物、果树、蔬菜等作物生长中哪些作物顶端优势明显，哪些作物顶端优势不明显。有些植物的顶端优势十分明显，如向日葵、玉米、高粱、黄麻等的顶端优势很强，一般不分枝；有些植物的顶端优势较为明显，如雪松、桧柏、水杉等越靠近顶端的侧枝生长受抑越强，从而形成宝塔形树冠；有些植物顶端优势不明显，如柳树以及灌木型植物等 （2）顶端优势的应用 一是生产上有时需要利用和保持顶端优势，如麻类、向日葵、烟草、玉米、高粱等作物以及用材树木 二是需消除顶端优势，如棉花打顶和整枝、瓜类摘蔓、果树修剪等；花卉打顶去蕾，可控制花的数量和大小；茶树栽培中弯下主枝可长出更多侧枝；绿篱修剪可促进侧芽生长，而形成密集灌丛状；苗木移栽时的伤根或断根，则可促进侧根生长 三是使用植物生长调节剂。使用三碘苯甲酸可抑制大豆顶端优势，促进腋芽成花，提高结荚率；比久（B_9）对多种果树有克服顶端优势、促进侧芽萌发的效果	（1）顶端优势强的作物，需控制其侧枝生长，而使主茎强壮，挺直 （2）有些作物需要消除顶端优势，促进侧芽发枝、分蘖成穗 （3）使用植物生长调节剂应注意浓度和使用时期
营养生长与生殖生长的相关性调查及应用	（1）调查当地农作物、果树、蔬菜等作物生长中营养生长与生殖生长的中不协调现象。如稻、麦若前期肥水过多，则引起茎、叶徒长，延缓幼穗分化，增加空瘪率，若后期肥水过多，则造成恋青迟熟，影响粒重；大豆、果树、棉花等，如枝叶徒长，往往不能正常开花结实，或者导致花、荚、果严重脱落。由于开花结果过多而影响营养生长的现象在生产上经常遇到，例如果树上的大、小年，又如某些种类的竹林在大量开花结实后会衰老死亡，这在肥水不足的条件下更为突出 （2）协调营养生长和生殖生长的关系。生产上积累了很多经验。例如，在果树生产中，适当疏花、疏果以使营养上收支平衡，并有积余，以便年年丰产，消除大小年。对于以营养器官为收获物的植物，如茶树、桑树、麻类及叶菜类，则可通过供应充足的水分，增施氮肥，摘除花芽等措施来促进营养器官的生长，而抑制生殖器官的生长	（1）生殖器官生长抑制营养器官生长的主要原因，可能是由于花、果是当时的生长中心，对营养物质的竞争力大的缘故 （2）加强肥水管理，既可防止营养器官的早衰；又不使营养器官生长过旺

图1-3 日光温室番茄旺长现象

图1-4 日光温室番茄留果过多早衰现象

5. 问题处理 以果菜类蔬菜为例调查植物生长的相关性，以"植物生长的相关性与蔬菜生产应用"为题写一篇1 000字左右的综述。

任务二 认识植物生长的环境条件

【任务目标】

● **知识目标**：了解环境、环境条件、生态因子、植物环境等知识；认识植物生产的特点和作用；熟悉植物生长的自然环境条件和农业生产的农业增长要素。

● **能力目标**：能进行当地植物生长的自然环境条件现状和当地农业增长要素调查。

【背景知识】

环境与环境条件

1. 环境

（1）环境的含义。对植物而言，其生存地点周围空间的一切因素，如气候、土壤、生物等就是植物的环境。构成环境的各个因素称为环境因子。环境因子不一定对植物都有作用，而对植物的生长、发育和分布产生直接或间接作用的环境因子常称为生态因子。对植物起直接作用的生态因子有光、温度、水、土壤、大气、生物等六大因子。

（2）环境的分类。环境是一个非常复杂的体系，目前尚未有统一的分类方法，依据不同的角度有不同的分类方法（表1-4）。

表1-4 环境的不同类型

分类依据	环境类型
环境主体	人类环境和生物环境
环境范围	体内环境、生境、区域环境、地球环境和宇宙环境

（续）

分类依据	环境类型
环境要素	自然环境（大气环境、水环境、土壤环境、生物环境、地质环境等） 社会环境（聚落环境、生产环境、交通环境、文化环境等）
植物对象	自然环境、半自然环境和人工环境

2. 植物环境

（1）自然环境。植物生长离不开所处的自然环境，根据其范围由大到小可分为宇宙环境、地球环境、区域环境、生境、小环境和体内环境（表 1-5）。

表 1-5　自然环境的类型

类型	内容
宇宙环境	包括地球在内的整个宇宙空间。到目前为止，宇宙空间内仅有地球存在生命
地球环境	是以生物圈为中心，包括与之相互作用、紧密联系的大气圈、水圈、岩石圈、土壤圈共 5 个圈层
区域环境	是指在地区不同区域，由于生物圈、大气圈、水圈、岩石圈、土壤圈等 5 大圈层不同的交叉组合所形成的不同环境。如海洋（沿岸带、半深海带、深海带和深渊带）和陆地（高山、高原、平原、丘陵、江河、湖泊等）
生境	又称为栖息地，是生物生活空间和其中全部生态因素的综合体
小环境	是指对生物有着直接影响的邻接环境，如接近植物个体表面的大气环境、植物根系接触的土壤环境等
体内环境	是指植物体各个组成部分如叶片、茎干、根系等的内部结构

（2）半自然环境。是指通过人工调控管理自然环境，使其更好地发挥其作用的环境，包括人工草地环境、人工林地环境、农田环境、人为开发管理的自然风景区、人工建造的园林生态环境等。

（3）人工环境。是指人类创建并受人类强烈干预的环境。如温室、大棚及各种无土栽培液、人工照射条件、温控条件、湿控条件等。

3. 环境条件　环境条件，又称为生态因子，是指环境中对生物的生长、发育、生殖、行为和分布等有直接或间接影响的环境要素。通常按其性质可分为气候、土壤、地理、生物、人类活动等条件或因子（表 1-6）。

表 1-6　环境条件的类型

类型	内容
气候	如光照、温度、湿度、降水、雷电等
土壤	如土壤的结构、组成、性质及土壤生物等
地理	如海洋、陆地、山川、沼泽、平原、高原、丘陵等，海拔、坡向、坡度、经度、纬度等
生物	动物、植物、微生物对环境及它们之间的影响
人类活动	人类活动对生物的影响、对环境的影响等

4. 植物生产　植物生产是以植物为对象，以自然环境条件为基础，以人工调控植物生长为手段，以社会经济效益为目标的社会性产业。

（1）植物生产的特点。植物生产以土地为基本生产资料，受自然条件的影响较大，生产的周期较长，与其他社会物质生产相比，具有以下特点：

①系统的复杂性。植物生产是一个有序列、有结构的复杂系统，受自然和人为等多种因素的影响和制约。它是由各个环节（子系统）所组成，既是一个大的复杂系统，又是一个统一的整体。

②技术的实用性。植物生产主要研究解决植物生产中的实际问题，所研究形成的技术必须具有适用性和可操作性，力争做到简便易行，省时省工，经济安全。

③生产的连续性。植物生产的每个周期内，各个环节之间相互联系，互不分离；前者是后者的基础，后者是前者的延续，是一个长期的周年性社会产业。

④植物生长的规律性。植物生长发育过程形成了显著的季节性、有序性和周期性。

⑤明显的季节性。植物生产是依赖于大自然的生产周期较长的社会产业。而一年四季的光、热、水等自然资源的状况是不同的，所以植物生产不可避免地受到季节的强烈影响。

⑥严格的地域性。地区不同，其纬度、地形、地貌、气候、土壤、水利等自然条件不同，其社会经济、生产条件、技术水平等也有差异，从而构成了植物生产的地域性。

（2）植物生产的作用。植物生产的作用主要表现在以下几个方面：

①人民生活资料的重要来源。人们生活所消费的粮食、水果、蔬菜几乎全部由植物生产提供。目前，我国服装原料的80%来自植物生产，合成纤维仅占20%左右。随着人类生活水平的提高，资源可持续利用和环保安全意识的加强，人们将会越来越喜欢可以再生的、经济的植物纤维。

②工业原料的重要来源。目前，我国约40%的工业原料、70%的轻工业原料来源于农业生产。随着我国工业的发展和人民消费结构的变化，以农产品为原料的工业产值在工业产值中的比重会有所下降，但有些轻工业，如制糖、卷烟、造纸、食品等的原料只能来源于农业，且主要来自植物生产。

③出口创汇的重要物质。目前，我国工业与世界先进水平还有相当大的差距，在世界市场上的竞争力还较弱，而农副产品及其加工产品在国家总出口额中占有较大的比例，是出口物资的重要来源之一。

④农业的基础产业。农业是由种植业、畜牧业、林业和渔业组成。畜牧业和渔业的发展很大程度上依赖于种植业即植物生产的发展。在我国，种植业占比例最大，是农业的基础，具有举足轻重的地位和作用。

⑤农业现代化的组成部分。实现农业现代化是我国社会主义现代化的重要内容和标志，是体现一个国家社会经济发展水平和综合国力的重要指标。植物生产是农业的基础，没有现代化的植物生产，就没有现代化的农业和现代化的农村。

在自然界，植物的生长发育依靠纯自然的生活要素，即生态因子；而在农业界，植物的生长发育既依靠植物生活要素又依靠农业增长要素，两者缺一不可。

活动一　植物生长的自然环境条件调查

1. 活动目标　了解生物、光、热、水、空气、养分、土壤等自然环境条件对植物生长的影响，并能熟悉当地植物生长的自然环境条件。

2. 活动准备　将全班按2人一组分为若干组，通过网络查询、期刊查询、图书借阅等途径，了解当地某村的土壤、养分、生物、光、热、水、空气等资源的基本情况。

3. 相关知识　植物生长的自然要素指的是直接决定植物生长发育的要素，缺少其中一个，植物就不能生存，其组成有 7 个：生物、光、热、水分、空气、养分、土壤。

（1）生物。生物包括植物、动物和微生物。动物对植物生长既有利又有害，有些动物对植物生长具有破坏作用，如践踏、吃食、危害植物等，造成植物减产甚至绝收；而有些动物对植物生长具有益处，可消灭害虫、松动土壤等促进植物生长。微生物可通过促进团粒结构形成、影响土壤养分转化、提高土壤有机质含量、生物固氮、降解毒性等改善植物生长的土壤条件而促进植物生长发育。植物一方面是农业生产与经营活动的主体，是农业要素的本体；另一方面杂草影响农作物、果树、蔬菜、园林植物的正常生长。

（2）光。光是绿色植物进行光合作用不可缺少的能量来源。只有在光照条件下，植物才能正常生长、开花和结实；同时光也影响植物的形态建成和地理分布。植物开花与光照时间长短有关，这种不同长短的昼夜交替对植物开花结实的影响称为光周期现象。植物开花要求一定的日照长度，这种特征与其在原产地生长季节的日照长度有关。短日照植物均起源于低纬度地区；长日照植物则起源于高纬度地区；在中纬度地区，各种光周期类型的植物均可生长，只是开花季节不同而已。

（3）热。热量是指因温度差别而转移的能量，一般用温度表示。温度不仅影响植物的生长发育，也影响植物的分布和数量。主要体现在积温、极端温度、最适温度和节律性变温上。植物的生长发育与有效积温有极大的关系。当植物正常发育所需的有效积温不能满足时，它们就不能发育成熟，甚至导致植物的死亡。超过极端温度植物就会死亡，包括最高温度和最低温度。不同植物所能忍受的高温、低温的极限是不同的。每种植物都有自己生长的最适宜温度。在适宜温度条件下植物生长发育较为迅速、生命力较强。一年内有四季温度变化，一天内昼夜温度也不一样，自然界中这种有规律性的温度变化称为节律性变温。各种植物长期适应这种节律性变温而能协调地生活着。例如在温带地区，大多数植物春季发芽、生长，夏季抽穗开花，秋季果实成熟，秋末低温条件下落叶，随后进入休眠期。这种发芽、生长、开花、结实、成熟、休眠等植物生长发育的时期称为物候期。作物的物候期同耕作管理有密切关系。

（4）水分。植物的生长发育只有在一定的细胞水分状况下才能进行，细胞的分裂和增大都受水分亏缺的抑制，因为细胞主要靠吸收水分来增加体积。水对植物的生态作用是通过不同形态、数量和持续时间三个方面的变化而起作用的。不同形态是指固、液、气三态；数量是指降水特征量（降水量、强度和变率等）和大气温度高低；持续时间是指降水、干旱、淹水等的持续日数。水的形态、数量和持续时间三方面的变化都能对植物的生长发育产生重要的生态作用，进而影响植物的产量和品质。降水量或降水特征既影响植物生长发育、产量品质而起直接作用，又引起光、热、土壤等生态因子的变化而产生间接作用。空气湿度，特别是空气相对湿度对植物的生长发育有重要作用。如空气相对湿度降低时，使蒸腾作用增强，甚至可引起气孔关闭，降低光合效率。如植物根不能从土壤中吸收足够水分来补偿蒸腾损失，则会引起植物凋萎。如在植物花期，则会使柱头干燥，不利于花粉发芽，影响授粉受精。相反，如湿度过大，则不利于传粉，使花粉很快失去活力。空气相对湿度还影响植物的呼吸作用。湿度愈大，呼吸作用愈强，对植物正常生长发育不利。此外，如空气湿度大，有利于真菌、细菌的繁殖，常引起病害的发生而间接影响植物生长发育。

（5）空气。空气中某些成分量的变化（如二氧化碳和氧等浓度的增减）和质的改变（如有毒气体、挥发性物质的增多和水气的增减等）都能直接影响植物的生长发育。

大气、土壤、空气和水中的氧气是植物地上部分和根系进行呼吸不可少的成分。空气中氧是植物的光合作用过程中释放的，是植物呼吸和代谢必不可少的。植物呼吸时吸收氧气，放出二氧化碳，把复杂的有机物分解，最后成为二氧化碳，同时释放贮藏的能量，以满足植物生命活动的需要。氧在植物环境中还参与土壤母质、土壤、水所发生的各种氧化反应，从而影响植物。大气含氧量相当稳定，植物的地上部分通常无缺氧之虑，但土壤在过分板结或含水太多时，常因不能供应足够的氧气，成为种子、根系和土壤微生物代谢作用的限制因子。如土壤缺氧，将影响微生物活动，妨碍植物根系对水分和养分的吸收，根系无法深入土中生长，甚至坏死。豆科植物根系入土深而具根瘤，对下层土壤通气不良缺氧更为敏感。土壤长期缺氧还会形成一些有毒物质，从而影响植物的生长发育。

二氧化碳是植物光合作用最主要的原料，它对光合作用速率有较大影响。大气中二氧化碳含量对植物光合作用是不充分的，特别是高产田更感不足，已成为增产的主要矛盾。研究发现，当太阳辐射强度是全太阳辐射强度的 30% 时，大气中二氧化碳的平均浓度，对植物光合作用强度的提高已成为限制因子。因此，人为提高空气中二氧化碳浓度，常能显著促进植物的生长。在通气不良的土壤中，因根部呼吸引起的二氧化碳大量积聚，不利于根系生长。

（6）土壤。土壤在植物生长和农业生产中有着不可替代的作用：一是营养库作用。植物需要的氮、磷、钾及中量、微量元素主要来自土壤。二是养分转化和循环作用。地球表层系统中，通过土壤养分元素的复杂转化过程，实现着营养元素与生物之间的循环周转，保持了生物生命周期生长与繁衍。三是雨水涵养作用。土壤是地球陆地表面具有生物活性和多孔结构的介质，具有很强的吸水和持水能力，可接纳或截留雨水。四是生物的支撑作用。绿色植物通过根系在土壤中伸展和穿插，获得土壤的机械支撑，稳定地站立于大自然之中；土壤中还拥有种类繁多、数量巨大的生物群。五是稳定和缓冲环境变化的作用。土壤处于大气圈、水圈、岩石圈及生物圈的交界面，这种特殊的空间位置，使得土壤具有抗外界温度、湿度、酸碱性、氧化还原性变化的缓冲能力；对进入土壤的污染物能通过土壤生物的代谢、降解、转化、消除或降低毒性，起着"过滤器"和"净化器"的作用。

（7）养分。养分是指植物生长发育所必需的化学营养元素，主要有大量元素（碳、氢、氧、氮、磷、钾、硫、钙、镁）和微量元素（铁、锰、锌、铜、钼、硼、氯）。土壤中的养分数量有限，不能完全满足植物生长需要，要想达到高产优质的目的，必须施入人工养分，即肥料。

肥料是植物的粮食，是土壤养分的主要来源，是重要的农业生产物资，在植物生产中起着重要作用：改良土壤，提高土壤肥力；肥料不仅可以促进植物整株生长，也可促进植株某一部位生长；据联合国粮农组织统计表明，肥料在提高植物产量方面的贡献额为 40%～60%；肥料还在改善植物的商业品质、营养品质和观赏品质等方面有着重要意义。

4. 操作规程和质量要求　在查阅资料的基础上，进一步通过走访群众、农业生产部门技术人员等，完成表 1-7 内容。

表 1-7 某村植物生产自然要素基本情况

自然要素	基本情况	生产优势	存在问题
土壤			
养分			
生物			
光			
热			
水分			
空气			

5. 问题处理　请用不少于 800 字写出你所了解的某村植物生产的自然要素基本情况，并在教师的组织下与同学们交流。

活动二　农业生产的农业增长要素调查

1. 活动目标　了解土地、劳动力、资本、科学技术、管理等农业增长要素对植物生长的影响，并能熟悉当地农业增长要素概况。

2. 活动准备　将全班按 2 人一组分为若干组，通过网络查询、期刊查询、图书借阅等途径，了解当地某村的土地、劳动力、资本、科学技术和管理等农业增长要素的基本情况。

3. 相关知识　农业增长要素是指促进农业生产力不断增长的要素，包括土地、劳动力、资本、科技、管理等 5 项。它们可以改善、组装、优化并发挥植物生活要素的作用；可以促使农业全面持续增产增收、提高生产力与经济效益。它们的特点是可塑性大、活跃性强。

（1）土地。"土地是财富之母"，土地是人类生息、发展和进行生产活动所不可缺少的物质基础，也是植物生长发育及农业生产难易替代的平台。作为农业增长要素，具有三个特点：一是土地数量的有限性，人类不能制造土地。二是土地空间位置的固定性，不能移动，不能置换。这一特点要求植物生产必须因地制宜、扬长避短。三是土地生产的可持续性。只要合理使用和养育，就会成为永久性的生产资料。

（2）劳动力。劳动力是对农业生产起决定性作用的要素，没有它的参与，其他要素就无法形成社会生产力。它的主要作用有：第一，植物生产过程体现为通过劳动把自然和人工要素转化为人们可以直接利用的产品，在这过程中，劳动力是主导力量和能量要素，决定其生产效率的高低。第二，劳动力要素是其他农业要素的使用者、创新者和发展者。第三，劳动力是植物生产系统结构与功能的调节者，决定了系统的生产力、经济力与生态力。第四，农村劳动力不仅是植物生产的主力军，而且是工业等其他国民经济部门的劳动力后备军。

（3）资本。资本的出现是人类在改造自然方面的重大进步，在农业现代化过程中具有不可替代的重要作用。资本是人工的物质性要素，是促进农业发展的最活跃的现代要素。在经济不发达地区，资本属于稀缺要素，增加资本投入是提高植物生产效率、促进农村发展、农民脱贫致富的关键。

（4）科学技术。"科学技术是第一生产力。"科学技术可以改善各种农业要素的质量与能力，如改良生产工具、改善农业装备水平、变革生产工艺、提高劳动者素质等；科学技术可以扩大劳动对象的种类和范围，通过新技术使原来不能利用的资源可以被人们利用、使原来的未知领域变为可知领域（如基因工程等）；科学技术还可以改造传统产业、产品、农作制度，促使农业现代化、商品化。

（5）管理。管理涉及土地所有制、农业组织形式、规模、经营、流通、市场、专业化、劳动力管理、农业政策法律等方面。农业生产管理的主体是农户、企业，或者是政府、社团和集体。管理能够充分发挥农业各种要素的作用，以提高生产力；农业主体将生产与经营联系起来，以提高生产效率并增加经济效益；通过宏观管理可以将众多的生产主体联系起来，以协调、改善、提高总体的生产力与经济力，促进农业现代化与可持续发展。

4. 操作规程和质量要求　在查阅资料的基础上，进一步通过走访群众、农业生产部门技术人员等，选择一个以农作物种植为主的自然村和一个以种植蔬菜为主的自然村，在教师指导下，完成表 1-8 内容。

表 1-8　农作物种植为主村和蔬菜种植为主村的农业增长要素

自然村	人口 (人)	劳动力 (人)	土地面积 (hm²)	耕地面积 (hm²)	灌溉面积 (hm²)	每公顷耕地动力 (kW)	每公顷化肥 (kg)	每公顷资金 (元)	每公顷产量 (kg)
农作物种植为主村									
蔬菜种植为主村									
政策	落实的农业政策有：								
科技	推广的农业先进技术有：								

5. 问题处理　请用不少于 800 字写出你所了解的两个村的农业增长要素基本情况，并在教师的组织下与同学们交流。

 **知识拓展**

如果想了解更多的知识，可以通过下面渠道进行学习：

1. 阅读杂志：

（1）《植物》

（2）《中国土壤与肥料》

（3）《中国农业气象》

（4）《农村经济》

2. 浏览网站：

（1）中国公众科技网 http：//database. cpst. net. cn/

（2）中国肥料信息网 http：//www. natesc. gov. cn/

（3）中国气象台 http：//www. nmc. gov. cn/

（4）中国农业经济信息网 http：//www. cnagrinet. com. cn/

3. 通过本校图书馆借阅有关土壤肥料、农业气象、农业经济方面的书籍。

考证提示

获得农艺工、农作物种子繁育员、农作物植保员、蔬菜园艺工、花卉园艺工、果树园艺工、农业试验工、林木种苗工、绿化工、草坪建植工、中药材种植员、牧草工等中级资格证书，须具备以下知识和能力：

1. 植物生长周期性和相关性规律。
2. 植物生长的自然环境条件和农业生产的农业增长要素。
3. 植物生长相关性的生产应用。
4. 当地植物生长的自然环境条件和当地农业增长要素。

师生互动

1. 在教师指导下，利用业余时间进行调查，完成表1-9内容。

表1-9　植物生长发育规律的应用

植物生长规律	生产应用举例	应用范围
植物生长大周期		
昼夜周期		
季节周期		
地上部分与根相关性		
主茎与侧枝相关性		
营养生长与生殖生长相关性		

2. 在教师指导下，利用业余时间进行调查，写一篇当地某乡或县植物生长的自然环境条件和农业增长要素现状综述。

项目二

植物的基本构成

 项目目标

认识植物细胞的基本结构；了解植物细胞的繁殖；熟悉植物分生组织和成熟组织；熟悉植物根、茎、叶等营养器官的功能、形态与基本结构；熟悉植物花、果实和种子的类型、结构与发育。能熟悉显微镜构造、使用与保养；能制作徒手切片，并进行生物绘图；能观察植物细胞基本结构；能观察植物细胞繁殖；能观察植物组织的类型及基本结构；能够观察植物根、茎及叶的形态与基本结构；能够识别植物花的形态与结构；识别常见果实的形态和种子的形态。能够进行植物标本的采集与制作；能识别当地常见的种子植物。

任务一 认识植物的细胞

【任务目标】

● **知识目标**：了解植物细胞基本知识；认识植物细胞的基本结构；熟悉植物细胞的 3 种繁殖方式的特点与区别。

● **能力目标**：能熟悉显微镜构造、使用与保养；能制作徒手切片，并进行生物绘图；能观察植物细胞基本结构；能观察植物细胞繁殖。

【背景知识】

植 物 细 胞 概 述

自然界的生物有机体，除了病毒和类病毒外，都是由细胞构成的。植物的生长、发育和繁殖都是细胞不断地进行生命运动的结果。细胞是植物体结构和执行功能的基本单位。1665 年英国科学家胡克发现了细胞。1838—1839 年，德国人施莱登和施旺共同创立了细胞学说，确认细胞是一切动、植物体的基本结构单位。

1. 植物细胞的形状和大小 植物细胞可分为两大类型：原核细胞和真核细胞。原核细胞有细胞结构，由细胞膜、细胞质、核糖体和拟核组成，但没有典型的细胞核；支原体、细菌、放线菌与蓝藻均由原核细胞构成，是原核生物。真核细胞具有被膜包围的细胞核和多种细胞器，除原核生物外，其他的动、植物体均由真核细胞组成，属真核生物。

（1）植物细胞的形状。植物细胞的形状是多种多样的，有球形或近球形的，如单细胞的衣藻；有多面体的，如根尖和茎尖的生长锥细胞；有长筒状的，如输导水分、无机盐和同化产物的导管和筛管；有长纺锤形的，如起支持作用的纤维细胞；此外还有长柱形、星形等不规则形状。细胞形状的多样性，反映了细胞形态与其功能相适应的规律。

（2）植物细胞的大小。植物细胞的大小差异悬殊。最小的支原体细胞直径为 $0.1\mu m$；种子植物的分生组织细胞直径为 $5\sim25\mu m$；分化成熟的细胞直径为 $15\sim65\mu m$；也有少数大型的细胞，肉眼可见，如西瓜成熟的果肉细胞，直径达 1mm，苎麻茎的纤维细胞长可达550mm。绝大多数的细胞体积都很小。体积小，表面积大，有利于和外界进行物质、能量、信息的迅速交换，对细胞生活具有特殊意义。

2. 细胞生命活动的物质基础　构成细胞的生活物质称为原生质，它是细胞结构和生命活动的物质基础。原生质是由多种物质组成，是具有一定的弹性和黏性、半透明、不均匀的亲水胶体。原生质具有液体的某些性质，如有很大表面张力；有一定弹性和黏性；具有胶体性质，如带电性和亲水性、吸附作用、凝胶作用、吸水作用等；原生质的核仁、染色体、核糖体具有液晶结构，与生命活动密切相关。原生质具有极其复杂而又多种多样的化学组成与结构。

（1）化学元素组成。组成原生质的化学元素主要是碳、氢、氧、氮等4种，约占全重的90%；其次有少量硫、磷、钠、钙、钾、氯、镁、铁等，约占全重的9%；此外还有极微量的元素，如钡、硅、矾、锰、钴、铜、锌、钼等。

（2）化合物组成。组成原生质的化合物可分为无机物和有机物两类。无机物主要是水，此外还有二氧化碳和氧气等气体、无机盐以及许多离子态的元素等。有机物主要有蛋白质、核酸、糖类、脂类和极微量的生理活性物质等。

水是原生质中极重要的组分，一般占细胞全重的60%～90%，细胞中的许多代谢反应都是以水为介质。细胞中95%的水以游离水的形式存在，能参与代谢过程。

原生质中含有一些无机盐类，如与叶绿素形成有关的铁、镁等，与蛋白质合成有关的氮、磷、硫等。虽然含量很少，但对维持细胞的酸碱度、调节细胞的渗透压等都起着重要作用。

蛋白质是由20多种氨基酸聚合而成的大分子化合物，在原生质中含量仅次于水，约占干重的60%。它不仅是原生质的结构物质，而且还以酶等形式存在，分布在细胞的特定部位，调节细胞的正常代谢过程。

核酸是重要的遗传物质，担负着贮存和传递遗传信息的功能，同时和蛋白质的合成有密切关系。构成核酸的基本单位是核苷酸。每个核苷酸单体由三部分组成：1个戊糖分子、1个磷酸和1个含氮的碱基。碱基分为两类：嘌呤和嘧啶。

糖类是植物进行光合作用的产物。在细胞内糖类参与原生质和细胞壁的构成，并作为原生质生命活动的能量来源，还可作为合成其他有机物质的原料。

脂类在原生质中可作为结构物质，如磷脂和蛋白质结合，形成质膜和细胞内膜的重要物质。脂类是指脂溶性物质，难溶于水，必须通过水解产生脂肪酸。

活动一　显微镜构造的认识、使用与保养

1. 活动目标　了解显微镜的基本结构，熟悉显微镜的正确使用方法，了解显微镜日常维护与保养知识。

2. 活动准备　根据班级人数及实训室显微镜台数分为若干组，每组准备 1 台显微镜、若干个植物永久切片、擦镜纸、显微测微尺等。

3. 相关知识　光学显微镜的基本构造分为光学部分和机械部分。光学部分主要包括物镜、目镜、反光镜（或内置光源）、聚光器、孔径光栏、滤色片等，而机械部分则主要包括基座、镜柱、镜臂、镜筒、物镜转换器、标本夹、移动工作台、粗调焦手轮、微调焦手轮和聚光器调节螺旋等结构（图 2-1）。

（1）机械部分。镜座是显微镜的底座，作用是支持整个镜体，使显微镜放置稳固。镜柱是镜座上面直立的短柱，支持镜体上部的各部分。镜臂弯曲如臂，下连镜柱，上连镜筒，为取放镜体时手握的部位。镜筒为显微镜上部圆形中空的长筒，其上端放置目镜，下端与物镜转换器相连，并使目镜和物镜的配合保持一定的距离，一般是 160mm，有的是 170mm。物镜转换器为接于镜筒

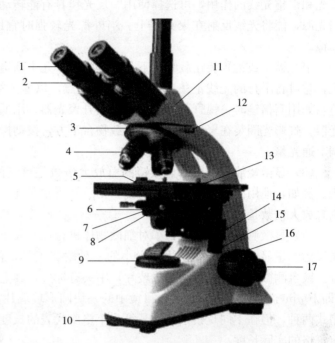

图 2-1　光学显微镜

1. 目镜　2. 适度圈　3. 物镜转换器　4. 物镜　5. 标本夹　6. 聚光镜
7. 孔径光栏　8. 滤色片座　9. 透射光源　10. 仪器基座　11. 三目头部
12. 头部固定螺钉　13. 移动工作台　14. 纵向移动手轮
15. 横向移动手轮　16. 粗调手轮　17. 微调手轮

下端的圆盘，可自由转动；盘上有 3~4 个螺旋圆孔，为安置物镜的部位。载物台（镜台）为放置载玻片标本的平台，中央有一圆孔，以通过光线；两旁装有一对压片夹，用以固定载玻片标本。在镜臂两侧有粗、细调焦螺旋各一对（弯筒显微镜细的调焦螺旋在镜柱的两侧），旋转时可使镜筒上升或下降；大的一对是粗调焦螺旋，调动镜筒的升降距离大，旋转一圈可使镜筒移动 2mm 左右；小的一对是细调焦螺旋，调动镜筒的升降距离很小，旋转一周可使镜筒移动约 0.1mm。聚光器调节螺旋在镜柱的左侧或右侧，旋转可使聚光器上下移动，借以调节光线。

（2）光学部分。由成像系统和照明系统组成。成像系统包括物镜和目镜，照明系统包括反光镜和聚光器。

物镜安装在镜筒下端的物镜转换器上，是显微镜最重要的部件，它决定显微镜的性能。

一台显微镜常有 2～4 个物镜，分低倍镜（4×、10×）、高倍镜（40×、45×）和油镜（90×、100×）。在物镜上刻有开口率为 0.3、0.5、1.25 等标记，这些标记的数字越大，其放大率越高。

目镜安装在镜筒上端，作用是将物镜所成的像进一步放大，使之便于观察。有 5×、10× 和 16× 等不同放大倍数，可根据当时的需要选择使用。目镜内的光栏上可装一小段头发，在视野中则为一黑线称为指针，可以用它指示所要观察的部位。

反光镜（反射镜）是个圆形的两面镜。一面是平面镜，能反光；另一面是凹面镜，兼有反光和汇集光线的作用，可选择使用。反光镜具有能转动的关节，可作各种方向的翻转，面向光源，能将光线反射在聚光器上。当外源光较强时宜用平面镜；当外源光较弱时宜用凹面镜。

聚光器（或镜）装在载物台下，由聚光镜（几个凸透镜）和虹彩光圈（可变光栏）等组成，它可将平行的光线汇集成束，集中在一点，以增强被检物体的照明。聚光器可上下调节，如用高倍镜时，视野范围小，则需上升聚光器；用低倍物镜时，视野范围大，可下降聚光器。虹彩光圈装在聚光器内，位于载物台下方，拨动操纵杆，可使光圈扩大或缩小，借以调节通光量。

（3）显微镜放大倍数。显微镜的总放大倍数是目镜的放大倍数与物镜的放大倍数的乘积。例如，使用 5× 目镜与 10× 物镜，则总放大倍数是 50 倍。使用 10× 目镜与 40× 物镜，则总放大倍数是 400 倍。

（4）显微测微尺。有时为了对细微物体进行尺寸大小的测定，还会用到显微测微尺，测微尺是测量显微镜内所观察物体大小的一种附属工具，包括镜台测微尺和目镜测微尺两部分。镜台测微尺是一块特殊的载玻片，中央有标尺，其上标有刻度，每小格长度为 0.01mm（即 $10\mu m$）。目镜测微尺是装在目镜中的一块圆形玻璃片，上面亦标有刻度，有直线式和网格式两种，但在不同观察条件下其每一小格所代表的长度不同，测量时需先用镜台测微尺确定每格的实际长度。

4. 操作规程和质量要求　选择植物、微生物等细胞标本载玻片，在显微镜下观察，学习显微镜使用方法（表 2-1）。

表 2-1　光学显微镜的使用与保养

工作环节	操作规程	质量要求
认识显微镜	（1）认识显微镜的机械部分：镜座、镜柱、镜臂、镜筒、转换器、载物台、准焦螺旋等 （2）认识显微镜的光学部分：反光镜、聚光镜、虹彩光圈、低倍镜、高倍镜、油镜、目镜、调节轮等	了解显微镜部件的作用
取镜和放置	（1）取镜时，右手握镜臂，左手托基座，自然持握于胸前（图 2-2） （2）将镜轻放于身体左前方的实验台上，距桌边 5～6cm；取下防尘罩，折好放在显微镜的左侧 （3）检查各部分是否完整。用软布擦拭机械部分，用擦镜纸擦拭光学部分	（1）取镜时，一定要使镜身直立平稳 （2）显微镜放置正确，右侧桌面应有利于防止记录本或绘图 （3）检查后若配件不全，马上报告教师 （4）擦拭镜时，禁止用其他物接触镜头

（续）

工作环节	操作规程	质量要求
对光与装片	（1）对光。转动物镜转换器，使低倍镜镜头正对着载物台中央透光孔位置，打开透光光阑对光。若显微镜使用内置光源，接通电源，打开开关，调节亮度直至目镜中出现明亮、均匀的视场为止 若显微镜使用自然光或日光灯作为光源，用左眼观察镜内视野（两眼都张开），同时转动反光镜使视野中的光线最明亮、均匀 （2）装片。升高镜筒或下降载物台，把载玻片标本放在载物台上，用标本夹固定好后，转动载玻片推动器使标本正对着通光孔的中央	（1）可先将镜筒向后适当倾斜，但倾斜角度不宜过大 （2）一般使用平面反光镜 （3）物镜安装正确，并与通光孔对齐，若听到"咔塔"声，则表示镜头与透光孔对齐了 （4）调节视野明亮，如果光线较弱可用凹面反光镜 （5）标本载玻片固定正确
低倍物镜的使用	（1）转动物镜转换器，将低倍物镜对准通光孔 （2）两眼从侧面注视物镜，转动粗调焦手轮使镜筒下降或载物台上升到物镜距载玻片2～5mm （3）用左眼或双眼观察目镜内视野，反方向缓慢转动粗调焦手轮，直至观察到清晰的物像为止 （4）可根据需要移动载玻片，把要观察的部分移至视野正中央，转动细调焦手轮使物像更清晰	（1）观察任何载玻片标本都必须先使用低倍镜，一般有4×、10×物镜 （2）转动调焦旋钮要缓慢，否则超过焦点，无法观察 （3）物镜必须与通光孔对齐。标本要移动到视野内 （4）若光线太强，观察比较透明的标本片或没有染色的标本时，易出现看不到物体的现象，应将光线调暗一些后，再观察
高倍物镜的使用	（1）先用低倍物镜观察到清晰的目标，并将其移至视野中央，然后转动物镜转换器，换上高倍物镜 （2）正常情况下，在视野中央可见到模糊的物像，只要略微转动细调焦手轮即可获得清晰的物像 （3）在换用高倍物镜观察时，视野会变小变暗，需重新调节视野亮度，可通过升高聚光器、调大光圈、使用凹面反光镜或调高电压进行	（1）高倍物镜一般为40×物镜 （2）低倍镜观察清晰后，再换高倍镜，不能直接在高倍镜下观察 （3）更换标本时，应该先把镜筒升高，更换标本后，先用低倍镜观察，再转用高倍镜观察 （4）因高倍物镜工作距离较短，操作时要防止镜头碰击载玻片
油镜的使用	（1）油镜为100×物镜。先使用低倍物镜找到观察部位，换高倍物镜调整焦点后，把镜筒上升约1.5cm，再把油镜转到工作位置（油镜的工作距离约0.2mm），在标本载玻片上所要观察的位置滴一小滴香柏油（或石蜡油），然后使用细调焦手轮调节焦距，观察视野至清晰 （2）若聚光器镜口率高于1.0，还需要在聚光器上面滴加一滴香柏油，以充分发挥油镜的功能（图2-3）	（1）观察标本时不可使用粗调焦手轮，只能用细调焦手轮调节焦点 （2）若盖玻片过厚则不能聚焦，应注意调换，否则会压碎载玻片或损伤镜头 （3）使用完毕后立即用棉棒或擦纸蘸少许清洁剂（乙醚和无水乙醇的混合液）将镜头上残留的油迹擦去，否则香柏油干燥后不易擦净，且易损坏镜头。擦拭时要顺镜头的直径方向，不要沿镜头的圆周擦。擦拭要细心，动作要轻

（续）

工作环节	操作规程	质量要求
显微测微尺的使用	（1）目镜测微尺的校正：把目镜的上透镜旋下，将目镜测微尺的刻度朝下轻轻地装入目镜的隔板上，把镜台测微尺置于载物台上，刻度朝上。先用低倍镜观察，对准焦距，视野中看清镜台测微尺的刻度后，转动目镜，使目镜测微尺与镜台测微尺的刻度平行，移动推动器，使两尺重叠，再使两尺的"0"刻度完全重合，定位后，仔细寻找两尺第二个完全重合的刻度，计数两重合刻度之间目镜测微尺的格数和镜台测微尺的格数。因为镜台测微尺的刻度每格长 $10\mu m$，所以由下列公式可以算出目镜测微尺每格所代表的长度。 每小格长度＝（两对重合线间镜台测微尺格数×$10\mu m$）/两对重合线间目镜测微尺格数 用同法分别校正在高倍镜下和油镜下目镜测微尺每小格所代表的长度 （2）细微物体的测量：将欲测量物体封于载玻片上，在显微镜下用已校正的目镜测微尺测量其长度或直径为目镜测微尺的几小格，然后乘以每小格的微米数即得（图2-4）	（1）由于不同显微镜及附件的放大倍数不同，因此校正目镜测微尺必须针对特定的显微镜和附件（特定的物镜、目镜、镜筒长度）进行，而且只能在特定的情况下重复使用，当更换不同放大倍数的目镜或物镜时，必须重新校正目镜测微尺每一格所代表的长度 （2）微细物体的测量，通常在高倍接物镜下测量，测定结果比较准确，但在测量较长的物体，如纤维、导管或非腺毛的长度时，则用低倍接物镜测量较好
使用后的整理	（1）观察结束后，内置照明式显微镜须把电压调节杆调到最小值，关掉电源，降低载物台，取下载玻片，擦干净镜体，罩上防尘罩，然后放回镜箱中 （2）清扫实训室，保持实训室清洁	（1）装箱之前检查所有配件是否齐全 （2）反光镜转至垂直方向，转动物镜转换器使物镜与通光孔错开，两个物镜呈"八"字形位于通光孔两侧
显微镜的保养	（1）接目镜与接物镜部分不要用手指或粗布揩擦，一定要用擦镜纸轻轻擦拭 （2）镜头上如沾有树胶或油类物质，可用擦镜纸蘸上少许无水乙醇或二甲苯擦拭干净，再换用干净的擦镜纸擦拭一遍	显微镜各部零件不要随便拆开，也不要随意在显微镜之间调换镜头或其他附件

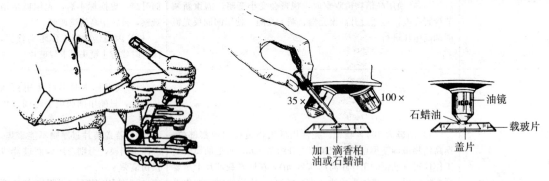

图 2-2　正确拿取显微镜的方法　　　　　图 2-3　油镜的使用方法

5. 问题处理　训练结束后，完成以下问题：

（1）显微镜的种类有哪些？光学显微镜基本结构包括哪些部分？

（2）在显微镜使用过程中，无法观察到标本是由于哪些原因造成的？

（3）写出光学显微镜使用的操作流程。

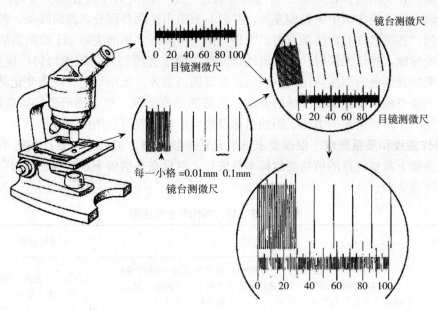

图 2-4　显微测微尺的使用

活动二　徒手切片制作与生物绘图

1. 活动目标　了解植物组织切片技术，能制作临时装片和徒手切片；熟悉生物绘图的基本要求，学会生物绘图的方法和技巧。

2. 活动准备　每人或每组（2 人一组）准备：载玻片、盖玻片、镊子、毛笔、滴管、刀片、小培养皿、解剖刀；0.1％番红酒精液，50％、75％、85％、95％酒精，无水酒精、二甲苯、光学树脂；若干个植物细胞标本载玻片、显微镜、铅笔、绘图纸、擦镜纸等。

3. 相关知识

（1）植物组织切片技术。以植物材料（如叶、根、茎等）为对象，采用一定的方法将其切成极薄的薄片，再经过处理就可以用于研究植物的微观结构的技术称为植物组织切片技术。方法有徒手切片法、石蜡切片法、冷冻切片法等。

徒手切片法是植物形态解剖中最简便的一种切片方法，是指用刀片将新鲜的或固定的植物材料切成薄片，制成装片的方法，可制成临时装片，也可通过脱水与染色制成永久装片。

（2）生物绘图。生物绘图是形象地描述植物外部形态和内部结构的重要方法，也是研究植物形态解剖学的必备技能之一。生物绘图包括 3 种类型：外形图（或形态图）、草图（或轮廓图）、细胞结构图（或详图）。在显微镜下观察植物细胞时，一般是用铅笔徒手绘制细胞或组织的结构图。

细胞或组织绘图是根据显微镜下的观察内容绘制的，因此，要仔细观察标本，区分正常结构与偶然、人为的差异，选择典型、正常有代表性的部分认真观察。充分了解各部分结构特点是绘图的前提，科学、认真、实事求是的态度是绘图的保证。

生物绘图基本要求：一是应注意科学性。要求认真观察标本和切片，正确理解细胞各组成部分特征，在绘图时保证形态、结构的准确性。二是图的大小及在纸上分布的位置要适当。一般画在靠近绘图纸中央稍偏左方，并向右方引出注明各部分名称的线条。各引出线条要整齐平列，各部名称写在线条右边。三是勾画图形轮廓。用削尖的 2H 绘图铅笔，轻轻勾画出图形的轮廓，确认无误时，再画出线条。线条要求光滑清晰，粗细均匀，接头无痕迹。四是图的阴暗及颜色的深浅应用细点表示。点要圆而整齐，大小均匀，疏密变化灵活，富于立体感。不要点成小撇或采用涂抹的方法。五是图形要美观。整个图形要保持准确、整齐、美观，图注一律用铅笔正楷书写。图的名称及放大倍数一般写在图的下方。

4. 操作规程和质量要求　根据要求选取合适植物材料，进行临时装片和徒手切片的制作，在显微镜下观察选择的植物细胞标本载玻片，然后在高倍镜下观察细胞结构，并绘制细胞结构图（表 2-2）。

表 2-2　徒手切片制作与生物绘图

工作环节	操作规程	质量要求
制作临时装片	（1）擦片。方法是用左手拇指和食指夹住盖玻片的边缘，右手将纱布褶成两层，并使其接触盖玻片的上、下两面，然后用右手拇指与食指相对移动纱布，均匀用力轻轻地擦拭。擦载玻片也用这种方法 （2）滴水。用滴管吸取清水，在洁净的载玻片中央滴一小滴，以加盖玻片后没有水溢出为宜。用镊子将洋葱鳞叶或其他植物的叶表皮撕下，剪成 3～5mm² 的小片，平整置于载玻片的水滴中（注意表皮外面应朝上） （3）盖玻片。用镊子轻轻夹取盖玻片，先使盖玻片的一边与水滴边缘接触，再慢慢放下，以免产生气泡。若水滴过多，材料和盖玻片易浮动，则可用吸水纸从盖玻片的一边吸去。具体过程见图 2-5	（1）盖玻片很薄，擦时应特别小心。若盖（载）玻片太脏，可先用纱布蘸些水或无水乙醇进行擦拭。再用干净纱布擦净，放在洁净的玻璃皿中备用 （2）如果盖玻片内有很多小气泡，可从盖玻片一侧浸入少许清水，将气泡驱除，即可进行观察 （3）为更清楚地观察细胞，装片时可在载玻片上滴一滴碘液，将表皮放入碘液中，进行镜检
徒手制作永久切片	（1）取材。一般选取实验材料中软硬适中的部分，一般以长 2～3cm、切片断面不超过 5mm² 为宜 （2）切片。用左手拇指、食指和中指拿住材料，拇指略低于食指和中指，并使材料略为突出在指尖上面。右手持刀，将刀片平稳地放在左手食指前面，与材料切面平行，然后均匀自左前方向右后方拉切。切下许多薄片后，用湿毛笔将薄片放入培养皿中 （3）选片与固定。用毛笔挑选透明的薄片，放在载玻片上，排成 2 行，依次在低倍镜下进行观察。选择符合标准的切片移入盛有 70% 酒精的培养皿中固定 （4）制作永久切片。将选好并固定的切片，经染色、脱水、透明和封片，就可以制作永久切片 ①染色：倾去固定切片的固定液，加入番红酒精液，将切片染色 1.5h 以上 ②清洗：用 50% 酒精洗去过多的燃料，时间 5min ③脱水：经 75%、85%、95% 梯度酒精脱去材料中的水分，每级时间控制在 5min ④复染：用固绿酒精液进行复染，时间 1～2min，然后用 95% 酒精洗去过多的染料 ⑤再脱水：用纯酒精连续脱水 2 次，使材料绝对无水，每次 5min	（1）具体操作前可选择马铃薯块茎切成适合的条状进行练习 （2）切片时应用臂力而不用腕力，材料应一次性切下，最忌拉锯式切割 （3）选片标准：厚薄均匀、切面完整、各组织结构能分辨清晰 （4）固定好的材料既可以作为临时装片进行观察，也可以进一步制作永久切片 （5）制作永久切片时，染色、清洗、脱水、透明、封片等过程的时间要严格掌握 （6）封片时盖玻片时，要注意不要产生气泡。除自然封固外，也可置于 30～35℃ 恒温箱中烘干 （7）该方法染色的结果是木质化的细胞壁及细胞核染成红色，韧皮部和其他纤维素细胞染成绿色或蓝绿色

（续）

工作环节	操作规程	质量要求
徒手制作永久切片	⑥透明：用1/2无水酒精＋1/2二甲苯，透明5min；再用纯二甲苯透明2次，各5min ⑦封片：将已透明的切片，迅速放到无水的载玻片中央，立即滴上1滴光学树脂，盖上盖玻片，平置1d使其自然封固 （5）观察。待装片封固完成后在显微镜下进行观察	（8）染色剂除番红外，还有钉红、硫堇等
生物绘图	（1）观察。绘图前要仔细观察，对拟绘制对象的结构、比例和特征要有充分的认识，然后选择有代表性的、典型的部位进行绘制 （2）构图。根据绘图纸张大小和绘图的数目，安排好每个图的位置及大小，并留好注释文字和图名的位置。实验题目写在绘图报告纸的上方，图题写在图的正下方 （3）起稿。把绘图纸放在显微镜的右侧，左眼观察显微镜图像，右眼看绘图纸进行起稿，用软铅笔按一定的比例尺度把观察对象的主要轮廓轻轻地勾画出来 （4）实描。对照所观察的显微镜图像，不断修正和补充轮廓草图，当草图与观察对象的结构、形状、位置、比例相符后，用硬铅笔把各部分结构绘出。绘图方法表示显微结构，是经过反复观察后，抓住主要特点，画出构造中最本质和最典型的部分，不是有什么就画什么，抛弃次要和偶然内容的干扰 （5）打点。绘图时用打点的方式来表示各结构的质地和颜色深浅，质地浓厚、凹陷或颜色较深的部位打密集的粗圆点，光亮或颜色较浅的部位则打稀疏的细圆点。可以用粗线表示厚细胞壁，用细线表示薄的细胞壁 （6）注释。绘制完毕后再次与显微镜图像对照，检查有无遗漏或错误，然后对各部分结构做简要图注。图注一般位于图的右侧。在图的下方分别注明图的名称、所用材料和放大倍数	（1）要根据绘图纸的大小和要图的数目，确定每一个图在绘图纸上的位置及其大小 （2）注意在图纸右侧留出引线和图注的位置，而左侧则须留出一定空间以备装订之用 （3）形态结构要准确，比例要正确，要求真实感，画细胞时，画2～3个细胞即可，画组织或器官时，只需画出其1/2、1/3和1/8 （4）图纸及版面要保持整洁。线条要求平滑、流畅、粗细均匀。同一条线要粗细均匀，中间不开叉或断线。起稿时多余的线条要擦去 （5）打点时要求笔尖垂直图纸向下进行，所打出的点点要圆滑、大小一致、分布均匀和不拖尾巴 （6）注释应详细、准确，且所有注释一律用平行引线向右一侧注明，同时要求所有引线右边末端在同一垂直线上

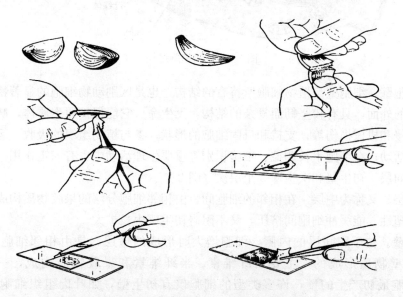

图2-5　洋葱制作临时装片过程

5. 问题处理 训练结束后，完成以下问题：

（1）课余时间可取不同的材料，如牛膝或空心莲子草的茎进行切片的操作。

（2）写出生物绘图的基本步骤。

（3）根据所选择的植物细胞标本玻片，绘制植物细胞结构图。

活动三 植物细胞基本结构的观察

1. 活动目标 了解植物细胞的基本结构，熟悉植物细胞中的各种细胞器及其功能；会用光学显微镜观察并绘制洋葱鳞叶表皮细胞结构图。

2. 活动准备 选择洋葱表皮、番茄或西瓜果肉；准备显微镜、载玻片、盖玻片、镊子、滴管、培养皿、刀片、剪刀、解剖针、吸水纸、蒸馏水、I_2-KI 染液等。

3. 相关知识 虽然植物细胞的形状、大小有很大差异，但一般都有相同的基本结构，包括细胞壁、细胞膜、细胞质和细胞核等部分（图 2-6），其中细胞膜、细胞质和细胞核总称为原生质体。

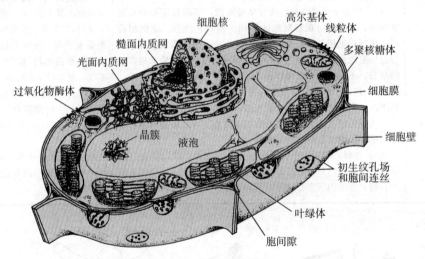

图 2-6 植物细胞结构

（1）细胞壁。细胞壁是植物细胞所特有的结构，也是区别动物细胞的显著特征。它包围在细胞质膜的外面，具有较坚韧而复杂的结构，无生命。它能保护原生质体，减少蒸腾，防止微生物入侵和机械损伤等；支持和巩固细胞的形状；参与植物组织的吸收、运输和分泌等方面的生理活动；在细胞生长调控、细胞识别等重要生理活动中也有一定作用。细胞壁结构大体分为胞间层、初生壁和次生壁 3 个层次（图 2-7）。

①胞间层。又称为中层。在相邻的细胞间，由相邻细胞分泌的果胶物质构成，有很强的亲水性和可塑性，能缓冲细胞间挤压，又不阻碍初生壁生长扩大。

②初生壁。位于胞间层的内侧，细胞增大时形成的壁层，是由相邻细胞分别在胞间层两侧沉积壁物质形成的，主要由纤维素、半纤维素和果胶物质构成，一般 $1\sim3\mu m$ 厚，是新细胞最初产生的壁，许多类型的细胞仅有初生壁，如叶肉组织细胞、分生组织细胞等。

③次生壁。细胞生长停止后，原生质体继续分泌物质而沉积于初生壁内侧的壁层。一般较厚，多存在于有输导、支持、保护作用的细胞中，或者在生理分化成熟后原生质体消失的细胞中，主要由纤维素、半纤维素、多糖和一些使壁的性质发生变化的填充物组成。次生壁的变化常称为角质化、栓质化、木质化和矿质化等。

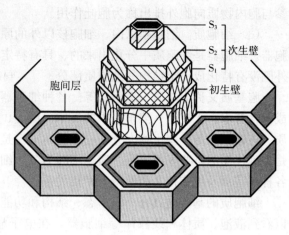

图 2-7　细胞壁结构模型

此外，次生壁在形成时，某些位置上没有壁物质的沉积而形成的间隙，称为纹孔；相邻细胞的纹孔常成对存在称为纹孔对。胞间连丝是穿过细胞壁的原生质细丝，在电镜下可以看到它是通过相邻细胞间壁上的，直径在 40～50nm 的小管道，相邻细胞的质膜也会伸入到管道内而相连。胞间连丝来自于细胞发育早期的一部分内质网和原生质丝，是细胞间物质与信息交流的通道，但同时病毒也可以通过胞间连丝转移。

（2）细胞膜。又称为质膜，是细胞表面的膜。细胞膜主要由脂类物质和蛋白质组成，此外还有少量的糖类以及微量的核酸、金属离子和水。细胞膜厚 7.5～10nm，横断面上呈现暗—明—暗三条平行带，内外两层暗带由蛋白质分子和脂类分子层的亲水头所组成，厚均为 2.5nm，中间明带为脂类双分子层疏水层，厚约 3.5nm，这

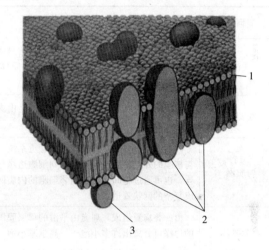

图 2-8　膜的流动镶嵌模型
1. 磷脂　2. 嵌入蛋白　3. 表现蛋白

种由三层结构组成为一个单位的膜，称为单位膜。关于单位膜中各种组成成分的结合方式常用"膜的流动镶嵌模型"来解释（图 2-8）。

真核生物有一个复杂的膜系统，除表面质膜外，还有多种功能各不相同的膜结构，如核膜和各种细胞器的膜，这些膜统称为生物膜。

细胞膜的重要特性之一就是半透性或选择性透性，即能有选择性地允许某些物质通过扩散、渗透和主动运输等方式进出细胞，从而保障细胞代谢正常进行。细胞膜在物质运输、细胞分化、激素作用、代谢调控、免疫反应、细胞通信等过程中有重要作用。

真核生物有一个复杂的膜系统，除表面质膜外，还有多种功能各不相同的膜结构，如核膜和各种细胞器的膜，这些膜统称为生物膜。

细胞膜具有胞饮作用、吞噬作用和胞吐作用，即细胞膜能向细胞内凹陷，吞食外围的液体或固体小颗粒。吞食液体的过程称为胞饮作用，吞食固体的过程称为吞噬作用，细胞膜还

参与胞内物质向胞外排出称为胞吐作用。

（3）细胞质。细胞膜以内、细胞核以外的原生质统称为细胞质。细胞质包括胞基质和细胞器。细胞器是细胞质中分化出来的、具有特定结构和功能的亚细胞单位；胞基质是细胞器外围没有特化成一定结构的细胞质部分。

胞基质又称为基质、透明质等。各种细胞器和细胞核都包埋于胞基质中。胞基质的化学成分含有水、无机盐、溶于水中的气体、糖类、氨基酸、核苷酸等小分子物质，也含有蛋白质、核糖核酸等一些生物大分子。胞基质不仅是细胞器之间物质运输和信息传递的介质，也是细胞代谢的重要场所。胞基质还不断为各类细胞器行使功能提供必需的营养和原料，并使各种细胞器及细胞核之间保持着密切关系。

细胞质的基质内具有一定形态、结构和功能的小单位，称为细胞器。在光学显微镜下可以看到液泡、质体和线粒体等细胞器，在电子显微镜下可以看到内质网、核糖体、高尔基体、溶酶体、圆球体、微粒体和微管等细胞器（表2-3）。

表2-3　植物细胞器的结构与功能

细胞器	结构	功能
质体	是绿色植物特有的一种细胞器，通常呈颗粒状分布在胞基质里。质体具有双层膜。成熟质体分为白色体、叶绿体和有色体三种	叶绿体是植物进行光合作用的场所，被人喻为"养料加工厂"和"能量转换站"（图2-9）
线粒体	线粒体呈颗粒状或短杆状，线粒体是由内外两层膜包裹的囊状细胞器（图2-10）	主要功能是进行呼吸作用。被称为细胞能量的"动力站"
内质网	内质网是由单层膜构成的网状管道系统。内质网可与核膜的外层膜相连，并延伸到细胞边缘与细胞膜相连，也可通过胞间连丝和相邻细胞的内质网相连，构成复杂的网状管道系统	合成、包装与运输代谢产物；作为某些物质的集中、暂时贮藏的场所；是许多细胞器的来源；可能与细胞壁分化有关
高尔基体	由一叠扁囊组成，扁囊由平滑的单层膜围成。从囊的边缘可分离出许多小泡——高尔基小泡	物质集运；生物大分子的装配；参与细胞壁的形成；分泌物质；参与溶酶体与液泡的形成
液泡	是由单层膜围成的细胞器，由液泡膜与细胞液组成。细胞液为成分复杂的混合液体，使细胞具有酸、甜、涩、苦等味道。中央液泡的形成，标志着细胞已发育成熟	与细胞吸水有关，使细胞保持一定的形态；贮藏各种养料和生命活动产物；参与分子物质更新中的降解活动，赋予细胞不同的颜色
溶酶体	由单层膜围成的泡状结构，内含60多种水解酶。溶酶体的形状多样	主要功能是消化作用
圆球体	又称为油体，是单层膜围成的球形小体，内含合成脂肪的酶	合成脂肪；贮藏油脂
微体	由单层膜包围的细胞器，膜内含有过氧化氢酶、乙醇酸氧化酶和尿酸氧化酶。微体呈球状或哑铃形	过氧化物酶体与光呼吸有密切关系；乙醛酸循环体与脂肪代谢关系密切
核糖体	分布在粗糙内质网表面或游离于胞基质中，是非膜系统细胞器，为球形或长圆形小颗粒	是合成蛋白质的主要场所，称为"生命活动的基本粒子"
微管	是中空长管状纤维，主要由微管蛋白组装而成	保持细胞形态；影响细胞运动；对染色体的转移起作用；在细胞壁建成时，控制纤维素微纤丝的排列方向

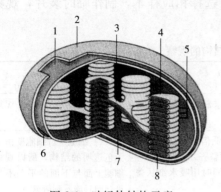

图 2-9　叶绿体结构示意
1. 内膜　2. 外膜　3. 基质类囊体　4. 基粒
5. 基粒类囊体　6. 膜间间隙　7. 基质　8. 类囊体腔

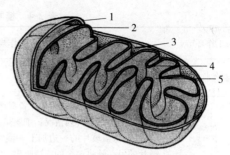

图 2-10　线粒体结构示意
1. 外膜　2. 内膜　3. 内膜空间
4. 嵴　5. 基质

（4）细胞核。细胞核是细胞的重要组成部分。细胞内的遗传物质——脱氧核糖核酸（DNA）几乎全部存在于核内，它控制着蛋白质的合成，控制着细胞的生长发育。细胞核是细胞的控制中心。

在细胞的生活周期中，细胞核存在着两个不同的时期：间期和分裂期。间期细胞核多为卵圆形或球形，埋藏在细胞质中，细胞核的结构可分为核膜、核仁和核质 3 部分（图 2-11）。

核膜又称为核被膜，核膜为双层膜，包括内膜和外膜，每层膜厚 7～8nm，两膜间 10～50nm 的空隙称为核周间隙或核周腔。双层膜上有许多小孔称为核孔。核膜作为细胞质和细胞核之间的界膜，对稳定核的形状和化学成分起着一定作用；核膜还可调节细胞质和细胞核之间的物质交换。

核仁为折光性很强的球状体，无膜包被，由颗粒成分、纤维状成分、无定形基质、核仁染色质和核仁液泡组成，常有一个或几个核仁。已知核仁的功能是合成核糖体核糖核酸（rRNA）。

图 2-11　细胞核立体结构
1. 染色质　2. 核仁　3. 内膜　4. 外膜　5. 核孔

核仁以外、核膜以内的物质是核质，由染色质和核液组成。经适当药剂处理后，核内易着色的部分是染色质，它是由大量的脱氧核糖核酸（DNA）、组蛋白、少量的核糖核酸（RNA）和非组蛋白组成的复杂物质。不易着色的部分是核液，它是充满核内空隙的无定形基质，染色质悬浮在其中。

间期细胞核的主要功能是贮存和复制脱氧核糖核酸（DNA），合成和向细胞转运核糖核酸（RNA）；形成细胞质的核糖体亚单位；控制植物体的遗传性状，通过指导和控制蛋白质的合成而调节控制细胞的发育。

（5）植物细胞的后含物。植物细胞的后含物是植物细胞内贮藏的营养物质和代谢产物的总称。包括淀粉、蛋白质、脂类、晶体以及某些有机物质（如单宁、生物碱等）。

4. 操作规程和质量要求 　根据学校实际情况，选择相应样本，制作临时装片，观察细胞的基本结构，并进行生物绘图训练（表2-4）。

表2-4　植物细胞基本结构的观察

工作环节	操作规程	质量要求
制作临时装片	按"活动二　徒手切片制作与生物绘图"要求制作洋葱临时装片、番茄或西瓜果肉临时装片	参见"活动二　徒手切片制作与生物绘图"
观察洋葱表皮细胞的构造	（1）将装好的临时装片，置显微镜下，先用低倍镜观察洋葱表皮细胞的形态和排列情况：细胞呈长方形，排列整齐，紧密 （2）从盖玻片的一边加上一滴 I_2-KI 染液，同时用吸水纸从盖玻片的另一侧将多余的染液吸出 （3）细胞染色后，在低倍镜下，选择一个比较清楚的区域，把它移至视野中央，再转换至高倍镜仔细观察一个典型植物细胞的构造：细胞壁、细胞质、细胞核等 ①细胞壁。洋葱表皮每个细胞周围有明显的界线，被 I_2-KI 染液染成淡黄色，即为细胞壁 ②细胞核。在细胞质中可看到，有一个圆形或卵圆形的球状体，被 I_2-KI 染液染成黄褐色，即为细胞核。细胞核内有一个至多个染色较淡且明亮的小球，即为核仁 ③细胞质。细胞核以外，紧贴细胞壁内侧的无色透明的胶状物，即为细胞质，I_2-KI 染色后，呈淡黄色，但比细胞壁还要浅一些 ④液泡。为细胞内充满细胞液的腔穴，在成熟细胞里，可见一个或几个透明的大液泡，位于细胞中央 （4）生物绘图。使用显微镜观察标本时，要求双眼睁开，左眼看镜，右眼描图	（1）细胞壁。细胞壁由于是无色透明的结构，所以观察时细胞上面与下面的平壁不易看见，而只能看到侧壁 （2）细胞核。幼嫩细胞，核居中央；成熟细胞，核偏于细胞的侧壁，多呈半球形或纺锤形 （3）细胞质。在较老的细胞中，细胞质是一薄层紧贴细胞壁，在细胞质中还可以看到许多小颗粒，是线粒体、白色体等 （4）液泡。观察液泡应注意在细胞角隅处观察，把光线适当调暗，反复旋转细调节器，能区分出细胞质与液泡间的界面
果肉离散细胞的观察	（1）用解剖针挑取少许成熟的番茄或西瓜果肉，制成临时装片，置低倍镜下观察，可以看到圆形或卵圆形的离散细胞，与洋葱表皮细胞形状和排列形式皆不相同 （2）在高倍镜下观察一个离散细胞，可清楚地看到细胞壁、细胞核、细胞质和液泡，其基本结构与洋葱表皮细胞相同	比较番茄或西瓜果肉细胞与洋葱表皮细胞有什么不同

5. 问题处理 　训练结束后，完成以下问题：

（1）叙述植物细胞的基本结构。

（2）在光学显微镜下，能够观察到洋葱鳞叶表皮细胞的哪些结构？

（3）植物细胞中各种细胞器的功能是什么？

活动四　植物细胞繁殖的观察

1. 活动目标 　了解植物细胞3种繁殖方式的过程、特点；熟悉植物细胞各个分裂时期的主要特征；学会根尖压片技术观察植物细胞分裂活动。

2. 活动准备 　准备新鲜的洋葱根尖、显微镜、酒精灯、载玻片、盖玻片、镊子、刀片、解剖针、吸水纸、擦镜纸、改良苯酚品红染液、离析液、蒸馏水、铅笔、绘图纸等。

3. 相关知识 　植物的生长是依靠自身细胞的繁殖和细胞体积的增大而实现的。细胞繁殖的方式有3种：无丝分裂、有丝分裂和减数分裂。

（1）细胞周期。细胞周期是指从上一次细胞分裂结束开始到下一次细胞分裂结束，这期

间细胞所经历的全部过程。细胞周期又可划分为
分裂间期和分裂期（图2-12）。

①间期。间期是指从前一次分裂结束到下一
次分裂开始前的时间，是细胞分裂的准备时期，
在光学显微镜下观察，细胞没有明显变化，似乎
是静止的，但事实上细胞在进行着各种生理活动
和生化反应，为细胞分裂做准备。间期可以分为
三个时期：G_1期，S期和G_2期。

G_1期是DNA合成前期，DNA合成还未开
始，但细胞在活跃地合成RNA、蛋白质、磷
脂等。

S期是DNA合成期，此时染色体复制，
DNA加倍，组蛋白也加倍，并与DNA结合。

G_2期是DNA合成后期，RNA与蛋白质继续

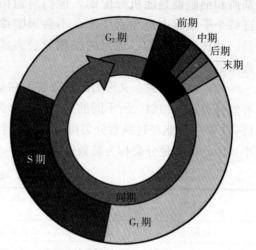

图2-12　细胞周期图解

合成，每条染色体具有2条完全相同的染色单体，同时积累能量，并合成构成纺锤丝的蛋
白质。

②分裂期。分裂期也称为M期或D期，是指从分裂间期结束开始，到这一次分裂结束
为止的一段时期。主要是姐妹染色单体的分离，染色单体被分配入2个子细胞中，包括核分
裂和胞质分裂2个过程。

（2）有丝分裂。又称为间接分裂，是植物营养细胞最普遍的一种分裂方式。植物的根
尖、茎尖以及形成层细胞，都以这种方式进行繁殖。由于分裂过程中有纺锤丝出现，故称为
有丝分裂。

有丝分裂过程比较复杂，一般包括两个过程：分裂间期和分裂期。有时为叙述方便，人
为地将它划分为间期、前期、中期、后期和末期（表2-5、图2-13）。

表2-5　有丝分裂各期特点

时期		主要特征
分裂间期		细胞生长，体积增大；DNA分子复制；有关蛋白质合成
分裂期	前期	两极发出纺锤丝，形成纺锤体；染色质变为染色体，散布在纺锤体中央；核膜、核仁消失
	中期	染色体的着丝点两侧连有纺锤丝；染色体的着丝点排列在赤道板上；染色体高度螺旋化，形态固定，数目清晰
	后期	着丝点分裂，形成两套完全相同的染色体；纺锤丝收缩，两套染色体分别移向细胞两极；细胞中的染色体数目加倍
	末期	染色体变为染色质，纺锤体消失；核膜、核仁重新形成；赤道板位置形成细胞板，并扩展为细胞壁，形成两个子细胞

有丝分裂过程中，由于每次核分裂前都进行一次染色体复制，分裂时两条姐妹染色单
体平均分配给两个子细胞，这样就保证了每个子细胞具有与母细胞相同数量和类型的染
色体。因此，每个子细胞就有着和母细胞同样的遗传特性。有丝分裂时，细胞质中的胞

基质和细胞器是随机分配的，他们对遗传性不起主要作用，而且数量很多，所以可以保证每个子细胞中至少有 1 个，不会影响细胞的正常生长发育。从进化角度看，有丝分裂是一种比较完善的、理想的细胞分裂方式，保证生物遗传的稳定性，促进生物由低级向高级进化。

（3）减数分裂。又称为成熟分裂，它是有丝分裂的一种特殊的形式。减数分裂的过程与有丝分裂基本相似。所不同的是，减数分裂包括连续两次的分裂，但染色体只复制一次，这样，1 个母细胞经过减数分裂可以形成 4 个子细胞，每个子细胞染色体数目只有母细胞的一半，因此，这种分裂称为减数分裂（表 2-6、图 2-13）。

表 2-6 减数分裂各期特点

时期		主要特征
分裂间期		细胞体积增大；染色体复制
第一次分裂	前期	同源染色体联会、形成四分体；四分体中非姐妹染色单体交叉互换
	中期	四分体排列在赤道板上；着丝点一侧连有纺锤丝
	后期	同源染色体分离，非同源染色体自由组合
	末期	染色体数目减半；DNA 数目减半
第二次分裂	前期	除没有同源染色体外，其余细胞特征与有丝分裂相同
	中期	
	后期	
	末期	

减数分裂在植物的进化中有着重要的意义。减数分裂形成的精细胞和卵细胞都是单倍体细胞，通过有性生殖的精卵结合，又会形成二倍体的胚细胞，从而保持了植物染色体数目的稳定性，也保证了遗传上的稳定性。同时，在减数分裂时，染色单体片段的交换现象和同源染色体之间的交叉，促进了植物遗传性的变异，为物种进化提供了可能。

减数分裂与有丝分裂有许多共同之处，但也有显著差别（表 2-7、图 2-13）。

表 2-7 减数分裂与有丝分裂的比较

		有丝分裂	减数分裂	
			减数第一次分裂	减数第二次分裂
发生部位		各组织器官	动物：精巢、卵巢，植物：花药、胚囊	
发生时期		从受精卵开始	性成熟后开始	
分裂起始细胞		体细胞	原始的生殖细胞	
子细胞	数目	2 个	4 个	
	类型	体细胞	配子	
	染色体数	与亲代细胞相同	比亲代细胞减半	
	染色体组成	完全相同	不一定相同	
细胞分裂次数		一次	两次	
染色体复制次数		一次	一次	
细胞周期		有	无	

（续）

		有丝分裂	减数分裂	
			减数第一次分裂	减数第二次分裂
同源染色体	有无	有	有	无
	行为	无联会等	有联会、四分体，同源染色体分离，非同源染色体自由组合	无
中期赤道板位置的变化		着丝点排在赤道板上，两侧连纺锤丝	四分体排在赤道板上，一侧连纺锤丝	着丝点排在赤道板上，两侧连纺锤丝
后期着丝点变化及其染色单体行为		着丝点一分为二，染色单体变成子染色体，两者分离	着丝点不分裂，同源染色体分离	着丝点一分为二，染色单体变成子染色体，两者分离
联系		减数分裂是一种特殊方式的有丝分裂		

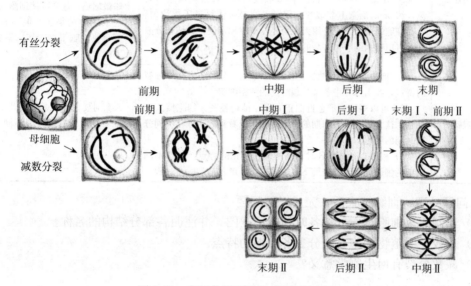

图 2-13　有丝分裂和减数分裂对比图解

　　（4）无丝分裂。又称为直接分裂。分裂时，核仁先分裂为两部分，接着细胞核拉长，中间凹陷，最后缢断为两个新核，同时细胞质也分裂为两部分，并在中间产生新的细胞器，形成两个新细胞。无丝分裂过程比较简单，消耗能量少，分裂速度快。由于分裂过程中无纺锤丝出现，故称为无丝分裂。植物不定根、不定芽的产生，竹笋、小麦节间的伸长，胚乳的发育和愈伤组织的形成等都是无丝分裂的结果（图 2-14）。

　　4. 操作规程和质量要求　以洋葱根尖为例，进行有丝分裂的观察（表 2-8）。

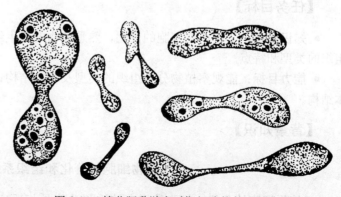

图 2-14　棉花胚乳游离时期细胞核的无丝分裂

表 2-8 有丝分裂的观察

工作环节	操作规程	质量要求
根尖培养	实验前 3～5d 取洋葱一个鳞茎浸泡在水中，室温下培养，使其长出幼根，备用	洋葱根尖培养时水不宜过多，温度在 20℃左右为佳，保证每天换水
材料处理	（1）取样。当洋葱幼根长到 2～3cm 时，在 10：00～11：00 用刀片截取幼根根尖，长度以 5mm 为宜 （2）离析固定。立即投入到固定离析液中（等量的浓盐酸和 95％乙醇配成的混合液）进行离析固定，处理 10～20min 后，取出用清水漂洗 10～30min	幼根培养不宜过长，取材时间要掌握好，否则观察不到处于分裂期的细胞
临时制片	（1）取已处理好的根尖放在干净载玻片上，用解剖刀或解剖针把根尖自伸长区以上的部分切去，只剩下 1～2mm 长的一段 （2）用镊子将根尖压裂，滴 2 滴改良苯酚品红染液进行染色，约 5min 后盖上盖玻片，用镊子背轻敲使材料压成均匀、单层细胞的薄层。也可用大拇指轻压盖玻片，使根尖细胞分散开，再用吸水纸吸掉多余的水分即可	（1）染色液不宜过多，染色时间不宜过长 （2）若细胞核的染色质和染色体颜色过淡，可把载玻片放在酒精灯上略微加热，这样可使细胞质破坏，增进染色体的染色；但不宜过热，否则会使细胞干缩毁坏、染料沉淀而不能观察
镜检观察	（1）把制好的切片放在显微镜下观察，根据细胞有丝分裂的特点，找出切片中各个分裂时期的典型细胞 （2）可以观察到形态近似正方形、排列整齐、细胞核大的细胞，这是处在分裂间期的细胞，还可以看到大量处在不同分裂时期的细胞 （3）根据有丝分裂各时期细胞形态变化的特点，选择不同时期的细胞转换至高倍镜下仔细观察，了解其分裂的全过程	观察时要仔细，多观察几个根尖，就能看到处于有丝分裂不同时期的细胞

5. 问题处理 训练结束后，完成以下问题：

（1）绘制洋葱细胞有丝分裂各时期的特征图，并注明各部分结构的名称。

（2）比较说明植物细胞有丝分裂各时期的特点。

（3）减数分裂有何生物学意义？

任务二 认识植物的组织

【任务目标】

● **知识目标**：了解植物细胞的分化，熟悉植物的分生组织类型和特点；熟悉植物的成熟组织的类型和特点。

● **能力目标**：能观察植物分生组织的类型及基本结构；能观察植物成熟组织的类型与基本结构。

【背景知识】

植物细胞的分化和组织系统

1. 植物细胞的分化 细胞的形态结构与功能是相适应的，例如叶肉细胞含叶绿体，进行光合作用；表皮细胞外壁角质化，行使保护功能；导管分子呈长管状，行使运输功能等。细胞在结构和功能上的特化称为细胞分化。

2. 植物组织分类　细胞分化导致植物体中形成许多生理功能不同、形态结构相应发生变化的细胞组合，通常把形态结构相似、功能相同的一种或多种类型细胞组成的结构单位称为组织。

由一种类型细胞构成的组织称为简单组织；由多种类型细胞构成的组织称为复合组织。在个体发育中，组织的形成是植物体内细胞分裂、生长、分化的结果。

植物的各种器官都是由许多组织组成的。植物组织按照形态结构和生理功能可分为分生组织和成熟组织两大类。

3. 植物组织系统　植物的每一个器官都由一定种类的组织构成，具有不同功能的器官中，组织的类型不同，排列方式不同。然而植物体为一个有机整体，各个器官在内部结构上必然具有连续性和统一性，因而植物学上引入组织系统这一概念。植物主要有 3 种组织系统：皮组织系统（包括表皮和周皮）、维管组织系统（包括木质部和韧皮部）、基本系统（包括各类薄壁组织、厚角组织和厚壁组织）。

活动一　植物的分生组织观察

1. 活动目标　了解植物分生组织的类型，在植物体内的分布，以及特点和功能，熟悉植物分生组织的基本结构。

2. 活动准备　准备洋葱根尖纵切片、水稻茎尖切片、椴树茎横切片等材料；显微镜、镊子、解剖针等用具。

3. 相关知识　分生组织位于植物体的生长部位，是指具有持续分裂能力的细胞群。其特征是：细胞代谢活跃，有旺盛的分裂能力；细胞体积小，排列紧密，无细胞间隙；细胞壁薄，不特化；细胞质浓厚，无大液泡分化；细胞核较大并位于细胞中央。根据分生组织在植物体内的分布部位、起源、结构、发育阶段和功能的不同可将分生组织分为不同的类型。

根据分生组织所处的位置可分为顶端分生组织、侧生分生组织和居间分生组织（图 2-15）。

（1）顶端分生组织。顶端分生组织位于植物的根尖和茎尖，细胞排列紧密，有较长的旺盛分裂期，细胞体积小，近于等径，细胞壁薄，细胞核位于中央并占有较大体积，液泡小而分散，细胞质丰富，细胞内通常缺少后含物。由顶端分生组织分裂的细胞，一部分会继续分裂，另一部分则

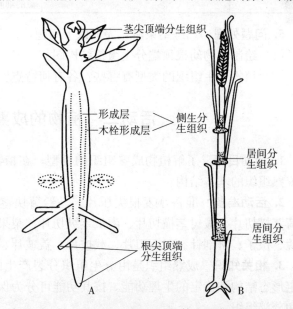

图 2-15　分生组织在植物体内分布示意
A. 顶端分生组织和侧生分生组织的分布　B. 居间分生组织的分布

在生理上和形态上发生分化，形成成熟组织。顶端分生组织可以使植物的根、茎不断伸长，并在茎上形成侧枝、叶和生殖器官。

（2）侧生分生组织。侧生分生组织存在于双子叶植物和裸子植物根、茎的周侧，与所在器官的长轴平行排列。包括维管形成层和木栓形成层。组织中的细胞多为纺锤形，有不同程度的液泡化，细胞质不浓厚，细胞的分裂活动往往与季节变化有关。侧生分生组织可以使植物的根、茎增粗，或在器官表面形成保护组织。

（3）居间分生组织。居间分生组织穿插间生在植物的茎、叶、花梗、花序轴等器官的成熟组织之间，一般是由顶端分生组织衍生而遗留的分生组织，在种子植物中并不是普遍存在的，细胞的细胞核大，细胞质浓，主要进行横向分裂，使器官沿纵轴方向增加细胞数目，而且细胞的分裂能力只保持一段时间，之后就完全变为成熟组织。

4. 操作规程和质量要求　先熟悉显微镜的使用要领，然后根据各学校实际情况，进行植物分生组织观察（表2-9）。

表2-9　植物分生组织的观察

工作环节	操作规程	质量要求
熟悉显微镜的使用	认识显微镜的各个部件，进行取镜、对光、放片、低倍物镜的使用、高倍镜的使用、换镜等显微镜使用环节	熟悉显微镜部件的作用及其使用方法
顶端分生组织的观察	取洋葱根尖纵切片和水稻茎尖切片，在显微镜下观察根生长点的细胞，注意根尖（或茎尖）分生组织细胞的特点	可以观察到顶端分生组织的细胞排列紧密，无细胞间隙，细胞壁薄，细胞质丰富，细胞核大并位于细胞的中央
侧生分生组织观察	取椴树茎横切片置显微镜下观察木栓形成层和维管形成层的位置，分析各自的结构和特点	（1）在维管束中可见有几层染色较浅的扁平细胞，排列整齐，细胞壁很薄，就是维管形成层 （2）在茎的外方有几层扁平砖形细胞，排列紧密整齐，常被染成棕红色，就是木栓层。木栓层内方有一层形状相似的细胞，着色较浅而细胞核明显，就是木栓形成层

5. 问题处理　训练结束后，完成以下问题：

（1）绘制植物幼根顶端分生组织结构图。

（2）植物分生组织的类型有哪些？各有何特点？

活动二　植物的成熟组织观察

1. 活动目标　了解植物成熟组织的类型，在植物体内的分布、特点和功能；能观察植物成熟组织的基本结构。

2. 活动准备　准备小麦根尖压片、马铃薯块茎切片、棉叶横切片、水稻老根横切片、薄荷茎横切片、椴树茎横切片、南瓜茎纵切片、梨果肉压片、松树枝条、蚕豆叶等材料；显微镜、镊子、解剖针、双面刀片、载玻片、盖玻片、蒸馏水、滴管等用具。

3. 相关知识　成熟组织是由分生组织分裂产生的细胞，经过分化、生长而形成的具有特定形态结构和稳定的生理功能，按其功能可分为保护组织、营养组织、机械组织、输导组织和分泌组织。

（1）保护组织。保护组织通常存在于植物表面，由一层或几层细胞构成。主要担负着减少水分散失,抵抗外界风雨、病虫危害和机械损伤的功能。根据其来源与形态不同分为表皮(初生保护组织)和周皮(次生保护组织)。

①表皮。表皮是由初生分生组织分化而来的保护组织,一般由一层具有生活力的细胞组成;但也有少数植物的某些器官的外表,可形成由多层活细胞组成的复表皮,包括表皮细胞、气孔器细胞、表皮毛细胞和腺毛细胞等(图2-16)。

表皮在植物体上存在的时间,依所在器官是否具有加粗生长而异。在较少或没有次生生长的器官上,例如叶、果实、大部分单子叶植物的根和茎上,表皮可长期存在。

②周皮。周皮是取代表皮的次生保护组织。有些植物的根、茎在加粗过程中原来的表皮被损坏而脱落,在表皮下面会形成新的保护组织,即周皮。周皮由侧生分生组织——木栓形成层分裂活动形成。木栓形成层通过平周分裂,向外产生的细胞分化成木栓层,向内分化成栓内层。木栓层、木栓形成层和栓内层共同构成周皮(图2-17)。当植物的根、茎继续增粗时,原有周皮会破裂,其内侧可产生新的木栓形成层,再形成新周皮。周皮会随着树干的生长不断更新。周皮及其外方毁坏的一些组织和韧皮部就是常说的树皮。

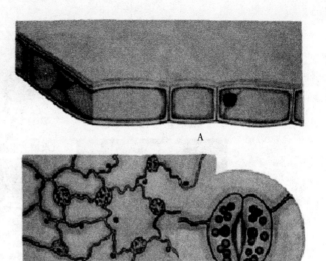

图 2-16 表皮
A. 茎表皮细胞形状和外壁的角质层
B. 双子叶植物叶表皮的表面观及气孔的放大

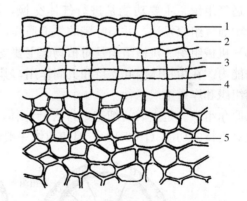

图 2-17 棉花茎的周皮
1. 表皮层 2. 木栓层 3. 木栓形成层 4. 栓内层 5. 皮层

(2)营养组织。又称为薄壁组织或基本组织,普遍存在于植物体各个部位(图2-18)。其特点是:细胞体积较大,排列疏松,有明显的胞间隙;细胞壁薄,由纤维素组成;细胞质内含叶绿体或质体,有大的液泡;分化程度低,极易转化为次生分生组织。营养组织具有不同的功能,可分为吸收组织、同化组织、贮藏组织、通气组织。

①吸收组织。主要功能是从环境中吸收水分和养分,并将所吸收的物质转运到输导组织中。一般位于植物体表面,如植物根尖的根毛。

②同化组织。是植物进行光合作用、制造有机物的组织,也称为绿色组织。如植物的叶肉组织、幼嫩的茎组织。

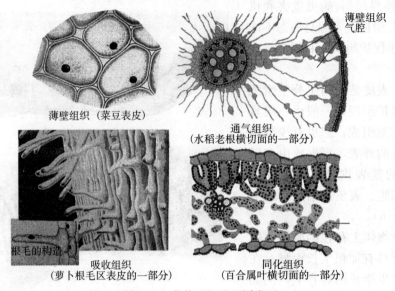

图 2-18　营养组织及不同类型

③贮藏组织。是用于贮藏营养物质的组织，主要存在于植物的根、茎、种子、果实、块根、块茎中等，细胞中常贮藏营养物质。如水稻、小麦等禾本科植物种子的胚乳细胞，甘薯块根、马铃薯块茎的薄壁细胞；花生种子的子叶细胞。

④通气组织。主要功能是进行气体交换，在水生和湿生植物中多见。例如在水稻根、茎、叶中通气组织发达，并与叶鞘的气道通连，这是对湿生条件的适应。

（3）机械组织。机械组织是对植物起主要支持作用的组织，具有很强的抗压、抗张和抗曲折的能力。在植物体内起支持和巩固作用，其细胞特点是有一定程度加厚的细胞壁。可分为厚角组织和厚壁组织两种。

①厚角组织。是生活的细胞，常含叶绿体，其细胞壁在角隅处加厚，既可进行光合作用，又具支持的功能（图 2-19）。厚角组织一般存在于植物的幼茎、花梗、叶柄和大叶脉中。

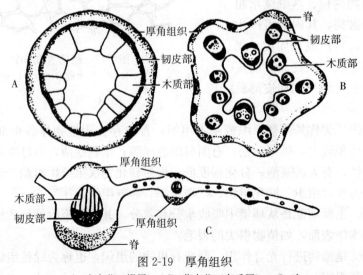

图 2-19　厚角组织
A. 木本茎（椴属）　B. 草本茎（南瓜属）　C. 叶

②厚壁组织。这类组织由死细胞组成，细胞壁的次生壁均匀加厚，还有不同程度的木质化。厚壁组织细胞可单个或成群、成束分散于其他组织之间，加强组织和器官的坚实程度。可分为纤维和石细胞。

纤维细胞细长，细胞壁在各面都有增厚，而且常常木质化，很坚硬，纤维和纤维间互相以尖端穿插连接，形成了器官内的坚强支柱。常见的有韧皮纤维和木纤维（图2-20）。石细胞的次生壁强烈增厚，原生质消失，成为仅具坚硬细胞壁的死细胞（图2-21）。

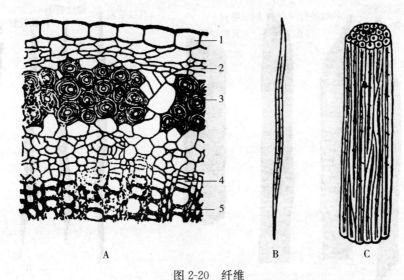

图 2-20　纤维
A. 亚麻茎横切面（示韧皮部纤维）　B. 一个纤维细胞　C. 纤维束
1. 表层　2. 皮层　3. 韧皮部纤维　4. 形成层　5. 木质部

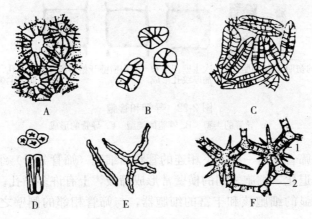

图 2-21　石细胞
A. 核桃果皮内　B. 梨果肉中　C. 椰子内果皮　D. 菜豆种皮
E. 山茶叶柄中　F. 萍蓬草叶柄中
1. 晶刺细胞　2. 薄壁细胞

（4）输导组织。输导组织是植物体内担负物质长途运输功能的管状结构，它们在各器官间形成连续的输导系统。在植物中，无机物和有机物运输分别由两类输导组织来承担，一类为导管和管胞,主要运输水分和溶解于其中的无机盐;另一类为筛管和伴胞,主要运输有机物质。

①导管和管胞。导管是由许多导管分子上下相连而成,导管分子的细胞壁增厚并木质化,发育成熟后为死细胞,形成了环纹导管、螺纹导管、梯纹导管、孔纹导管等。管胞是由一个狭长的细胞构成,两端狭长,细胞壁增厚并木质化,原生质体消失,为死细胞(图2-22)。

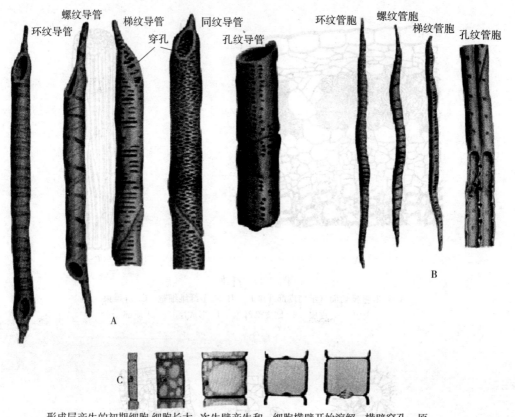

图 2-22 导管和管胞
A. 导管的类型 B. 管胞的类型 C. 导管的形成

②筛管和伴胞。筛管是由一些上下相连的管状活细胞(筛管分子)组成,为活细胞,但核消失,许多细胞器退化,细胞之间的横壁常形成筛板,上有许多筛孔。伴胞是活细胞,具有浓厚的细胞质、明显的细胞核和丰富的细胞器,与筛管相邻的侧壁之间有细胞间丝贯通(图2-23)。

(5)分泌组织。有些植物在新陈代谢过程中会产生挥发油、树脂、乳汁、蜜液、单宁、黏液、盐类等,这些物质会由一定的组织排出体外,或聚积在植物体内,这就是植物的分泌现象。而植物体中产生、贮藏和输导分泌物的细胞或细胞组合就是分泌组织。分泌组织可分为外分泌组织和内分泌组织两大类(图2-24)。

①外分泌组织。是能够将分泌物排出到植物体外的结构。外分泌结构大多分布于植物表

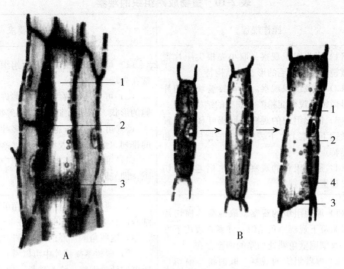

图 2-23　筛管
A. 筛管纵切面　B. 筛管细胞的发生
1. 筛管细胞　2. 伴胞　3. 筛板　4. 质体

面，如烟草的腺毛、薄荷叶片的腺鳞、花朵和叶上的蜜腺、柽柳的盐腺、小麦与番茄叶缘的排水器等。

②内分泌组织。埋藏在植物的基本组织内，分泌物存在于围合的细胞间隙中，常见的有分泌细胞、分泌腔、分泌道和乳汁管（图 2-24）。

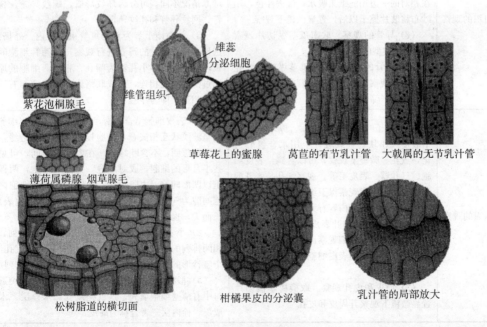

图 2-24　分泌组织

4. 操作规程和质量要求　先熟悉显微镜的使用要领，然后根据各学校实际情况，进行植物营养组织、机械组织、输导组织、保护组织等植物成熟组织的观察（表 2-10）。

表 2-10　植物成熟组织的观察

工作环节	操作规程	质量要求
营养组织的观察	（1）吸收组织观察。取小麦根尖压片置显微镜下观察根毛的形态和结构特点 （2）贮藏组织观察。取马铃薯块茎切片置显微镜下观察淀粉贮藏细胞的结构特点 （3）同化组织的观察。取棉叶横切片置显微镜下观察上、下表皮之间的栅栏组织和功能特点 （4）通气组织的观察。取水稻老根横切片置显微镜下观察	（1）可见小麦根尖的吸收组织细胞壁较薄，细胞核常在先端 （2）可见马铃薯细胞中贮藏许多淀粉粒，并注意细胞的形状、排列及细胞壁厚薄等特征 （3）可见棉叶细胞内含许多叶绿体，注意观察细胞的排列、细胞间隙及细胞中叶绿体的分布情况 （4）可见水稻老根薄壁组织中有许多大型的细胞间隙，即气腔
机械组织的观察	（1）厚角组织的观察。取薄荷茎横切片置显微镜下观察厚角组织。注意在表皮下方是否有细胞壁角隅处加厚的细胞存在 （2）厚壁组织的观察。取椴树茎横切片置显微镜下观察厚壁组织 （3）石细胞的观察。取梨果肉石细胞压片观察，将梨的果肉切一薄片，注意聚集成团的石细胞团	（1）薄荷茎横切片在 4 个角的紧靠表皮以内的数层细胞没有细胞间隙，细胞壁在 3～4 个细胞相邻的角上加厚，这些角隅加厚的细胞群即厚角组织 （2）椴树茎横切片中可以看到在韧皮部的外侧，有成束的纤维细胞，细胞狭长、两端尖、细胞壁厚 （3）注意聚集成团的石细胞团，每团之中有许多石细胞，石细胞被染成红色，而果肉细胞不起变化，这是细胞壁木质化的显著标志，在石细胞的厚壁上还可以看到沟纹
输导组织的观察	（1）管胞的观察。切取少许松树枝条。用组织离析法进行处理，用镊子选取少量材料，放在载玻片上用解剖针挑散，加一滴番红染色加盖玻片，在盖玻片一边滴加清水，在相对的一边用滤纸条吸水，洗去浮色，用纱布将装片擦干以后，置显微镜下观察 （2）导管的观察。取南瓜茎纵切片观察 5 种不同类型的导管 （3）筛管的观察。取南瓜茎纵横切片在低倍镜下观察，首先分清维管束中的木质部和韧皮部，筛管在韧皮部	（1）可以看到许多两端尖的长形细胞，这就是管胞，在每个管胞上可以看到许多圈圈。每个大圈中套有小圈，这便是具缘纹孔 （2）导管是被子植物主要输水组织，根据其木质化增厚情况不同，可分为环纹导管、螺纹导管、梯纹导管、网纹导管和孔纹导管 （3）注意南瓜茎为双韧维管束。具内、外韧皮部，选择一个较清楚的筛管进行观察，两筛管细胞间有筛板，筛板有许多小孔称为筛孔。相连两细胞的原生质通过筛孔彼此相连，形成联络索，筛管侧面有一薄壁细胞相连，即为伴胞
保护组织的观察	（1）双子叶植物表皮观察。撕取蚕豆叶下表皮一小块，置载玻片上用水合氯醛透化，放在显微镜下观察，可以看到：表皮细胞、气孔器、表皮毛。观察气孔是张开的还是关闭。注意观察保卫细胞与表皮细胞的颜色有何不同。其内容有无叶绿体 （2）禾本科植物叶表皮观察。取小麦叶表皮制片观察，仔细观察比较双子叶植物叶和单子叶植物叶的表皮细胞和气孔器的形态结构特征 （3）周皮和皮孔观察。取椴树茎横切片置显微镜下观察其周皮和皮孔	（1）表皮细胞结合紧密，没有细胞间隙，细胞壁边缘呈波纹状互相嵌合，细胞核位于细胞壁边缘，细胞质无色透明，不含叶绿体。在表皮细胞间，可见到一些半月形的细胞，成对配置，为保卫细胞，两保卫细胞以凹面向着，内壁较厚，外壁较薄，两细胞之间的胞间隙为气孔。烟草叶表皮细胞上有单细胞表皮毛，长而尖，也有腺毛，腺毛较短，顶端膨大 （2）小麦叶表皮细胞形状较规则，成行排列，包括相间排列的长、短两种细胞，不含叶绿体，气孔器由 2 个哑铃形的保卫细胞和 2 个副卫细胞组成，排列成行 （3）椴树茎的木栓层有些地方已破裂向外突起，裂口中有薄壁细胞填充，这就是皮孔。木栓层、木栓形成层、栓内层三者合称为周皮

5. 问题处理　训练结束后，完成以下问题：

（1）根据观察结果，要求绘出双子叶植物叶气孔器结构图和 5 种不同类型的导管结构图，并加注文字说明。

（2）根据观察的材料，比较单子叶植物与双子叶植物叶表皮在形态结构上的特点。根据观察比较管胞与导管的异同，为什么说导管是更进化的运水机构？

（3）机械组织有哪些种类？在植物体内分布有何规律？

（4）试从结构和功能上区别：厚角组织和厚壁组织；木质部和韧皮部；表皮和周皮；导管和筛管；导管和管胞；筛管和筛胞。

任务三　认识植物的营养器官

【任务目标】

● **知识目标**：了解植物根、茎、叶的功能；熟悉植物根与根系类型，茎的基本形态、分类、分枝与分蘖，叶的组成与形态；认识根、茎、叶的基本结构。

● **能力目标**：能够观察植物根的形态与基本结构；能够观察植物茎的形态与基本结构；能够观察植物叶的形态与基本结构；能认识植物根、茎、叶的变态类型。

【背景知识】

植物的营养器官概述

在植物体中，由多种组织组成，具有一定形态特征和特定生理功能，并易于区分的部分，称为器官。种子植物是由许多器官组成的，其中根、茎、叶是植物的营养器官，花、果实、种子是植物的生殖器官。

1. 植物的根　根是植物在进化过程中为了适应陆地生活过程中形成的地下营养器官。在高等植物中，从蕨类开始出现根，至种子植物演化成为重要的营养器官。根的主要生理功能有支持与固着作用，吸收、输导与贮藏作用，合成作用，分泌作用。

（1）根的类型。种子萌发时，胚根先突破种皮向地生长，便形成根。根据其发生部位可分为主根、侧根、不定根。由种子里的胚根生长发育而成的根称为主根。侧根是主根产生的各级大小分枝。主根和侧根又称为定根。从茎、叶、老根或胚轴长出的根称为不定根（图2-25）。

（2）根系的种类。一株植物所有根的总体称为根系。根系常有一定的形态，按其形态的不同可分为直根系和须根系两大类（图2-26）。直根系的主根发达，一般垂直向地生长，而主根上生出的各级侧根则细小；绝大多数双子叶植物和裸子植物的根系为直根系，如棉花、油菜、大豆、番茄、桃、苹果、梨、柑橘、松、柏等。须根系的主根不发达或早期停止生长，由茎的基部生出的不定根组成；单子叶植物的根属于须根系，如水稻、小麦、玉米、竹、棕榈、葱、蒜、百合等。

依据根系在土壤中的分布深度，可分为深根系和浅根系。深根系主根发达，垂直向下生长，深入土层3～5m，甚至大于10m。浅根系主根不发达，侧根或不定根向四面扩张，长度超过主根，根系大部分分布在土壤表层。直根系植物的根常分布在较深土层中，属于深根系；须根系往往分布在较浅的土层中，属于浅根系。

图 2-25　植物的根
1. 主根　2. 侧根　3. 不定根

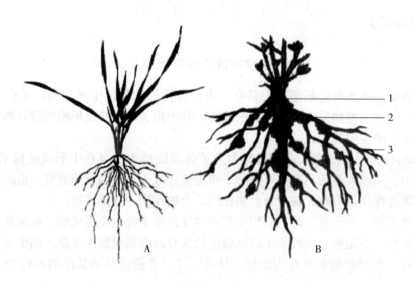

图 2-26　植物的根系
A. 须根系（小麦）　B. 直根系（大豆）
1. 主根　2. 侧根　3. 纤维根

2. 植物的茎　茎是植物体地上部分联系根和叶以及输导水分、无机盐和有机养料的轴状结构。除少数茎生于地下外，一般是植物体生长在地上的营养器官之一。茎的功能主要是：支持作用、输导作用、贮藏与繁殖作用；有些茎具有繁殖功能，如马铃薯的块茎、杨树的枝条等。

（1）茎的基本形态。植物地上部分具有主茎和侧枝，茎有节、节间、叶腋和枝条等（图2-27）。节是茎上着生叶的部分；节间是两个节之间的部分；叶片与枝条之间的夹角称为叶腋。植株生长过程中，根据枝条延伸生长的强弱，可将枝条分为长枝和短枝，一般果树上的长枝是营养生长的枝条；短枝是开花结实的枝条，又称为花枝或果枝。

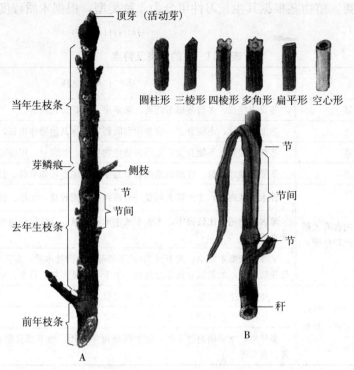

图 2-27 茎的形态
A. 木质茎 B. 草质茎

（2）芽。芽实际上是未发育的枝或花和花序的原始体。根据芽在茎、枝条上着生的位置、结构和生理状态不同，将植物的芽分为定芽与不定芽，叶芽、花芽和混合芽，鳞芽和裸芽，活动芽和休眠芽等（图 2-28）。

定芽是在枝条上有固定的着生位置的芽，如顶芽和腋芽（侧芽）。着生在枝条顶端的芽称为顶芽，着生在叶腋处的芽称为腋芽或侧芽。不定芽是生长在老根、茎或叶上的芽，如着生在甘薯、蒲公英和榆树等根上的芽。

叶芽是将来发育成枝条的芽；花芽是将来发育成花或花序的芽；混合芽是同时可以发育成枝和花的。叶芽决定着主干与侧枝的关系与数量，花芽决定花和花序的结构、品质和开花时间及结果数量。

鳞芽是外面有芽鳞片保护的芽，如多年生木本植物的越冬芽均有鳞片包被。所有一年生植物、多数二年生植物和少数多年生木本植物的芽，外面没有芽鳞，只被幼叶包着，称为裸芽。

活动芽是分化完善在当年生长季节萌动生长的芽；休眠芽是当年生长季节中暂不萌动，必须经过一段休眠期，甚至多年

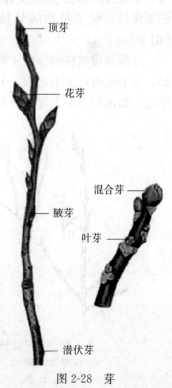

图 2-28 芽

也不萌发的芽。

（3）茎的分类。植物茎根据其生长习性可分为4种类型，根据木质程度可分为木本茎和草本茎（表2-11）。

表2-11　茎的分类及特点

类　别		分　类　及　特　点
生长习性	直立茎	茎直立生长，多数茎属于此类。如苹果、棉花、松树等
	攀缘茎	茎细长柔软，不能直立，靠卷须和吸器等攀缘其他物体生长，如葡萄、瓜类等
	缠绕茎	茎细长柔软，不能直立，必须缠绕他物生长，如豇豆、田旋花等
	匍匐茎	茎平卧地面生长，在接触地面的节部生有不定根，如草莓、甘薯等
木质程度	木本茎（茎内含有大量的木质，一般比较坚硬）	乔木植株高大，主干粗大明显，分枝距离地面较高，如松、杨、核桃等
		灌木植物植株比较矮小，无主干或主干不明显，分枝靠近地面，如丁香、榆叶梅、女贞等
		半灌木较灌木矮小，高不到1m，茎基部近地面处木质，多年生，上部茎草质，于开花后枯死，如蒿属分枝靠近地面，主干不明显，如：月季、柑橘、荆条等
	草本茎（茎中含木质成分少，多汁，柔软，易折断）	一年生，生命过程在1年完成，如大豆、玉米等
		二年生，生命过程需2年完成，如白菜、萝卜等
		多年生，生活期超过2年，地上部分每年枯死，地下部分能活多年，如芦苇、甘薯、香蕉等

（4）茎的分枝与分蘖。分枝是植物生长时普遍存在的现象，主干的伸长、侧枝的形成，是顶芽和腋芽分别发育的结果，侧枝和主干一样，还可继续产生侧枝，并且有一定的规律性。种子植物的分枝方式，一般有单轴分枝、合轴分枝和假二叉分枝3种类型（图2-29）。

分蘖是指植株的分枝主要集中于主茎基部的一种分枝方式。其特点是主茎基部的节较密集，节上生出许多不定根，分枝的长短和粗细相近，呈丛生状态。典型的分蘖常见于禾本科作物，如水稻、小麦等的分枝方式（图2-30）。

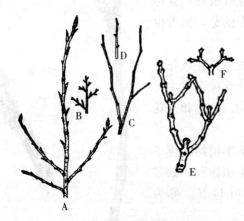

图2-29　分枝类型
A、B. 单轴分枝　C、D. 合轴分枝
E、F. 假二叉分枝

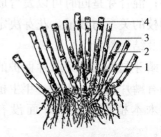

图2-30　小麦的分蘖
1. 第一次分蘖　2. 第二次分蘖
3. 第三次分蘖　4. 主茎

3. 植物的叶 叶是绿色植物重要的营养器官，它起源于茎尖生长锥周围的叶原基。它的主要功能是进行光合作用、蒸腾作用和气体交换；有些植物的叶还有贮藏营养物质和繁殖的功能。

（1）叶的组成。植物的叶一般由叶片、叶柄和托叶三部分组成（图 2-31）。具有叶片、叶柄和托叶三部分的叶为完全叶，如梨、桃的叶；有些叶只有 1 个或 2 个部分的称为不完全叶，如茶、白菜的叶。

禾本科植物的叶是单叶，由叶片和叶鞘组成。叶片扁平狭长，呈线形或狭带形，具有纵向的平行脉序，并有叶舌和叶耳（图 2-31）。叶片和叶鞘相接处的腹面内方有一膜质向上突出的片状结构称为叶舌；叶舌两侧的片状、爪状或毛状伸出的突出物称为叶耳。

（2）叶片的形态。

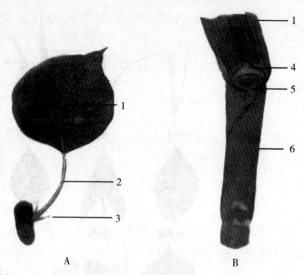

图 2-31 植物的叶
A. 双子叶植物叶片　B. 禾本科植物叶片
1. 叶片　2. 叶柄　3. 托叶　4. 叶舌　5. 叶耳　6. 叶鞘

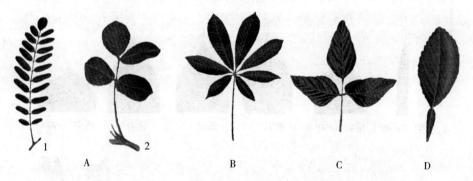

图 2-32 复叶类型
A. 羽状复叶　B. 掌状复叶　C. 三出复叶　D. 单身复叶
1. 奇数羽状复叶　2. 偶数羽状复叶

①单叶和复叶。叶有单叶和复叶之分。只生 1 片叶的称为单叶，生有 2 片以上的叶称为复叶。复叶根据小叶排列方式可分为 4 种类型：羽状复叶、三出复叶、掌状复叶和单身复叶（图 2-32）。

②叶形。常见叶的形状有针形（如松树）、线形（如水稻、韭菜）、披针形（如柳树、桃树）、椭圆形（如樟树）、卵形（如向日葵）、菱形（如菱）、心形（如紫荆）、肾形（如冬葵）等（图 2-33）。

③叶尖。叶尖主要有渐尖（如菩提树）、急尖（如荞麦）、钝形（如厚朴）、截形（如鹅掌楸）、短尖（如锦鸡儿）、骤尖（如吴茱萸）、微缺（如苜蓿）、倒心形（如酢浆草）等（图 2-34）。

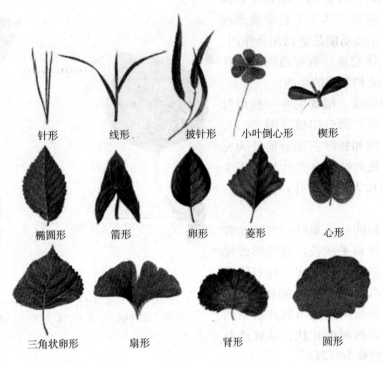

针形	线形	披针形	小叶倒心形	楔形
椭圆形	箭形	卵形	菱形	心形
三角状卵形	扇形	肾形	圆形

图 2-33　叶形

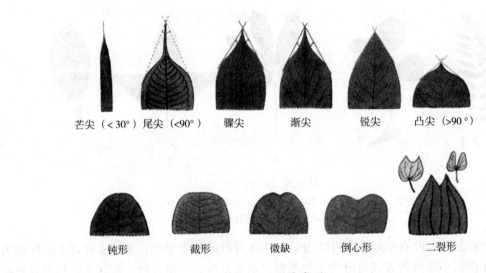

| 芒尖（＜30°） | 尾尖（<90°） | 骤尖 | 渐尖 | 锐尖 | 凸尖（>90°） |
| 钝形 | 截形 | 微缺 | 倒心形 | 二裂形 |

图 2-34　叶尖类型

④叶缘。主要有全缘（如女贞、玉兰）、牙齿缘、锯齿缘、重锯齿缘、凸波缘、凹波缘（图 2-35）。

⑤叶脉。叶片上分布的粗细不等的脉纹称为叶脉。叶脉的分布规律为脉序，脉序主要有平行脉、网状脉和叉状脉 3 种类型（图 2-36）。平行脉如水稻、小麦等单子叶植物；网状脉如桃、棉花等；叉状脉如银杏等。

全缘　　　牙齿缘　　锯齿缘　重锯齿缘　凸波缘　凹波缘

图 2-35　叶缘类型

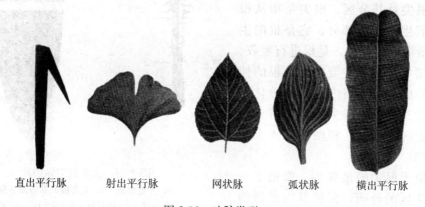

直出平行脉　　射出平行脉　　　网状脉　　弧状脉　　横出平行脉

图 2-36　叶脉类型

⑥叶序。叶在茎上按一定规律排列的方式称为叶序。叶序基本上有 4 种类型：互生、对生、轮生和簇生（图 2-37）。互生叶如白杨、法国梧桐等；对生叶如女贞、石竹等；轮生叶如夹竹桃、百合等。簇生叶是从同一基部长出多片单叶，如铁角蕨、吉祥草等。

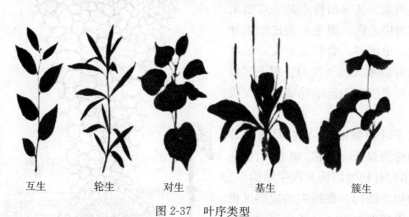

互生　　　　轮生　　　　对生　　　　基生　　　　簇生

图 2-37　叶序类型

活动一　植物根的形态及结构观察

1. 活动目标　了解根的基本形态和根系类型；识别根尖各分区所在部位及细胞构造特

点；掌握根的初生结构和次生结构，了解侧根的发生与根瘤；通过根的形态及解剖结构特点观察能够熟练进行植物根的形态及结构的识别。

2. 活动准备　根据班级人数，按 2 人一组，分为若干组，每组准备以下材料和用具：葱、小麦、桔梗、萝卜、胡萝卜、甘薯、玉米、石斛或吊兰、菟丝子、桑寄生、常春藤或凌霄、浮萍、大豆或花生的根，马尾松根表皮、葡萄的根及兰科植物的根等新鲜标本。

3. 相关知识

（1）根尖及其分区。根尖是指从根的顶端到着生根毛的部分。它是根的生命活动中最活跃的部分，是根进行吸收、合成、分泌等作用的主要部位。根的伸长、根系的形成以及根内组织的分化也都是在根尖进行的。根尖的结构可分为根冠、分生区、伸长区和根毛区 4 个部分（图 2-38）。

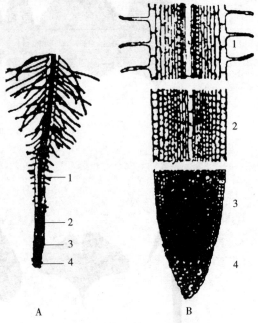

图 2-38　大麦根尖纵切片
A. 大麦根系　B. 大麦根尖纵切面示意
1. 成熟区　2. 伸长区　3. 分生区　4. 根冠

根冠位于根尖的最先端，像帽子一样套在分生区的外面，保护其内幼嫩的分生组织。分生区位于根冠内侧，全长 1～2mm，是分生新细胞的区域，常称为生长点。伸长区位于分生区上方。根毛区（成熟区）位于伸长区上方，由伸长区细胞分化成熟而来。其突出特点是表皮密生根毛，又称为根毛区。根毛由表皮细胞外壁延伸而成，单细胞，管状无分支，长度 1～10mm，寿命短（10～20d）。根毛区以上根的部分起着固着和运输功能，扩大吸收面积。

（2）双子叶植物根的结构。具有两片子叶的植物称为双子叶植物。如大豆、棉花等。其根的结构有初生结构和次生结构。

①根的初生结构。在根尖的成熟区已分化形成各种成熟组织，这些成熟组织是由顶端分生组织细胞分裂产生的细胞经生长分化形成的结构，称之为根的初生结构，由外向内依次为表皮、皮层和维管柱（中柱）三部分（图 2-39）。

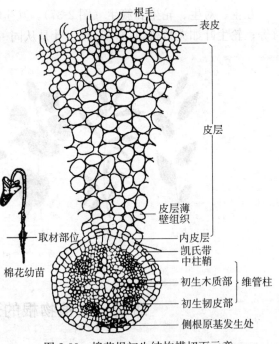

图 2-39　棉花根初生结构横切面示意

　　表皮是根最外面的一层细胞，从横切面上观察，细胞呈长方柱形，排列整齐紧密，无胞间隙，细胞壁薄，外切向壁上具有薄的角质膜，有些表皮细胞特化形成根毛。

　　皮层位于表皮之内、中柱之外，由多层薄壁细胞构成，细胞较大并高度液泡化，排列疏松有明显的胞间隙。皮层有外皮层、中皮层和内皮层之分，内皮层部分细胞的径向壁、横向壁有栓化的带状加厚（木质化、栓质化），称为凯氏带。

　　维管柱也称为中柱。是内皮层以内的部分，包括中柱鞘、初生木质部、初生韧皮部和薄壁细胞4部分。有时候把初生木质部、初生韧皮部和两者之间的薄壁细胞合称为维管束。

　　②根的次生结构。大多数双子叶植物的根在初生结构形成后，由于次生分生组织（维管形成层和木栓形成层）的产生和分裂活动，使根得以增粗，这种过程称为增粗过程，由它们所形成的次生维管组织和周皮共同组成的结构称为次生结构。

　　根的次生结构形成后，从外到内依次为：周皮（木栓层、木栓形成层和栓内层）、皮层（有或无）、韧皮部（初生韧皮部、次生韧皮部）、形成层、木质部（次生木质部、初生木质部）和射线等部分（图2-40）。

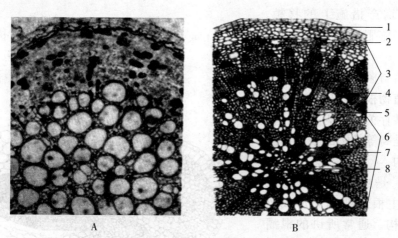

图 2-40　棉花老根横切结构（示次生结构）

A. 棉花老根横切切片　B. 棉花老根横切

1. 周皮　2. 分泌腔　3. 韧皮部　4. 维管形成层　5. 射线　6. 次生木质部

7. 原生木质部　8. 后生木质部

　　（3）单子叶植物根的结构。禾本科植物为单子叶植物，其根的基本结构也可分为表皮、皮层、中柱3个部分，但各部分有其特点，特别是不产生维管形成层和木栓形成层，不能进行次生生长（图2-41）。

　　①表皮。禾本科植物根的表皮是根的最外一层细胞，寿命较短，当根毛枯死后，往往解体而脱落。

　　②皮层。禾本科植物根的皮层中靠近表皮的3层至数层细胞为外皮层。内皮层在发育后期细胞壁呈五面加厚，只有外切向壁不加厚。在横切面上，其加厚的部分呈马蹄形。在木质部放射角处的少数细胞仍保留薄壁状态，成为水分、养分进出的通道。

　　③中柱。中柱最外的一层薄壁细胞组成中柱鞘，为侧根发生之处。初生木质部一般为多原型。每束初生韧皮部与初生木质部放射角相间排列，两者之间的薄壁细胞不能

恢复分生能力，不产生形成层。以后细胞壁木质化而变为厚壁组织。

（4）侧根。侧根开始发生时，中柱鞘某些部位的几个细胞，细胞质变浓，液泡很小，细胞恢复分裂活动。首先进行切向分裂，增加细胞层数，继而向各个方向分裂，产生一团细胞，形成侧根原基，其分化方向以向顶顺序进行；其顶端逐渐分化为生长点和根冠。最后由于新的生长点的不断分裂、生长和分化而向外突出，结果穿过母根的皮层和表皮成为侧根（图2-42）。农业增产措施上的移植、假植、中耕、施肥等均能促进侧根的发生。

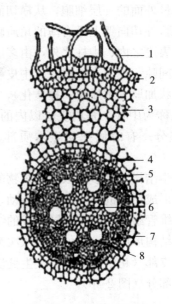

图2-41　玉米幼根横切面

1. 根毛　2. 表皮　3. 皮层　4. 内皮层　5. 中柱鞘
6. 髓　7. 原生木质部　8. 后生木质部

（5）根瘤与菌根。有些土壤微生物能侵入植物根部，与宿主建立互助互利的共存关系称为共生。根瘤和菌根就是高等植物的根部所形成的共生结构。

①根瘤。是由固氮细菌、放线菌侵染宿主根部细胞而形成的瘤状共生结构。通常所讲的根瘤主要是指由根瘤细菌等侵入宿主根部后形成的瘤状共生结构。根瘤菌最大特点是具有固氮作用（图2-43）。

②菌根。植物的根与土壤中的真菌结合而形成的共生体称为

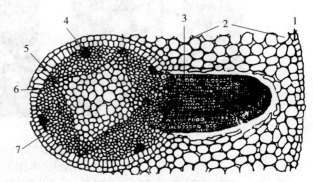

图2-42　侧根形成示意

1. 表皮　2. 皮层　3. 侧根　4. 韧皮部
5. 木质部　6. 中柱鞘　7. 内皮层

菌根。根据菌丝在根中生长分布的部位不同，可将菌根分为外生菌根和内生菌根。外生菌根的真菌菌丝大部分包被在植物幼根的表面，形成白色丝状物覆盖层（图2-44A、B），如马尾松、云杉、山毛榉等木本植物的根。内生菌根的真菌菌丝通过细胞壁大部分侵入到幼根皮层的活细胞内，呈盘旋状态（图2-44C）。如柑橘、核桃、葡萄、李及兰科等植物的根内。

4. 操作规程和质量要求　选择当地种植农作物、蔬菜、果树、花卉等地块，观察植物的根及其生长情况，并准备不同类型的根标本，如果没有新鲜标本，也可选取本校制作好的样本或图片，进行表2-12操作。

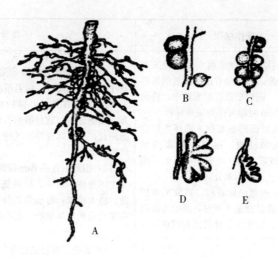

图 2-43 几种植物的根瘤

A、B. 大豆　C. 菜豆　D. 豌豆　E. 紫云英

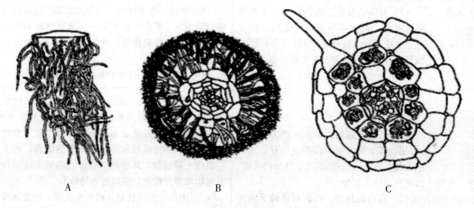

图 2-44 外生菌根和内生菌根

A、B. 外生菌根　C. 内生菌根

表 2-12 植物根的形态及结构观察

工作环节	操作规程	质量要求
制作根徒手切片	(1) 将植物根切成长 0.5cm 的立方体、1～2cm 长的长方条 (2) 取上述一个长方条用左手拇指和食指拿着，使长方条上端露出 1～2mm 高，并以无名指顶住材料。用右手拿着刀片的一端 (3) 把材料上端和刀刃先蘸些水，并使材料成直立方向，刀片呈水平方向，自外向内把材料上端切去少许，使切口成光滑的断面，并在切口蘸水，接着按同法把材料切成极薄的薄片（越薄越好）	(1) 切时要用臂力，不要用腕力及指力，刀片切割方向由左前方向右后方拉切；拉切的速度宜较快，不要中途停顿 (2) 把切下的切片用小镊子或解剖针拨入表面皿的清水中，切时材料的切面经常蘸水，起润滑作用 (3) 如需染色，可把薄片放入盛有染色液的表面皿内，染色约 1min，轻轻取出放入另一盛清水的表面皿内漂洗，之后，即可装片观察。也可以在载玻片上直接染色，即先把薄片放在载玻片上，滴一滴染色液。约 1min，倾去染色液，再滴几滴清水，稍微摇动，再把清水倾去，然后再滴一滴清水，盖上盖玻片，便可镜检

（续）

工作环节	操作规程	质量要求
观察根尖及其分区	（1）材料培养。训练前5～7d将玉米籽粒浸水吸胀，置于垫有潮湿滤纸的培养皿内并加盖。同时要放在恒温箱中，待幼根长到2～3cm时即可作为观察材料 （2）根尖外部形态观察。选择生长良好而直的玉米幼根，用刀片截取端部1cm，放在载玻片上（片下垫一黑纸）用放大镜观察它的外形和分区 （3）根尖内部结构观察。再取玉米根尖纵切片，在显微镜下观察，由根尖处向上分：根冠、分生区、伸长区和成熟区	（1）培养皿要维持一定湿度，注意不可被水淹没，影响呼吸，以致腐烂。恒温箱温度以20～25℃为宜 （2）根冠在外层，保护根尖；分生区位于根冠的上方，细胞分裂，数目增加；伸长区紧靠分生区之上，细胞伸长；成熟区在伸长区的上方，生长停止，分化开始，产生根毛 （3）根冠由许多着色较淡的薄壁细胞组成帽状结构。分生区由体积较小、排列整齐紧密的细胞组成，细胞壁薄、核大质浓，有较强的分生能力。伸长区可以看见一些宽而长的成串细胞。成熟区各种组织已分化成熟
观察双子叶植物根的初生结构	（1）低倍镜观察。取蚕豆的根毛区横切片（或用新鲜蚕豆幼根做徒手切片，制成临时切片），先在低倍镜下区分出表皮、皮层和中柱3部分 （2）高倍镜观察。再转高倍镜下由外到内观察，识别各种组织。皮层（外皮层、中皮层和内皮层）；中柱（中柱鞘）、维管束（初生木质部、初生韧皮部）	（1）表皮。在根的最外层，由排列紧密、较小细胞组成，横切面上呈正方形 （2）皮层。是表皮以内数层排列疏松的薄壁细胞组成，占横切面的大部分。紧靠表皮的为外皮层，皮层最内排列较整齐的一层细胞为内皮层 （3）中柱。由中柱鞘、初生木质部、初生韧皮部和薄壁细胞组成。紧靠内皮层的一层薄壁细胞为中柱鞘。初生木质部呈辐射状排列；初生韧皮部位于两个初生木质部之间的外侧 （4）大多数双子叶植物根中没有髓
观察单子叶植物根的初生结构	（1）低倍镜观察。取玉米根尖纵切片（或用新鲜玉米根尖制作徒手切片，加一滴番红溶液），先在低倍镜下区分出表皮、皮层和中柱3部分 （2）高倍镜观察。再转高倍镜下由外到内观察，识别各种组织。皮层（外皮层、中皮层和内皮层）；中柱（中柱鞘）、维管束（初生木质部、初生韧皮部和髓）	（1）表皮。最外一层细胞，老根的根毛已残破不全 （2）皮层。可分为外皮层、皮层薄壁细胞和内皮层。外皮层由内外两层薄壁细胞夹着一层厚壁细胞组成；皮层薄壁细胞由许多放射状的薄壁细胞组成；内皮层是皮层最内一层细胞，其细胞壁除外切向壁未增厚外，其余五面均增厚并栓化，横切面为马蹄形 （3）中柱。由中柱鞘、初生木质部、初生韧皮部、薄壁细胞和髓组成。中柱鞘为排列比较密的一层细胞；初生木质部为多原型，靠近中央常有大导管；初生韧皮部由筛管和伴胞组成；薄壁细胞常被染成绿色 （4）髓。多数单子叶植物根中有髓，是由薄壁细胞组成
根系的观察	（1）直根系观察。观察桔梗的根系，区别主根、侧根 （2）须根系观察。观察葱、麦冬的根系有无主根，其根系是怎样形成的，有何特点	（1）直根系有明显的主根和侧根。绝大多数的双子叶植物和裸子植物的根系为直根系 （2）须根系没有明显的主根或主根不发达，由不定根组成。单子叶植物的根系多为须根系

5. 问题处理 训练结束后，完成以下问题：

（1）植物根尖分几个区？各区细胞结构有什么特点？并绘制根尖分区轮廓图。

（2）比较单子叶植物和双子叶植物根的结构有何异同。

（3）植物的直根系和须根系有什么区别？分别举例5种以上。

（4）比较双子叶植物根的初生与次生构造。

活动二　植物茎的形态及结构观察

1. 活动目标　通过对茎的不同形态标本或野外观察，学习了解茎的外部形态，了解芽的结构和类型，掌握双子叶植物和单子叶植物茎的结构，了解裸子植物茎的结构。

2. 活动准备　根据班级人数，按 2 人一组，分为若干组，每组准备以下材料和用具：苹果、梨、核桃、杨树或金钱松 3 年生枝条，悬铃木或刺槐芽、甘薯或蒲公英的根芽、榆树的枝芽、苹果或梨的芽、向日葵茎、黄瓜或葡萄茎、常春藤茎、猪殃殃茎、爬山虎茎、草莓或甘薯茎、山楂茎、天门冬茎、大蒜鳞茎、竹或芦苇、马铃薯、洋葱、荸荠等新鲜标本。

3. 相关知识

（1）茎尖及其分区。当叶芽萌发伸长时，通过茎尖作纵切面观察，可以看到由芽的顶端至基部，可以分为分生区、伸长区和成熟区。茎的生长是在茎尖进行的。

①分生区。位于茎尖的顶端，由分生组织组成，通过细胞分裂，增加细胞的数量和体积。在分生区的后部周围生有若干个小突起，将来发育成为叶，成为叶原基。通常在第 2 或第 3 个叶原基腋部生出一些突出物，将来发育成为腋芽，称为腋芽原基。

②伸长区。位于分生区后方，包括几个节和节间，细胞停止分裂，迅速伸长，节间长度增加。是茎生长的主要部位。

③成熟区。位于伸长区后方，细胞停止伸长生长，形成各种成熟组织。

（2）双子叶植物茎的结构。其茎的结构有初生结构和次生结构。

①茎的初生结构。双子叶植物幼茎的顶端分生组织经细胞分裂，伸长和分化所形成的结构，称为初生结构。把幼嫩的茎作一横切，自外向内分为表皮、皮层和中柱（也称为维管柱）3 部分（图2-45）。

表皮是幼茎最外面的一层细胞，在横切面上表皮细胞为长方形，排列紧密，没有间隙，细胞外壁较厚形成角质层，表皮有气孔。

皮层位于表皮内方，主要由薄壁组织所组成，细胞排列疏松，有明显的胞间隙，靠近表皮的几层细胞常分化为厚角组织，担负幼茎的支持作用。皮层多含叶绿体，能进行光合作用，故幼茎多为绿色。

中柱是皮层以内的部分，多数双子叶植物的中柱包括维管束、髓和髓射线三部分。维管束是由初生木质部、束内形成层和初生韧皮部共同组成的分离的束状结构。大多数植物茎内无中柱鞘。髓位于

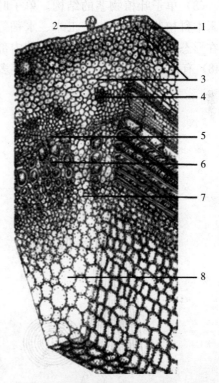

图 2-45　棉花幼茎横切面
1. 表皮　2. 腺毛　3. 皮层　4. 初生韧皮部
5. 束内形成层　6. 初生木质部　7. 髓射线　8. 髓

茎的中央，由薄壁细胞组成，细胞内贮藏有养料。髓射线是维管束间的薄壁细胞，位于各维管束之间。

②茎的次生结构。双子叶植物茎的初生构造形成后不久，内部便出现形成层和木栓形成层，由于它们的细胞分裂、生长和分化，便产生次生结构。双子叶植物茎的次生结构自外向内依次是：周皮（木栓层、木栓形成层、栓内层）、皮层（有或无）、初生韧皮部、次生韧皮部、形成层、次生木质部、初生木质部、髓等（图2-46）。

生长在温带的树木，形成层活动是有周期性的，主要是受气候变化的影响。每年春、夏季构成早材，夏、秋季节构成晚材。同年的早材与晚材之间转变是逐渐的，无明显界线，但头一年的晚材和第二年的早材之间有明显界线，称为年轮界。同一年的早材和晚材构成了一个年轮（图2-47）。

（3）单子叶植物茎的结构。单子叶植物主要是禾本科植物，如小麦、玉米、水稻等，它们的茎在形态上有明显的节和节间，其内部构造（图2-48）有以下特点：禾本科植物的茎多数没有次

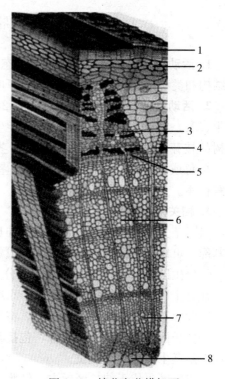

图 2-46　棉花老茎横切面
1. 周皮　2. 皮层　3. 次生韧皮部　4. 髓射线
5. 形成层　6. 次生木质部　7. 初生木质部　8. 髓

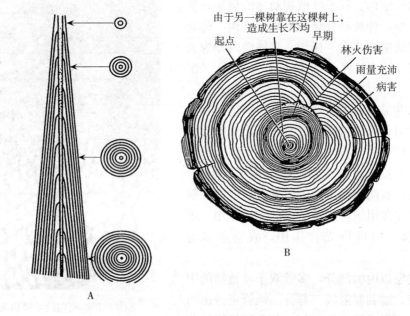

图 2-47　树木年轮
A. 具有10年树龄的树木纵横切面　B. 树干横切面

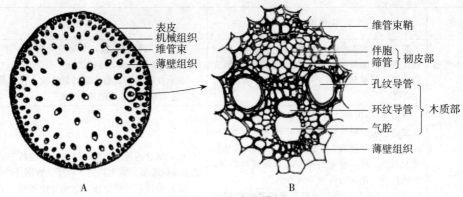

图 2-48　玉米茎横切面
A. 横切面图解　B. 一个维管束的放大

生构造，其茎的结构由表皮、厚壁组织、薄壁组织、维管束组成；表皮细胞常硅质化，有的还有蜡质覆盖，如甘蔗、高粱等；禾本科植物茎的皮层和中柱之间没有明显的界线，维管束分散排列于茎内，每个维管束由韧皮部和木质部组成，没有形成层。

双子叶植物与单子叶植物茎结构的区别如表 2-13 所示。

表 2-13　双子叶植物与单子叶植物茎结构的区别

内容	双子叶植物	单子叶植物
表皮	角质化，多年生木本植物表皮脱落	角质化、木栓化或硅质化，不脱落
初生结构	分为表皮、皮层、中柱 3 部分	分为表皮、厚壁组织、薄壁组织、维管束 4 部分
维管束	无限维管束，在茎中环状排列	有限维管束，在茎中散生，有维管束鞘
木质部	导管多、分散	导管呈"V"字形
次生结构	有形成层和木栓形成层，产生次生结构；茎能不断增粗	无形成层和木栓形成层，不产生次生结构；茎增粗有限

4. 操作规程和质量要求　选择当地种植农作物、蔬菜、果树、花卉等地块，观察植物的茎及其生长情况，并准备不同类型的茎标本，如果没有新鲜标本，也可选取本校制作好的样本或图片，进行表 2-14 操作。

表 2-14　植物茎的形态及结构观察

工作环节	操作规程	质量要求
制作茎徒手切片	（1）将植物茎切成长 0.5cm 的立方体、1～2cm长的长方条 （2）取上述一个长方条用左手拇指和食指拿着，使长方条上端露出 1～2mm 高，并以无名指顶住材料。用右手拿着刀片的一端 （3）把材料上端和刀刃先蘸些水，并使材料成直立方向，刀片呈水平方向，自外向内把材料上端切去少许，使切口成光滑的断面，并在切口蘸水，接着按同法把材料切成极薄的薄片（越薄越好）	同根的徒手切片

（续）

工作环节	操作规程	质量要求
茎的基本形态观察	取3年生木本植物（苹果、梨、核桃、杨树或金钱松）的枝条，观察其形态特征。区别节与节间、顶芽与侧芽、叶痕与叶迹、芽鳞痕、皮孔等	（1）节间长为长枝，节间短为短枝，苹果、梨、棉花有明显的长枝与短枝之分 （2）皮孔为茎表面突起的裂缝状小孔，是通气结构，是木本植物冬态的鉴别特征
芽、分枝、分蘖的观察	（1）芽的观察。观察悬铃木或刺槐芽、甘薯或蒲公英的根芽，明确定芽与不定芽类型。观察悬铃木芽和黄瓜或棉花的芽，明确鳞芽和裸芽类型。观察榆树的枝芽、苹果或梨的芽，明确枝芽、花芽和混合芽的类型 （2）分枝和分蘖的观察。现场观察松树或杨树、番茄或桃树、石竹或丁香等，能明确其分枝的方式。取进入分蘖期的小麦植株，观察其分蘖情况	（1）从芽的着生位置、结构、生理状态来判断枝条上芽的类型。纵剖其中3种芽，辨别芽的性质 （2）分枝有单轴分枝、合轴分枝和假二叉分枝等类型。根据提供的枝条进行辨别分枝形式 （3）分蘖是禾本科植物分枝的一种形式
茎的生长习性观察	观察向日葵茎、黄瓜或葡萄茎、常春藤茎、猪殃殃茎、爬山虎茎、草莓或甘薯茎等，确定直立茎、缠绕茎、攀缘茎和匍匐茎等生长习性	注意观察攀缘茎的卷须、气生根、叶柄、钩刺、吸盘等
双子叶植物茎的初生结构观察	取向日葵（或棉花）幼茎作一横切片（或制片）置于显微镜下观察幼茎的初生结构，可见下列各部分：表皮、皮层和中柱（维管束、髓和髓射线）3部分	（1）表皮是茎最外面的一层细胞，细胞较小，排列紧密 （2）皮层位于表皮以内，中柱以外。靠近表皮有几层比较小的细胞为厚角组织，其内是数层薄壁组织，有小型分泌腔 （3）中柱是皮层以内所有部分的总称。由维管束、髓射线、髓组成。维管束多呈束状，在横切面上许多维管束排成一环，每个维管束都是由初生韧皮部、束内形成层和初生木质部组成。髓位于中心，髓射线是位于两个维管束之间的薄壁细胞
观察单子叶植物茎初生结构	（1）实心茎观察。取玉米茎做一横切面（或制片）置于显微镜下观察：由表皮、基本组织（厚角和薄壁组织）、维管束3部分 （2）空心茎观察。取小麦幼茎的横切片置于显微镜下观察，注意与玉米茎结构进行比较	（1）表皮。在最外层，细胞排列紧密、整齐，外壁有较厚的角质层，其间有保卫细胞构成的气孔器 （2）基本组织。主要包括厚壁组织和薄壁组织；在靠近表皮处，有1～3层的厚壁细胞，里面是薄壁组织 （3）维管束。在薄壁组织中，有许多散生的维管束 （4）空心茎和实心茎的主要区别在于空心茎中央有髓腔，节间维管组织由内、外两圈维管束组成

5. 问题处理　训练结束后，完成以下问题：

（1）能正确区分茎的基本形态中各部位名称。

（2）绘制双子叶植物茎初生结构轮廓图。

（3）绘制单子叶植物茎初生结构轮廓图。

（4）能正确区分芽、分枝与分蘖的类型和性质。

（5）单子叶植物和双子叶植物茎结构比较，有什么特点？

活动三　植物叶的形态及结构观察

1. 活动目标　观察叶的外形与排列，了解一般叶的形态特征，了解植物叶部与其生理功能和外界环境相适应的特点。掌握双子叶植物叶、单子叶植物叶及裸子植物叶的结构特点。

2. 活动准备　根据班级人数，按 2 人一组，分为若干组，每组准备以下材料和用具：梨树或桃树叶、白菜叶、小麦或水稻叶、月季或刺槐叶、苜蓿或橡胶树叶、七叶树叶、棉花叶、银杏叶、悬铃木或白杨树叶、女贞或石竹叶、夹竹桃或百合叶、吉祥草叶、洋葱、玉米苞片、洋槐树叶、豌豆叶、猪笼草叶等新鲜标本。

3. 相关知识　双子叶植物和单子叶植物叶的结构有所不同。

（1）双子叶植物叶的结构。双子叶植物叶的结构包括叶柄和叶片。

①叶柄的结构。双子叶植物叶柄的结构由表皮、薄壁组织、厚角组织和维管束等部分组成。叶柄的维管束与茎的维管束相连，木质部在靠茎一面，韧皮部在背茎一面，二者之间有一形成层，但只能短期活动（图 2-49）。

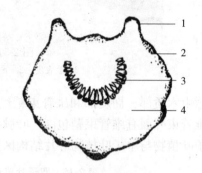

图 2-49　桃叶柄横切面
1. 表皮　2. 厚角组织　3. 维管束　4. 薄壁组织

②叶片的结构。双子叶植物的叶片一般由表皮、叶肉和叶脉 3 部分组成（图 2-50）。

表皮覆盖于叶片的上、下表面，叶表皮由一层排列紧密，无细胞间隙的活细胞组成。表皮由表皮细胞、气孔器、排水器和表皮毛组成。

叶肉是位于上、下表皮之间的绿色薄壁细胞，细胞内含大量叶绿体，是进行光合作用的主要场所。叶肉明显分化出栅栏组织和海绵组织。栅栏组织细胞呈长柱形，细胞长轴和叶表面相垂直，呈栅栏状；海绵组织位于栅栏组织的下方，绿色组织，形状不规则，呈海绵状。

叶脉分布在叶肉组织中交织成网状，起输导和支持作用。叶脉中有 1 个或几个维管束，其中木质部位于上方，韧皮部位于下方。较小的叶脉的维管束较简单，但始终贯穿于叶肉中。

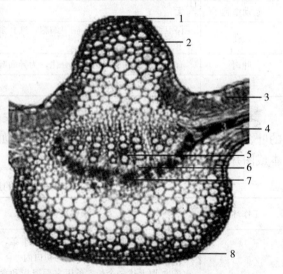

图 2-50　棉叶中脉横切面
1. 上表皮　2. 厚角组织　3. 栅栏组织　4. 海绵组织
5. 木质部　6. 形成层　7. 韧皮部　8. 下表皮

（2）单子叶植物叶的结构。禾本科植物叶片也分为表皮、叶肉和叶脉 3 部分（图2-51）。

表皮由表皮细胞、气孔器、排水器等组成。表皮细胞在正面观察时呈长方形，外壁角质化并含有硅质，故叶比较坚硬而直立。

禾本科植物的叶肉没有栅栏组织和海绵组织的分化，为等面叶。水稻、小麦的叶肉细胞壁向内皱褶，形成具有"峰、谷、腰、环"的结构。

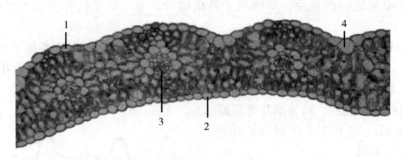

图 2-51　小麦叶横切面
1. 上表皮　2. 下表皮　3. 叶脉　4. 泡状细胞

叶脉由木质部、韧皮部和维管束鞘组成，木质部在上，韧皮部在下，维管束内无形成层，在维管束外面有维管束鞘包围，叶脉平行地分布在叶肉中。

双子叶植物与单子叶植物叶片结构区别见表 2-15。

表 2-15　双子叶植物与单子叶植物叶片结构区别

内容	双子叶植物	单子叶植物
表皮细胞	角质化	角质化、木栓化、硅质化
运动细胞	无	有
气孔	保卫细胞呈半月形，无副卫细胞，气孔多分布在下表皮	保卫细胞呈哑铃形，有副卫细胞，气孔在上、下表皮的分布没有差异
叶肉	有栅栏组织和海绵组织的分化，为异面叶	没有栅栏组织和海绵组织的分化，为等面叶
叶脉	有形成层，无维管束鞘	无形成层，有维管束鞘

4. 操作规程和质量要求　选择当地种植农作物、蔬菜、果树、花卉等地块，观察植物的叶及生长情况，并准备不同类型的叶标本，如果没有新鲜标本，也可选取本校制作好的样本或图片，进行表 2-16 操作。

表 2-16　植物叶的形态及结构观察

工作环节	操作规程	质量要求
制作叶徒手切片	（1）将植物叶片切成 0.5cm 宽的窄条，夹在胡萝卜（或萝卜或马铃薯）等长方条的切口内 （2）取上述一个长方条用左手拇指和食指拿着，使长方条上端露出 1～2mm 高，并以无名指顶住材料。用右手拿着刀片的一端 （3）把材料上端和刀刃先蘸些水，并使材料成直立方向，刀片呈水平方向，自外向内把材料上端切去少许，使切口呈光滑的断面，并在切口蘸水，接着按同样的方法把材料切成极薄的薄片（越薄越好）	同根的徒手切片
植物叶的形态观察	（1）叶的基本形态观察。观察梨树或桃树的叶、白菜的叶、小麦或水稻的叶，鉴别叶柄、托叶和叶片，叶鞘、叶舌、叶耳等部位，并知道哪些是完全叶和不完全叶	（1）植物的叶一般由叶片、叶柄和托叶组成，三者都有为完全叶，只有其一或其二为不完全叶。禾本科植物叶由叶片和叶鞘组成

（续）

工作环节	操作规程	质量要求
植物叶的形态观察	（2）复叶的观察。观察月季或刺槐、苜蓿或橡胶树、七叶树等植物的叶，区别各种复叶的类型特点 （3）叶脉的观察。观察桃树或棉花、水稻或小麦、银杏等植物的叶脉，区分网状脉、平行脉和叉状脉的区别 （4）叶序的观察。观察悬铃木或白杨树、女贞或石竹、夹竹桃或百合、吉祥草等植物的叶序，明确互生、对生、轮生和簇生等不同叶序的区别	（2）复叶是生有两片以上的叶，有羽状复叶、三出复叶、掌状复叶和单身复叶 （3）叶脉有网状脉（有明显主脉，并分出许多侧脉呈网状）、平行脉（叶脉平行排列）和叉状脉（脉作二叉分枝） （4）叶序有互生（每节一叶，交互排列）、对生（每节两叶，相对排列）、轮生（每节三叶以上，相对排列）和簇生（同一基部多片单叶）
双子叶植物叶片的结构观察	（1）制作切片。取棉花或其他双子叶植物叶片，切取近叶尖部位（包括主脉在内），宽5～6cm、长1.5cm一小块，夹在支持物（如萝卜、胡萝卜根、马铃薯块茎）中切片 （2）结构观察。水稻叶横切制片（或用新鲜的叶做徒手切片），置于显微镜下观察，可看到表皮、叶肉和叶脉3部分	（1）表皮由上、下表皮之分，下表皮有较多的气孔器 （2）叶肉分栅栏组织和海绵组织 （3）叶脉由木质部（在上）和韧皮部（在下）组成，在主脉上可看到形成层
单子叶植物叶片的结构观察	用水稻叶横切片（或做徒手切片），在显微镜下观察，可看到表皮、叶肉和叶脉3部分。注意与双子叶植物叶片的结构比较	上、下表皮中气孔器差不多；叶肉栅栏组织和海绵组织分化不明显；主叶脉内无形成层

5. 问题处理　训练结束后，完成以下问题：

（1）双子叶植物和单子叶植物叶的结构有什么区别？

（2）单叶和复叶有什么区别？复叶有哪些类型？

（3）举例说明当地种植植物的叶脉和叶序名称。

（4）根据当地植物叶的情况，完成表2-17。

表 2-17　当地植物叶形态观察记录

植物名称	单叶	复叶	叶片形状	叶缘	叶基	叶尖	叶脉	叶序	完全叶	不完全叶

活动四　植物营养器官的变态观察

1. 活动目标　了解根、茎、叶各器官的变态。

2. 活动准备　根据班级人数，按2人一组，分为若干组，每组准备以下材料和用具：

萝卜、胡萝卜、甜菜和甘薯的块根，高粱和玉米的茎，常春藤和络石的茎，菟丝子，莲藕，白菜，马铃薯块茎，洋葱鳞茎，荸荠球茎，皂荚刺，梅枝条，葡萄茎，仙人掌，刺槐枝条，豌豆叶，猪笼草，解剖刀，镊子，放大镜等。

3. 相关知识　植物的营养器官（根、茎和叶）由于长期适应周围环境的结果，使器官在形态结构和生理功能上发生着变化，称为该种植物的遗传特性，这种现象称为器官的变态（表2-18）。根的变态见图2-52，茎的变态见图2-53、图2-54，叶的变态见图2-55。

表 2-18　营养器官的变态

营养器官		变态	来源
根	贮藏根	肉质根	它的上部由胚轴发育而成，这部分没有侧根发生，下部为主根基部发育而成（萝卜）
		块根	由植物的侧根或不定根发育而成，内部贮藏大量营养物质（甘薯）
	气生根	支持根	在近地面的茎节上生出许多不定根，向下深入土中（玉米）
		攀缘根	茎上产生能使茎向上生长的不定根（常春藤）
		呼吸根	从地下向地上生长，伸出地表面的不定根（水松）
	寄生根		也称为吸器。茎上产生伸入寄主体内吸收水分和营养物质的不定根（菟丝子）
茎	地上茎变态	茎刺	由幼枝变态而形成的长形刺状物，茎刺位于叶腋，由腋芽发育而来（皂荚）
		茎卷须	许多攀缘植物的茎细长柔软，不能直立，变成卷须，其上不生叶（葡萄）
		叶状茎	茎肥厚多汁，常为绿色，不仅可以贮藏水分和养料，还可以进行光合作用（仙人掌）
		小鳞茎	蒜的花间，常生小球体，具肥厚的小鳞片，也称为珠芽（大蒜）
		小块茎	有些植物的腋芽常形成小块茎，形态与块茎相似；也有的植物叶柄上的不定芽也形成小块茎（秋海棠）
	地下茎变态	根状茎	生于地下，与茎相似，但具有明显的节和节间，在节部有芽和退化的叶，顶端有顶芽（莲藕）
		块茎	为短粗的肉质地下茎，形状不规则（马铃薯）
		鳞茎	由许多肥厚的肉质鳞叶包围的扁平或圆盘状的地下茎（洋葱）
		球茎	是肥而短的地下茎，节和节间明显，节上有退化的鳞片状叶和腋芽，基部可发生不定根（荸荠）
叶		鳞叶	叶的功能特化或退化成鳞片状称为鳞叶
		苞叶	生在花下的变态叶；位于花序基部的苞片总体为总苞（玉米和菊科植物）
		叶卷须	由复叶顶端的小叶变成（豌豆）；由托叶转变而成（菝葜）
		叶刺	叶刺由叶或叶的部分（托叶）变成的刺（仙人掌、洋槐）
		捕虫叶	有些植物具有捕食小虫的变态叶（猪笼草）

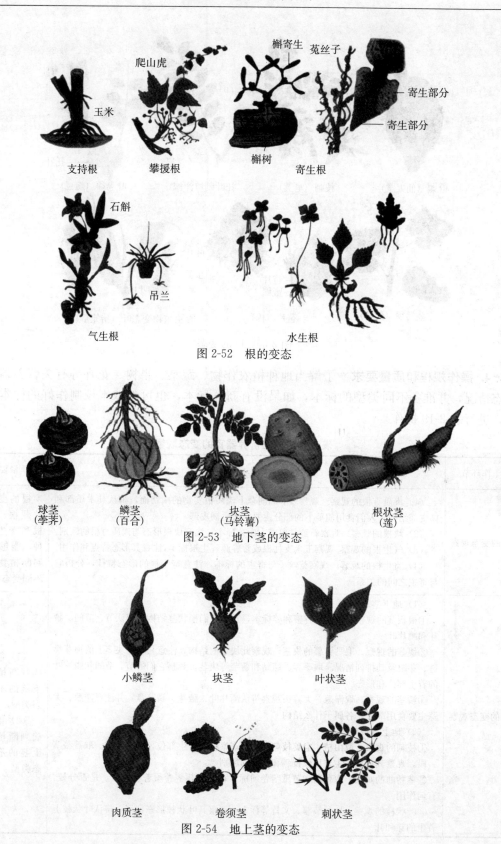

图 2-52 根的变态

图 2-53 地下茎的变态

图 2-54 地上茎的变态

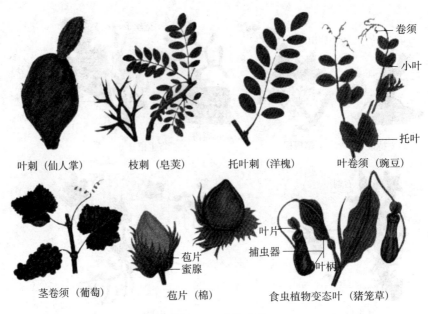

叶刺（仙人掌）　　枝刺（皂荚）　　托叶刺（洋槐）　　叶卷须（豌豆）

茎卷须（葡萄）　　苞片（棉）　　食虫植物变态叶（猪笼草）

图 2-55　叶的变态

4. 操作规程和质量要求　　了解当地种植农作物、蔬菜、果树、花卉等有关营养器官的变态情况，并准备不同类型的标本，如果没有新鲜标本，也可选取本校制作好的样本或图片，进行表 2-19 操作。

表 2-19　植物营养器官的变态观察

工作环节	操作规程	质量要求
根的变态观察	（1）肉质直根的观察。观察萝卜和胡萝卜肉质根实物的横切面，辨认其木质部和韧皮部结构。人们食用胡萝卜的部分主要是次生韧皮部 （2）块根的观察。观察新鲜甘薯或大丽菊标本，注意块根形态与肉质直根的区别 （3）气生根的观察。观察玉米支柱根或常春藤气生根标本，注意其形态特点和作用 （4）寄生根的观察。观察菟丝子与寄主的标本，注意寄生根的形态特征，分析它与寄主之间的关系	根的变态有贮藏根、气生根和寄生根 3 种，能够准确判断植物根的不同变态类型
茎的变态观察	（1）地下茎观察 ①根状茎的观察。取藕、竹鞭和姜标本，观察它们根状茎结构，辨认节、节间、腋芽和鳞片叶 ②块茎的观察。取马铃薯的块茎，观察此块茎的结构，注意马铃薯块茎上的顶芽痕迹、芽眼及其排列情况。取荸荠、慈姑和菊芋等块茎，观察它们的节、节间和鳞片叶的着生部位和形态 ③鳞茎的观察。取洋葱、大蒜头观察辨认鳞片叶、腋芽、鳞茎盘。并注意洋葱、大蒜主要食用部分，各属于什么结构 （2）地上茎观察 ①枝刺的观察。取山楂、皂荚枝刺标本，观察枝刺着生部位，是否分枝。取蔷薇茎一段，观察其皮刺，主要比较枝刺和皮刺的区别 ②茎卷曲的观察。取葡萄和黄瓜茎卷须标本，观察其茎卷须着生部位，是否分枝，有何作用 ③叶状枝的观察。取竹节蓼、文竹等标本，观察其叶状枝形态特征，辨认叶状枝上着生的芽和叶	（1）能够准确判断植物地下茎的不同变态类型 （2）能够准确判断植物地上茎的不同变态类型

（续）

工作环节	操作规程	质量要求
叶的变态观察	（1）叶刺的观察。取仙人掌、洋槐小枝观察其叶刺、托叶刺的位置和形态，注意与茎刺的区别 （2）叶卷须的观察。取豌豆复叶，观察其复叶顶端 2～3 对小叶变成的叶卷须，注意与茎卷须的区别 （3）苞片的观察。取玉米雌穗或标本，观察密生于穗轴基部的变态叶——苞片的形态 （4）捕虫叶的观察。取猪笼草标本或图片，观察其瓶状的变态叶	能够准确判断植物叶的不同变态类型

5. 问题处理　训练结束后，完成以下问题：

（1）如何鉴别叶刺、茎刺与皮刺，叶卷须和茎卷须？

（2）试区别托叶、叶轴、小叶和卷须各是叶的哪部分。

任务四　认识植物的生殖器官

【任务目标】

● **知识目标**：了解植物的花芽分化，认识植物花的组成与发育、花与植株的性别；熟悉果实的类型、形成与结构、种子的类型、发育与结构；了解果实和种子的传播。

● **能力目标**：能够识别植物花的形态与结构；识别常见果实的形态和种子的形态。

【背景知识】

植物的生殖器官概述

种子植物在完成营养生长之后，受生理和环境因素的营养，茎尖的顶端分生组织逐渐形成花原基和花序原基，分化为花和花序，进行生殖生长。而花、果实和种子与植物有性生殖有关，所以称为生殖器官。

1. 植物的花　花是被子植物特有的繁殖器官，通过传粉、受精，形成果实和种子，起着繁衍后代延续种族的作用。

（1）花芽分化。植物经过一定时期的营养生长过程后，就能感受到外界信号（如光周期和低温等）调节产生成花刺激物，植物茎生长点花原基形成、花芽各部分分化与成熟的过程称为花芽分化。

当花芽分化开始时生长锥伸长，横径增大，逐渐由尖变平，首先在半球形生长锥周围的若干点上，由第 2～3 层细胞进行分裂，产生第一轮小突起，即为花萼原基。以后逐渐依次由外向内再分化形成花瓣原基，在花瓣原基内侧相继产生 2～3 轮小突起，即为雄蕊原基。这些突起继续分化、生长，最后在花芽中央产生突起形成雌蕊原基。各部分原基逐渐长大，最外一轮分化为花萼，向内依次分化出花冠、雄蕊和雌蕊（图 2-56）。小麦、水稻和玉米等禾本科植物的花序形成过程称为穗分化（图 2-57）。

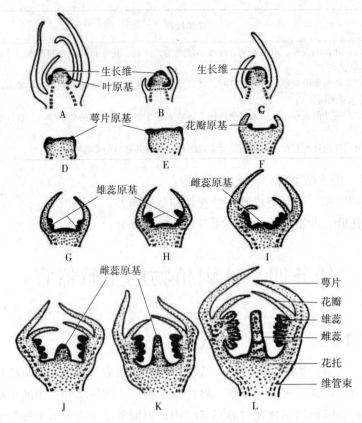

图 2-56　桃的花芽分化

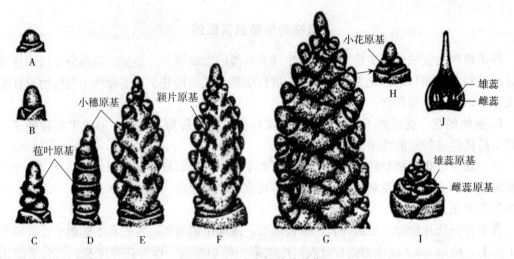

图 2-57　小麦的幼穗分化

（2）花的组成。双子叶植物的花和单子叶植物的花有所不同。

①双子叶植物的花。双子叶植物典型的花通常由花柄、花托、花萼、花冠、雄蕊和雌蕊等 6 部分组成（图 2-58）。一朵花中具有上述 6 部分的称为完全花，如白菜、桃等；如果缺

少其中之一的称为不完全花，如南瓜
花、黄瓜花缺雄蕊或雌蕊；桑树花、
栗树花缺花瓣、雄蕊或雌蕊；杨树
花、柳树花缺萼片、花瓣、雄蕊或雌
蕊等。花柄和花托是茎的变态，花
萼、花冠、雄蕊和雌蕊是叶的变态，
所以，花是适应于有性生殖的变态
短枝。

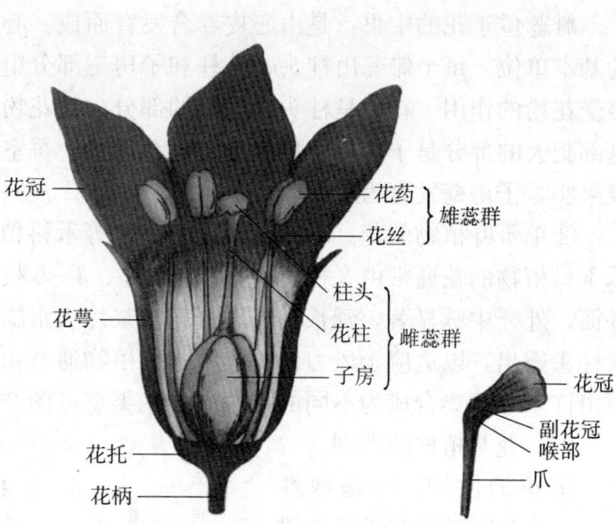

花柄（梗）是着生花的小枝，其
顶端膨大的部分称为花托。花梗和花
托具有运输水分和营养物质及支持花
的作用。

花萼是萼片的总称，位于花的最
外面，形似叶，通常呈绿色。萼片完
全分离的称为离萼，如油菜。萼片基
部连合或全部连合的称为合萼，如豌豆、花生等。

图 2-58 双子叶植物花的结构

花冠位于花萼的内面，由花瓣组成。花冠常有鲜艳的色彩和芳香的气味，有的花瓣基部
有蜜腺，具有吸引昆虫进行传粉的作用。根据花瓣的离合情况，将花分为离瓣花冠和合瓣花
冠两类（图 2-59）。离瓣花冠的花瓣彼此分离，也称为离瓣花，如蔷薇形花冠、十字形花
冠、蝶形花冠等。合瓣花冠的花瓣基部连合或全部连合。合瓣花冠常见的有漏斗状花冠、钟
状花冠、唇形花冠、筒状花冠和舌状花冠等。

图 2-59 花冠

花萼和花瓣合称为花被。二者俱全的称为双被花，如油菜、棉花等。只有花萼或花冠的
称为单被花，如大麻、桑等。二者皆缺的称为无被花，如杨、柳等。

雄蕊位于花冠之内，每枚雄蕊由花药和花丝两部分组成。花药通常有 4 个花粉囊，成熟
的花药内有大量的花粉粒。植物种类不同，其雄蕊的数目和形态差异很大。

雌蕊位于花的中央，是由心皮卷合发育而成。心皮是适应生殖的变态叶，它是组成雌蕊的基本单位。每个雌蕊由柱头、花柱和子房三部分组成。柱头是雌蕊顶端膨大的部分，具有接受花粉的作用。花柱是柱头下伸长的部分，是花粉粒萌发后花粉管进入子房的通道。雌蕊基部肥大的部分是子房，子房内分1室至数室，每室含有1个或几个胚珠。受精后子房发育成果实，子房壁发育为果皮，胚珠发育成种子。

②单子叶植物的花。水稻、小麦、玉米等禾科植物花与一般双子叶植物花的组成不同。禾本科植物的花通常由2枚稃片、2枚浆片、3～6枚雄蕊和1枚雌蕊组成。稃片位于花的最外面，外稃中脉显著，延长成芒。开花时浆片吸水膨胀，将内、外稃片撑开，使花药和羽毛状柱头露出，以适应于风力传粉。禾本科植物通常由1朵至数朵小花与1对颖片组成小穗，再由许多小穗集合成为不同的花序（穗）类型（图2-60）。

（3）花与植株的性别。

①花的性别。一是两性花。一朵花同时具有雄蕊和雌蕊的花称为两性花，如小麦、水稻、大豆、油菜、苹果的花等。二是单性花。一朵花中只有雄蕊或雌蕊的花称为单性花，如杨、柳、桑、黄瓜的花等。只有雄蕊的花称为雄花，只有雌蕊的花称为雌花。三是无性花。花中既无雌蕊，有无雄蕊的花称为无性花，如向日葵花序边缘的舌状花。

②植株的性别。一是雌雄同株。单性花植物，雌花和雄花生在同一植株上，如

图2-60 小麦的小穗

玉米、蓖麻、南瓜等。二是雌雄异株。雌花和雄花分别生在不同植株上，如菠菜、杨、柳、银杏等。只有雄花的植株称为雄株，只有雌花的植株称为雌株。三是杂性同株。一株植物上既有两性花，又单性花或无性花，如柿、荔枝、向日葵等。

（4）花序。被子植物的花可以单独着生在茎的顶端和叶腋，也可以是多数花朵按一定顺序生长在花序轴上组成花序。花序可分两大类：

①无限花序。花序轴下部或周围的花先开放，然后逐渐向上或向中心依次开放，而花序轴顶端在一定时期内仍保持生长的能力，所以可以继续生长。根据花序轴的长短、形态和是否分枝，以及花梗的长短和有无等特征，又可将无限花序分成：总状花序（如白菜、油菜和荠菜）、伞房花序（如苹果、梨）、伞形花序（如人参和天竺葵）、穗状花序（如车前）、肉穗花序（如玉米的雄花序、芋、半夏和马蹄莲等）、隐头花序（如无花果）、头状花序（如蒲公英、向日葵等）。在无限花序类里，除上述简单的花序外，还有几种花序轴分枝的复花序，即：复总状花序（圆锥花序），如玉米的雄花、水稻等；复穗状花序，如小麦、黑麦等；复伞形花序，如胡萝卜、芹菜等；复伞房花序，如绣线菊、八宝等（图2-61）。

穗状花序　　复穗状花序　　复总状花序　　总状花序　　伞形花序　　肉穗花序
（车前）　　（小麦）　　　（水稻）　　　（油菜）　　（葱）　　　（马蹄莲）

伞房花序　　　　复伞形花序　　　头状花序　　隐头花序　　柔荑花序
（梨）　　　　　（胡萝卜）　　　（向日葵）　　（无花果）　（胡桃雄花）

图 2-61　无限花序类型

②有限花序。即聚伞花序类，花序顶端或中央的花先成熟、先开放，然后逐渐向下或向外依次开放。因此花序主轴不能继续生长，而是由苞片腋部长出侧生的花序，接续生长。还可根据侧生花序的数目，将其分为 3 种类型：单歧聚伞花序（如唐菖蒲、委陵菜）、二歧聚伞花序（如大叶黄杨、茄、石竹等）、多歧聚伞花序（如大戟属植物）（图 2-62）。

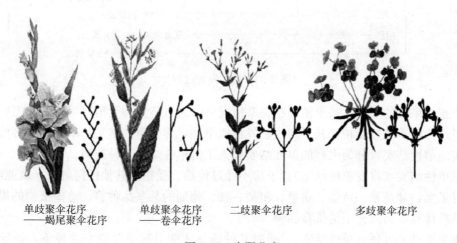

单歧聚伞花序　　　　单歧聚伞花序　　　二歧聚伞花序　　　　多歧聚伞花序
——蝎尾聚伞花序　　——卷伞花序

图 2-62　有限花序

2. 植物的果实　果实是被子植物特有的繁殖器官，一般由受精后雌蕊的子房发育而成。外被果皮，内含胚珠发育而成的种子，果实具有保护种子和散布种子的作用。

（1）果实的形成。

①正常果实的形成。被子植物的花经过传粉和受精后，各部分发生很大变化，花萼、花冠一般脱落，雄蕊及雌蕊的柱头、花柱叶枯萎，子房逐渐膨大发育成果实，胚珠发育成种子（图 2-63）。

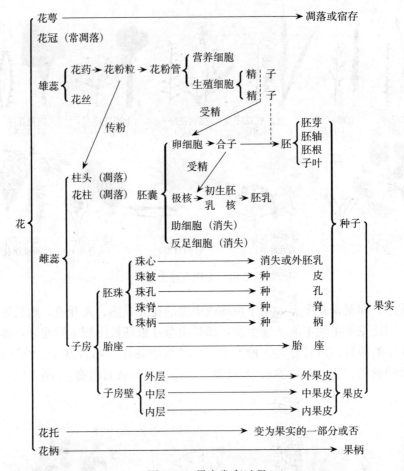

图 2-63　果实发育过程

②非正常果实的形成。被子植物在正常情况下，经过传粉和受精以后结实。但也有些植物，只经过传粉不经过受精，其子房也能发育成果实，称为单性结实。单性结实必然会产生无籽果实。单性结实可分为天然的单性结实和人工的单性结实 2 种类型。

天然单性结实（自发单性结实）：子房不经过传粉、受精或其他任何刺激，就能够膨大，形成无籽果实，如菠萝、芭蕉、脐橙、柑橘、柿、葡萄的某些品种等。这些植物的果实不含种子，品质优良，为园艺上的优良品种。

刺激单性结实（诱导单性结实）：通过某种诱导才能引起单性结实的现象，诱导因素包括异种间花粉刺激柱头，或用生长素激素（如 2，4-D、吲哚乙酸）刺激柱头，均可得到无籽果实。

（2）果实的组成。

①真果的结构。单纯由子房发育而成的果实称为真果，真果的外面为果皮，内含种子。果皮由子房壁发育而来，可分为外果皮、中果皮和内果皮。如桃的果实是由一个心皮构成的子房发育而来，果皮明显分为 3 层，外果皮较薄，由 1 层表皮细胞和厚角组织构成，表皮外被许多毛；中果皮发达，为主要食用部分，由大型薄壁细胞和维管束构成；内果皮细胞木质

化加厚，为坚硬的核，又称为核果。果皮内含一粒种子（图 2-64）。

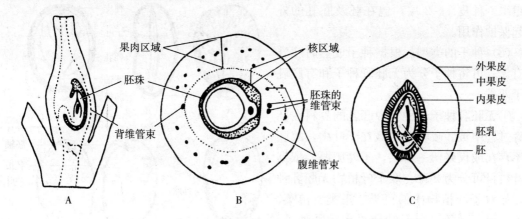

图 2-64　真果的结构
A. 梅的子房纵切面　B. 梅的果实横切面　C. 桃的果实纵切面

大豆荚果也是由一个心皮形成的子房发育而来，但 3 层果皮与桃明显不同。外果皮极薄，由 1 层表皮和数层厚壁组织组成；中果皮为数层薄壁细胞；内果皮由几层厚壁组织和内表皮组成。果皮内含多粒种子。

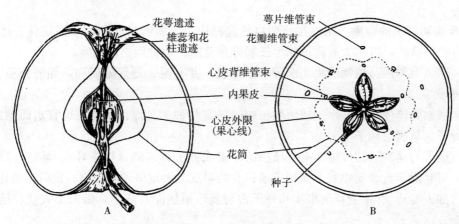

图 2-65　假果的结构
A. 苹果纵切面　B. 苹果横切面

②假果的结构。有些植物的果实，除子房外，还有花的其他部分参与果实的形成和发育，称为假果。假果的果实，如苹果、梨的食用部分主要由花筒发育而来，而真正的果皮，包括外、中、内 3 层果皮，位于果实中央托杯内，仅占很少部分，其内为种子（图 2-65）。

3. 植物的种子　种子是种子植物特有的器官，是由胚珠受精后发育而成，其主要功能是繁殖。

（1）种子的结构。种子的形状、大小和颜色因植物种类不同而差异较大，但其结构是相同的，由胚、胚乳（或无）、种皮 3 部分组成（图 2-66）。胚的各部分由胚性细胞所组成，具有很强的分裂能力，由胚芽、胚根、胚轴、子叶 4 部分组成。胚乳是种子内贮藏主要营养物质（营养物质主要有淀粉、脂肪和蛋白质）的组织。种皮 1～2 层，包在胚及胚乳的外面起保护作用。

（2）种子的类型。根据种子成熟时胚乳的有无，可将种子分为无胚乳种子和有胚乳种子两类。

①无胚乳种子。种子中胚乳的养料在胚发育过程中被胚吸收并贮藏在子叶中，故胚乳不存在或仅残留一薄层，子叶肥厚。依据子叶数目可分为 2 种：双子叶植物无胚乳种子，如双子叶植物中的豆类、瓜类、白菜、萝卜、桃、梨等。单子叶植物无胚乳种子，如慈姑、泽泻、眼子菜等种子。

②有胚乳种子。种子有发达的胚乳，胚相对较小，子叶薄。由于子叶数目不同又分为双子叶植物有胚乳种子和单子叶植物有胚乳种子。前者如蓖麻、荞麦、茄子、番茄、辣椒、葡萄等的种子；后者如禾谷类和葱、蒜等植物的种子。

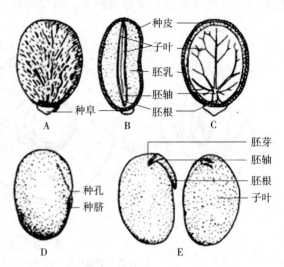

图 2-66　双子叶植物种子的结构
A～C. 蓖麻种子　D、E. 大豆种子

4. 果实和种子的传播　植物在长期自然选择中，成熟的果实和种子往往具有适应于各种传播方式的特性，以扩大后代植株生长和分布范围，使种族更加昌盛。

（1）借风力传播。植物的果实或种子小而轻，并有毛、翅等附属物，如蒲公英、杨树、柳树的种子等。

（2）借水力传播。有些水生或沼生植物的果实与种子具漂浮结构，适宜水面漂浮传播，如莲的种子、苋属菜种子等。

（3）借人与动物活动传播。有些植物的果实或种子具钩刺（如苍耳）、具宿存黏萼（如马鞭草）可黏附于人和动物身上而被传播；有的果皮或种皮坚硬，动物吞食后不消化而排泄至他处（如人参）；有些杂草的果实和种子常与栽培植物同时成熟，借人类收获和播种活动进行传播。

（4）借果实自身机械力传播。有些植物的果皮各层结构不同，细胞含水不一。如大豆、绿豆的炸荚，凤仙花的果皮内卷等可将种子弹至其他处。

活动一　植物花的形态与结构观察

1. 活动目标　观察认识被子植物花的外部形态，学会解剖花的组成部分，观察认识花药的构造特征，掌握花药、子房、胚珠的结构。

2. 活动准备　根据班级人数，按 3 人一组，分为若干组，每组准备以下材料和用具：桃花、白菜花、南瓜花、蚕豆的花或果实，油菜、向日葵、野胡萝卜、车前草、小麦、唐菖蒲、勿忘我、无花果等植物的花序和标本；幼期百合花药横切永久制片，成熟期百合花药横切永久制片，百合子房横切（示胚珠结构）永久制片，荠菜子房纵切（示幼胚发育）永久制片，荠菜子房纵切（示成熟胚）永久制片，新鲜（或浸制）的百合或凤尾兰花等；放大镜、解剖刀、镊子、解剖针。

3. 相关知识　花的发育包括雄蕊的发育和雌蕊的发育。

（1）雄蕊的发育。雄蕊由雄蕊原基经细胞分裂、分化而来，发育成熟的雄蕊由两部分构成，基部伸长形成花丝，顶端膨大形成花药。

①雄蕊的类型。一朵花中所有的雄蕊称为雄蕊群，位于花冠的内轮。一朵花中雄蕊的数目及类型是鉴别植物的标志之一，雄蕊可分为以下类型：离生雄蕊（包括四强雄蕊和二强雄蕊）、合生雄蕊（包括单体雄蕊、二体雄蕊、多体雄蕊和聚药雄蕊）（图2-67）。

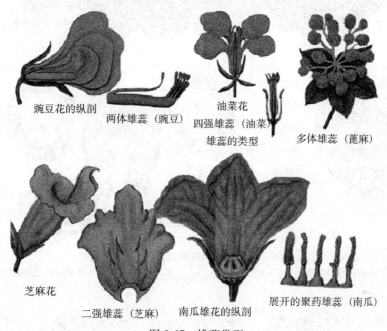

豌豆花的纵剖　两体雄蕊（豌豆）

油菜花
四强雄蕊（油菜）
雄蕊的类型

多体雄蕊（蓖麻）

芝麻花

二强雄蕊（芝麻）　南瓜雄花的纵剖

展开的聚药雄蕊（南瓜）

图2-67　雄蕊类型

②花药的发育及构造。花药是雄蕊的重要部分，通常有4个花粉囊，分成左、右两半，中间由药隔相连，药隔中央有维管束，与花丝维管束相通。花粉囊是产生花粉粒的场所，花粉粒成熟时，花药壁开裂，花粉粒由花粉囊内散出进行传粉（图2-68）。

幼小的花药是由一团具有分裂能力的细胞组成的，随着花药的发育，形成具有四棱外形的花药雏形。在花药四角的表皮下，出现一系列细胞核较大、细胞质较浓的孢原细胞。它经过一次分裂形成内、外两层细胞（造孢细胞和周缘细胞）。其中，中层和绒毡层伴随花粉母细胞和花粉粒的发育逐渐解体。同时，造孢细胞进一步分裂、分化，形成很多花粉母细胞，花粉母细胞体积大、核大、细胞质浓，液泡不明显。每个花粉母细胞经过一次减数分裂，产生4个子细胞，其染色体数目减半，并逐渐发育成单个单核花粉粒。

③花粉粒的发育与构造。花粉粒是由花药中的花粉母细胞经过减数分裂形成的，其花粉粒的染色体减少一半。幼小的花粉粒不断从解体的绒毡层或中层细胞中吸取营养而增大体积，出现液泡并逐渐形成中央大液泡，细胞核移向一侧。接着进行一次有丝分裂，形成2个大小悬殊的细胞（大的为营养细胞，小的为生殖细胞）。其后，生殖细胞再进行一次有丝分裂，形成2个精细胞（雄配子），成为三核花粉粒（图2-69、图2-70）。

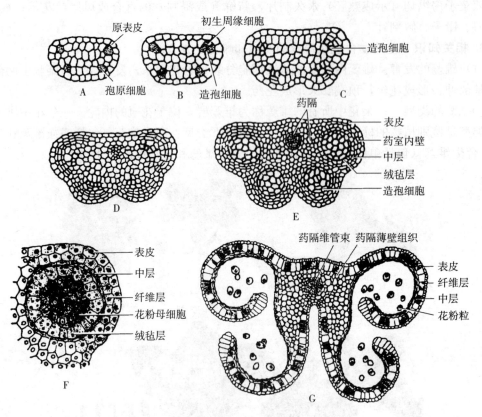

图 2-68　花药发育的各期与成熟花药的结构

A～E. 花药的发育过程　F. 一个花粉囊放大（示花粉母细胞）　G. 花药的结构与成熟花粉粒

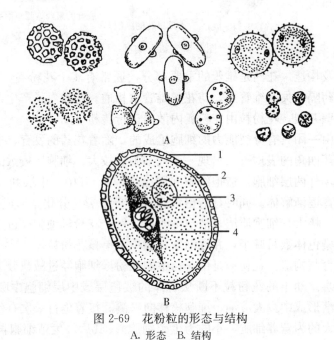

图 2-69　花粉粒的形态与结构

A. 形态　B. 结构

1. 外壁　2. 内壁　3. 营养核　4. 生殖细胞

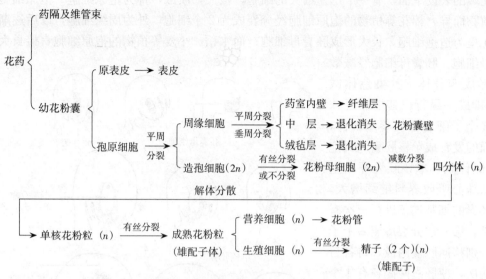

图 2-70　花药结构及花粉粒的发育过程

不同植物的花粉粒大小、形状、颜色、花纹和萌发孔的数目与排列各不相同，可作为鉴别植物的特征。如水稻、玉米等禾本科作物为圆形或椭圆形，黄色，只有一个萌发孔；棉花为球形，白色，有 8～10 个萌发孔等。

成熟的花粉粒有两层壁，外壁厚，表面形成不同的花纹，并有萌发孔。当花粉粒萌发时，花粉管由萌发孔长出。花粉粒的内壁较薄。

（2）雌蕊的发育。雌蕊由花芽中的雌蕊原基发育而来，发育成熟的雌蕊由柱头、花柱和子房 3 部分组成。但重要的部分是子房，因子房内有胚珠，胚珠中产生胚囊，在成熟的胚囊中产生卵细胞。

①雌蕊的类型。一朵花中所有的雌蕊称为雌蕊群，位于花的中央部分。雌蕊因心皮数目和离合情况不同，可分为 3 种类型：单雌蕊（如大豆、蚕豆、桃和李等）、离生雌蕊（如毛茛、乌头、草莓、莲等）、合生（复）雌蕊（如棉花、南瓜、番茄等）（图 2-71）。

②胚珠的发育与结构。随着雌蕊的发育，首先在子房内壁的胎座

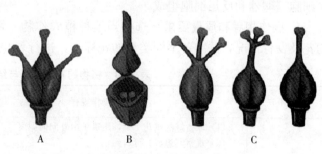

图 2-71　雌蕊类型
A. 离生单雌蕊　B. 单雌蕊　C. 复雌蕊

上产生一团突起（胚珠原基），前端形成珠心，基部发育成珠柄。以后，由于珠心基部的细胞分裂较快，产生一圈突起，逐渐向上扩展将珠心包围，仅在珠心前端留下一个小孔。胎座内的维管束经珠柄到合点，分枝进入胚珠内部，将水分和养分源源不断输入。发育成熟的胚珠由珠被、珠孔、珠柄、珠心和合点组成。胚珠在发育的过程中，由于珠柄和其他各部分的生长速度不均等，使胚珠在珠柄上的着生方式不同，从而形成了不同的胚珠类型。

③胚囊的发育与结构。胚囊发生于珠心组织中，当胚珠开始突起珠被的时候，珠心内部

靠近孔端的表皮下面，有一个迅速增大的细胞，核大，质浓，称为孢原细胞。孢原细胞的发育随植物而异，棉花等植物的孢原细胞经分裂成为 2 个细胞，外为周缘细胞，以后逐渐退化消失，里为造孢细胞，长大形成胚囊母细胞；而水稻、小麦等植物的孢原细胞直接长大成为胚囊母细胞。胚囊母细胞经减数分裂形成四分体（其染色体减半），排成一纵行，其中靠近珠孔的 3 个子细胞很快萎缩解体，最里面的发育成单核胚囊（大孢子），经休眠，单核胚囊开始生长，从珠心吸收养料继续增大。单核胚囊的细胞连续进行三次有丝分裂，第一次分裂形成 2 个子核，分别移向胚囊两极，再各自分裂两次，使胚囊两侧各有 4 个核。接着各有 1 个核向胚囊中部靠拢，形成极核；靠近珠孔端的 3 个核，形成 3 个细胞，中间较大为卵细胞（雌配子），两边较小是助细胞，靠近合点端的 3 个核也形成 3 个细胞（反足细胞）。至此，单核胚囊即发育成为 7 个细胞或八核的成熟胚囊（雌配子体）（图 2-72）。成熟的胚囊由中央细胞、卵器和反足细胞组成。

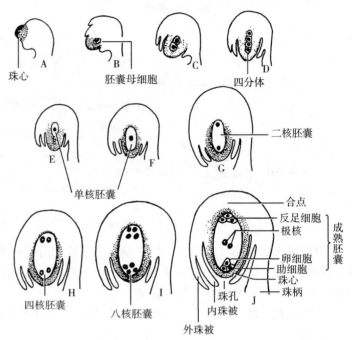

图 2-72　胚珠和胚囊的发育过程
A～J. 示发育过程

4. 操作规程和质量要求　选择当地种植农作物、蔬菜、果树、花卉等地块，观察植物的花及发育情况，并准备不同类型的花标本，进行表 2-20 操作。

表 2-20　植物的花的形态与结构观察

工作环节	操作规程	质量要求
花基本组成部分的观察	（1）取备好的桃花 1 朵，用镊子由外向内剥离 （2）观察其组成。可看到： ①花柄：花下面所生的短柄，是花与茎相连的中间部分 ②花托：花柄顶端凹陷成杯状的部分（实际是花筒），花的其他部分都着生在花筒的边缘上 ③花萼：着生在杯状花托边缘的最外层，由 5 个绿色叶片状萼片组成，离生 ④花冠：是花萼里面的一层，由 5 片粉红色花瓣组成的离生花冠 ⑤雄蕊：雄蕊在花托边缘作轮状排列，数目多，不定数，每一雄蕊由花丝和花药 2 部分组成。花丝细长，花药呈囊状 ⑥雌蕊：雌蕊着生于杯状花筒底部的花托上，是由一个心皮组成的单雌蕊，顶端稍膨大的部分为柱头；基部膨大部分为子房；柱头和子房之间的细长部分为花柱	（1）解剖桃花的顺序由下到上，由外到内。动作要轻 （2）边解剖边观察、判断 （3）观察雌蕊时分析它属于何种子房位置。可用刀片将子房纵切为二。观察桃花胚着生位置。观察到子房仅基部着生于花托上，而其他部位与花托分离，故桃花属上位子房花

（续）

工作环节	操作规程	质量要求
禾本科植物花的观察	（1）取禾本科植物（如小麦）的新鲜花进行解剖。一般取基部正常发育的小花，由外向内剥离小花的各个部分，然后用放大镜观察小花 （2）观察小麦花的组成： ①稃片：小麦小花外面有2片稃片，最外面为外稃，脉明显；内面的为内稃，薄膜状，船形，有2条明显的叶脉 ②浆片：外稃里面有2个小型囊状突起，即为浆片 ③雄蕊：3枚，花丝细长，花药较大 ④雌蕊：1枚，由2个心皮合生而成，柱头2裂，呈羽毛状，花柱短而不明显，子房上位，1室	（1）小麦花由雌蕊、雄蕊、浆片组成，小麦的小花由花和稃片组成 （2）取小麦的一个小穗进行观察，可见小穗基部有2片颖片，居上位的为内颖，居下位的为外颖。其中包括3～7朵小花，上部小花通常不孕
花序类型的观察	（1）利用各种类型花序的新鲜标本或浸泡标本，观察各种花序 （2）无限花序观察。取油菜、荠菜、白菜、车前、柳、杨、胡桃、玉米、天南星、绣线菊、花楸、向日葵、菊花、蒲公英、三叶草、无花果、丁香、水稻、小麦、大麦、胡萝卜、小茴香、芹菜、接骨木、苹果、梨等植物花序，进行观察。完成表2-21内容 （3）有限花序观察。取附地菜、勿忘草、唐菖蒲、石竹、大叶黄杨、天竺葵（多歧聚伞花序）等植物的花序，进行观察，完成表2-22内容	（1）无限花序主要有：荠菜（总状花序）、车前（穗状花序）、杨树（柔荑状花序）、玉米雌花序（肉穗花序）、向日葵（头状花序）、胡萝卜（复伞形花序）、梨（伞房花序）、无花果（隐头花序）、小麦（复穗状花序）等 （2）有限花序主要有：唐菖蒲（单歧聚伞花序）、石竹（二歧聚伞花序）、天竺葵（多歧聚伞花序）
花药结构的观察	（1）幼期花药观察。取幼期百合花横切永久制片，置低倍镜下观察，可见花药的轮廓似蝴蝶形状，整个花药分为左、右两部分，其中间由药隔相连，在药隔处可看到自花丝通入的维管束。药隔两侧各有2个花粉囊。看清花药轮廓后，转换高倍镜，再仔细观察一个花粉囊的结构，由外向内可见： ①表皮：为最外一层细胞，细胞较小，具角质层有保护功能。 ②药室内壁：一层近于方形的较大的细胞，径向壁和内切向壁尚未增厚，壁内含有粉粒 ③中层：为1～3层较小的扁平细胞 ④绒毡层：是药壁的最内一层，由径向伸长的柱状细胞组成，这层细胞核较大，质浓，排列紧密。绒毡层以内的药室中有许多造孢细胞，其细胞呈多角形，核大，质浓，排列紧密，有时可以见到正在进行有丝分裂的细胞 ⑤药隔：由薄壁细胞组成，药隔中央有一维管束 （2）成熟花粉粒形观察。取成熟百合花横切永久制片，置低倍镜下观察，可见表皮已萎缩，药室内壁的细胞径向壁和内切向壁上形成木质化加厚条纹，此时称为纤维层，在制片中常被染成红色；中层和绒毡层细胞均破坏消失；2个花粉囊的间隔已不存在，2室相互沟通，花粉粒已发育成熟 选择一个完整的花粉粒，在高倍镜下观察，注意所见到的花粉粒呈什么形状，有几层壁，是否见到大、小两个核，并考虑它们各有什么功能	（1）观察幼期百合花横切永久制片的造孢组织时期时，观察要仔细，边观察边判断各部分名称 （2）观察成熟百合花横切永久制片的造孢组织时期时，观察要仔细，边观察边判断各部分名称 任意选择不同时期的百合花药进行生物绘图，准确标注各部分名称 （3）本实验也可以取其他植物近似成熟但尚未开裂的花药，作徒手横切，制成临时装片，置显微镜下观察。描述花粉粒形态等特征

（续）

工作环节	操作规程	质量要求
子房与胚珠结构的观察	（1）子房结构观察。取百合子房横切（示胚珠结构）永久制片，置低倍镜下观察，可见百合子房由 3 个心皮联合构成，子房 3 室，每 2 个心皮边缘联合向中央延伸形成中轴，胚珠着生在中轴上，在整个子房中，共有胚珠 6 行，在横切面上可见每个室内有 2 个倒生的胚珠着生在中央上，称为中央胎座 （2）子房壁结构观察。转换高倍镜观察子房壁的结构，可见子房壁的内外面均有表皮，2 层表皮之间为圆球形薄壁细胞组成的薄壁组织 （3）胚珠结构的观察。选择一个通过胚珠正中的切面，用高倍镜仔细观察胚珠的结构。可看到以下结构： ①珠柄：在心皮边缘所组成的中轴上，是胚珠与胎座相连接的部分 ②珠被：胚珠最外面的 2 层薄壁细胞，外层为外珠被，内层为内珠被。2 层珠被延伸生长到胚珠的顶端并不联合，留有一孔，即为珠孔 ③珠心：胚珠中央部分为珠心，包在珠被里面 ④合点：珠心、珠被和珠柄相联合的部分 ⑤胚囊：珠心中间有一囊状结构，即为胚囊	（1）观察识别百合子房的心皮和子房室的数量和形状，观察其胎座类型 （2）观察了解子房壁的结构特点 （3）观察识别胚珠的结构特征。观察胚囊的发育时期 （4）也可用新鲜（或浸制）的百合花，作徒手横切，制成临时装片观察
胚发育的观察	（1）荠菜幼胚观察。取荠菜子房纵切（示幼胚发育）永久制片，置低倍镜下，挑选其中比较完整和接近通过中央部位的胚珠纵切面，作进一步观察，注意辨认胚珠的各结构的部位，要特别注意区分珠孔和合点端。然后转换高倍镜，仔细观察这一选好的胚珠切面，可见到弯生胚珠的胚囊内合子已发育成幼小的胚胎，在紧挨珠孔之内方，有一个大型的细胞，它与一列细胞相连，共同组成柄状结构，即为原胚或分化胚（心形胚时期） （2）荠菜成熟胚观察。取荠菜子房纵切（示成熟胚）永久制片，置显微镜下观察，可见荠菜胚呈弯形，2 片肥大的子叶位于远珠孔的一端，夹在 2 片子叶之间的小突起，即为胚芽，与 2 片子叶相连成为胚轴。胚轴以下为胚根，此时，珠被发育为种皮，整个胚珠形成种子	对比荠菜幼胚和成熟胚的结构上和形态上的区别

表 2-21　植物无限花序特点及类型观察记录

植物名称	花序主要特点	花序类型
油菜、荠菜、白菜		
车前		
柳、杨、胡桃		
玉米雌花序、天南星		
绣线菊、花楸		
向日葵、菊花、蒲公英、三叶草		
无花果		
玉米雄花序、丁香、水稻		
小麦、大麦		
胡萝卜、小茴香、芹菜		
接骨木		
苹果、梨		

表 2-22　植物有限花序特点及类型观察记录

植物名称	花序主要特点	花序类型
附地菜、勿忘我		
唐菖蒲、委陵菜		
石竹		
大叶黄杨		
天竺葵		

5. 问题处理　训练结束后，完成以下问题：

（1）绘桃花正中纵切剖面图，并注明各组成部分名称。

（2）以总状花序为对照，讨论、总结无限花序中穗状花序、伞房花序、伞形花序、头状花序和肉穗花序有何区别。

（3）雌蕊有哪些主要部分？如何鉴别它是由几个心皮合成的？

（4）雌蕊的形态结构如何？花粉是怎样形成的？

活动二　植物果实和种子形态的观察

1. 活动目标　通过对各种果实的观察，了解果实的结构组成；认识果实主要类型。观察不同类型种子的结构，认识种子的形态结构。

2. 活动准备　根据班级人数，按 2 人一组，分为若干组，每组准备以下材料和用具：桃、花生、草莓、八角、木兰科的果实，桑葚、枫香、无花果的果实，苹果、梨、柑橘等果实，番茄、李、杏、黄瓜、板栗、白蜡的果实，板栗、葵花、榆树、槭树类的果实，玉米、蜀葵的果实。已浸泡的蚕豆种子和玉米籽实。如果没有新鲜标本，也可选取本校制作好的样本或图片。

3. 相关知识

（1）果实的类型。被子植物的果实大体分为 3 类：单果、聚合果和聚花果（表 2-23）。一朵花中仅有 1 枚雌蕊所形成的果实称为单果，分为肉果（图 2-73）和干果（图 2-74）。聚合果是由一朵花中的离生单雌蕊发育而成的果实，许多小果聚生在花托上（图 2-75）。有些植物的果实是由整个花序发育而成的称为聚花果，又称为复果（图 2-76）。

表 2-23　果实的类型与特点

果实类型		食用部分	实例	果皮
肉果	核果	中果皮	杧果、桃、李	中果皮肉质或纤维状；内果皮由石细胞组成，为坚硬的核
		外、中果皮	橄榄、枣	
		假种皮	荔枝、龙眼	
		胚乳	椰子	
	浆果	中、内果皮	柿、猕猴桃	肉质多汁
		内果皮和胎座	香蕉	
		肥大的果序轴	拐枣	
		主要来自胎座	番茄	

（续）

果实类型		食用部分	实例	果皮
肉果	柑果	内果皮	柑橘、柚、柠檬	外果皮革质，中果皮疏松，具维管束，内果皮膜质
	瓠果	果皮	南瓜、冬瓜	由子房壁和花托共同发育而来
		果皮和胎座	黄瓜	
		中、内果皮	甜瓜、香瓜	
		主要由胎座发育而成	西瓜	
	梨果	由花萼筒和心皮部分愈合后发育而成	苹果、梨、枇杷、山楂	由萼筒与子房壁发育而来
干果	瘦果	种子	向日葵	果皮坚硬，易与种皮分离
	坚果	子叶	莲、菱、板栗	果较大，外果皮坚硬木质
	颖果	胚乳	水稻、小麦、玉米	薄，与种皮愈合
	荚果	种子（子叶为主）	大豆、花生	沿背缝线开裂
	蓇葖果	果皮	八角、牡丹、木兰	沿腹缝线或背缝线开裂
	角果	种子	油菜、甘蓝、芥菜	从腹缝线合生处像中央生出
	蒴果	根茎或子叶等	香椿、萝卜、白菜	沿腹缝线或背缝线开裂
	分果	根茎或子叶	胡萝卜、芹菜	由2个或2个以上心皮组成的复雌蕊的子房发育围成
聚花果		花序轴	菠萝、无花果科	源于整个花序
		花萼和花序轴	桑	
聚合果		由花托肥大变成	悬钩子、草莓	离生雌蕊共同发育而来

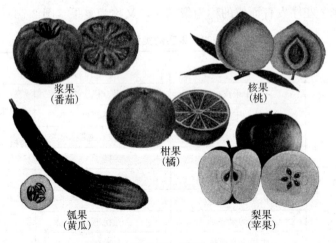

浆果
（番茄）

核果
（桃）

柑果
（橘）

瓠果
（黄瓜）

梨果
（苹果）

图 2-73　肉果

菁荚果　长角果　短角果　开裂荚果　不开裂荚果　蒴果孔裂　蒴果盖裂　蒴果背裂
（梧桐）（油菜）（荠菜）（豌豆）　（花生）　（罂粟）　（车前）　（棉花）

颖果　　翅果　　　瘦果　　　　离果　　　　坚果
（小麦）（榆）　　（向日葵）　（蜀葵）　　（板栗）

图 2-74　干果

聚合瘦果　　　　　聚合菁荚果　　　　聚合核果
（草莓）　　　　　（八角茴香）　　　　（莲）

图 2-75　聚合果

（无花果）　　　聚花果（复果）　　（桑葚）

图 2-76　聚花果

（2）种子的发育。被子植物的花经过传粉、受精之后，胚珠逐渐发育成种子，即包括胚、胚乳和种皮 3 部分，它们分别由合子、初生胚乳核和珠被发育而来。

①胚的发育。胚的发育从合子开始。受精后的合子通常要经过一段休眠期才开始发育，如水稻 4～6h，小麦 16～18h，棉花 2～3d，苹果为 5～6d，茶树长达 5～6 个月。胚的发育早期，胚体成球形，这时单子叶植物和双子叶植物没有明显区别。双子叶植物的胚具有子叶、胚芽、胚轴和胚根；单子叶植物的胚发育时，生长点偏向胚的一侧，因而形成一片子叶。

②胚乳的发育。被子植物的胚乳是由初生胚乳发育而来，常具 3 倍染色体。极核受精后，初生胚乳核不经休眠或经短暂休眠，即开始分裂。胚乳的发育形式有 2 种：一是核型胚乳。主要特征是初生胚乳核第一次分裂和以后的核分裂，均不伴随细胞壁形成，前期胚乳细胞核呈游离状态分布于胚囊中，待胚乳发育到一定阶段，在胚囊周围的胚乳核之间，先出现细胞壁，然后由外向内逐渐形成胚乳细胞。多发生于单子叶植物和双子叶的离瓣花植物中。二是细胞型胚乳。主要特征是从初生胚乳核分裂开始，随即伴随细胞壁的形成，以后的各次分裂也都是以细胞形式出现，而无游离核时期。大多数具合瓣花的双子叶植物的胚乳发育属于此类。

③种皮的发育。在胚和胚乳发育的同时，珠被发育为种皮，位于种子外面起到保护作用。胚珠仅具单层珠被的只形成 1 层种皮，如向日葵、番茄等；具双层珠被，通常形成内、外 2 层种皮，如蓖麻、油菜等；但有的植物虽有 2 层珠被，在形成种皮的仅由 1 层形成，另一层被吸收，如大豆、南瓜、小麦、水稻等。成熟种子的种皮上常有种脐、种孔和种脊等附属结构。

4. 操作规程和质量要求　选择当地种植农作物、蔬菜、果树、花卉等地块，观察植物的果实及种子发育情况，并准备不同类型的果实及种子标本，进行表 2-24 操作。

表 2-24　植物果实和种子的形态观察

工作环节	操作规程	质量要求
果实的形态观察	（1）真果与假果的观察。观察苹果、梨、柑橘和桃等的果实，区别真果与假果 （2）果实类型观察。观察桃、花生、草莓、八角、木兰科的果实，桑葚、枫香、无花果的果实，区别哪些果是单果，哪些果是聚合果，哪些果是聚花果 （3）划分肉果和干果。观察番茄、李、杏、桃、苹果、梨、柑橘、黄瓜、板栗、白蜡的果实，区别肉质果和干果 （4）观察各种裂果的类型。仔细观察八角的蓇葖果，豆类的荚果，油菜、甘蓝的角果，香椿、蓖麻的蒴果 （5）观察各种闭果。观察板栗的坚果，葵花的瘦果，榆树、槭树类的翅果，水稻、玉米的颖果，胡萝卜、芹菜的分果	（1）能正确区分真果与假果的特点 （2）根据提供果实样本，能正确区分单果、聚合果和聚花果，肉果和干果，以及各种干果、各种肉果的类型
种子的形态观察	（1）无胚乳种子观察。取浸泡后成为湿软状态的蚕豆种子，从外到内仔细观察。可以看到黑色种脐。将种子擦干，用手挤压种子两侧，可见种孔、种脊。剥开种皮可见胚根，掰开 2 片子叶，可见子叶着生在胚轴上，在胚轴上端的芽状物为胚芽 （2）有胚乳种子观察。取浸泡后的玉米种子（即颖果）进行观察。其外形为圆形或马齿形，稍扁，在下端有果柄，去掉果柄时可见种脐。透过愈合的果种皮可看到白色的胚位于宽面的下部。用刀片垂直颖果宽面沿胚的正中纵切成两半，用放大镜观察切面。外面有一层愈合的果皮和种皮；内部大部分是胚乳，如果在切面上加一滴碘液，胚乳部分马上变成蓝色；胚在基部一角，遇碘呈黄色。仔细观察胚的结构，可见上部有锥形胚芽（外有胚芽鞘），下部有锥形的胚根（外有胚根鞘），位于胚芽和胚乳之间的盾状物为盾片（即子叶），胚芽与胚根之间和盾片相连的部分为胚轴	（1）注意观察无胚乳种子和有胚乳种子的区别。正确区分种皮、胚、胚乳，注意不同种子胚乳的有无、胚的大小及结构 （2）为了方便观察，可对种子进行浸泡，使其吸足水分。但浸泡过程中要定时换水，保证适宜温度

5. 问题处理　训练结束后，完成以下问题：

（1）绘桃果实纵剖面图，并注明各部分结构名称。

（2）比较说明单子叶植物和双子叶植物种子的形态特征区别。

（3）把观察结果填入表 2-25。

表 2-25　果实形态特征观察和果实分类记录

植物种类	果实类型		真果或假果	主要特征
	肉果	干果		
番茄	浆果	—	真果	2 心皮上位子房发育形成的果实，成熟时中、内果皮及胎座均肉质化，肥厚多汁

任务五　综合技能应用

【任务目标】

● **知识目标：** 熟悉植物标本的采集工具、采集原则及注意事项；了解种子植物的主要类型。

● **能力目标：** 能够进行植物标本的采集与制作；能识别当地常见的种子植物。

活动一　植物标本的采集与制作

1. 活动目标　能进行当地常见植物标本的采集、压制与整理，学会蜡叶标本、浸渍标本的制作。

2. 活动准备　根据班级人数，按 2 人一组，分为若干组，每组准备以下材料和用具：木制标本夹一个、盖纸、台纸若干、绳子、吸水纸、标签、采集袋、枝剪一把、挖根刀一把、采集记录卡、小标签若干、铅笔一支、镊子、胶水、手持放大镜、升汞、工具书等。

3. 相关知识　植物标本就是将新鲜植物的全株或一部分用物理或化学方法处理后保存起来的实物样品。按制作方法可分为蜡叶标本、浸渍标本、风干标本、沙干标本及叶脉标本等。这里主要介绍蜡叶标本和浸制标本的采集与制作。

（1）采集标本的主要工具。植物标本采集需要的仪器与工具主要有：标本夹（用板条钉成长约 43cm、宽约 30cm 的两块夹板）、采集袋（多采用 70cm×50cm 的塑料袋）、枝剪和高枝剪、锯、放大镜、空盒气压计（测量山的海拔高度）、观测方向和坡向、照相机、望远镜等。

（2）标本采集的原则。采集标本时，应遵循以下原则：

①要有完整性。木本植物标本采集时先取有花、果及完整枝条剪下，长度为 25～30cm，

叶、花、果太密时可适当疏去一部分（疏去时要留叶柄）。同时剥取一小块树皮，以利于鉴定。采集矮小的草本植物要连根掘出。

②要有代表性。要采集在正常环境下生长的健壮植物，不采变态的、有病的植株，要采能代表植物特点的典型枝，不采徒长枝、萌芽枝、密集枝等。若采集草本植物，一般要连根挖出，这样根、茎、叶、花或果就齐全了。如果超过1m，把它折成"N"字形收压起来或分成几段（上段带有花、果，中段带有叶，下段带有根），将几段汇成一份标本，但要注意将全草高度记录下来。采3～5份同样的标本，稍加修剪整齐，每份标本采集后，必须挂上号牌。若有些植物为雌雄异株，必须分开采集标本，而且要注意不要搞错。一些寄生性的植物如桑寄生、槲寄生、菟丝子等，采集时应注意连同寄主一起采集。

③采集一种植物时，必须仔细观察植物的生长环境、形态特征，注意其主要特点，如气味、花的颜色，几经压制后看不出的特征，必须就地对其形态特征加以记录。记录本上的号码必须与标本上号牌的号码一致，以防混淆。这样即便采集的标本有时只是植物体的一部分，但有了详细的文字记录，就成了完整的标本了。

④原则上同株植物标本编同一号码，不同株的应编另一号码，以免混乱，尤其是木本植物标本必须这样做。

⑤要给所采集的标本挂上标签，并注明所采集的地点、日期及采集人的姓名，并且记下植物的生长环境和形态特征如陆地、水池、向阳、气味、颜色、花的形态、乳汁等。

⑥保护好所采集的植株。把采集到的标本放到采集袋里，如植株较柔软，应垫上草纸，并压在标本夹里。

⑦采集时要考虑植物资源，不可乱砍滥伐。

（3）标本采集记录。在标本采集过程中必须做好野外记录和室内制作与保存的标签。主要有植物采集标本签（图2-77）、植物标本采集记录卡（图2-78）和植物标本签（图2-79）。

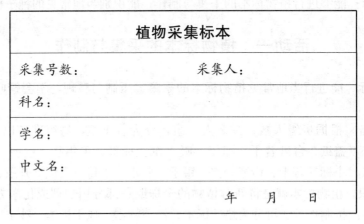

图2-77 植物采集标本签

（4）压制标本时注意的问题。标本的大小适当、美观，否则，可将叶片等折叠或修剪至与台纸相应的大小；压制标本时要尽量使花、叶、枝条展平、展开，形态美观，不使多数叶片重叠。若叶片过密，可剪去若干叶片，但要保留叶柄，以便指示叶片的着生位置；压制的标本要有叶片的正面，也要有部分叶片展示反面，以便于观察；茎和小枝在剪切时最好斜剪，以便展示和露出茎的内部结构；落下来的花、果或叶片，要用纸袋装起，袋外写上该标本的采集号，放在标本一起；在压夹内压制标本时，应特别注意使标本夹中的上、下 2 个标本错开放置，使标本夹内的标本尽量摆放平衡。否则，柔嫩的叶片、花瓣等可能会得不到压力而在干燥时起皱褶；在标本压入草纸中时注意解剖开一朵花，展示内部形态、以便以后研究；标本与标本之间，须放数页吸水纸（水分多的植物，应多加吸水纸），然后压在压夹内，并加以轻重程度适当的压力，用绳子捆起后放在通风处；换干纸时应对标本进行仔细整理，换干纸要勤，并应在以后换纸时随时加以整理；已干的标本要及时换成单页吸水纸后另放在其他压夹内，以免干标本在夹板内压坏。

植物标本采集记录卡

采集号数：	日期：　　　年　　月　　日
采集人：	采集地点：
栖地：	海拔高度（m）：
性状：	环境：
高度（m）：	茎的习性：
树皮：	胸高直径（m）：
叶：	
花：	
果：	
根或根系：	
科名：	土（俗）名：
学名：	中文名：
备注：	
鉴定人：	鉴定日期：　　年　　月　　日

图 2-78　种子植物采集记录卡

植物标本签

采集号数：	登记号数：
科名：	学名：
中文名：	备注：
采集人：	鉴定人：
产地：	日期：

图 2-79　植物标本签

4. 操作规程和质量要求　选择当地农田、果园、菜园、苗圃、林地、野外等场所，根据要求采集与制作有关植物的标本（表 2-26）。

表 2-26　植物标本采集与制作

工作环节	操作规程	质量要求
植物标本的采集	（1）确定标本采集的时间和地点。根据采集的目的和要求，确定采集的时间和地点。各种植物生长发育的时期有长有短，因此在不同的季节和不同的时间进行采集，才可能得到各类不同时期的标本。根据采集地点了解某一地区的植物资源和分布状况 （2）采集完整的标本 ①采集草本植物：小型草本植物采集全株；高大的草本植物，采下后可折成"V"或"N"字形，然后再压入标本夹内，也可选其形态上有代表性的部分剪成上、中、下3段，分别压在标本夹内 ②采集木本植物：要用枝剪剪一段带花或果实叶的枝条，同时要对这一植株的其他部分，如全株的高度、树皮的特征、生长状态等，做好详细记录 ③乔木、灌木只能采取其植物体的一部分，剪取或挖取带花、果的枝条 ④如发现基生叶和茎生叶不同时，要注意采集基生叶。特别注意采集具有地下茎（如鳞茎、块茎、根状茎）的植物放在采集袋中 （3）拍摄生态照片。拍数张该植物的全形照片，进一步了解生境，弥补标本的不足 （4）做好野外采集记录 ①记录好标本的采集号、采集时间、产地、生长环境、性状、花的颜色等20余项。实际操作可以根据情况酌情填写 ②对采集的植物标本进行编号：采集中同株应该采4～5份，用相同的采集号标记。如有的植物需要开花结果后再采，应记下所选单株坐标方位，留以标记。相同种不同地点的植物应另行编号。散落物（叶、种子、苞片等）装在另备的小纸袋中，并与所属枝条相同编号记载。影像记录与枝条所属单株相同编号记载。有些不便压在标本夹中的肉质叶、大型果、树皮等可另放，但注意均应挂签，编号与枝相同 ③记录和整理调查访问材料：在野外编的号认真做好对有关人员的调查访问工作，如对当地植物的土名、利用情况和种植等情况的调查访问 （5）挂标签。将采集到的标本及时挂上标签，并填好植物标本野外记录卡片 （6）标本装入采集袋。将采集到的植物标本轻轻地放入采集筒内	（1）采集时间必须保证花、果实均能采集到为宜。采集地点选择具有能代表生态分布规律和植物资源分布状况的典型地区 （2）采集的标本力求完整。应选择生长正常、无病虫害、具典型特征的植株，保留花、果（裸子植物有球花、球果）及种子 草本植物：应采集带根的全草，以表明植物是一年生的还是多年生的。最好选取株形端正，株高适宜，根、茎、叶、花、果实、种子齐全的植株 木本植物：应该采集长有叶、花或果实的枝 （3）生态照片拍摄清晰，照相时植物器官部位选择典型、易于分辨 （4）采集记录要详细、一般根据实际需要酌情填写。做到应尽可能地随采、随记录和编号，以免过后忘记或错号等，编号应一贯连续，不要因为改变地点或月年，就另起号头 （5）挂标签要及时、信息准确、内容翔实 （6）标本装入采集袋内动作要轻，注意保持完整性
植物标本的压制与整理	（1）整形。将植物标本的枝、叶、果、花展开平放，避免重叠与堆积，注意顺其自然，保持其特征。植株高的可以反复折叠或取代上、中、下段。把标本上多余的密叠的枝叶疏剪去一部分，以免遮盖花果。较长的植株可折成"N"字形或"V"字形再压 （2）压制。一般用木制的夹板压制，把标本夹的一面平放，上面平铺几层吸水性强的纸，尽快把整理过的标本放在几层容易吸水的纸上，使叶、花的正面向上展平（要使少数叶、花的背面向上展平），然后，盖上几层纸，再放另一份标本。注意铺上草纸时须将标本的首尾互相调换，使木夹内的标本和草纸整齐平坦。把标本层层摞起来，用标本夹夹好，捆紧，放在背阴通风处	（1）适当剪掉一些过密或过长的茎枝、过繁的花、叶、果 （2）标本压制选择吸收性强的纸，每层压制1份标本 （3）脱水干燥时间依据不同的植物标本而定

（续）

工作环节	操作规程	质量要求
植物标本的压制与整理	（3）脱水干燥。通过压制使标本在短时间内脱水干燥，固定形态与颜色。利用标本夹压紧，使吸水纸跟植物标本充分接触，使其脱水变干。把标本夹放在干燥、阴凉、通风处晾干。为防止标本霉变，须勤换纸。初期每天换纸2次，直到标本干燥为止 （4）更换吸水纸。采集当天应换干纸2次，以后视情况可以相应减少。换纸后放置通风、透光、温暖处。连续换纸6～8d，即可使标本全部干燥 （5）捆绑标本夹。注意松紧要适度，过紧易变黑，过松不易干。标本间夹纸以平整为准。如球果、枝刺处可多夹些。换下的潮湿纸及时晾干或烘干，备用	（4）更换吸水纸要及时，以免发霉，变质。初次换纸时：必须将标本上的叶子翻转，使标本上保持有腹面和背面两种叶子。如果标本的枝叶过密时还可以适当地疏剪去一部分。必须将覆压的枝条、折叠的叶和花等小心张开，这是压制标本好坏的关键。在换纸的过程中，发现叶、花、果脱落，或多余部分须放入纸袋中与标本压在一起，但必须在纸袋外面写上与标本相同的号数，如标本混乱时亦不至于发生错误 （5）捆绑标本夹要松紧适度，以标本间夹纸平整为准
蜡叶标本制作	（1）消毒。把压干的标本放入密封的箱内，用杀虫熏香剂（如二氧化硫、樟脑等）消毒。消毒药一般使用0.2%～0.3%升汞酒精溶液进行消毒。具体方法：可用喷雾器直接往标本上喷消毒液，或将标本放在大盆里，用毛笔蘸上消毒液，轻轻地在标本上涂刷，也可将消毒液倒在盆里，将标本放在消毒液里浸一浸 （2）上台纸。用白色台纸，平整地放在桌面上，然后把消毒好的标本放在台纸上，摆好位置。左上角都要留出粘贴野外记录签的位置；右下角要留出贴定名签。用白线从正、背面穿入拉紧，使标本紧贴台纸。对脱落的花、果、种子等放在一个折叠的纸袋内，再把纸袋贴在台纸上，这样在观察时可随时打开纸袋观察 （3）固定。用透明胶粘贴标本，标本装订在台纸上，即为长期保存的蜡叶标本 （4）鉴定。标本固定好后，要进行种类鉴定，鉴定时主要根据花、果的形态特征。并将鉴定结果写入标本签，并贴在台纸右下角，再贴上盖纸，野外记录签贴在左上角 （5）保存。制作好的标本经鉴定定名后，应放进标本柜保存。存放时每格内可放樟脑防虫剂以防虫蛀	（1）消毒也可把标本放进消毒室和消毒箱内，将敌敌畏或四氯化碳、二硫化碳混合液置于玻皿内，利用毒气熏杀标本上的虫子或虫卵，约3d后即可 （2）升汞有剧毒，消毒时要避免手直接接触标本，以防中毒。经消毒的标本，要放在标本夹中再压干，才能装上台纸 （3）台纸一般为白板纸或卡片纸8开，约39cm×27cm （4）利用刻刀、纸条等工具，将压制好的标本固定在台纸上。一些细小脱落的花、果、种子等用纸袋装好，贴于台纸上 （5）固定材料选择透明胶，透明胶宽度0.6cm为宜 （6）鉴定时如果自己不能鉴定，可请教师或有关专家人员帮忙。标签贴在右下角适宜的位置上，标注好标本基本信息 （7）标本柜一般多采用木制标本柜，2节4门，每节高80cm、宽75cm、深50cm，每节分成2个大格，每个大格再临时用纸板隔成几格
浸制标本制作	（1）一般溶液保存。有些花、果用作实验材料，可浸泡在4%的福尔马林溶液或70%酒精溶液。若浸泡材料作切片用，可使用F、A、A固定液（也称为标准固定液或万能固定液） （2）绿色果实保存。可用以下2个配方进行保存 ①配方1：硫酸铜饱和水溶液75mL＋福尔马林50mL＋水250mL。浸泡时将材料在配方1中浸泡10～20d，取出洗净后，再浸入4%福尔马林中长期保存	（1）浸制标本主要适用于植物的花、果实或地下部分（如鳞茎、球茎等） （2）FAA固定液配方：福尔马林20mL＋50%酒精90mL＋冰醋酸5mL混合 （3）红色果实保存配方

（续）

工作环节	操作规程	质量要求
浸制标本制作	②配方2：亚硫酸1mL＋甘油3mL＋水100mL。浸泡时将材料放入硫酸铜饱和水溶液浸泡1～3d，取出洗净后，再浸入0.5%亚硫酸中1～3d，最后放于配方2中长期保存 （3）黄色果实保存。6%亚硫酸268mL＋80%～90%酒精568mL＋水450mL。浸泡时直接把材料浸于该配方混合液中，可长期保存 （4）黄绿色果实保存。先用20%酒精浸泡果实4～5d，当出现斑点后，再加亚硫酸15%浸泡1d取出洗净，再浸入20%酒精中硬化漂白，直到斑点消失后，再加入2%～3%亚硫酸和2%甘油即可长期保存 （5）红色果实保存。先将洗净的果实浸泡在红色果实保存配方1或配方2溶液中24h，如不发生混浊现象，即可放在红色果实保存配方3、配方4的混合液中长期保存	配方1：福尔马林4mL＋硼砂3g＋水400mL 配方2：福尔马林25mL＋甘油25mL＋水1000mL 配方3：亚硫酸3mL＋冰醋酸1mL＋甘油3mL＋氯化钠50g＋水100mL 配方4：硼砂30g＋酒精132mL＋福尔马林20mL＋水1360mL （4）浸泡果实时，药液不可过满，以能浸泡材料为原则 （5）浸泡后应用凡士林、桃胶或聚氯乙烯黏合剂等封口，以防药液蒸发变干 （6）封口后，在标本瓶的上方贴上标签，注明名称、产地、制作日期、制作人等。浸泡标本要求尽可能保存原实物标本的颜色、姿态完好，没有缺损，展示空间要求通风、干燥、阴凉，避免阳光的直接照射

5. 问题处理　训练结束后，完成以下问题：

（1）在植物标本采集过程中针对不同的类型植物，采集时应注意哪些问题？

（2）植物蜡叶标本的制作过程中，哪些因素影响标本制作质量？

（3）植物标本压制时应注意哪些问题？

活动二　常见种子植物的观察与识别

1. 活动目标　学会应用已学的知识去观察、分析和识别常见的种子植物。学会用工具书检索、鉴定常见种子植物，并用形态术语准确描述常见种子植物的形态特征。

2. 活动准备　根据班级人数，按2人一组，分为若干组，每组准备以下材料和用具：放大镜、刀片、修枝剪、镊子、铅笔、笔记本、高等植物分类检索表或图谱等。

3. 相关知识　常见种子植物主要有：

（1）裸子植物门。我国裸子植物有11科、42属、236种、47变种，其中1科、7属、51种、2变种为引种栽培。

①苏铁科。苏铁。

②银杏科。银杏。

③柏科。侧柏、圆柏、龙柏、千头柏、翠柏、铺地柏、刺柏、罗汉柏。

④松科。雪松、红松、红皮云杉、金钱松、油松、黑松、日本五叶松、云杉、华北落叶松、黄山松、赤松、马尾松。

⑤红豆杉科。东北红豆杉、南方红豆杉、紫杉、日本榧树、香榧。

⑥杉科。杉木、柳杉、水松、落羽杉、池杉、水杉。

（2）被子植物门。被子植物是现代植物界最高级、最完善、最繁茂和分布最广的一类植物。

①双子叶植物纲。胚内有 2 片子叶；主根发达，多为直根系；茎内维管束常环状排列，具形成层；叶具网状脉；花各部分常 5 或 4 基数，极少 3 基数。

A. 木兰科。厚朴、白兰花、五味子、广玉兰、含笑、玉兰、鹅掌楸、蜡梅。

B. 桑科。无花果、桑、木菠萝、小叶榕、榕树、印度橡皮树、构树。

C. 壳斗科。板栗、辽东栎、石栎、蒙古栎、麻栎、栓皮栎、槲树。

D. 锦葵科。棉花、苘麻、红麻、海岛棉、吊灯兰、锦葵、蜀葵、花葵、木槿、木芙蓉、扶桑、冬葵、玫瑰茄。

E. 葫芦科。黄瓜、南瓜、西瓜、冬瓜、丝瓜、苦瓜、甜瓜、葫芦、佛手瓜、绞股蓝、罗汉果、油瓜。

F. 杨柳科。加拿大杨、毛白杨、钻天杨、垂柳、旱柳、青杨、山杨、银柳、胡杨、银白杨、小叶杨。

G. 十字花科。芥菜、球茎甘蓝、花椰菜、大白菜、结球甘蓝、萝卜、芜菁甘蓝、榨菜、卷心菜、大青叶、菘蓝、靛青、羽衣甘蓝、紫罗兰、香雪球、桂竹香、荠、播娘蒿、油菜。

H. 蔷薇科。白梨、苹果、山楂、枇杷、桃、李、杏、梅、樱桃、木瓜、草莓、绣线菊、白蜡梅、藤本蔷薇、木香、樱花、贴梗海棠、垂丝海棠、月季、黄刺玫、玫瑰、梅花、榆叶梅、桃花、金樱子、仙鹤草、蛇莓、石楠。

I. 豆科。合欢、含羞草、紫荆、槐树、大豆、紫藤、绿豆、扁豆、小豆、豇豆、薯、蚕豆、花生、田菁、菜豆、豌豆、紫云英、沙打旺、紫苜蓿、鸡眼草、葛藤、甘草、苦参。

J. 大戟科。蓖麻、木薯、猩猩草、虎刺梅、一品红、变叶木、油桐、橡胶树、铁苋菜。

K. 葡萄科。葡萄、山葡萄、三叶地锦、五叶地锦、爬山虎。

L. 芸香科。花椒、佛手、枳壳、吴茱萸、九里香、代代花、金柑、柑橘、橙、柚、柠檬。

M. 伞形科。芹菜、茴香、胡萝卜、芫荽、党参、当归、白芷、柴胡、水芹。

N. 茄科。马铃薯、茄子、番茄、辣椒、枸杞、曼陀罗、天仙子、鸳鸯茉莉、矮牵牛、夜来香、烟草。

O. 菊科。莴苣、茼蒿、牛蒡、紫背天葵、苦苣、芋、魔芋、向日葵、菊芋、红花、菊花、蓬蒿菊、荷兰菊、大丽花、松果菊、泽兰、金盏菊、翠菊、万寿菊、百日草、瓜叶菊、除虫菊、甜叶菊、白术、大蓟、马兰、艾蒿、黄花蒿、茼荬菜、苍耳。

P. 藜科。菠菜、甜菜、地肤、小藜、藜、灰绿藜。

Q. 苋科。苋菜、繁穗苋、尾穗苋、牛膝、土牛膝、青葙、鸡冠花、千日红、锦绣苋、刺苋、水花生、反枝苋。

R. 无患子科。龙眼、荔枝、栾树、文冠果、无患子、车桑子。

S. 旋花科。番薯、空心菜、大花牵牛、日本打碗花、菟丝子、田旋花、打碗花。

T. 仙人掌科。昙花、令箭荷花、蟹爪兰、仙人掌。

U. 楝科。香椿、楝树。

V. 景天科。景天、石莲花、长寿花、落地生根。

W. 忍冬科。金银花、大绣球、海仙花、接骨木。

②单子叶植物纲。胚内仅含 1 片子叶；主根不发达，多为须根系；茎内维管束散生，无形成层；叶具平行脉或弧形脉；花各部分常 3 基数，极少 4 基数。

A. 禾本科。水稻、小麦、玉米、高粱、黍、粟、黑麦、大麦、毛竹、刚竹、麻竹、薏苡、金丝草、毛竹、淡竹、罗汉竹、早熟禾、狗牙根、结缕草、甘蔗。

B. 薯蓣科。山药、穿山龙、黄独。

C. 百合科。芦荟、文竹、吊兰、朱蕉、小百合、川百合、百合、天香百合、美丽百合、百花百合、铃兰、萱草、风信子、万年青、天门冬、金针菜、葱、洋葱、蒜、石刁柏、麦冬。

D. 天南星科。芋头、海芋、龟背竹、花叶芋、石菖蒲、马蹄莲、魔芋、半夏、水浮莲。

E. 棕榈科。棕竹、蒲葵、棕榈、假槟榔、白藤。

F. 莎草科。荸荠、香附子、水蜈蚣、白颖苔草、碎米莎草、白鳞莎草、异型莎草、水葱、水莎草、旱伞草、野荸荠。

G. 鸢尾科。鸢尾、小苍兰、射干、番红花。

4. 操作规程和质量要求　根据所学的专业（农作物类、园艺类、园林类、林业类、中草药类）到指定地点或野外进行有关植物的观察与识别（表 2-27）。

表 2-27　常见种子植物的观察与识别

工作环节	操作规程	质量要求
方案设计	根据所学专业，选择 1~2 项内容进行方案设计 （1）常见大田作物的观察与识别 （2）常见果树、蔬菜的观察与识别 （3）常见木本植物的观察与识别 （4）常见观赏植物的观察与识别 （5）常见中草药植物的观察与识别 （6）常见田间杂草的观察与识别 （7）常见草坪植物与地被植物的观察与识别	方案设计完整、正确；实验用品与材料准备齐备
场地选择	（1）选择校园内的某一区域、植物园、农田、果园、菜园、林地、苗圃等场所，在规定的时间内调查出该区域内的植物种类及数量，并写出各种植物的中文名称 （2）随意挑选出一定数量的植物，对其进行形态描述 （3）对植物室内不便于观察的，用修枝剪取新鲜枝叶（尽量带花、果），带回实验室进一步观察识别	在规定时间内调查出指定区域内植物的种类及数量，并对其中至少 5 种植物进行形态特征、分枝方式、单复叶、叶着生方式、叶型、叶色、叶缘、花或果着生方式、花果的类型等内容进行描述
外部形态观察与描述	仔细观察各种植物的形态特征，描述其根、茎、叶、花、果实、种子等器官的外部形态及解剖结构	将观察结果填入表 2-28
采集制作植物标本	在采集的植物材料中，每位学生至少制作 1 份完整植物蜡叶标本（制作方法详见活动一）	学生独立采集、制作 1 份完整、合格的植物蜡叶标本
鉴定识别与编制检索表	将观察结果与检索表进行对比分析，确定考察的种子植物所属科、种，并编制一个用于区分这些植物的定距检索表，在编制之前，先把这些植物的主要特征观察清楚并归纳比较，依据检索表的编制原则，确定各级检索特征后再编制检索表	编制的检索表符合定距检索表编制原则，能利用检索表、植物图鉴、植物志等工具书将植物检索到科、属、种
确定类别与所编制检索表的验证	结合植物分类法，确定所考察的种子植物的类别，并在实践中，验证所编制的检索表的正确性	在实践中，编制的检索中所列的特征均准确无误，即可说明编制的检索表合格

5. 问题处理　训练结束后，完成以下问题：

（1）编制检索表，并鉴定出所取植物标本的科、属、种名。

（2）正确描述出所观察种子植物的形态特征，并将结果填入表2-28。

表 2-28　植物观测记录

植物名称及学名			类型（如落叶乔木）	
基本形态	高度		冠幅	东西：
	分枝方式			南北：
根系	直根系		须根系	
主干与枝条	主干颜色			
	枝条有无毛、有无刺、枝条颜色、皮孔等特征			
叶片	单叶	着生方式	叶型、叶色、叶片大小、叶缘、叶脉类型及数量，叶有无毛	
	复叶	着生方式	叶轴级数、叶轴或小叶数量及着生方式	
芽	种类			
花	单花或花序类型及着生方式		花冠类型（蝶型、舌型、蔷薇型等）	
	花色		花被片轮次及数量	
果实	种类		形状	
	颜色		大小	

 知识拓展

如果想了解更多的知识，可以通过下面渠道进行学习：

1. 阅读杂志：

（1）《中国植物学》

（2）《植物》

（3）《植物研究》

2. 浏览网站：

（1）植物学教育科研网 http：//www. chnbotany. net/

（2）中国科学院植物研究所 http：//www. ibcas. ac. cn/

（3）台湾植物研究所 http：//botany. sinica. edu. tw/

（4）中国公众科技网 http：//database. cpst. net. cn/

3. 通过本校图书馆借阅有关植物学方面的书籍。

考证提示

获得农艺工、农作物种子繁育员、农作物植保员、蔬菜园艺工、花卉园艺工、果树园艺工、农业试验工、林木种苗工、绿化工、草坪建植工、中药材种植员、牧草工等中级资格证书，须具备以下知识和能力：

1. 植物细胞的组成与基本结构。
2. 植物组织的类型与基本结构。
3. 植物根、茎、叶的形态与基本结构。
4. 植物花、果实、种子的类型、发育与基本结构。
5. 光学显微镜的使用与保养。
6. 植物徒手切片的制作与植物标本的采集与制作。
7. 植物细胞、组织结构的识别与观察。
8. 植物根、茎、叶的形态与基本结构的观察。
9. 植物花、果实、种子的类型与结构观察。

师生互动

1. 利用业余时间，根据当地种植的农作物、蔬菜、果树等，各选取 5 种，完成表 2-29 内容。

表 2-29　植物结构调查

植物名称	根系类型	茎生长习性	单叶或复叶	叶脉类型	叶序类型	花序类型	果实类型	种子类型	器官变态

2. 借助显微镜，在教师指导下，比较双子叶植物和单子叶植物的各种器官基本结构的区别。（表 2-30）

表 2-30　双子叶植物与单子叶植物器官基本结构比较

器官名称	双子叶植物	单子叶植物
根		
茎		
叶		
花		

3. 利用业余时间，根据当地植物果实类型，完成表 2-31 内容。

表 2-31　果实类型调查

果实类型		食用部分	举出 5 种果实名称
肉果	核果		
	柑果		
干果	瘦果		
	坚果		
	颖果		
	荚果		
	蓇葖果		
	角果		
	蒴果		
	分果		
聚花果			
聚合果			

项目三

植物的生长物质

 项目目标

　　了解植物激素与植物生长调节剂的生理作用；熟悉植物生长调节剂的分类、特点及使用方法；熟悉植物营养与合理施肥基本知识；了解植物营养液与化学调控基本理论。能正确观察植物激素的主要生理作用，合理利用植物激素；能正确使用常见植物生长调节剂；能进行正确选择合理施肥方法；正确识别当地植物缺素的典型症状；运用植物激素或生长调节剂进行当地主要作物的综合应用。

任务一　植物激素及其应用

【任务目标】

● **知识目标**：了解植物激素的性质、合成与运输；熟悉常见激素的生理作用与相互作用。

● **能力目标**：观察植物激素的主要生理作用；能在生产中合理利用植物激素。

【背景知识】

植 物 激 素 概 述

　　植物除需要大量的水分、无机盐和有机物质作为细胞结构物质和生理活动的营养物质外，植物的基因表达、生长、发育以及植物对环境刺激的反应均受其体内或体外多种微量有机物的调控，这类物质统称为植物生长物质。包括七大类被公认的植物激素、其他内源植物生长调节物质和一些具有生理活性的人工合成有机物。

　　植物激素是指在植物体内合成的、通常从合成部位运往作用部位、对植物的生长发育起着调节作用的微量生理活性物质。目前已发现的有：生长素、赤霉素、细胞分裂素、乙烯、脱落酸、油菜素内固醇、茉莉酸类物质、水杨酸盐等。各种植物激素的性质、分布、合成与运输见表3-1。

表 3-1　常见植物激素

种类	性质	分布	合成与运输
生长素	最早发现的植物激素。即吲哚乙酸，简称为 IAA。其分子式为 $C_{10}H_9O_2N$，相对分子质量 175.19。后来还发现有其他生长素类物质，如萘乙酸（NAA）、吲哚丁酸（IBA）	主要集中在根、茎、胚芽鞘尖端，正在展开的叶尖，生长的果实和种子内	(1) IAA 主要是在花粉和生长活跃的组织中从色氨酸生物合成的 (2) 生长素在体内存在极性运输，即只能从植物的形态学上端向下端运输，不受放置位置影响。极性运输是主动运输的过程
赤霉素	是植物激素中种类最多的一类，有 136 种，按顺序命名为 $GA_1 \sim GA_{136}$，其中常用的有 GA_3 和 GA_{4+7}（30% GA_4 和 70% GA_7 的混合物）	含量最多的部位以及可能合成的部位是果实、种子、芽、幼叶及根部	(1) 在幼嫩的生长活跃的茎枝和正在发育的种子中的甲羟戊酸合成 (2) 在植物体内为非极性运输，即可以双向运输
细胞分裂素	是腺嘌呤的衍生物，有诱导细胞分裂的活性。最常见的是玉米素、6-苄基腺嘌呤（6-BA）、四氢吡喃苄基腺嘌呤（PBA）	存在茎尖、根尖、未成熟的种子和生长着的果实	(1) 可能在根、果实种子中合成 (2) 细胞分裂素经木质部导管从根向地上部分器官运输
乙烯	植物激素中结构最简单的一类，分子式 C_2H_4。相对分子质量 28.05。生产常用乙烯发生剂	广泛存在于植物的各组织和器官中，正在成熟的果实中含量最高	(1) 植物体各个部分都可以从蛋氨酸转变为乙烯 (2) 乙烯在植物体内含量很少，并且极易移动。一般情况下乙烯就在合成部位起作用
脱落酸	1963 年先后从未成熟而即将脱落的棉桃中和槭树即将脱落的叶中提取出来。简称为 ABA	植物体内广泛分布，如叶、芽、果实、种子、块茎中等休眠的器官和部位中	(1) 在叶绿体和其他质体中通过甲羟戊酸途径合成，干旱逆境下合成更多 (2) 从根输出通过木质部，从叶片输出通过韧皮部
油菜素内固醇	属甾醇类化合物，主要是油菜素内酯。目前有 60 多种。简称为 BR、BR_s	高等植物体中的各个部位普遍存在	在植物体中合成场所不清楚
茉莉酸类物质	最早从真菌中分离出来。有 30 种。简称为 JA_s	广泛存在于植物体中，生长部位和生殖器官中含量高	以不饱和脂肪酸亚麻酸为起点进行合成，茎尖、嫩叶、未成熟果实和根尖中多
水杨酸盐	是一类与水杨酸（SA）同样活性的酚类化合物	目前鉴定出有 34 种以上的植物含有水杨酸，主要存在于叶片和生殖器官中	水杨酸自苯丙氨酸合成

活动一　植物激素的生理作用观察

1. 活动目标　了解常见植物激素的主要生理作用，能够观察不同浓度的植物激素对植物的生理效应。

2. 活动准备　准备吲哚乙酸、萘乙酸等植物激素，植物枝条，细沙等。

3. 相关知识　常见植物激素的主要生理作用见表 3-2。

表 3-2　常见植物激素的主要生理作用

种类	主要生理作用
生长素	(1) 促进伸长生长。较低浓度下可促进生长，而高浓度时则抑制生长；根对生长素最敏感；对离体器官有明显促进作用 (2) 促进器官和组织分化。促进插条形成不定根和侧根的发生，组织培养条件下促进根的分化 (3) 促进坐果及果实生长。如刺激菠萝开花；促进黄瓜雌花分化；促进单性结实，有利于番茄、西瓜、茄子等果实发育 (4) 调运养分和防止器官脱落。生长素具有很强的吸引与调运养分的效应；促进光合产物的运输、叶片扩大和气孔开放，抑制花朵脱落、叶片老化和块根形成 (5) 引起顶端优势
赤霉素	(1) 促进植物生长，主要是促进茎、叶伸长，增加株高。在芹菜、莴苣、韭菜、牧草、茶、麻类作物上效果明显 (2) 促进抽薹开花。许多长日照植物经赤霉素处理，可在短日照条件下开花 (3) 打破休眠，促进发芽。生产上可促进马铃薯萌发 (4) 促进雄花分化。对于雌雄同株异花植物，可增加雄花比例 (5) 促进单性结实。可使未受精子房膨大，发育成无籽果实 (6) 促进某些植物坐果，延缓叶片衰老。提高苹果，梨等坐果率
细胞分裂素	(1) 促进细胞分裂和扩大。只有在生长素存在的前提下才能表现出细胞分裂作用。可使萝卜茎变粗 (2) 促进芽的分化，诱导愈伤组织形成完整的植株。是组织培养时培养基主要成分 (3) 促进侧芽发育，消除顶端优势 (4) 延缓叶片衰老 (5) 促进气孔开放；打破需光种子休眠
乙烯	(1) 改变植物生长习性。即抑制茎的伸长生长，促进茎或根的横向增粗及茎的横向生长；使叶柄产生偏上性生长 (2) 促进果实成熟。对果实成熟、棉铃开裂、水稻的灌浆与成熟都有显著效果 (3) 促进衰老和脱落。是控制叶片脱落的主要激素 (4) 促进开花和雌花分化。促进菠萝开花。促进黄瓜雌花分化 (5) 其他作用。可诱导插枝不定根的形成，促进根的生长和分化，打破种子和芽的休眠，诱导次生物质的分泌等
脱落酸	(1) 促进离层形成和器官脱落。处理棉花叶柄可促使其脱落 (2) 促进休眠。外用 ABA 时，可使旺盛生长的枝条停止生长而进入休眠 (3) 可引起气孔关闭，降低蒸腾，促进根系吸水，增加其向地上部分的供水量 (4) 抑制整株植物或离体器官的生长，也能抑制种子的萌发 (5) 增强植物抗逆性。可提高植物的抗冷性、抗涝性和抗盐性等
油菜素内固醇	(1) 促进细胞伸长和分裂 (2) 促进光合作用，提高植物抗逆性。增强植物对干旱、病害、盐害、除草剂药害的抵抗力

（续）

种类	主要生理作用
茉莉酸类物质	（1）抑制生长和种子萌发等多种植物生理过程 （2）促进衰老、脱落、块茎形成、果实成熟、色素形成和卷须盘绕 （3）可诱导阻止害虫取食的蛋白质抑制剂的合成，在植物防卫反应中起作用 （4）抑制花芽分化、促进不定根形成 （5）提高植物抗性
水杨酸盐	（1）抑制乙烯生成，延缓植物衰老。如在切花中加入乙酰水杨酸能延长切花寿命 （2）影响产热植物开花、发热，加强抗病性

4. 操作规程和质量要求　根据选择的枝条与植物激素，进行表 3-3 操作。

表 3-3　植物激素对枝条根和芽生长影响观察

工作环节	操作规程	质量要求
配制不同浓度的植物激素	将吲哚乙酸、萘乙酸等，每一种激素分别配成 0、1μg/g、10μg/g、50μg/g、100μg/g、200μg/g、500μg/g 7 种浓度的溶液	配制浓度要准确无误
枝条处理	将剪好的植物枝条下端浸在上述配制好的 7 种不同浓度的溶液中，处理 4~24h。每个处理放入 5 个枝条	（1）植物枝条切口要光滑，下端为斜口 （2）为了便于观察发根情况，也可以将枝条插在盛水的器皿中，枝条入水 1cm
枝条扦插	取出枝条，扦插在湿润的细沙中。放置在 20~25℃的条件下使之发根。到移植时再作一次观察记载	也可以等到各个处理全部发根后，移栽到土壤中
定期观察记载	定期观察，记录枝条发根日期、发根部位、发根数量、根的长度以及地上部分的生长情况	将结果记载于表 3-4 中

表 3-4　不同浓度激素下植物枝条生长的情况

编号	浓度（μg/g）	根数	根长（cm）	芽长（cm）
1	0			
2	1			
3	10			
4	50			
5	100			
6	200			
7	500			

5. 问题处理　观察结束后，完成以下问题：

（1）如何配制不同浓度的植物生长调节剂？

（2）枝条处理和扦插应注意什么问题？

（3）从实验结果能得到什么结论？

活动二　植物激素的生产应用

1. 活动目标　了解植物激素的使用方法，并通过应用进一步加深对植物激素性质的认识。

2. 活动准备　喷雾器，50mg/L 赤霉素，50mg/L NAA，150mg/L、200mg/L、300mg/L乙烯利，脱脂棉；生长中的白菜、西瓜、黄瓜等植株，番茄、柿子的果实；葡萄或加拿大杨枝条。

3. 相关知识

（1）植物激素的合成、运输和作用。植物激素之所以能在植物体内起作用，必须经过3个环节，即合成、运输和作用，缺一不可（图3-1）。

植物激素是在植物体内某器官某组织内生物合成的，经过复杂的过程，生成有活性的有机物，存在于细胞内。植物激素也会与其他物质（如糖类、氨基酸等）结合起来，形成结合性植物激素，失去活性称为贮藏状态。结合性植物激素也会被水解酶分解为游离型植物激素而具有活性。

植物激素运输到作用部位的细胞后，此处细胞对激素有敏感性才能起作用。这种敏感性强弱决定于该激素受体的数目和亲和性。激素在植物体内的作用必须先与受体结合。激素受体是指那些特异地识别激素并能与激素高度结合，进一步引起一系列生理、生化的物质。

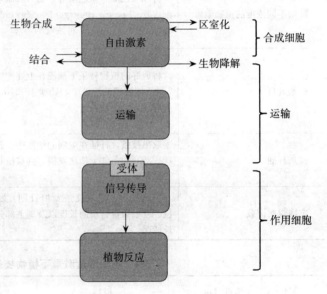

图 3-1　植物激素的合成、运输和作用

（2）植物激素的相互作用。

①增效作用。一种激素加强另一种激素的效应。具有相互促进作用的激素及作用：乙烯、脱落酸可促进果实成熟；赤霉素、细胞分裂素可促进种子发芽，生长素、细胞分裂素可诱导愈伤组织分化成根或芽，延缓叶片衰老；生长素、细胞分裂素、赤霉素可促进果实坐果和生长。

②颉颃作用。一种激素削弱或抵消另一种激素的生理效应。具有颉颃作用的激素有：生长素（促进伸长生长）与细胞分裂素（抑制侧芽生长）、赤霉素（打破休眠）与脱落酸（促进休眠）、细胞分裂素（延缓衰老）与脱落酸（促进衰老与脱落）、生长素（促进伸长生长）与脱落酸（抑制生长）。

③共同支配控制植物的生长发育。植物从种子休眠、萌发、营养体生长、开花结实到植株衰老，都受植物激素控制。不同激素具有不同的生理功能，一种植物激素具有多种生理作用，而且一种生理作用是由多种植物激素引起的（表3-5）。

表3-5 各种植物激素对植物不同生长发育期的综合影响

激素	生长素	赤霉素	细胞分裂素	脱落酸	乙烯
休眠		●	●	●	●
幼年期	●	●			
伸长生长	●	●		●	●
根生长	●		●		●
开花	●	●	●	●	●
果实发育	●	●	●	●	●
衰老	●	●			

注：●表示植物激素对生理作用有影响。

4. 操作规程和质量要求 根据选择的植物与植物激素，进行表3-6操作。

表3-6 植物激素的生产应用

工作环节	操作规程	质量要求
促进生长	（1）盆栽小白菜50盆，在收获前15d，分成2组 （2）一组用50mg/L赤霉素溶液喷洒，另一组用等量清水喷洒 （3）收获时，调查叶长、叶宽，比较产量差异。调查结果可记录于表3-7中	（1）从50盆中挑选生长一致的小白菜40盆。每组20盆 （2）喷洒赤霉素溶液和清水的量要一致
促进插条生根	（1）选取加拿大杨、葡萄枝条各10根，分成2组，每组加拿大杨、葡萄枝条各5根 （2）一组浸入50mg/LNAA溶液中24h，另一组浸入清水中作对照 （3）将处理过的枝条分别插入两盆沙中 （4）观察发根情况，并记录根数和根长。调查结果可记录于表3-8中	（1）枝条条长控制在10～15cm，基部剪成斜面 （2）NAA溶液和清水的量要一致 （3）插入枝条的沙盆要保持湿润、温暖、通气 （4）最好在春季树木发芽前进行或用冬季的贮条效果较好
人工催熟果实	（1）当柿子果实已经长成，果实顶部开始变黄时，从树上摘下，每10个一组，分为2组，将其中一组浸蘸200mg/L的乙烯利水溶液；另一组浸蘸有同量展着剂的清水作对照。将两组柿子分别用塑料袋包装，置于20～25℃室温下，每天观察颜色和硬度的变化。一周后记录结果，取出品尝是否有涩味 （2）西瓜外形基本长足时，按要求选择种植西瓜地块，分成2组，一组用小喷雾器喷洒300mg/L的乙烯利水溶液，另一组作为对照不进行任何处理。待采收时与未处理的进行比较	（1）为使溶液能在果实上分布均匀，可加入少量展着剂（中性洗涤剂） （2）选择西瓜长势尽量一致地块，西瓜大小也尽量一致。乙烯利溶液喷洒在西瓜表面，防止喷洒茎、叶造成药害 （3）乙烯利溶液和清水的量要一致 （4）结果记录于表3-9、表3-10中

（续）

工作环节	操作规程	质量要求
诱导黄瓜性别诱导	（1）大田或盆栽黄瓜，当幼苗长出 2～3 片真叶时，于晴天 16：00 左右进行 （2）用镊子夹住小棉花团，浸入 150mg/L 乙烯利水溶液中，将小棉花团放在幼苗的生长点上，对照用吸有蒸馏水的棉花团使幼苗吸收，挂上标签。并在幼苗旁插上一根竹竿，让苗攀缘。观察是否有增加雌花形成的情况 （3）步骤同（2），用镊子夹住小棉花团，浸入 50mg/L 赤霉素溶液中，将小棉花团放在幼苗的生长点上，对照用吸有蒸馏水的棉花团使幼苗吸收，挂上标签。并在幼苗旁插上一根竹竿，让苗攀缘。观察是否有增加雌花形成的情况	（1）尽量选择生长一致的黄瓜 （2）乙烯利溶液、赤霉素溶液和清水的量要一致 （3）观察时间为 1 个月左右，记录开花日期、开花节位、花朵性别、结瓜数目。结果记录于表 3-11 中 （4）乙烯利和赤霉素的使用部位必须是幼苗的生长点

表 3-7　赤霉素对小白菜生长的影响

处理		叶长（cm）	叶宽（cm）	产量（kg）
赤霉素	第 1 盆			
	第 2 盆			
	⋮			
	第 20 盆			
	平均值			
清水	第 1 盆			
	第 2 盆			
	⋮			
	第 20 盆			
	平均值			
比较				

表 3-8　NAA 对插条生根的影响

枝条类型	处理		根数（条）	根长（cm）
加拿大杨	NAA 处理	1		
		2		
		3		
		4		
		5		
	清水	1		
		2		
		3		
		4		
		5		

（续）

枝条类型	处理		根数（条）	根长（cm）
葡萄	NAA 处理	1		
		2		
		3		
		4		
		5		
	清水	1		
		2		
		3		
		4		
		5		

表 3-9　乙烯利对柿子果实催熟的影响

处理		颜色	硬度	涩味
乙烯利	1			
	2			
	⋮			
	10			
	平均值			
清水	1			
	2			
	⋮			
	10			
	平均值			
比较				

表 3-10　乙烯利对西瓜催熟的影响

处理		瓜瓤颜色	瓜瓤糖度	单瓜重（kg）
乙烯利	1			
	2			
	⋮			
	10			
	平均值			
清水	1			
	2			
	⋮			
	10			
	平均值			
比较				

表 3-11　赤霉素对黄瓜性别诱导实验

处理	开花日期	开花节位	花朵性别	结瓜数目
乙烯利				
蒸馏水（对照 1）				
赤霉素				
蒸馏水（对照 2）				

5. 问题处理　观察结束后，完成以下问题：

（1）根据表 3-7～表 3-11 的结果，进行解释。

（2）以"当地植物激素的生产应用"为题写一篇 800 字左右的综述。

任务二　植物生长调节剂及其应用

【任务目标】

● **知识目标**：了解植物生长调节剂的分类、特点及使用方法；熟悉当地常见的植物生长调节剂。

● **能力目标**：能熟悉在当地农作物、果树、蔬菜、花卉等作物上使用当地常见植物生长调节剂。

【背景知识】

植物生长调节剂概述

植物激素在植物体内含量甚微，难以提取，价格昂贵，因此在生产上广泛应用受到限制，生产上应用的是人工合成的生长物质。植物生长调节剂是指人工合成的具有调节植物生长发育的生物或化学制剂。

1. 植物生长调节剂分类　植物生长调节剂种类很多，根据来源可分为天然的和人工合成的。目前生产上常根据植物生长调节剂的生理作用、功能和用途进行分类（表3-12）。

表 3-12　植物生长调节剂的分类

分类方式	类别	主要品种
按植物生理作用分类	植物生长促进剂	生长素类（ABT、吲哚乙酸、萘乙酸）、细胞分裂素类（6-BA）、油菜素内酯、赤霉素类等
	植物生长抑制剂	脱落酸、三碘苯甲酸（TIBA）、马来酰肼等
	植物生长延缓剂	多效唑、烯效唑、矮壮素、玉米健壮素、乙烯利等

（续）

分类方式	类别	主要品种
按功能分类	生长素类	吲哚乙酸（IAA）、吲哚丙酸（IPA）、萘乙酸（NAA）、2，4-D、增产灵、防落素等
	赤霉素类	GA_3、GA_4、GA_7等
	细胞分裂素类	玉米素（ZT）、激动素（KT）、腺嘌呤（6-BA）等
	催熟剂类	乙烯、乙烯利等
	生长抑制类	脱落酸（ABA）、矮壮素（CCC）、青鲜素（MH）、三碘苯甲酸（TI-BA）、多效唑（PP_{333}）、比久（B_9）等
按农业用途分类	生根剂	吲哚乙酸（IAA）、吲哚丙酸（IPA）、萘乙酸（NAA）、2，4-D等及复配制剂
	壮秧剂	矮壮素（CCC）、多效唑（PP_{333}）、比久（B_9）等
	保花保果剂	GA_3、腺嘌呤（6-BA）等
	保鲜剂	激动素（KT）、腺嘌呤（6-BA）等
	膨大剂	激动素（KT）、腺嘌呤（6-BA）等
	催熟剂	乙烯、乙烯利等
	其他	无籽剂、疏花疏果剂、抗旱剂、防冻剂、增产剂、脱叶剂、增甜剂等

2. 植物生长调节剂特点　主要有：

（1）种类齐全，作用面广，应用领域多。植物生长调节剂可应用于各种高等植物、低等植物和食用菌，应用于作物生长的各个阶段，可以调节植物的光合作用、呼吸作用、物质吸收与运转、信号传导、气孔开闭、渗透调节、蒸腾作用等每一个生理过程。从生产应用角度看，植物生长调节剂不仅能大幅度提高作物产量，改进农产品品质（提高营养含量、形成无籽果实、增大果实、增强着色等），而且能增强作物的抗逆性（耐旱、耐涝、耐盐、抗寒、抗病、抗倒等），提高机械化水平和农业生产效率。

（2）用量小，起效快，效益高，残毒少。与肥料、农药相比，植物生长调节剂用量甚微；从使用到吸收，作用时间短，几分钟、数小时即可见效；投入产出比一般可达（1：10）～（1：100）；残留很少，不会对人、畜造成危害。

（3）对作物外部性状与内部生理过程进行双向调控。传统作物栽培技术主要是通过土、肥、水、密、保、管等措施，侧重于控制外部性状。而植物生长调节剂可按照预定目标控制作物内部生理过程和外部农艺性状的表达，达到既治标又治本的目的。

（4）有较强针对性和专业化特点。农业生产上一些通过栽培技术难以解决的问题，可通过使用植物生长调节剂得到解决。如打破休眠、调节性别、促进开花、防治脱落、促进生根、控制株型、增强抗性、形成无籽果实、果实成熟和着色、抑制腋芽生长、促进棉叶脱落等。

（5）使用效果常受多种因素影响。气候条件、施药时间、用药量、施药方法、施药部位以及作物本身的吸收、运转、整合和代谢等都将影响其作用效果。

活动一　植物生长调节剂的应用

1. 活动目标　了解常见植物生长调节剂的特点及使用方法，并通过应用进一步加深对植物生长调节剂的认识。

2. 活动准备　喷雾器、复硝酚钠、激动素、ABT 生根粉、矮壮素、乙烯利、生长的作物、种子、插条等。

3. 相关知识　常见的植物生长调节剂如下：

（1）植物生长促进剂。植物生长促进剂是指能够促进细胞分裂、分化和伸长，促进植物生长的人工合成的化合物。主要有生长素类、细胞分裂素类、赤霉素类等。其适用作物和使用方式见表 3-13。

表 3-13　常用植物生长促进剂

名称	剂型	生理作用	适用作物	使用方式
复硝酚钠（爱多收、丰产素、增效钠）	2%水剂、1.8%水剂、1.4% 水剂、95%原粉	促进植物生长发育、提早开花、打破休眠、促进发芽、防止落花落果、膨果美果、防止早衰、抗病抗逆、改良作物品质	多种粮食及经济作物、果树、蔬菜、花卉等	叶面喷洒、浸种、苗木灌注及花蕾撒施
吲哚乙酸	98.5%原粉、可湿性粉剂	生理作用广泛，影响细胞分裂、伸长和分化，影响营养器官和生殖器官的生长、成熟和衰老	苗木、花卉、蔬菜、果树等	叶面喷洒、浸泡、浸蘸花
吲哚丁酸	1%、3%、4%、5%、6%粉剂和可湿性粉剂，原粉	促进细胞分裂与细胞生长，诱导形成不定根，增加坐果数量，防止落果，改变雌、雄花比例等	大田作物、蔬菜、林木、果树、花卉	浸泡、蘸粉
吲熟酯（丰果乐、J-455）	20%乳油	增进植物根系生理活性，疏果，改变果实成分，提高果实品质	苹果、梨、桃、菠萝疏果，葡萄、菠萝、甘蔗增加糖度	叶面喷洒
2,4-D	80%可湿性粉剂、72%丁酯乳油、55%胺盐水剂、90%粉剂	促进细胞伸长，果实膨大，根系生长，防止离层形成，维持顶端优势，并能诱导单性结实。中等浓度防止落花落果，果实保鲜	瓜果、蔬菜、果树、大田作物	叶面喷洒、浸蘸、浸泡
坐果胺		具有生长素的疏果作用	桃树	叶面喷雾
防落素（番茄灵、坐果灵、壮果剂）	1%、2%、2.5%、5%水剂，99%粉剂和可湿性片剂，片剂，气雾剂	防止落花落果，抑制豆类生根，促进坐果，诱导无核果，并有催熟、增产和除草作用	广泛用于大棚番茄，多种果树、蔬菜、西瓜、茶叶、葡萄	叶面喷洒、喷花、浸花、浸泡
4-碘苯氧乙酸（增产灵）	95%原药、0.1%乳油	具有加速细胞分裂、分化作用，促进植株生长、发育、开花、结实，防止蕾铃脱落，增加铃重，缩短发育周期，提早成熟	棉花、小麦、水稻、玉米、花生、大豆、芝麻、果树、蔬菜	喷雾、点涂、浸种
增产素	98%粉剂	促进作物生长，缩短发育周期，促进开花结果，保花保蕾	禾谷类作物	喷洒

（续）

名称	剂型	生理作用	适用作物	使用方式
果实增糖剂	0.12kg/L 乳油	促进果实成熟，提高含糖量	甘蔗和甜菜，甜瓜、柑橘、苹果、桃、葡萄	甘蔗和甜菜叶面喷洒，果实喷洒
萘乙酸、萘乙酸钠、萘乙酸钾	99%粉剂、80%粉剂、2%钠盐水剂、2%钾盐水剂	促进细胞分裂、扩大，诱导形成不定根，增加坐果，防止落果，改变雌、雄花比例	谷类作物，棉花，果树，瓜果蔬菜，扦插枝条	喷洒、浸蘸、浸泡
芸苔素内酯	95%原药，0.01%乳油，0.04%、0.1%水剂，0.2%可湿性粉剂	增强植物营养生长、促进细胞分裂和生殖生长，促进光合作用，有利于花粉受精，提高坐果率和结实率，提高抗逆性	小麦、玉米、蔬菜、果树、花卉	喷洒
N6-呋喃甲基腺嘌呤（激动素）	片状固体	促进细胞分裂，诱导芽分化，解除顶端优势，延缓衰老	主要用于组织培养。棉花、苹果、梨、葡萄、莴苣、马铃薯、番茄、草莓、月季、芹菜、菠菜、萝卜等	喷洒、浸蘸、涂抹
6-苄基腺嘌呤（6-BA）	99%粉剂、0.5%乳油、1%和3%水剂	延缓衰老，诱导侧芽萌发，促进分枝，提高坐果率，形成无核果	苹果、樱桃、葡萄、莴苣、甘蓝、芹菜、水稻	浸泡、浸蘸、涂抹、喷洒
5406 细胞分裂素	5406 菌粉，5406 粉剂	影响细胞分裂和繁殖，促进生根和花芽形成，增强植物活力和抗逆力	多种果树、蔬菜、棉花、水稻、玉米、小麦、大豆	拌种、闷种或浸种、喷洒、土施
GA$_{4+7}$（增美灵）	90%原药	促进坐果、打破休眠、性别控制	苹果、梨、杜鹃花、黄瓜	喷雾
三十烷醇（增产宝、大丰力）	0.1% 微乳剂，1.4%乳粉，0.1%、0.05%乳剂或胶悬剂	促进发芽、生根、茎、叶生长及开花，促使作物早熟，提高结实率，增强抗寒、抗旱能力，增加产量，改善作物品质	水稻、花生、大豆、棉花、茶叶、玉米、小麦、烟草、甘蔗、花卉、蔬菜	浸种、苗期喷雾、花期喷雾、浸插条
ABT 生根粉	醇溶剂、水溶剂	促进插条生根，提高移栽或扦插成活率。促进植株健壮生长	玉米、水稻、大豆、蔬菜、甘薯、马铃薯、花生、油菜、食用菌、果树、花卉	浸泡、浸蘸、涂抹、喷洒
黄腐酸	50%～90%粉剂、3%～10%水剂	促进生根、养分吸收，促进光合作用，抗旱	水稻、葡萄、甜菜、甘蔗、瓜果、小麦、杨树扦插	浸泡、浸蘸、浇灌、喷洒

（2）植物生长延缓剂。植物生长延缓剂可抑制茎部近顶端分生组织的细胞延长，使节间缩短，节数、叶数不变，株型紧凑矮小，生殖器官不受影响或影响不大。常用的有比久（B$_9$）、缩节胺（Pix）、矮壮素（CCC）、多效唑（PP$_{333}$）、烯效唑、壮丰安等。其适用作物和使用方式如表 3-14。

表 3-14　常用植物生长延缓剂

名称	剂型	生理作用	适用作物	使用方式
比久（B₉）	95％原粉，85％、90％可溶性粉剂，5％液剂	抑制新枝徒长，缩短节间长度，增加叶片厚度，诱导不定根形成，刺激根系生长，提高抗寒能力，防止落花、促进坐果、促进结实。抑制植物徒长，控制观赏外形	菊花等花卉及苗木、果树、马铃薯、甘薯、花生、番茄、草莓、人参等	用作矮化剂、坐果剂、生根剂、保鲜剂。浸泡
缩节胺（助壮素、健壮素、缩节灵、Pix）	98％原粉，5％、20％、40％、50％水剂	抑制株高和横向生长，缩短节间，株型紧凑粗壮，控制旺长，促进开花坐果，提前开花，提高品质	棉花、小麦、葡萄、柑橘、桃、梨、枣、苹果、番茄、瓜类、豆类蔬菜	喷洒
矮壮素（CCC）	11.8％、40％、50％、72％水剂，60％、80％粉剂	控制植株生长，促进生殖生长，植株节间缩短粗壮，根系发达抗倒伏；光合作用增强，提高坐果率，改善品质；增强作物抗旱、抗寒、抗盐碱、抗某些病虫害能力	小麦、棉花、水稻、马铃薯	喷洒
多效唑（PP₃₃₃）	95％原药，10％、15％可湿性粉剂，25％乳油	抑制赤霉酸合成，减少细胞分裂、伸长。控制生长，矮化株型，改善通风透光，防止倒伏，促进开花和果实生长	桃、梨、柑橘、苹果、菊花、天竺葵、一品红、观赏灌木、番茄	浸泡、喷洒、涂抹、土施
烯效唑	95％原药，5％可湿性粉剂，5％、10％乳油，0.08％颗粒剂	减弱顶端优势，抗倒伏，矮化植株，促进根系生长，增强光合效率，抑制呼吸作用。提高作物抗逆能力，具有一定杀菌和除草作用	水稻、小麦、大豆、油菜、花生、菊花、一品红、杜鹃，以及果树	浸种、喷洒、浸根
壮丰安（麦业丰、北农化控2号）	20％乳剂	促进根系生长，茎秆增粗，增强抗倒伏能力。提高蛋白质含量，改善品质	小麦、大豆、油菜、花生、西瓜、甜瓜、哈密瓜、葡萄、西葫芦、黄瓜	拌种、喷洒

（3）植物生长抑制剂。植物生长抑制剂可抑制顶端分生组织，使茎消除顶端优势，外施赤霉素（GA）不能逆转。常用的有青鲜素（MH）、三碘苯甲酸（TIBA）、整形素等。

青鲜素（简称为 MH），化学名称为顺丁烯二酸酰肼，又称为马来酰肼。剂型主要有90％原药，25％钠盐水剂，30％、40％乙醇胺盐水剂，35.5％可湿性粉剂。青鲜素是最早人工合成的生长抑制剂，生理作用与生长素相反。青鲜素大量应用于：抑制草坪、树篱和树的生长；用于防止马铃薯、洋葱、大蒜、萝卜贮藏时发芽；用于棉花、玉米杀雄；抑制烟叶侧芽。使用方式为喷洒。

三碘苯甲酸（简称为 TIBA），是一种阻碍生长素运输的物质。主要剂型有98％粉剂或液剂。生理作用是能抑制顶端分生组织细胞分裂，使植株矮化，消除顶端优势，使分枝增加。TIBA 多用于大豆、番茄，促进花芽形成，增加分枝，防止落花落果；用于小麦、水稻，防倒伏；用于苹果、桑树幼树的整形整枝。使用方式为喷洒。

整形素，化学名称为 9-羟基-9-羧酸甲酯。主要剂型有 2.5％水剂，10％、12.5％乳油。生理作用主要是抑制顶端分生组织细胞分裂和伸长，消除植物的向地性、向光性；它抑制茎的伸长，促进腋芽形成，使植株发育成矮小灌木形状。生产上多用于：促进水稻分蘖，阻止椰子落果；增加黄瓜坐果率，延缓莴苣抽薹；用于花椰菜、萝卜、菠菜等提早成熟；用于木本植物，塑造木本盆景。

（5）乙烯释放剂。乙烯释放剂是一类促进成熟的植物生长剂。主要有乙烯利、玉米健壮素、脱叶膦等。

乙烯利（简称为 CEPA），又名一试灵，化学名称为 2-氯乙基膦酸，是一种水溶性强酸性液体。剂型主要 85％原药、40％水剂。其生理作用是促进果实成熟及叶片、果实脱落，促进雌花发育，诱导雄性不育，打破种子休眠，减少顶端优势，使植株矮壮等。乙烯利在生产上主要用于棉花、番茄、西瓜、柑橘、香蕉、咖啡、桃、柿子等果实促熟，培育后季稻矮壮秧，增加橡胶乳汁产量和小麦、大豆等作物产量，多用喷雾法常量施药。

玉米健壮素，主要成分为乙烯利与多种植物生长营养物质组成的复合制剂。剂型为水剂。生理作用是促进根系生长，增强光合作用，并使株型矮健，节间缩短，防止倒伏，促进早熟。主要用于玉米，一般在玉米雌穗小花分化末期，进行叶面喷洒。

脱叶膦，化学名称为 S, S, S-三丁基三硫代膦酸酯。剂型主要有 45％乳油、67％乳油、70％乳油、75％乳油、7.5％粉剂。生理作用是诱导离层形成，使叶片很快脱落。主要用于棉花、苹果等作物叶片脱落，以利机械收获。使用方式为喷洒。

4. 操作规程和质量要求 以复硝酚钠、激动素、ABT 生根粉、矮壮素、乙烯利为例，进行表 3-15 操作。

表 3-15　植物生长调节剂的应用

工作环节	操作规程	质量要求
复硝酚钠的应用	（1）水稻、小麦：播前用 1.8％复硝酚钠3 000 倍液浸种 12h，幼穗形成和穗出齐时叶面喷洒 （2）玉米：生长期及开花前数日，用 1.8％复硝酚钠 6 000 倍液喷叶面、花蕾 （3）棉花：长出 2 片叶、8～10 片叶、第一朵花开、棉桃开裂时，分别用 1.8％复硝酚钠3 000 倍、2 000 倍、2 000 倍、2 000 倍液喷洒叶面、花朵及棉桃等部分 （4）大豆：幼苗期、开花前 4～5d，用 1.8％复硝酚钠6 000 倍液喷洒叶面、花蕾 （5）甘蔗：插苗时用 1.8％复硝酚钠8 000 倍液浸苗 8h，分蘖始期用 1.8％复硝酚钠2 500 倍液茎、叶喷雾处理 （6）茶树：插苗时用 1.8％复硝酚钠6 000 倍液浸苗 12h 及叶面喷洒数次 （7）烟草：幼苗期或移栽前 4～5d，用 1.8％复硝酚钠20 000 倍液灌注苗床 1 次。移栽后用 1.8％复硝酚钠1 200 倍液叶面喷雾 2 次，间隔 1 周 （8）花生：生长期、开花前期，用 1.8％复硝酚钠6 000 倍液喷洒叶茎 3 次（间隔 1 周）、叶面及花蕾 1 次 （9）萌芽前、花前 20d 至开花前夕、结果后，果树：葡萄、李、柿、梅、龙眼、木瓜、番石榴、柠檬等用 1.8％复硝酚钠5 000～6 000 倍液分别喷洒 1～2 次；梨、桃、柑橘、橙、荔枝等用 1.8％复硝酚钠1 500～2 000 倍液分别喷洒 1～2 次 （10）蔬菜：种子可浸于 1.8％复硝酚钠6 000 倍液中 18～24h，在暗处晾干后播种。温室蔬菜移栽后，生长期用 1.8％复硝酚钠6 000 倍液浇灌。果蔬类蔬菜可在生长期及花蕾期用 1.8％复硝酚钠6 000 倍液喷洒 1～2 次 （11）花卉：开花前用 1.8％复硝酚钠6 000 倍液喷洒花蕾	（1）注意各种作物的浓度要求，浓度过高会对作物幼芽及生长有抑制作用 （2）茎、叶处理时，喷洒要均匀。不易附着药滴的作物应先加展着剂后再喷洒 （3）喷洒时间一般选在 9：00～11：00 或 16：00～18：00 （4）可与一般农药混用。若种子消毒剂的浸种时间与本剂相同时，可一并使用。与尿素及液体肥料混用能提高功效 （5）结球性叶菜在结球前、烟草收叶前一个月，应停止使用

（续）

工作环节	操作规程	质量要求
激动素的应用	（1）棉花：用 100～200mg/L 溶液喷洒，促进坐果 （2）梨、苹果：花瓣大多脱落时，用 250～500mg/L 溶液喷洒花或效果 （3）葡萄：盛花期后用 250～500mg/L 溶液浸蘸果穗 （4）莴苣：用 100mg/L 溶液浸种 3min （5）马铃薯：夏季采收后用 100mg/L 溶液浸种 10min （6）番茄：未成熟的番茄采摘后，在 100mg/L 溶液中浸一下，可延长贮藏期 （7）草莓、青椒：采收后，用 10mg/L 溶液中浸果或喷洒，晾干后延长保存期 （8）月季：用 60mg/L 溶液处理月季鲜切花，可长时间保鲜 （9）花椰菜、芹菜、菠菜、莴苣、萝卜、胡萝卜：用 10～20mg/L 溶液喷洒，或收获后浸蘸植株，延迟贮藏时间。结球白菜、甘蓝浓度可加大 40mg/L （10）唐菖蒲、倒挂金钟：MS 培养基中加入 0.1mg/L、2mg/L 有利于繁殖	（1）注意各种作物的浓度要求，浓度过高会对作物幼芽及生长有抑制作用 （2）茎、叶处理时，喷洒要均匀。不易附着药滴的作物应先加展着剂后再喷洒 （3）喷洒时间一般选在 9：00～11：00 或 16：00～18：00
ABT 生根粉的应用	（1）玉米：用 ABT4 号或 ABT6 号 20mg/L 浸种 6～8h，或用 ABT4 号 25～40mg/L 拌种 （2）水稻：用 ABT4 号或 ABT6 号 20mg/L 浸种 10～12h，或喷秧苗移栽 （3）蔬菜：叶类、果菜用 ABT4 号或 ABT8 号 5～15mg/L 浸 0.5～1h，或蘸秧根移栽，也可用 10～25mg/L 在生长期叶面喷施 2～3 次；茎类蔬菜用 ABT5 号或 ABT6 号 10～20mg/L 蘸秧根移栽，或在生长期叶面喷施 2～3 次 （4）甘薯、马铃薯：用 ABT5 号或 ABT8 号 10～15mg/L 液浸薯 1h （5）花生：用 ABT5 号或 ABT6 号 10～25mg/L 浸种 4h，也可在生长期用同样浓度叶面喷施 （6）油菜：用 ABT4 号或 ABT6 号 10～20mg/L 浸种 1h，再闷种 6h 后播种；也可在花期用 10mg/L 叶面喷施 2 次 （7）食用菌：菌丝生长期、子实形成期用 ABT4 号 15mg/L 液各喷施 1 次 （8）西瓜：秧苗移植前及花期，用 ABT4 号 10～20mg/L 液各喷施 1 次 （9）猕猴桃：用 ABT1 号 200mg/L 液浸泡插条 1h （10）杜果：用 ABT1 号 100mg/L 液浸泡插条 1～6h （11）葡萄：用 ABT2 号 100mg/L 液浸泡插条 4h。花期、果实膨大期喷施 1 次 （12）茶叶：用 ABT1 号 500mg/L 液速蘸枝条 1～2min （13）龙眼、荔枝：先用流动水浸泡插条 24h，再用 ABT1 号 100mg/L 液处理 2h。初花、盛花、坐果期用 ABT6 号或 ABT8 号 10mg/L 各喷施 1 次 （14）柑橘：盛花期用 ABT4 号 10mg/L 喷施，果实膨大期 ABT4 号 15mg/L 加 0.2%硼砂、0.2%磷酸二氢钾混合液喷施	（1）注意各种作物的浓度要求，浓度过高会对作物幼芽及生长有抑制作用 （2）茎、叶处理时，喷洒要均匀。不易附着药滴的作物应先加展着剂后再喷洒 （3）喷洒时间一般选在 9：00～11：00 或 16：00～18：00
矮壮素的应用	（1）棉花：一般用 50%水剂 5mL 对水 62.5kg，在盛蕾期至初花期、盛花着铃及棉株开始封垄时喷洒 （2）小麦：50%水剂 100～150 倍液浸种 6h，晾干后播种；返青拔节前每公顷用 50%水剂 3 000～4 500mL 对水 750～2 250kg 喷雾 （3）玉米：50%水剂 80～100 倍液浸种 6h，阴干后播种 （4）果树：7 月上旬至 8 月上旬用 50%水剂 500mL 对水 50kg 喷雾，每隔 15d 喷 1 次，连喷 3 次 （5）辣椒：初花期喷洒 20～25mg/kg 液，花期用 100～125mg/kg 液喷雾 （6）胡萝卜、白菜、芹菜：抽薹前用 4 000～8 000mg/kg 液喷洒，抑制抽薹 （7）花生：播后 50d 用 50～100mg/L 液喷施 （8）番茄：苗期用 10～100mg/L 液淋洒土表，开花前用 500～1 500mg/L 液全株喷洒 （9）葡萄：开花前 15d 用 500～1 500mg/L 全株喷洒 （10）水稻：分蘖末期用 1 600mg/L 全株喷洒 （11）黄瓜：14～15 片叶时用 50～100mg/L 液全株喷洒	（1）严格按照说明书用药，初次使用，先小面积试验。棉花、番茄等作物使用时应注意浓度和药量。一般苗弱、长势差、地力差的地块勿用药 （2）用作坐果剂时，虽能提高坐果率，但果实甜度下降，应与硼砂混用 （3）遇碱易分解，不能与碱性农药或肥料混用 （4）喷洒时间一般选在 9：00～11：00 或 16：00～18：00

（续）

工作环节	操作规程	质量要求
乙烯利的应用	诱导雌花形成和雄性不育： （1）黄瓜：苗龄在一叶一心时用200～300mg/L液进行喷施 （2）西葫芦：3叶期用150～200mg/L液进行喷施，以后每隔15d喷施1次，共喷3次 （3）小麦：抽穗初期到末期用40％水剂200～400倍液喷洒 （4）水稻：在花粉母细胞减数分裂时，用1％～2％乙烯利溶液喷洒 （5）棉花：现蕾时用1 000～2 000mg/L液进行喷洒 　促使果实成熟： （1）摘下的香蕉、柿子、青番茄、西瓜，用1 200mg/L喷雾 （2）番茄：果实白熟期用300mg/L涂于花梗上；400mg/L涂在白熟果实花的萼片及其附近果面。转色期采收后放在200mg/L溶液中浸泡1min。后期一次性采收时用1 000mg/L喷果催熟 （3）西瓜：用100～300mg/L液喷洒已长足的西瓜，提早5～7d成熟 （4）棉花：适用于单产高的棉田，70％～80％棉桃吐絮期，每公顷用40％水剂330～500倍液喷雾 （5）香蕉、柿子、葡萄、山楂：用750～1 000mg/L乙烯利溶液在柿子黄熟期喷施。采摘后香蕉（喷果）、柿子（浸蘸）等用40％水剂400～1 600倍液处理。葡萄在果实膨大期喷洒40％水剂888～1 333倍液，间隔10d，连喷2次。山楂在果实正常采收前1周，用40％水剂800～1 000倍液喷洒	（1）乙烯利遇碱性物质迅速分解，禁与碱性农药混用或用碱性较强的水稀释。药液要随配随用，不重喷、不漏喷 （2）适宜于干燥天气使用，如遇雨要补充施药。使用乙烯利后要及时收获，以免果实过熟 （3）乙烯利具有强酸性，能腐蚀金属器皿、皮肤及衣物，应戴手套和眼睛作业，作业完毕应立即清洗喷雾器械。如皮肤接触药液，应立即用水和肥皂冲洗；如溅入眼内，要及时用大量水冲洗，必要时请医生治疗 （4）喷洒时间一般选在9：00～11：00或16：00～18：00

5. 问题处理　生产中应用的植物生长调节剂种类很多，应根据说明书进行使用。课余时间可调查当地植物生长调节剂的使用情况，以"当地植物生长调节剂使用现状与效果"为题，写一篇1 000字左右的综述。

活动二　常见植物生长调节剂的合理使用

1. 活动目标　了解常见植物生长调节剂的特点及使用方法，并通过应用进一步加深对植物生长调节剂的认识。

2. 活动准备　根据当地生产实际，选择常用的植物生长调节剂，了解其特性和使用说明。

3. 相关知识

（1）植物生长调节剂的使用方法。植物生长调节剂最常用的使用方法为叶面喷洒和土壤浇灌，此外还有点滴、注射、浸根、蘸果等局部处理。根据不同需要灵活使用。

一是作为种衣剂。可作为专用型种衣剂，除促进种子萌发外，还可以达到防治病虫害、增加矿物质营养、调节植株生长的目的。

二是拌种。主要用于种子处理。是将种子与药剂混合拌匀，晾干或阴干后播种。

三是溶液浸泡。主要用于插条处理。有慢浸和快浸两种。慢浸是采用低浓度的水溶液处理12～24h，然后取出插条扦插。快浸是采用高浓度的50％酒精溶液，插条处理5min即可。另外浸泡也可用于浸果、浸种等。

四是溶液喷洒。将药剂配制成一定浓度的液体，可对叶、果实、茎或全株进行喷洒，要求喷洒均匀，一般宜在傍晚或 9：00 左右进行。

五是溶液点滴。多用于处理作物茎顶端生长点、花朵或休眠芽等。一般用于科学研究。在生产上也用于一些名贵树木和观赏植物的繁殖和培育。

六是溶液涂抹。主要用于植物的某些器官如叶、芽、茎及枝条的切口等，以观察某一激素对植物产生的某些生理作用。一般不宜在大田生产中应用。

七是土壤浇灌。将药剂配成水溶液，直接浇灌在土壤中，或与肥料等混合施用。盆栽花卉、设施蔬菜应用较多。

八是溶液培养。在植物培养液中加入某种一定浓度的植物激素，将发芽的种子或幼苗移入培养液中，使根部同时吸收养分和激素。是一种研究植物激素生理效应的方法。

九是溶液注射。多用于木本植物。先将枝干上钻一小孔，孔深为树干直径的 $1/3 \sim 1/2$，然后将配合的药剂溶液装入容器中，容器一端连接橡皮管，管口插一小段细玻璃管，管口塞小块泡沫塑料，以调节滴水速度，使水成珠状缓慢滴出，然后将玻璃管插入所钻的孔内，由树干吸收。

十是油剂涂抹。此法与溶液涂抹相似，适用于有些植株茎秆和叶片表面多有蜡质或茸毛，果实圆而光滑。

十一是粉剂蘸灌和喷洒。粉剂蘸灌适用于木本植物大规模扦插繁殖时采用，一般将粉剂处理过的插条斜放在每条沟中，再在沟内盖土压实。粉剂喷洒可用喷雾器进行，大规模时也可用粉剂喷洒。

十二是气体熏蒸。适用于挥发性的药液，如萘乙酸甲酯。

（2）植物生长调节剂使用应注意的问题。由于植物生长调节剂种类、生物学特性差异很大，为使其充分发挥作用，应注意以下问题。

第一，仔细了解，正确选择。购药前首先弄清目的，用何种植物生长调节剂解决何种问题，要到正规农资或植保部门购买质量有保证、有"三证"的品牌厂家产品，并仔细阅读说明书，了解主要作用、使用对象、使用方法。

第二，先试验确定最适使用浓度，再大面积推广。根据植物生长调节剂的性能，对不同植物的最适浓度要进行初试，参考或咨询生产厂和有关资料，选择梯度浓度进行试验，确定有效浓度后再扩大应用。

第三，注意使用时的气候条件。温度适宜，有利于药剂吸收；干旱气候施药浓度应降低，雨水充沛季节应适当加大浓度；施药时间应掌握在 10：00、16：00 左右，大风天气和即将降水时不宜施药。

第四，使用次数、用量与植株大小长势有关。一般一二年生作物生长发育期短，使用 1 次就会有明显效果；多年生作物可使用 2～3 次。

第五，药液要充分吸收。在配制药液时可加入适量的表面活性剂，有助于药剂吸收。

第六，使用部位及方法要正确。使用植物生长调节剂，要根据使用目的和药效原理确定处理部位和使用方法。

第七，掌握正确的配药方法。使用药剂的容器一定要洗净。使用前，应注意商品包装的说明及有效浓度。配好的溶液最好一次用完。

第八，与优良品种、栽培措施相结合。只有与优良品种、先进栽培措施相结合才能发挥作用。

第九，注意用药的安全性。有些药剂具有刺激性和轻度腐蚀性，在配药和使用时，避免长时间与皮肤、眼睛接触，避免吸入药雾，工作完毕应及时清洗可能污染的部位。

4. 操作规程和质量要求 选择当地种植农作物、蔬菜、果树、花卉等地块，观察植物的茎、叶类型及生长情况，并进行表 3-16 操作。

表 3-16 植物生长调节剂的应用

工作环节	操作规程	质量要求
植物生长观察	观察植物生长、开花结果、植物根系等情况，明确植物生长调控目的，是否需要喷施植物生长调节剂	了解植物生长调节剂的类型、功能、使用说明
正确选择植物生长调节剂	根据需要选用，不可"乱点鸳鸯谱"，以防造成损失。在选择植物生长调节剂时，需要综合考虑处理对象、应用效果、价格和安全性因素	除了特殊需要，作物正常生长情况下，不要轻易使用植物生长调节剂，对用于果实催熟、果实膨大等方面使用要慎重
确定使用时期	一般植株生长旺盛的时期，施药浓度应降低；反之，对于休眠部位，如种子、休眠芽等，施药浓度可高些。另外，大部分生长调节剂在高温、强光下易挥发、分解，所以喷药前、喷药时和喷药后的环境因素对药效影响很大。施药时间夏季一般在 10：00 前，16：00后。在一定限度内，随温度升高，植物吸收药剂增加；但温度过高，则生长调节剂会失去活性。高湿度也可促进药剂吸收，但如果喷药后遇到降水应及时补喷	植物生长调节剂的生理效应往往是与一定的生长发育时期相联系的，错过了处理的时期，使用效果不好或没有效果，有时还会产生不良的效果
严格控制浓度	（1）根据植物种类、生长发育期和使用部位来确定药剂浓度。如赤霉素在梨树花期为 10～20mg/kg，甘蔗拔节期为 40～50mg/kg （2）根据药剂种类确定使用浓度。严格按照产品说明书规定的浓度使用 （3）根据气温确定使用浓度。使用时要按照当时的环境条件选择适当的使用浓度，温度升高浓度应适当降低 （4）根据药剂的有效成分准确浓度。每克、每毫升、每瓶、每包加适量的水，水加少了浓度太高，易引起药害，加多了浓度太低效果不明显	如需低浓度多次使用，切不可改为高浓度一次使用。严防任意加大浓度或粗心把浓度弄错。植物生长调节剂的使用浓度很低，使用时要按要求精确配制。要注意水的酸碱性与植物生长调节剂适宜
掌握正确的施药方法	根据使用目的，正确选择植物生长调节剂的施药方法：浸蘸法、涂抹法、喷施法、浇灌法、熏蒸法	（1）浸蘸施药要注意浸蘸温度，一般以 20～30℃为宜 （2）涂抹施药要避免高温 （3）浇灌施药效果稳定，但应考虑某些植物生长调节剂在土壤中的残留状况。同时要注意药剂量，以免浪费
合理掌握使用技术	（1）根据说明书要求，了解该产品如何溶解，用水还是用有机溶剂或其他 （2）掌握配好的溶液存放的时间，一般随配随用，以免失效 （3）讲究使用技术，生长调节剂可单用、复配，也可以与化肥、农药混用	（1）两种作用相反的调节剂不能复配使用 （2）不宜与碱性农药和肥料混用：植物生长调节剂一般呈酸性，不能与碱性农药和肥料混用，否则会降低药效和肥效

（续）

工作环节	操作规程	质量要求
抓好药后管理	应根据调节剂的作用和使用目的，结合田间管理措施，才能充分发挥最好效果。如用多效唑控制小麦徒长，必须同时注意田间开沟排水，控制氮肥使用等农业措施；又如在果树开花结果期利用激素保花保果时，必须加强肥水管理，注意病虫害的防治	一般使用促进生长、增产等药剂后，要适当增施氮、磷、钾肥，防止早衰。使用多效唑的水稻秧田要移栽翻耕
发生药害及时补救	（1）叶面喷水稀释药液浓度 （2）根据酸碱中和原理，酸性药液用稀碱性溶液中和、碱性药液用稀酸性溶液中和 （3）适当补充速效化肥以及加强田间管理，如适量去除枯叶、中耕松土、防治病虫害等 （4）对有些抑制、延缓生长的激素引起的药害，可以试用赤霉素等促进生长的激素来缓解	为避免产生药害，一般先做单株或小面积试验，再中试，最后才能大面积推广，不可盲目草率，否则一旦造成损失，将难以挽回

5. 问题处理 根据当地种植的农作物、果树、蔬菜情况，分别选择一种作物，制订一个植物生长调节剂的使用方案。

任务三　植物生长的营养物质

【任务目标】

- **知识目标**：了解植物必需营养元素及其生理作用，熟悉合理施肥基本原理与方法；认识植物根系吸收养分与根外营养的基本知识。

- **能力目标**：能正确掌握及运用根部营养的施肥方法；能熟练运用植物的根外施肥方法；正确识别当地植物缺素的典型症状。

【背景知识】

植物营养与施肥原理

1. 植物营养 植物营养是指植物体从外界环境中吸取其生长发育和生命活动所需要的物质。营养元素是指植物体所需要的化学元素。

（1）植物体内元素的组成。植物的组成十分复杂，一般新鲜的植物体含有 $75\%\sim95\%$ 的水分和 $5\%\sim25\%$ 的干物质。在干物质中有机物质占其质量的 $90\%\sim95\%$，其组成元素主要是碳、氢、氧和氮等；余下的 $5\%\sim10\%$ 为矿物质，也称为灰分，是由很多元素组成，包括磷、钾、钙、镁、硫、铁、锰、锌、铜、钼、硼、氯、硅、钠、钴、铝、镍、钒、硒等。现代分析技术研究表明，在植物体内可检测出 70 多种矿质元素，几乎自然界里存在的元素在植物体内都能找到。

（2）植物必需营养元素及确定标准。植物体内的营养元素并不全部是植物生长发育所必需的。判断某种元素是否为植物生长发育所必需的营养元素，一般必须符合以下三条标准：一是不可缺少。植物的营养生长和生殖生长必须有这种元素，是植物完成整个生命周期不可缺少的元素。二是特定的症状。缺少该元素时植物会显示出特殊的、专一的缺素症状，其他营养元素不能代替它的功能，只有补充这种元素后，病症才能减轻或消失。三是直接营养作用。该元素必须对植物起直接的营养作用，并非由于它改善了植物生活条件所产生的间接作用。

　　某一营养元素只有符合这三条标准，才能被确定为是植物必需的营养元素。到目前为止，已经确定为植物生长发育所必需的营养元素有16种，即碳、氢、氧、氮、磷、钾、钙、镁、硫、铁、锰、硼、铜、锌、钼、氯。这16种植物必需元素都是用培养试验的方法确定下来的。

　　在植物必需的营养元素中，碳、氢、氧三种元素来自空气和水分；氮主要是植物通过根系从土壤中吸收，部分由根际微生物的联合固氮和根瘤菌的共生固氮从土壤空气中吸收；其他灰分元素主要来自土壤（图3-2），氮、磷、钾常被称为"肥料三要素"。

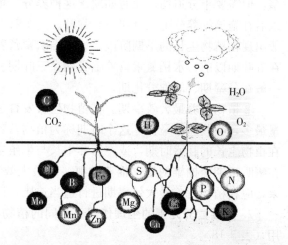

图 3-2　植物生长必需营养元素及其来源示意

　　（3）植物必需营养元素的分组。通常根据植物对16种必需营养元素的需要量不同，可以分为大量营养元素和微量营养元素。大量营养元素一般占植株干物质质量的百分之几十到千分之几，它们是碳、氢、氧、氮、磷、钾、钙、镁、硫 9 种；微量营养元素占植株干物质质量的千分之几到十万分之几，它们是铁、硼、锰、铜、锌、钼、氯 7 种。也有把钙、镁、硫称为中量营养元素。

　　（4）植物必需营养元素的相互关系。植物必需营养元素在植物体内的相互关系主要表现为同等重要和不可代替，即必需营养元素在植物体内不论含量多少都是同等重要的，任何一种营养元素的特殊生理功能都不能被其他元素所代替。植物必需营养元素之间具有以下相互作用（表3-17）。颉颃作用是指一种营养元素阻碍或抑制另一种元素吸收的生理作用。协同作用是指一种营养元素促进另一种元素吸收的生理效应，即两种元素结合后的效应超过其单独效应之和，也称为相互效应。

表 3-17　植物体中大量元素与微量元素的相互关系

常量元素	颉颃元素	协同元素
Ca	B、Cu、Fe、Mn、Zn、Co、Al、Cd、Cr	Cu、Mn、Zn
Mg	Mn、Zn、Cu、Fe、Co、Al、Cr、Ni、F	Al、Zn
P	B、Cu、Fe、Mo、Mn、Zn、Al、As、Cd、Cr、F、Hg、Ni、Pb、Si	Al、B、Cu、Fe、Mo、Mn、Zn
K	B、Mo、Mn、Al、Hg、Cd、Cr、F、Rb	
S	Fe、Mo、Se、As、Pb	F、Fe

（续）

常量元素	颉颃元素	协同元素
N	Cu、B、F	B、Cu、Fe、Mo
Cl	Br、I	B、Cu、Fe、Mo

（5）植物营养两个关键期。植物通过根系从土壤中吸收养分的整个时期，称为植物营养期。在植物营养期中，植物对养分的吸收又有明显的阶段性。这主要表现在植物不同生长发育期中，对养分的种类、数量和比例有不同的要求。在植物营养期中，植物对养分的需求，有两个极为关键的时期：一个是植物营养的临界期，另一个是植物营养的最大效率期。

①植物营养的临界期。在植物营养过程中，有一时期对某种养分的要求在绝对数量上不多，但需要十分迫切，此时如缺乏这种养分，植物生长发育和产量都会受到严重影响，即使以后补施该种养分也很难纠正和弥补。这个时期称为植物营养的临界期。植物营养临界期一般出现在植物生长的早期阶段。如水稻磷素营养临界期在三叶期，棉花在二、三叶期，油菜在五叶期以前；水稻氮素营养临界期在三叶期和幼穗分化期，棉花在现蕾初期，小麦和玉米一般在分蘖期、幼穗分化期。

②植物营养最大效率期。在植物生长发育过程中还有一个时期，植物需要养分的绝对数量最多，吸收速率最快，这个时期称为植物营养最大效率期。植物营养最大效率期一般出现在植物生长的旺盛时期，或在营养生长与生殖生长并进时期。如玉米氮肥的最大效率期一般在喇叭口期至抽雄初期，棉花的氮、磷最大效率期在盛花始铃期。为了获得作物的增产效果，应在植物营养最大效率期进行适当追肥，以满足植物生长发育的需要。

2. 主要营养元素的生理作用 不同的植物必需营养元素在植物体内具有独特的生理作用（表 3-18）。

表 3-18 植物必需营养元素的生理作用

元素名称	生理作用
氮	构成蛋白质和核酸的主要成分；叶绿素的组成成分，增强植物光合作用；植物体内许多酶的组成成分，参与植物体内各种代谢活动；植物体内许多维生素、激素等成分，调控植物的生命活动
磷	磷是植物体许多重要物质（核酸、核蛋白、磷脂、酶等）的成分；在糖代谢、氮素代谢和脂肪代谢中有重要作用；磷能提高植物抗寒、抗旱等抗逆性
钾	是植物体内 60 多种酶的活化剂，参与植物代谢过程；能促进叶绿素合成，促进光合作用；是呼吸作用过程中酶的活化剂，能促进呼吸作用；增强作物的抗旱性、抗高温、抗寒性、抗盐、抗病性、抗倒伏、抗早衰等能力
钙	是构成细胞壁的重要元素，参与形成细胞壁；能稳定生物膜的结构，调节膜的渗透性；能促进细胞伸长，对细胞代谢起调节作用；能调节养分离子的生理平衡，消除某些离子的毒害作用
镁	是叶绿素的组成成分，并参与光合磷酸化和磷酸化作用；是许多酶的活化剂，具有催化作用；参与脂肪、蛋白质和核酸代谢；是染色体的组成成分，参与遗传信息的传递
硫	是构成蛋白质和许多酶不可缺少的组分；参与合成其他生物活性物质，如维生素、谷胱甘肽、铁氧还蛋白、辅酶 A 等；与叶绿素形成有关，参与固氮作用；合成植物体内挥发性含硫物质，如大蒜油等

(续)

元素名称	生理作用
铁	是许多酶和蛋白质组分；影响叶绿素的形成，参与光合作用和呼吸作用的电子传递；促进根瘤菌作用
锰	是多种酶的组分和活化剂；是叶绿体的结构成分；参与脂肪、蛋白质合成，参与呼吸过程中的氧化还原反应；促进光合作用和硝酸还原作用；促进胡萝卜素、维生素、核黄素的形成
铜	是多种氧化酶的成分；是叶绿体蛋白——质体蓝素的成分；参与蛋白质和糖代谢；影响植物生殖器官的发育
锌	是许多酶的成分；参与生长素合成；参与蛋白质代谢和糖类运转；参与植物生殖器官的发育
钼	是固氮酶和硝酸还原酶的组成成分；参与蛋白质代谢；影响生物固氮作用；影响光合作用；对植物受精和胚胎发育有特殊作用
硼	能促进糖类运转；影响酚类化合物和木质素的生物合成；促进花粉萌发和花粉管生长，影响细胞分裂、分化和成熟；参与植物生长素类激素代谢；影响光合作用
氯	能维持细胞膨压，保持电荷平衡；促进光合作用；对植物气孔有调节作用；抑制植物病害发生

3. 合理施肥基本原理 合理施肥是综合运用现代农业科技成果，根据植物需肥规律、土壤供肥规律及肥料效应，以有机肥为基础，生产前提出各种肥料的适宜用量和比例以及相应的施肥方法的一项综合性科学施肥技术。一般植物的施肥应掌握以下基本原理：

（1）养分归还学说。植物从土壤中摄取其生活所必需的矿物质养分，由于不断地栽培作物，势必引起土壤中矿物质养分的消耗，长期不归还这部分养分，会使土壤变得十分贫瘠，甚至寸草不生。轮作倒茬只能减缓土壤中养分的贫竭，但不能彻底地解决问题。为了保持土壤肥力，就必须把植物从土壤中所摄取的养分，以肥料的方式归还给土壤，否则就是掠夺式的农业生产。

（2）最小养分律。植物生长发育需要多种养分，但决定产量的却是土壤中相对含量最少的那种养分——养分限制因子，且产量的高低在一定范围内随这个因子的变化而增减。忽视这个养分限制因素，即使继续增加其他养分，也难以提高植物产量。

（3）报酬递减律。从一定土地上所得到的报酬随着向该土地投入的劳动和资本量的增大而有所增加，但达到一定限度后，随着投入的劳动和资本量的增加，单位投入的报酬增加却在逐渐减少。施肥量与植物产量的关系往往呈正相关，但随着施肥量的提高，植物的增产幅度随施肥量的增加而逐渐递减，因而并不是施肥量越大产量和效益越高。

（4）因子综合作用律。植物获得高产是综合因素共同作用的结果，除养分外，还受到温度、光照、水分、空气等环境条件与生态因素等的影响和制约。在这些因素中，其中必然有一个起主导作用的限制因子，产量也在一定程度上受该限制因子的制约。即施肥还要考虑土壤、气候、水文及农业技术条件等因素。

4. 合理施肥时期 一般来说，施肥时期包括基肥、种肥和追肥3个环节。只有3个环节掌握得当，肥料用得好，经济效益才能高（表3-19）。

表3-19　基肥、种肥和追肥的含义、作用及施肥方法

施肥时期	基　肥	种　肥	追　肥
含义	是指在播种或定植前以及多年生植物越冬前结合土壤耕作施入的肥料	是指播种或定植时施入土壤的肥料	是指在植物生长发育期间施入的肥料
作用	满足整个生长发育期内植物营养连续性的需求；培肥地力，改良土壤，为植物生长发育创造良好的土壤条件	为种子发芽和幼苗生长发育创造良好的土壤环境	及时补充植物生长发育过程中所需要的养分，有利于产量和品质的形成
肥料种类	以有机肥为主，无机肥为辅；以长效肥料为主，以速效肥料为辅	速效性化学肥料或腐熟的有机肥料	速效性化学肥料，腐熟的有机肥
施肥方法	撒施、条施、分层施肥、穴施、环状和放射状施肥等	拌种、蘸秧根、浸种、条施、穴施、盖种肥等	撒施、条施、随水浇施、根外施肥、环状和放射状施肥等

活动一　植物的根部营养及应用

1. 活动目标　了解根部营养的基本规律，熟悉如何提高根部营养。

2. 活动准备　根据当地生产实际，选择种植的主要作物，了解常见的土壤施肥法。

3. 相关知识　植物对养分的吸收有根部营养和根外营养两种方式。根部营养是指植物根系从环境中吸收养分的过程。

（1）植物根系吸收养分的部位。根系是植物吸收养分和水分的重要器官。在植物生长发育过程中，根系不断地从土壤中吸收养分和水分。对于活的植物来说，根毛区是根尖吸收养分最活跃的区域。

（2）植物根系吸收养分的形态。植物根系可吸收离子态和分子态的养分，一般以离子态养分为主，其次为分子态养分。土壤中呈离子态的养分主要有一价、二价、三价阳离子和阴离子，如 K^+、NH_4^+、Ca^{2+}、Mg^{2+}、Cu^{2+}、NO_3^-、$H_2PO_4^-$、SO_4^{2-}、$B_4O_7^{2-}$ 等离子。分子态养分主要是一些小分子有机化合物，如尿素、氨基酸、磷脂、生长素等。大部分有机态养分需要经过微生物分解转变为离子态养分后，才能被植物吸收利用。

（3）养分向根系迁移的途径。植物根系主要从土壤溶液或土壤颗粒表面吸收矿质养分。分散在土壤各个部位的养分到达根系附近或根表的过程称为土壤养分的迁移。其方式有3种，即截获、扩散和质流。

①截获是指植物根系在生长与伸长过程中直接与土壤中养分接触而获得的养分的方式，一般只占植物吸收总量的 $0.2\% \sim 10\%$。

②扩散是指植物根系吸收养分而使根系附近和离根系较远处的养分离子浓度存在浓度梯度，而引起的土壤中养分的移动的方式。NO_3^-、Cl^-、K^+、Na^+ 等在土壤中的扩散系数大，容易扩散；$H_2PO_4^-$ 扩散系数小，在土壤中扩散慢。

③质流是指由于植物蒸腾作用，植物根系吸水而引起水流中所携带养分由土壤向根部流动的过程。在土壤中容易移动的养分，如 NO_3^-、Cl^-、SO_4^{2-}、Na^+ 等主要通过质流到达根系表面。

扩散和质流是使土体养分迁移至植物根系表面的两种主要方式。但在不同的情况下，这两个因素对养分的迁移所起的作用却不完全相同。一般认为，在长距离时，质流是补充养分的主要形式；在短距离内，扩散作用则更为重要。

（4）根系对无机养分的吸收。土壤养分到达植物根系的表面，只是为根系吸收养分准备了条件。大部分养分进入植物体，要经过一系列复杂的过程。养分种类不同，进入细胞的部位不同，其机制也不同。目前比较一致的看法是植物对离子态养分的吸收方式主要有被动吸收和主动吸收两种。

①被动吸收是指养分离子通过扩散等不需要消耗能量的方式，通过细胞膜进入细胞质的过程，又称为非代谢吸收。解释被动吸收的机理主要有杜南平衡学说、扩散学说和离子交换学说。

②主动吸收，又称为代谢吸收，是一个逆电化学势梯度且消耗能量的有选择性地吸收养分的过程。究竟养分是如何进入植物细胞膜内，到目前为止还不十分清楚。很多研究学者提出了不少假说。解释主动吸收的机理主要有载体学说、离子泵学说等。

（5）根对有机养分的吸收。植物根系不仅能吸收无机态养分，也能吸收有机态养分。有机养分究竟以什么方式进入根细胞，目前还不十分清楚。解释机理主要是胞饮学说。胞饮作用是指吸收附在质膜上含大分子物质的液体微滴或微粒，通过质膜内陷形成小囊泡，逐渐向细胞内移动的主动转运过程。胞饮现象是一种需要能量的过程，也属于主动吸收。

4. 操作规程和质量要求　根部营养主要通过土壤施肥来满足。土壤施肥是将肥料施于土壤满足植物营养需要的施肥方法，主要有撒施肥料、条施肥料、穴施肥料、分层施肥、环状施肥和放射状施肥等。在农作物、蔬菜、果树、花卉等植物进行土壤施肥时候，进行参观，并进行适当施肥实践（表 3-20）。

表 3-20　提高根部营养效果的方法

工作环节	操作规程	质量要求
撒施肥料	（1）选择准备种植农作物、蔬菜的地块，耕作前进行有机肥料、化学肥料的施用，多为撒施 （2）选择种植小麦、水稻等进行追肥地块，进行氮肥追肥。如小麦返青期追施尿素，撒施后立即灌水；或水稻追肥，以水带氮施肥方法	（1）撒施是施用基肥和追肥的一种方法，即把肥料均匀撒于地表，然后把肥料翻入土中 （2）凡是施肥量大的或密植植物如小麦、水稻、蔬菜等封垄后追肥以及根系分布广的植物都可采用撒施法
条施肥料	（1）选择种植棉花的地块，耕作后起垄前条施复合肥料或氮肥、磷肥、钾肥等，然后起垄覆膜 （2）选择种植小麦返青期等进行追肥的地块，采用条施方法进行追施尿素或碳酸氢铵	（1）条施是开沟条施肥料后覆土 （2）一般在肥料较少的情况下施用，玉米、棉花及垄栽甘薯多用条施，再如小麦在封行前可用施肥机或耧耩入土壤
穴施肥料	（1）选择种植玉米的地块，播种时挖深 5～10cm 的穴，施用磷酸二氢铵后覆土，然后播种 （2）选择种植番茄的温室，进行追肥时，先在植株旁挖深 5～10cm 的穴，施用尿素后覆土	（1）穴施是在播种前把肥料施在播种穴中，而后覆土播种。或在植株旁边挖穴追施肥料 （2）适用于点播或移栽作物，如玉米、棉花、番茄等；果树、林木多用穴施法

（续）

工作环节	操作规程	质量要求
分层施肥	如河南的超高产麦田。将作基肥的70%氮肥和80%的磷、钾肥撒于地表随耕地而翻入下层，然后把剩余的30%氮肥和20%磷、钾肥于耙前撒入垡头，通过耙地而进入表层	将肥料按不同比例施入土壤的不同层次内
环状施肥	选择栽植苹果树幼苗的果园，在树冠外围垂直的地面上，挖一条环状沟，沟宽20～30cm，沟深20～30cm，施用有机肥料、复合肥料或氮肥、磷肥、钾肥后覆土踏实。逐年向外扩展	环状施肥常用于果园幼树施肥，是在树冠外围垂直的地面上，挖一条环状沟（图3-3），施肥后覆土踏实。第二年再施肥时可在第一年施肥沟的外侧再挖沟施肥，以逐年扩大施肥范围
放射状施肥	选择种植梨树的果园，以树体为中心，在树冠周围等距离挖4～6条呈放射状的沟。沟宽30cm、沟深20～30cm，且要求内浅外深，沟长视树体大小而定，一般树冠外缘内外各占1/2。沟内施入有机肥料、复合肥料或氮肥、磷肥、钾肥后覆土并灌水。再次施肥时要更换位置，此法较环状施肥伤根少	放射状施肥是在距树木一定距离处，以树干为中心，向树冠外围挖多条放射状直沟，沟长与树冠相齐，肥料施在沟内（图3-4），第二年再交错位置挖沟施肥。主要适用于主要用于长势强、树龄较大的树
灌溉施肥	以蔬菜滴管施肥为例。第一步，起垄栽培每垄种植两行作物。第二步，铺设滴灌管，在高垄中间铺设滴灌管（带），埋在地下或覆于膜下。第三步，施肥时，将尿素等可溶性化肥溶于施肥罐中，随水施入作物根部。施肥后，再用不含肥料的水滴灌30min。第四步，滴灌灌溉时，打开主管道堵头，冲洗3min，再将堵头装好。第五步，清洗，灌溉一段时间后，过滤器要打开清洗	把肥料溶解在水里，采用微喷、滴灌等方法，灌溉和施肥同时进行，在减少水、肥料、人工、能源投入的前提下，增产、增收、提高水肥利用率方面效果明显

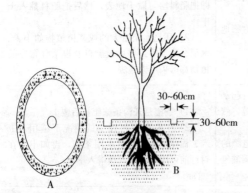

图 3-3 环状施肥示意
A. 平面图 B. 断面图

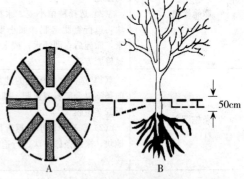

图 3-4 放射状施肥示意
A. 平面图 B. 断面图

5. 问题处理 生产中不同作物采取的土壤施肥方法也不尽相同。课余时间可调查当地主要作物的土壤施肥情况，以"当地主要作物土壤施肥现状与效果"为题，写一篇1 000字左右的综述。

活动二 植物的根外营养及应用

1. 活动目标 了解根外营养的基本规律，熟悉如何提高根外营养的效率。

2. 活动准备 根据当地生产实际，选择种植的主要作物，了解常见的植物施肥法。

3. 相关知识 根外营养是植物营养的一种补充方式，特别是在根部营养受阻的情况下，可及时通过叶、茎等吸收营养进行补救。因此，根外营养是补充根部营养的一种辅助方式。

（1）根外营养的特点。根外营养和根部营养比较起来，一般具有以下特点：

一是直接供给养分，防止养分在土壤中的固定。根外营养直接供给植物吸收养分，可防止养分在土壤中被固定。尤其是易被土壤固定的元素，如铜、铁、锌等，叶部喷施效果较好。

二是吸收速率快，能及时满足植物对养分的需要。叶部对养分的吸收和转化都比根部快，能及时满足植物的需要。这一措施对消除某种缺素症，及时补救由于自然灾害造成的损失以及解决植物生长后期所需养分等均有重要作用。

三是直接促进植物体内的代谢作用。根外追肥可增加光合作用和呼吸作用的强度，明显提高酶的活性，直接影响到植物体内一系列重要的生理机能，同时也改善了植物向根部供应有机养分的状况，增强植物根系吸收水分和养分的能力。

四是节省肥料，经济效益高。根外施肥用肥量小，仅为土壤施肥用量的 10% 左右。喷施微量元素，不仅节省肥料，还可以避免因土壤施肥不匀和施用量过多所造成的危害。

（2）提高根外营养施用效果。主要考虑以下因素：

一是注意溶液的组成。喷施的溶液中不同的溶质被叶片吸收的速率是不相同的。钾被叶片吸收速率依次为 $KCl > KNO_3 > K_2HPO_4$，而氮被叶片吸收的速率则为尿素 > 硝酸盐 > 铵盐。在喷施生理活性物质和微量元素肥料时，加入尿素可提高吸收速率和防止叶片出现暂时黄化。

二是注意溶液的浓度及反应。一般在叶片不受害的情况下，适当提高溶液的浓度和调节其 pH，可促进叶部对养分的吸收。如果主要目的在于供给阳离子时，溶液的 pH 应调至微碱性；当主要目的在于供给阴离子时，溶液的 pH 则应调至弱酸性。

三是延长溶液湿润叶片的时间。喷施时间应选在下午或傍晚进行，以防止叶面很快变干。如果同时施用湿润剂，可降低溶液的表面张力，增大溶液与叶片的接触面积，更能增强叶片对养分的吸收。

四是最好在双子叶植物上施用。双子叶植物叶面积大，叶片角质层较薄，溶液中的养分易被吸收；对单子叶植物应适当加大浓度或增加喷施次数，以保证溶液能很好地被吸收利用。喷施溶液时，应叶片正面、背面一起喷。

五是注意养分在叶内的移动性。各种养分在叶细胞内的移动性顺序为：氮 > 钾 > 钠 > 磷 > 氯 > 硫 > 锌 > 铜 > 锰 > 铁 > 钼；不移动的元素有硼、钙等。在喷施比较不易移动的元素时，喷施 2～3 次为宜，同时喷施在新叶上效果好。

（3）植株施肥。在生产实践中，常用的植株施肥方法主要有：

①根外追肥。把肥料配成一定浓度的溶液，喷洒在植物体上，以供植物吸收的一种施肥方法。此法节省肥料、效果好，是一种辅助性追肥措施。

②注射施肥。注射施肥是在树体、根、茎部打孔，在一定的压力下，将营养液通过树体的导管，输送到植株的各个部位的一种施肥方法。注射施肥又可分为滴注和强力注射。

滴注是将装有营养液的滴注袋垂直悬挂在距地面 1.5m 左右高的树杈上，排出管道中气体，将滴注针头插入预先打好的钻孔中（钻孔深度一般为主干直径的 2/3），利用虹吸原理，将溶液注入树体中（图 3-5）。强力注射是利用踏板喷雾器等装置加压注射，压强一般为(98.1～147.1) $\times 10^4$ Pa，注射结束后注孔用干树枝塞紧，与树皮剪平，并堆土保护注孔（图 3-5）。

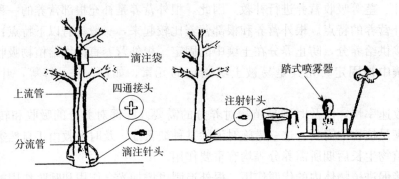

图 3-5　注射施肥示意

③打洞填埋法。适合于果树等木本植物施用微量元素肥料，是在果树主干上打洞，将固体肥料填埋于洞中，然后封闭洞口的一种施肥方法。

④蘸秧根。对移栽植物如水稻等，将磷肥或微生物菌剂配制成一定浓度的悬浊液，浸蘸秧根，然后定植。

⑤种子施肥。是指肥料与种子混合的一种施肥方法，包括拌种、浸种和盖种肥。拌种是将肥料与种子均匀拌和，或把肥料配成一定浓度的溶液，与种子均匀拌和后一起播入土壤的一种施肥方法；浸种是用一定浓度的肥料溶液来浸泡种子，待一定时间后，取出稍晾干后播种；盖种肥是开沟播种后，用充分腐熟的有机肥或草木灰盖在种子上面的施肥方法，具有供给幼苗养分、保墒和保温作用。

4. 操作规程和质量要求　根外营养主要通过植株施肥来满足。其中根外追肥是最常用的方式。在农作物、蔬菜、果树、花卉等植物进行根外追肥时候，进行参观，并进行适当施肥实践（表 3-21）。

表 3-21　植物根外追肥的应用

工作环节	操作规程	质量要求
肥料品种的选择	(1) 根据肥料性质选择。氮素应优先选用尿素，磷、钾应优先选用磷酸二氢钾，硼素应优先选用八硼酸钠（钾）或硼砂，锌素优先选用硫酸锌，铁素优先选用硫酸亚铁 (2) 根据土壤养分状况选择。主要是根据土壤有效养分含量及土壤酸碱性来确定。一般认为，基肥不足、植物脱肥情况下，可选择氮、磷、钾为主的肥料；基肥充足或缺乏微量元素症状下，可选择以微量元素为主的肥料 (3) 根据根外追肥目的选择。应根据植物生长的具体情况来选择，生长初期一般选择调节型肥料，植物营养缺乏或生长后期应选择营养型肥料	(1) 优先选用的肥料品种主要考虑叶片吸收速率高的品种 (2) 土壤有效养分含量丰缺指标，可查阅当地指标值 (3) 选择根外追肥料时，应注意包装标明的肥料类型和功能，使根外追肥的目的与肥料标明的功能一致 (4) 应注意产品有无登记证号及产品标准证号

（续）

工作环节	操作规程	质量要求
确定喷施浓度	（1）应根据植物种类和植物生长发育期确定喷施浓度。双子叶植物浓度可低些，单子叶植物应加大浓度；苗期浓度适当低些，生长发育中后期浓度适当高些 （2）根据植物植物营养状况确定喷施浓度。生长正常时，浓度应低些；出现脱肥缺素症时，浓度适当高些 （3）根据喷施营养元素类型确定喷施浓度。微量元素喷施浓度宜低些，常量元素喷施浓度适当高些	（1）叶面喷施时，雾点要匀、细，喷施量以肥液将要从叶面上流下但又未流下时最好 （2）粉剂型肥料要先加水充分搅拌，待完全溶解后方可喷施 （3）水剂型肥料在稀释时应严格按照说明书的要求进行浓度配制
确定喷施时期	（1）根据植物生长发育期确定。一般蔬菜为苗期、始花期、中后期；小麦、水稻、玉米等为拔节孕穗、扬花灌浆期；西瓜为坐果期；大豆、油菜、花生等为始花期、结荚期；棉花为花铃期；甘薯、马铃薯为薯块生长期；芝麻为现蕾期至始花期 （2）根据植物种类确定。一般以籽粒为产品的植物以始花期至灌浆期为宜；以茎、叶为产品的植物以上市前25～30d为宜；瓜果类植物以果实膨大期为宜 （3）根据肥料的种类确定。含植物生长调节剂的肥料应在生长前期喷施；硼、钼、锌等肥料宜在进入生殖期喷施；钼肥宜在开花前喷施	（1）多数植物生长发育前、中期喷施效果要好于后期。一般不宜于花期和幼苗期喷施 （2）植物遭遇病虫害，土壤过酸或过碱，植物盛果期，植物遭遇热害或冻害后，植物遭遇洪涝灾害后等情况下，施用根外追肥效果好、收益大
确定喷施时间	喷施肥料的效果易受温度、湿度、光照、风速等因素影响，因此，应选择无风的阴天或晴天的9：00以前、露水干后及16：00以后进行叶面喷施	喷施后3～4h内遇大雨，待晴天时应补喷一次，但浓度要适当降低
注意喷施部位	（1）根据植物类型确定。双子叶植物尽量喷施叶背面；单子叶植物正、反两面都要喷，并以正面为主 （2）根据养分的移动性确定。氮、钾可喷施植株的任何部位，且喷施次数可少些；磷着重喷施植株上部或中部叶片；铜、铁、硼、钙等主要喷在上部新叶上，并适当增加喷施次数	果树进行根外追肥时，要着重喷施新梢和上部叶片，既要喷树冠外围，更要喷内膛的枝叶；既要喷上部叶片，更要喷中下部叶片
注意喷施次数	生长发育期短的植物一般可喷施1～2次，生长发育期长的植物可喷施2～3次；两次喷施间隔时间应在10d左右。果树上喷施含铁肥料应喷施3～4次，两次喷施间隔时间应在7d左右	如果肥料中含有植物生长调节剂，喷施次数不宜过多，而且每次间隔时间要在7d以上
混用喷施要适当	肥料之间或肥、药之间混合可以起到一喷多效，但应注意不能降低肥效或药效，对植物无损害，混合后溶液pH应在7左右。配制混喷溶液时，应现配现用，一定要搅拌均匀后再喷	肥药混合前，应先将肥料、农药各取少量溶液放入同一容器中，若无混浊、沉淀、冒气泡等现象产生，表明可以混喷
制订某一植物根外追肥方案	根据上述情况，针对当地植物类型，制订一个根外追肥实施方案	要做到方案合理、便于操作、效果优异

5. 问题处理　据测定要进行10次以上根外追肥才能达到根部吸收养分的总量，因此根外追肥不能完全替代根部施肥，必须与土壤施肥相结合。课余时间可调查当地主要作物的根外追肥情况，以"当地主要作物根外追肥现状与效果"为题，写一篇1 000字左右的综述。

活动三 当地典型植物缺素症观察

1. 活动目标 熟悉当地主要作物典型缺素症特点，并能正确进行诊断提出防治措施。

2. 活动准备 准备一些植物缺素症照片或标本。并通过网络、书籍查阅相关植物典型缺素症知识。

3. 相关知识 植物正常生长发育需要吸收各种必需的营养元素，如果缺乏任何一种营养元素，其生理代谢就会发生障碍，使植物不能正常生长发育，而且根、茎、叶、花或果实在外形上表现出一定的症状，通常称为缺素症。当营养元素严重缺乏时，植物外部形态表现出一定的缺素症状，故常先用形态诊断进行诊断，有时也配合使用其他诊断方法。

（1）形态诊断。植物缺乏某种营养元素时，一般都会在形态上表现出某些特有的缺素症。包括苗期的死苗、植株矮化、各生长发育阶段出现的特殊叶片症状、生长发育期成熟推迟、产量降低、品质低劣等现象。生产中可根据这些症状进行诊断，为了方便诊断，我们编写了"植物缺素诊断歌"，以供参考。

植物缺素症诊断歌

植物营养要平衡，营养失衡把病生，病症发生早诊断，准确判断好矫正。

缺素判断并不难，根茎叶花细观察，简单介绍供参考，结合土测很重要。

缺氮抑制苗生长，老叶先黄新叶薄，根小茎细多木质，花迟果落不正常。

缺磷株小分蘖少，新叶暗绿老叶紫，主根软弱侧根稀，花少果迟种粒小。

缺钾株矮生长慢，老叶尖缘卷枯焦，根系易烂茎纤细，种果畸形不饱满。

缺锌节短株矮小，新叶黄白肉变薄，棉花叶缘上翘起，桃梨小叶或簇叶。

缺硼顶叶皱缩卷，腋芽丛生花蕾落，块根空心根尖死，花而不实最典型。

缺钼株矮幼叶黄，老叶肉厚卷下方，豆类枝稀根瘤少，小麦迟迟不灌浆。

缺锰失绿株变形，幼叶黄白褐斑生，茎弱黄老多木质，花果稀少重量轻。

缺钙未老株先衰，幼叶边黄卷枯黏，根尖细脆腐烂死，茄果烂脐株萎蔫。

缺镁后期植株黄，老叶脉间变褐亡，花色苍白受抑制，根茎生长不正常。

缺硫幼叶先变黄，叶尖焦枯茎基红，根系暗褐白根少，成熟迟缓结实稀。

缺铁失绿先顶端，果树林木最严重，幼叶脉间先黄化，全叶变白难矫正。

缺铜变形株发黄，禾谷叶黄幼尖蔫，根茎不良树冒胶，抽穗困难芒不全。

（2）根外喷施诊断。如果形态诊断不能肯定缺乏某种元素，可采用此法。具体做法是配制一定浓度的含某种元素的溶液，喷到病株叶部或采用浸泡、涂抹等将溶液喷洒或涂抹在病叶上观察施肥前后叶色、长相、长势等变化，进行确认。

（3）化学诊断。采用化学分析方法测定土壤和植株中营养元素含量，对照各种营养元素缺乏的临界值加以判断。有土壤诊断和植株化学诊断等方法。

4. 操作规程和质量要求 在农时施肥季节，选择有缺素症的田块，完成下列操作（表3-22）。

表 3-22　当地植物典型缺素症观察

工作环节	操作规程	质量要求
资料准备	准备一些植物缺素症照片，或标本，或当地出现缺素症的植物	
形态诊断	（1）看症状出现的部位。一般缺铁、锰、硼、钼、铜、钙、硫时症状首先发生在新生组织上，从新叶、顶芽开始；而缺氮、磷、钾、镁、锌则先在老叶上出现症状 　（2）要看叶片大小和形状。缺锌叶片小而窄，枝条向上直立呈簇生状 　（3）要注意叶片失绿部位。如缺锌、镁的叶片只有叶脉间失绿；缺铁只有叶脉不失绿，其余全部失绿	（1）植物缺素症的形态诊断可用图 3-6 进行检索 　（2）也可参照"植物缺素症诊断歌"进行诊断
根外喷施诊断	（1）配制一定浓度（一般为 0.1%～0.2%）的含某种元素的溶液 　（2）喷到病株叶部或采用浸泡、涂抹等办法，将病叶浸泡在溶液中 1～2h 和将溶液涂抹在病叶上 　（3）隔 7～10d 观察施肥前后叶色、长相、长势等变化，进行确认	根据可能缺素症状和植物种类，合理确定喷施浓度
化学诊断	采用化学分析方法测定土壤和植株中营养元素含量，对照各种营养元素缺乏的临界值加以判断。有土壤诊断和植株化学诊断等方法	一般形态诊断和根外喷施诊断不能确定时，才采用化学诊断
缺素后快速矫正	发现缺素后，一般通过叶面喷洒相应的养分肥料，是快速矫正的有效措施 　（1）缺氮一般叶面喷施 1%～1.5%尿素溶液 　（2）缺磷一般叶面喷施 1%～1.5%过磷酸钙浸出液 　（3）缺钾一般叶面喷施 0.2%～0.3%磷酸二氢钾或 1%～1.5%硫酸钾溶液 　（4）缺钙一般叶面喷施 0.3%～0.5%的硝酸钙或 0.3%磷酸二氢钙溶液 　（5）缺镁一般叶面喷施 1%～2%的硫酸镁溶液 　（6）缺铁一般叶面喷施 0.2%～1%的柠檬酸铁或硫酸亚铁溶液 　（7）缺锌一般叶面喷施 0.1%～0.2%的硫酸锌溶液 　（8）缺硼一般叶面喷施 0.2%～0.3%的硼砂溶液 　（9）缺锰一般叶面喷施 0.3%硫酸锰溶液 　（10）缺钼一般叶面喷施 0.02%～0.05%钼酸铵溶液 　（11）缺铜一般叶面喷 0.02%～0.04%硫酸铜溶液	（1）作物出现缺素症，应根据症状确定缺素类型，采取相应措施进行矫正，将因缺素带来的损失降到最低 　（2）叶面喷施时，雾点要匀、细，喷施量以肥液将要从叶面上流下但又未流下时最好 　（3）粉剂型肥料要先加水充分搅拌，待完全溶解后方可喷施 　（4）水剂型肥料在稀释时应严格按照说明书的要求进行浓度配制。喷施后 3～4h 内遇大雨，待晴天时应补喷一次，但浓度要适当降低

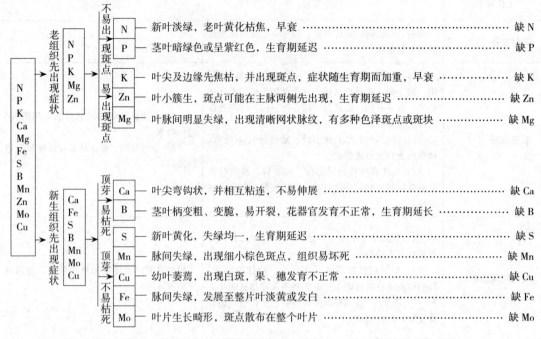

图 3-6 植物缺素症检索

5. 问题处理　在实际生产中不同作物同一元素的缺素症状是有差别的，因此应根据实际情况进行预防补救。如农作物缺氮等症状及补救措施都有所差别（表 3-23）。

表 3-23　主要农作物缺氮症状及补救措施

农作物	缺氮症状	补救措施
小麦	小麦缺氮，植株矮小，叶片淡绿，叶尖由下向上变黄，分蘖少，茎秆细弱	于返青期每公顷追施尿素 75～120kg，拔节期每公顷再追施尿素 150～225kg
水稻	水稻缺氮时，其叶片体积减小，植株叶片自而上变黄，稻株矮，分蘖少，叶片直立	及时追施速效氮肥，配施适量磷、钾肥，施后中耕耘田，使肥料融入泥土中
玉米	玉米缺氮，株形细瘦，叶色黄绿。首先是下部老叶从叶尖开始变黄，然后沿中脉伸展呈楔形。叶边缘仍为绿色，最后整个叶片变黄干枯。缺氮还会引起雌穗形成延迟，甚至不能发育，或穗小粒少产量降低	对春玉米，施足底肥，有机肥质量要高，夏玉米来不及施底肥的，要分次追施苗肥、拔节肥和攻穗肥；后期缺氮，进行叶面喷施，用2%的尿素溶液连喷2次
棉花	棉花缺氮，生长缓慢，植株矮小，叶片黄化，果枝数和果节数少，脱落多。严重缺氮时，下部老叶发黄变褐，最后干枯脱落以致成桃少，单铃重低，产量低	苗期缺氮每公顷开沟追施尿素 37.5～60.0kg，蕾期缺氮开沟追施尿素 60.0～75.0kg，花铃期缺氮开沟追施尿素 150～225kg，后期缺氮用1%～2%尿素溶液叶面喷施
大豆	大豆缺氮时，叶片变成淡绿色，生长缓慢，叶子逐渐变黄	应及时追施氮肥，每公顷追施尿素 75～112.5kg，或用1%～2%的尿素水溶液进行叶面喷肥，每隔7d左右喷施1次，共喷2～3次

（续）

农作物	缺氮症状	补救措施
花生	花生缺氮，花生生长瘦弱，叶色黄，叶面积小，分枝数和开花量减少，荚果发育不良，产量品质降低	施足有机肥，始花前 10d 每公顷施用硫酸铵 75～150kg，最好与有机肥沤 15～20d 后施用
油菜	油菜缺氮时，植株生长瘦弱，叶片少而小，呈黄绿色至黄色，茎下部叶片有的边缘发红，并逐渐扩大到叶脉；有效分枝数、角果数都大为减少，千粒重也相应减轻，产量显著降低	苗期缺氮，每公顷用 225～375kg 碳酸氢铵开沟追施，或者用11 250～15 000kg 人粪尿对水浇施；后期缺氮，用 1％～2％尿素溶液叶面喷施

任务四　综合技能应用

【任务目标】

● **知识目标**：了解植物营养液配制的基本知识；熟悉植物化学调控有关知识。

● **能力目标**：能利用植物营养液培养进行缺素症诊断；运用植物激素或生长调节剂进行当地主要作物的综合应用。

活动一　植物溶液培养及缺素症观察

1. 活动目标　熟悉溶液培养的方法，验证氮、磷、钾等营养元素对作物生长发育的重要性，并能进行缺素症的观察与识别。

2. 活动准备　准备玉米幼苗，培养瓶、试剂瓶、刻度吸管、量筒、黑色蜡光纸、pH 试纸、分光光度计，无离子水、硝酸钾、硫酸镁、磷酸二氢钾、硫酸钾、氯化钙、磷酸二氢钠、硝酸钙、硝酸钠、硫酸钠、EDTA-NA$_2$、硫酸亚铁、硼酸、氯化锰、硫酸铜、硫酸锌、钼酸铵等分析纯试剂。

3. 相关知识　溶液培养是通过含有植物必需营养元素的生理平衡溶液为植物生长发育提供无机营养，并将植物直接种植在营养液中或悬置于营养液中培养。目前已发展成为成熟的无土栽培技术。

（1）营养液的配制原则。确保在配制和使用营养液时不会产生难溶性化合物的沉淀；充分了解营养液配制中各种化合物的性质及相互之间产生的化学反应过程，在配制过程中运用难溶性物质溶度积法则，确保不会产生沉淀；选用均衡的营养液配方。

（2）营养液的配制要求。营养液中氮的形态应以硝态氮为主，铵态氮易使作物徒长、组织细嫩，因此用量不应超过总量的 25％；含氯肥料因含氯对作物生长不利，因此应控制用量；配制营养液时应注意水质，过硬的水不宜使用，须经过处理以后使用；有机质肥或有机发酵物不宜作为配制营养液的肥源。

（3）营养液的配制方法。有两种：一种是先配制浓缩营养液（或称为母液），然后用浓缩营养液配制工作营养液；另一种是直接称取营养元素的化合物直接配制工作母液。生产中可根据需要来选择采用哪种方法。

①浓缩营养液（母液）的配制方法。在配制母液时要根据配方中各种化合物的用量及其溶解度来确定浓缩倍数。大量元素一般可配成浓缩 100 倍、200 倍或 500 倍液；微量元素一般可配成浓缩 1 000 倍或 10 000 倍液。

组成配方的化合物往往会发生有沉淀生成的化学反应，在配制时为了防止营养液产生沉淀，可对其分类配制 2~4 种母液，使用的时候再进行混合配制工作营养液。

一是配方（配方一）分为两类：一类以钙盐为中心，不与钙盐产生沉淀的化合物均可一起溶解（A 母液）；另一类则是其余所有化合物均可一起溶解（B 母液）。

二是配方（配方二）分三类：以钙盐为中心，不与钙盐产生沉淀的化合物（A 母液）；以磷酸盐为中心，不与磷酸盐产生沉淀的化合物（B 母液）；微量元素放在一起溶解（C 母液）。

三是配方（配方三）分四类：以钙盐为中心，不与钙盐产生沉淀的化合物（A 母液）；以磷酸盐为中心，不与磷酸盐产生沉淀的化合物（B 母液）；微量元素放在一起溶解（C 母液）；络合物（D 母液）。

配制浓缩营养液的步骤：根据实际情况和难易程度选择合适的配方和分类方法（以配方二为例），按照要配制的浓缩 A 母液和浓缩 C 母液的各种化合物称量后分别放在一个塑料容器中，溶解后加水至所需要配制的体积，搅拌均匀即可。在配制 B 母液时，先将 EDTA 和硫酸亚铁分开，用热水溶解再趁热将硫酸亚铁溶液慢慢倒入 EDTA 溶液中，边加边搅拌，若有沉淀则需要加热水助溶。然后再取 B 母液所需要称量的其他化合物溶解后，倒入同一个塑料容器中，边加边搅拌，最后加清水至所需要配制的体积，搅拌均匀即可。

为了防止长时间贮存浓缩母液产生沉淀，可加入 1mol/L 的硫酸或硝酸酸化至溶液的 pH 为 3~4；同时应将配制好的浓缩母液置于阴凉避光处保存。浓缩 C 液最后用深色容器贮存。

②工作营养液的配制方法。作物生长时期不同，工作营养液的浓度也不相同，根据实际情况利用浓缩营养液稀释为适当浓度的工作母液。根据实际需要的工作母液的体积，算出量取 A、B、C 母液的体积，计算方法为：

$$母液的吸取量（mL）＝工作母液的体积（mL）/浓缩倍数$$

配制时应先在盛装工作营养液的贮液池中放入需要配制体积的 40%~70% 的清水，量取所需要的 A 母液倒入，开启水泵循环或搅拌使其均匀，然后量取所需 C 母液用较大量清水稀释后，分别在贮液池的不同部位倒入，并让水泵循环流动或搅拌均匀调节至适当浓度，即完成工作营养液的配制。

③直接称量法配制营养液。在大规模生产中，常常采用称取各种营养物质来直接配制工作母液。

配制方法（以配方三为例）为：在贮液池中放入所需要配制营养液总体积的 40%~70% 的清水，然后称取浓缩 A 母液的各种化合物，放在一个容器中溶解后倒入种植系统中，开启水泵循环流动；然后再称取浓缩 B 母液的各种化合物，放入另一容器中，溶解后用大量水稀释，分别加到贮液池的不同部位，开启水泵循环流动；再取两个容器分别称取铁盐和 EDTA 置于其中，分别用热水溶解后再趁热将铁盐溶液倒入 EDTA 溶液中，边加边搅拌，若有沉淀则需要加热水助溶，按照 B 母液加入的方法倒入贮液池中，开启水泵循环流动。

取一容器称取微量元素化合物放在一起溶解后，按照母液加入的方法倒入贮液池中，开启水泵循环流动，至整个贮液池的营养液均匀为止。

在直接称量营养元素化合物配制工作营养液时要注意：在贮液池中加入钙盐及不与钙盐产生沉淀的盐类后，不要立即加入磷酸盐及不与磷酸盐产生沉淀的其他化合物，而应在水泵循环 30min 或更长时间后加入，加入微量元素化合物时不应在加入大量元素之后立即加入。

（4）常见营养液种类。适宜的营养液成分是无土栽培技术的关键。目前适于不同作物的营养液配方很多，这里主要列举 3 种。

①水稻营养液。常用的有 Espino 营养液、木村营养液、春日井营养液和国际水稻所营养液。其中多选用国际水稻所营养液，其成分见表 3-24。

表 3-24 国际水稻所营养配方

盐类	用量（mg/L）	盐类	用量（mg/L）
NH_4NO_3	91.40	$(NH_4)Mo_7O_2 \cdot 4H_2O$	0.074
$NaH_2PO_4 \cdot 2H_2O$	40.30	H_3BO_3	0.934
K_2SO_4	71.40	$ZnSO_4 \cdot 7H_2O$	0.035
$CaCl_2$	88.60	$CuSO_4 \cdot 5H_2O$	0.031
$MgSO_4 \cdot 7H_2O$	324.00	$FeCl_3 \cdot 6H_2O$	7.70
$MnCl_2 \cdot 4H_2O$	1.50	柠檬酸水合物	11.90

②旱作营养液。主要有 Knop 营养液、Hongland 营养液、Arnon 营养液、Hewitt 营养液和普良尼什柯夫营养液等。应用较多的是 Arnon-Hongland 营养液，其成分见表 3-25。

表 3-25 Arnon-Hongland 营养液配方

盐类		用量（mg/L）
大量元素	$Ca(NO_3)_2 \cdot 4H_2O$	950
	KNO_3	610
	$MgSO_4 \cdot 7H_2O$	490
	$NH_4H_2PO_4$	120
微量元素	酒石酸铁	5.0
	H_3BO_3	0.60
	$MnCl_2 \cdot 4H_2O$	0.40
	$CuSO_4 \cdot 5H_2O$	0.05
	$ZnSO_4 \cdot 7H_2O$	0.05
	$H_2MoO_4 \cdot 4H_2O$	0.02

③不完全营养液。为了研究某种营养元素的生理作用，常需要使用不完全营养液（缺乏某种营养元素）。如采用 Hongland 营养液为基础的不完全营养液配方，见表 3-26，其中微量元素同表 3-25。

表 3-26 Hongland 不完全营养液（mL/L）

母液	完全	缺氮	缺磷	缺钾	缺镁	缺硫	缺钙
1mol/L KNO_3	5	—	6	—	6	6	5
1mol/L $Ca(NO_3)_2$	5	—	4	5	4	4	—
1mol/L $MgSO_4$	2	2	2	2	—	—	2
1mol/L KH_2PO_4	1	—	—	—	1	1	1
0.5mol/L K_2SO_4		5			3	—	—
0.1mol/L NaH_2PO_4	—	20	—	20			
0.1mol/L $CaCl_2$	—	12					
1mol/L $Mg(NO_3)$		—					2

4. 操作规程和质量要求 以玉米幼苗为例，学习营养液的配制，观察缺素症症状，完成表 3-27 的操作。

表 3-27 植物营养液配制与缺素症观察

工作环节	操作规程	质量要求
水的选用	(1) 实验可选用无离子水 (2) 在生产中应选用符合饮用水标准的雨水、井水和自来水	水的硬度不宜过大；pH 应在 6.5～8.5；使用前，水中的溶解氧接近饱和；氯化钠含量应小于 2mmol/L；自来水中氯含量应低于 0.3mg/L；重金属及有害健康元素应低于容许限量
原料的选用	(1) 若进行比较精确的无土栽培试验，应选用化学纯或分析纯的试剂 (2) 大规模生产应用时，大量元素多使用化学肥料或工业原料	(1) 营养液使用的原料有些吸湿性很强，需要干燥贮藏 (2) 选用的大量元素化合物多为农业用品或工业用品必须进行换算；有些微量元素在水中已经含有，配制营养液时可以忽略不计，不需要添加
营养液配制	(1) 大量元素贮备液配制，配置好后用试剂瓶分装，贴好标签。大量元素贮备液配方见表 3-28 (2) 微量元素贮备液配制，分别溶解后混合在一起，定容到 1 000mL，贴好标签。微量元素贮备液配方见表 3-29 (3) 营养液配制。营养液的配制步骤可参考相关知识。营养液配制配方见表 3-30	(1) 营养液原料的计算过程和最后结果需要反复检验，确保准确无误；许多化合物都含有结晶水，计算时应注意 (2) 所选用的水中，须测定其中的钙、镁、钾、硝态氮等含量，在营养液配方计算中应扣除这部分含量 (3) 易与钙盐产生沉淀的化合物最好最后加入，或让钙盐充分均匀后加入 (4) 在配制工作营养液时，如发现有少量沉淀产生，应加长水泵循环流动时间，以使产生的沉淀再溶解
栽植玉米幼苗	(1) 将培养瓶用黑色蜡光纸包好，装入培养液，写好标签 (2) 用塑料泡沫作培养瓶塞，在其上用打孔器打 2 个小孔，将玉米幼苗通过其中的一个小孔固定在盖上，另一小孔作通气用	(1) 培养瓶清洗干净后，应用无离子水再冲洗一遍，烘干放凉后使用 (2) 培养瓶中的培养液的多少以淹没根系的 3/4 为宜

(续)

工作环节	操作规程	质量要求
玉米生长观察	(1) 每2d观察一次,用pH试纸测定培养液pH,保持在5~6 (2) 观察株高、叶片数、叶片颜色、茎秆颜色、根数、根长等 (3) 记录出现缺素症的日期,描述缺素症状	(1) 若培养液蒸发过多,应补充水分,每7d更换一次相应的培养液 (2) 比较缺某种元素的玉米幼苗和完全营养液中玉米幼苗,并对照图3-6
测定生理指标	(1) 叶片叶绿素测定。取缺氮、缺镁的玉米植株下部老叶测定,并与完全营养液的玉米下部老叶进行比较 (2) 叶片中氮、磷快速测定。分别取缺氮、缺磷的玉米植株下部老叶测定,并与完全营养液的玉米下部老叶进行比较	(1) 叶绿素测定要求参见项目四 (2) 叶片中氮、磷快速测定要求参见有关书籍

表 3-28 大量元素贮备液配制

盐类	浓度 (g/L)	盐类	浓度 (g/L)
$Ca(NO_3)_2 \cdot 4H_2O$	236	KH_2PO_4	27
KNO_3	102	K_2SO_4	88
$MgSO_4 \cdot 7H_2O$	98	$CaCl_2$	111
NaH_2PO_4	24	$NaNO_3$	170
EDTA-Fe	7.45	Na_2SO_4	21
$FeSO_4 \cdot 7H_2O$	5.57		

表 3-29 微量元素贮备液配制

盐类	浓度 (g/L)	盐类	浓度 (g/L)
H_3BO_4	2.68	$ZnSO_4 \cdot 7H_2O$	0.22
$MnCl_2 \cdot 4H_2O$	1.81	$H_2MoO_4 \cdot 4H_2O$	0.09
$CuSO_4 \cdot 5H_2O$	0.08		

表 3-30 营养液配制

盐类	每100mL培养液中贮备液的用量 (mL)						
	完全	缺氮	缺磷	缺钾	缺钙	缺镁	缺铁
$Ca(NO_3)_2 \cdot 4H_2O$	0.5	0	0.5	0.5	0	0.5	0.5
KNO_3	0.5	0	0.5	0	0.5	0.5	0.5
$MgSO_4 \cdot 7H_2O$	0.5	0.5	0.5	0.5	0.5	0	0.5
KH_2PO_4	0.5	0.5	0	0.5	0.5	0.5	0.5
K_2SO_4	0	0.5	0.1	0	0	0	0
$CaCl_2$	0	0.5	0	0	0	0	0
NaH_2PO_4	0	0	0	0.5	0	0	0
$NaNO_3$	0	0	0	0.5	0.5	0	0
Na_2SO_4	0	0	0	0	0	0.5	0
EDTA-Fe	0.5	0.5	0.5	0.5	0.5	0.5	0
微量元素	0.1	0.1	0.1	0.1	0.1	0.1	0.1

5. 问题处理 将本项目中任务三活动三和本活动内容进行综合分析，总结当地玉米、小麦、水稻等农作物营养缺素症的识别及补救措施。

活动二　植物生长调节剂的综合应用

1. 活动目标 了解植物激素和植物生长调节剂的性质与特点，熟悉当地主要作物的植物生长调节剂或激素的综合应用技术。

2. 活动准备 了解当地主要作物、植物激素或植物生长调节剂；了解当地植物激素或植物生长调节剂的基本使用情况。

3. 相关知识 作物化学调控技术是指应用植物生长调节剂，通过影响植物内源激素系统而调节作物的生长发育过程，使其朝着人们预期的方向和程度发生变化的技术体系。

（1）作物化学调控的技术特点。作物生长发育与环境协调、个体生长与群体结构协调、营养生长与生殖生长协调是作物生产管理的总体目标。水肥运筹、株行配置等传统栽培措施重在改善水分、养分、光照等环境因素，为作物生产潜力的发挥创造条件；而作物化学调控的技术原理在于主动调节作物自身的生长发育过程，不仅使其能及时适应环境条件的变化，充分利用自然资源，而且在个体与群体、营养生长与生殖生长的协调方面更为有效。因此，作物化学调控是对作物管理观念的一次革新！

（2）作物化学调控技术模式和技术原理。中国农业大学作物化学调控研究中心将作物化学调控的发展经历了3个阶段（"对症应用"阶段、"系统化控"阶段、"化控栽培工程"阶段），各阶段的技术内容逐渐丰富，技术模式逐渐完善，技术原理逐渐深化。

4. 操作规程和质量要求 以棉花生产中植物生长调节剂综合应用为例，说明化学调控技术的应用。

案例：

棉花生产全程化学调控技术

棉花栽培以建立高光效群体为目标，化学调控是促进高光效群体形成的重要手段之一。棉花的化学调控技术已成为提高棉花产量、改革耕作制度、增强棉花抗逆性，达到优质、高效、降本的一项重要新技术。

（1）棉花上应用的生长调节剂的作用。目前，棉花上应用的生长调节剂作用主要体现在：调控群体的生长发育，改变传统的整枝、中耕等单一调控措施，可对品种的表现型起到性状修饰的作用，起到矮化、抗倒、防旺长、塑造合理株型的高光合效作用；在施肥、灌水上利用化学调控技术与促控结合，收到良好的调节棉株生长的效果，还可根据棉花不同的需肥要求，调节补充营养，提高肥效，减少浪费；化学调控技术使得外部条件加内部激素的双重控制，为棉花高产提供了极大的可能性和可靠性，使棉花的高产栽培过程接近于目标设计及可控制的生产过程。

（2）棉花化学调控技术。

①种子萌发出苗阶段的化学调控技术。主要是种子处理。利用营养型生长调节剂如磷酸二氢钾、微肥、稀土、缩节胺等拌种和浸种，可促进发芽5%～8%，提高出苗率6.5%，增加棉苗侧根44条。

②苗期的化学调控技术。一是弱苗的化学调控。这一阶段因受低温、干旱、土壤肥力不足的影响，易产生弱苗、僵苗，具体表现为叶色浅、生长慢、不发棵、根系入土浅、侧根少，红茎比≥50％、茎秆细、叶片小面薄等，对这种弱苗及早喷施营养促进型调节剂，用喷施宝或 0.2％磷酸二氢钾＋赤霉素液 7.5g/hm² 和施尔得微肥 750g/hm²＋0.2％磷酸二氢钾等喷洒棉苗 1～2 次，可促进棉苗生长，促弱升级转壮。

二是高脚苗、旺苗的化学调控。高脚苗是指棉苗出土后，因放苗、封土、定苗不及时，子叶下方幼茎段伸得过长、茎秆细、子叶瘦小，子叶节离地面高一般在 5cm 以上。旺苗主要指幼苗期和苗期末旺苗，主要表现为叶片大、叶色浓绿、茎秆细长，整个茎秆呈现绿色不见红色，顶芽肥嫩，节间过长，达 6～7cm，主茎日增量在 1cm 以上。对于以上类型的棉苗应及早使用生理延缓型生长调节剂，及时控制主茎的生长速度，使棉苗恢复正常生长。用缩节胺 12～15g/hm²，对水 450kg 喷洒棉苗即可。

③蕾期的化学调控技术。一是蕾期弱苗的化学调控。蕾期弱苗主要表现是弱苗少蕾，特别在土质差、肥力低的地块中易产生植株较矮小、茎细长、日生长量不足、叶片变黄、红茎比例大、果枝出生慢、蕾小、蕾少现象。对于这种生长不足的苗，可通过喷施营养型、营养调理型生长调节剂促进棉花生长，如用喷施宝或活力素或赤霉素等 1～2 次，一般在第 4 天就会出现效果，叶色变浓、主茎日增长量增加，如再加上一些其他农业措施就能有效地促进弱苗的生长，尽快搭起丰产架。

二是蕾期旺苗的化学调控。土壤肥力好、墒情足，棉株表现高大、松散，茎秆红茎少，几乎为青绿色，节间长，一般在 6cm 以上，茎日增长量超过 2cm，叶片肥大向上窜，现蕾少。对于旺长型的棉苗，必须应用生理延缓型生长调节剂及时调节棉苗的生长速度，并协调养分向根系和蕾中输送。用缩节胺 30～45g/hm² 对水 450kg 进行喷施。

④花铃期的化学调控技术。一是弱苗的化学调控。弱苗的特征为：植株矮小、瘦弱、果枝细短、果节少、花蕾小而少、叶片薄、红茎比达 85％以上（甚至到顶），后期早衰产量低。对于该类型的弱苗，应在施氮肥的基础上，应用营养生理促进型生长调节剂，如磷酸二氢钾或喷施宝、丰产素等，喷施 1～2 次，间隔 10d 喷 1 次。对于茎秆细弱、节间长、茎秆为绿色，中下部桃少，顶少花、少蕾，有顶芽优势，生殖生长受阻的棉株，可喷施缩节胺 45g/hm² 进行调理。

二是旺苗的化学调控。旺苗表现为枝叶繁茂、叶片肥大、茎粗色绿、赘芽丛生、田间荫蔽、蕾铃脱落严重。对于这类苗应及时喷施生理延缓生长调节剂，一般用缩节胺 60～90g/hm²，同时要控制施肥和灌水，剪去空枝、老叶，抹去赘芽，以促进群体内光照条件的改善。

⑤吐絮期的化学调控技术。棉花进入吐絮期以后，根、叶片功能衰退，这时对棉花要求是早熟、防贪青不能正常吐絮。相应的化学调控技术为喷施乙烯利 2.70～3.45kg/hm² 对水 450kg 喷洒到叶面上，严重的地块要喷施 2 次。喷施乙烯利要求桃龄在 45d 以上、气温 20℃稳定 3d，初霜来临前 15～20d 喷药最为适宜。对于晚熟的棉田喷施乙烯利，能促进棉花提早集中吐絮、增加霜前花、提高品级、增加产量和效益。

（3）棉花高产的全程化学调控技术。在棉花蕾期和花铃期灌水、施肥，通过主动的化学调控技术控制棉花疯长；在棉花的三叶期至四叶期喷施营养和延缓调节剂，可以培育壮苗，降低棉花的果枝着生高度 2～3cm，增强棉花的抗逆性和保证棉苗较稳定地向壮苗生长，这一时期也是棉花磷、钾、锌、翱、钼、铁等元素的需要临界期，使用生长调节剂，可以保证营养的均衡供应、吸收和棉株稳长；在施肥灌水前 2～3d，喷施延缓调节剂，可防止施肥、灌水后的旺长问题；在初花阶段，合理使用生理延缓调节剂，既能加快营养生长向生殖生长转变，又能促进叶片光合能力的提高，增强根系的吸收能力，使得棉苗生长按照高产目标有序地进行；打顶后棉花吐絮前的营养化学调控等，可调节营养的合理流向，弥补后期的营养，减少人工打群尖的工作程序，保证和延长叶片功能，形成高产。多年的试验和大田示范表明，在棉花的苗期、蕾期、花铃期喷施 1～2 次不同浓度的化学生长调节剂，比不喷施的对照增产 4%～12%，棉花的品级也有不同程度的提高。

5. 问题处理　根据棉花生产全程化学调控技术案例，查阅有关资料，写一篇"玉米生产全程化学调控技术"论文。

 知识拓展

如果想了解更多的知识，可以通过下面渠道进行学习：
1. 阅读杂志：
(1)《植物生理学通讯》
(2)《植物生理学报》
(3)《生理学报》
(4)《中国土壤与肥料》
(5)《土壤通报》
2. 浏览网站：
(1) 植物学教育科研网　http：//www.chnbotany.net/
(2) 中国克隆植物网　http：//www.clonep.com//
(3) 生物谷　http：//nhjy.hzau.edu.cn/
(4) 中国肥料信息网　http：//www.natesc.gov.cn/
(5) ××省（市）土壤肥料信息网
3. 通过本校图书馆借阅有关植物生理、植物营养与肥料等方面的书籍。

考证提示

获得农艺工、农作物种子繁育员、农作物植保员、蔬菜园艺工、花卉园艺工、果树园艺工、农业试验工、林木种苗工、绿化工、草坪建植工、中药材种植员、牧草工等中级资格证书，须具备以下知识和能力：
1. 植物激素及植物生长调节剂的作用及使用方法。
2. 植物营养与合理施肥基本原理。
3. 植物激素及植物生长调节剂在作物上的综合运用。
4. 当地常见作物的土壤施肥与植物施肥的运用。
5. 常见作物典型缺素症状的识别与防治。

师生互动

1. 分别选取玉米、苹果或柑橘、辣椒等果树或作物，利用业余时间调查其植物生长调节剂使用情况，并在教师指导下，制订其使用方案。

2. 根据植物营养临界期和最大效率期，植物施肥时应如何进行？

3. 调查并讨论当地运用根外营养原理补充植物养分有哪些典型经验。

植物的物质代谢

 项目目标

　　了解光合作用的基本原理，熟练测定叶绿素含量及光合速率方法；了解呼吸作用的基本原理，熟练测定呼吸强度；了解植物体内有机物的代谢、运输与分配，熟练测定植物组织中可溶性糖含量。能利用植物新陈代谢原理指导农业生产。

任务一　植物的光合作用及应用

【任务目标】

　　● **知识目标：**了解光合作用的概念及生理意义；认识光合作用的主要过程；熟悉光合色素的种类及作用特点；了解光合作用的影响因素。

　　● **能力目标：**熟练进行植物光合色素的分离与叶绿素含量的测定；熟练进行植物光合速率的测定；运用植物光合作用原理指导农业生产。

【背景知识】

植物的光合作用

　　光合作用是地球上规模最大的把太阳能转变为可贮存的化学能的过程，也是规模最大的将无机物合成有机物和从水中释放氧气的过程。它是生物界获得能量、食物以及氧气的根本途径，故被称为"地球上最重要的化学反应"。

　　1. 光合作用的概念　　光合作用是绿色植物利用光能，将二氧化碳和水合成有机物质，释放氧气，同时把光能转变为化学能贮藏在所形成的有机物中的过程。常以下面反应式表示：

$$CO_2 + H_2O \xrightarrow[\text{绿色植物}]{\text{光能}} (CH_2O) + O_2\uparrow$$

　　式中：(CH_2O) 为糖类；二氧化碳、水为光合作用的原料、光能为动力；叶绿体是进行光合作用的场所；糖类、氧气为光合作用的产物。

　　2. 光合作用的生理意义

　　（1）把无机物转变成有机物。植物通过光合作用制造的有机物的规模是非常巨大的，地球上一年通过光合作用约合成 5×10^{11} t 有机物。人类所需要的粮、棉、油、菜、果、茶、药和木材等都是光合作用的产物。

（2）将太阳能转化为可贮存的化学能。植物通过光合作用合成有机物的同时，每年同时将 3.2×10^{21} J 的日光能转化为化学能，贮存在有机物中。目前人类生活所利用的主要能源如煤、石油、天然气、木材等都是古代或现代植物光合作用所贮存的能量。

（3）维持大气中氧和二氧化碳的平衡。植物通过光合作用吸收二氧化碳，每年可释放 5.35×10^{11} t 氧气，从而起到净化空气的作用；大气中一部分氧气转化为臭氧，对陆地生物也有良好的作用。

3. 光合作用的主要过程　光合作用的实质是将光能转变成化学能。光合作用的产物有糖类、有机酸、氨基酸、蛋白质等，主要为糖类。根据能量转变的性质，可将光合作用分为三步（表 4-1）：第一步，光能的吸收、传递和转换成电能，主要由原初反应完成；第二步，电能转变为活跃的化学能，由电子传递和光合磷酸化完成；第三步，活跃的化学能转变为稳定的化学能，由碳同化阶段进行。

表 4-1　光合作用中各种能量转变情况

反应阶段	光反应		暗反应
反应步骤	原初反应	电子传递和光合磷酸化	碳同化阶段（二氧化碳的固定）
能量转变部位	叶绿体的类囊体膜上		叶绿体的基质中
能量转变形式	光能（光量子）转变为电能（电子）	电能转变为活跃的化学能	活跃的化学能转变为稳定的化学能（糖类）
形成产物	氧气、ATP 和 NADPH$_2$		葡萄糖、蔗糖、淀粉

原初反应和光合磷酸化在叶绿体的基粒片层上进行，须在有光条件下进行，又称为光反应；而碳同化过程可以在光下，也可在黑暗中进行，称为暗反应，它是在叶绿体的基质中进行（图 4-1）。

（1）原初反应。原初反应是光合作用的起点，是指叶绿素色素分子对光能的吸收、传递与转换过程，发生在叶绿体的类囊体膜上，由光合单位完成，与温度无关。原初反应包括色素对光能的吸收、光能在色素分子之间传递和受光激发的叶绿素分子引起的电荷分离。

光合单位是指结合在类囊体膜上进行光合作用的最小结构单位，由聚光色素系统和反应中心组成。反应中心由反应中心色素（P）、原初电子受体（A）和原初电子供体（D）组成。一个光合单位由 250～300 个聚光色素分子组成，反应中心色素分子占 1/300～1/250。

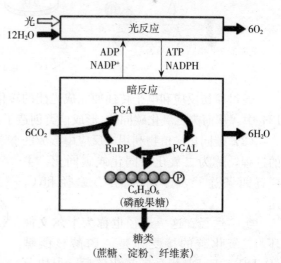

图 4-1　光反应和暗反应
RuBP：二磷酸核酮糖　　PGA：3-磷酸甘油酸
PGAL：3-磷酸甘油醛

原初反应是连续不断地进行的，必须经过一系列电子传递体传递电子，从最初电子供体到最终电子受体。高等植物最终电子供体是水，最终电子受体是 $NADP^+$。

（2）电子传递和光合磷酸化。经过原初反应，反应中心色素分子产生的高能电子经过一系列的电子传递，一方面引起水的光解，释放氧气和 $NADP^+$ 还原；另一方面产生跨类囊体膜的质子动力势，促进光合磷酸化形成 ATP，把电能转化为活跃的化学能。

高等植物的光合作用由两个光系统组成，分别称为光系统Ⅰ（PSⅠ）和光系统Ⅱ（PSⅡ），它们都由各自的辅助色素、作用中心色素等组成。其中光系统Ⅰ的反应中心色素吸收波长为700nm 的光，称为 P_{700}；光系统Ⅱ的反应中心色素吸收波长为 680nm 的光，称为 P_{680}。在叶绿体中两个光系统中发生光化学反应时，则是通过一系列的电子传递体将它们串联在一起，这条光反应的电子传递链称为光合链（图 4-2）。在电子传递过程中，一部分高能电子的能量被释放，其中一些能量推动 ADP 转化为 ATP，称之为光合磷酸化作用。

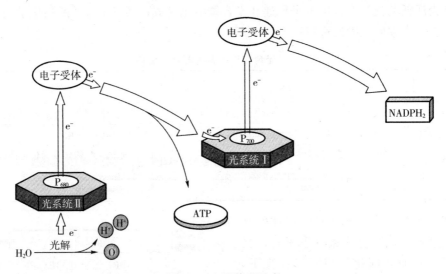

图 4-2　电子传递示意

通过原初反应和电子传递便完成光能的转化过程（即化学能），并贮存于 ATP 和 NADPH$_2$ 中，从而为二氧化碳同化、形成糖类创造了条件，因此 ATP 和 NADPH$_2$ 也称为同化力。

（3）碳同化。植物利用光反应中形成的 NADPH 和 ATP 将二氧化碳转化为稳定的糖类的过程，称为二氧化碳同化或碳同化。主要有两条途径，分别称为 C_3 途径和 C_4 途径。

①C_3 途径。这一途径也称为卡尔文循环。二氧化碳的接受体是二磷酸核酮糖（RuDP）。RuDP 接受二氧化碳后，很快分解为磷酸甘油酸（PGA）。PGA 在同化力的作用下，再经一系列的变化形成蔗糖和淀粉，另一些物质又转化为 RuDP 继续参加循环（图 4-3）。

②C_4 途径。二氧化碳接受体是磷酸烯

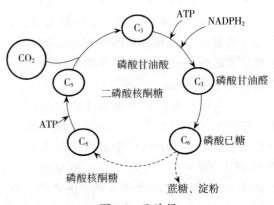

图 4-3　C_3 途径

醇式丙酮酸（PEP），生成的第一个产物是草酰乙酸和苹果酸等。以后草酰乙酸或苹果酸脱掉二氧化碳转化为丙酮酸，又进一步转化为 PEP 继续循环下去，脱掉的二氧化碳则进入 C_3 途径而被固定。从而 C_4 循环为 C_3 循环提供了碳源（图 4-4）。

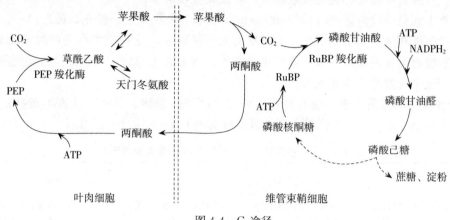

图 4-4　C_4 途径

凡在光合作用中，仅以卡尔文循环来同化碳素，最初产物是三碳化合物（3-磷酸甘油酸），这种反应途径，称为 C_3 途径；循着这条途径进行光合作用的植物，称为 C_3 植物。如水稻、小麦、棉花、大豆等大多数植物为 C_3 植物。

凡在光合作用中，除了卡尔文循环以外，还有以四碳化合物（草酰乙酸）为最初产物的途径，称为 C_4 途径。这类植物为 C_4 植物，如玉米、高粱、甘蔗等。

由于 C_4 途径比 C_3 途径多了一个固定二氧化碳的循环，同时 PEP 羧化酶对二氧化碳的亲和力比 RuDP 羧化酶活性高 50～60 倍，因此第一个循环就为第二个循环提供了较高浓度的二氧化碳，故 C_4 植物比 C_3 植物的光合效率高。

活动一　植物光合色素的提取、分离与叶绿素含量的测定

1. 活动目标　掌握光合色素的提取、分离方法，能够熟练准确使用分光光度计测定植物叶绿素的含量。

2. 活动准备　根据班级人数，按 2 人一组，分为若干组，每组准备以下材料和用具：电子天平、研钵、漏斗、试管架、圆形滤纸（直径 11cm）、带刻度试管（10～20mL 各数支）、玻璃棒、剪刀、带软木塞的大试管（25cm×2.5cm）、长条滤纸、分光镜、移液管、比色杯、分光光度计、滤纸、95%乙醇、石英砂、碳酸钙粉、石油醚、色素推动剂（石油醚：丙酮：苯按 10：2：1 体积比例配制）、10% KOH-甲醇液、苯、丙酮、蒸馏水。

3. 相关知识　绿色植物的叶片是进行光合作用的主要器官，而叶绿体是光合作用的重要细胞器。叶绿体具有特殊构造，并含有多种色素，与其光合作用的机能相适应。

（1）光合色素的种类。在光合作用反应中吸收光能的色素称为光合色素。高等植物体内的光合色素有叶绿素和类胡萝卜素两类，叶绿素包括叶绿素 a（蓝绿色）、叶绿素 b（黄绿色），类胡萝卜素包括胡萝卜素（橙黄色）和叶黄素（黄色）。一般情况下，叶绿素、类胡萝卜素比例约为 3：1，所以正常情况下叶片总是呈现绿色。

（2）光合色素的光学特性。光合色素可吸收光能，但对各种不同波长的光吸收强度不同。

叶绿素吸收光谱在可见光有 2 个最强吸收区：640～660nm 的红光区和 430～450nm 的蓝紫光区。叶绿素对橙光、黄光吸收较少，对绿光吸收最少。

类胡萝卜素只吸收蓝紫光（400～500nm），基本不吸收红光、橙光、黄光。

叶绿素溶液在透射光下呈绿色，而在反射光下呈红色，这种现象称为叶绿素荧光现象。类胡萝卜素没有荧光现象。叶绿素除产生荧光外，当去掉光源后，用精密仪器还能测量到微弱的红光，这个现象称为磷光现象。

4. 操作规程和质量要求　选择种植农作物、蔬菜、果树、林木、花卉等植物正在成长的叶片，完成表 4-2 操作（本活动以新鲜菠菜叶为例）。

表 4-2　光合色素的提取、分离与叶绿素含量的测定

工作环节	操作规程	质量要求
取样	（1）取样方法。为保证样品的代表性，采样前确定采样点，可根据地块面积大小、向阳性选有代表性的植株上成长的叶片 （2）采样点确定。保证采样点随机、均匀，避免特殊取样。一般以 5～6 个点为宜 （3）采样时间。同一植物同一叶片早上、中午、下午采样测得的结果有差异 （4）在选定采样点上，先将 5～6 个点植株，然后在相同部位选取同类叶片相同面积的叶块，然后集中起来，混合均匀	（1）选取无病虫、健壮的成长叶 （2）每个采样点的选取是随机的，尽量分布均匀，每点采样量一致 （3）将各点叶样均匀混合，提高样品代表性。采样点要避免采边上部位。样品具代表性，取样质量一致
光合色素的提取	（1）称样。用天平称取鲜菠菜叶 10mg 左右，剪碎放入研钵中 （2）研磨。在研钵中加入 5mL 95%乙醇、少许石英砂、碳酸钙粉，研磨至糊状，再加入 15mL 95%乙醇，研磨搅拌均匀 （3）提取。待乙醇液呈深绿色时，用漏斗和圆形滤纸过滤于 20mL 试管中，即为光合色素提取液	（1）样品也可用干叶片 1～2g，不用研磨 （2）研磨搅拌一定要均匀，使各种色素充分溶入乙醇中 （3）如果乙醇提取液需要保留几天，应放置在黑暗的地方
光合色素的纸上层析	（1）滤纸处理。取优质滤纸剪成宽为 2cm、长为 22cm 的长条滤纸，将其一端剪去两侧，中间留长约 1.5cm、宽约 0.2cm 的窄条 （2）加提取液。用玻璃棒取提取液轻轻点于窄条的上端中央，待风干后，在原处重复数次 （3）纸上层析。取带软木塞的大试管，加色素推动剂或石油醚 3～5mL，然后将上述长条滤纸用铁钩固定在软木塞上，挂于试管中，使窄条下部浸入推动剂中。将软木塞塞紧，直立于阴暗处 （4）观察。0.5～1h 后可观察各色素上升到滤纸条的不同处。用铅笔标出各种色素的名称和位置，也可剪下不同的色素段，用溶剂洗下色素	（1）滤纸一定要选用优质滤纸 （2）加提取液直至斑点浓绿色为止 （3）窄条滤纸上的涂色处不可触及推动剂 （4）滤纸条上从下到上依次是叶绿素 b、叶绿素 a、叶黄素和胡萝卜素 （5）纸上层析可把 4 种色素在滤纸上分离开
光合色素的萃取	（1）稀释。取色素乙醇提取液 2.5mL 于 20mL 试管中，加入 2.5mL 95%乙醇稀释一倍，再加入 1.5mL 10% KOH-甲醇溶液充分摇匀 （2）萃取。摇匀片刻后加入 5mL 苯，摇匀。再沿试管壁慢慢加入 1.5mL 蒸馏水，轻轻摇匀，并于试管架静置分层 （3）观察。可看到溶液渐渐分为两层：上层是苯液，下层是乙醇和水溶液	（1）色素萃取的目的是把叶绿素和类胡萝卜素在液体中分离出来。叶绿素遇碱皂化反应生成盐溶于水。类胡萝卜素只溶于有机溶剂中 （2）分层后上层是黄色的胡萝卜素和叶黄素，下层为绿色的叶绿素
荧光现象观察	取一支 20mL 刻度试管加入 5mL 浓的光合色素乙醇提取液，在直射光下观察溶液的透射光和反射光颜色有何不同	叶绿素在反射光下可看到红色的荧光，观察时要注意观察的角度

（续）

工作环节	操作规程	质量要求
叶绿素含量的测定	（1）称样。称取两份新鲜菠菜叶样，每份 0.5g。一份置烘箱中烘干至恒重，称其重；一份供测定 （2）制取丙酮提取液。把叶片剪碎置研钵中，加少量碳酸钙并加入 4.5mL 蒸馏水，研成匀浆，再加入 20mL 丙酮继续研磨到组织变白无绿色，把提取液倒入小烧杯中，加少量丙酮冲洗研磨一次，静止数分钟，用一层加丙酮湿润过的滤纸过滤，再用丙酮将滤纸上色素冲洗干净，定容至 50mL 容量瓶中，摇匀 （3）比色测光密度。吸取丙酮提取液 2mL，加 80％丙酮 2mL 稀释后，倒入比色杯中，用分光光度计分别在波长 645nm、663nm、652nm 下测光密度，以 80％丙酮为空白对照	（1）烘干恒重称量精确到毫克 （2）分光光度计测定前要进行校正 （3）测待测液 3 次，取其平均值
叶绿素浓度计算	（1）叶绿素 a 含量可按下式计算： $C_a = 12.72A_{663} - 2.69A_{645}$ （2）叶绿素 b 含量可按下式计算： $C_b = 22.88A_{645} - 4.67A_{663}$ （3）叶绿素总量可按下式计算： $C_T = 20.29A_{645} + 8.05A_{663}$ $C_T = A_{652} \times 1000/34.5$	（1）A_{663}、A_{645}、A_{652} 分别为叶绿素溶液在波长 663nm、645nm、652nm 时的光密度 （2）叶绿素总量为叶绿素 a 和叶绿素 b 含量的相加值
叶绿素在叶片中含量计算	叶绿素含量计算公式： 叶绿素含量（占干重比例）＝（C×提取液总量×稀释倍数）/（样品干重×10） 式中：C 为叶绿素浓度，mg/L；提取液总量，mL；样品干重，mg	绿色植物含有叶绿素，不同状态的叶片叶绿素含量不同；成年叶片叶绿素含量高，幼嫩、衰老的叶片叶绿素含量低；叶绿素分子吸收光能后不稳定，随时释放多余的能量

5. 问题处理 训练结束后，完成以下问题：

（1）为什么说成年叶片叶绿素含量高，幼嫩、衰老的叶片叶绿素含量低？

（2）为什么测定叶绿素含量要选用成年叶？

活动二 植物光合速率的测定

1. 活动目标 了解影响光合作用的外部因素，能熟练用改良半叶法测定植物的光合速率。

2. 活动准备 根据班级人数，按 2 人一组，分为若干组，每组准备以下材料和用具：电子天平、称量瓶、烘箱、小烧杯、干燥器、打孔器、脱脂棉、锡纸或小塑料管、5％三氯乙酸（或 0.1mol/L 丙二酸）。

3. 相关知识 植物的光合作用受多种因素影响，而衡量因素对光合作用影响程度的常用指标有光合速率和光合生产率。光合速率又称为光合强度，是指单位时间、单位叶面积的二氧化碳吸收量或氧气的释放量，常用单位是［二氧化碳，$mg/(dm^2 \cdot h)$］。光合生产率又称为同化率，是指单位时间、单位叶面积积累的干物质克数，常用的单位是［干物质，$g/(m^2 \cdot h)$］。

（1）光照。光饱和点和光补偿点是植物光合特性的两个重要指标。在一定范围内，植物的光合速率随光照度增高而相应增加，但当光照度达到一定值时，光合速率不再增加，这种现象称为光饱和现象，这时的光照度称为光饱和点。当光照度低于一定数值时，光合作用吸收的二氧化碳与呼吸作用放出的二氧化碳处于平衡状态时的光照度称为光补偿点。为了提高作物对光能的利用，适当增加光照度，如合理密植、整枝修剪、去老叶等，以改善田间的光照条件。

（2）二氧化碳浓度。二氧化碳是光合作用的主要原料，光合速率随二氧化碳浓度增加而上升。植物光合作用吸收二氧化碳也有二氧化碳饱和点和二氧化碳补偿点，各种植物的二氧化碳饱和点和二氧化碳补偿点是不同的。生产上常通过施用有机肥料、通风等措施来增加二氧化碳浓度。

（3）水分。水分是光合作用的原料之一，直接用于光合作用的水分只占植物所吸收水分的 1%，因此，水分对光合作用的影响主要是间接原因，水分缺乏可引起气孔关闭、光合产物输出减慢、叶绿素含量下降、光合面积减少，从而导致光合速率下降。土壤水分过多，通气状况不良，根系活力下降，间接影响光合作用。

（4）温度。温度对光合作用的影响也表现出温度三基点现象。一般温带植物能进行光合作用的最低温度为 $0\sim5℃$。在 $10\sim35℃$ 范围内，光合作用能正常进行；$35℃$ 以上光合作用受阻，$40\sim50℃$ 以上光合作用完全停止。

（5）矿质元素。氮、镁、铁、锰、磷、钾、硼、锌等元素都会直接或间接对光合作用产生影响。如氮和镁是叶绿体的组成元素，铁和锰参与叶绿素的形成过程，磷、钾、硼能促进有机物质的转化和运输，因此，合理施肥才能保证光合作用正常顺利地进行。

（6）植物内在因素。主要有叶龄、叶的结构和光合产物的输出等。光合速率随叶龄增长出现"低—高—低"规律。C_4 植物的光合速率大于 C_3 植物，这与叶的结构有关。光合产物（蔗糖）从叶片中输出速率也会影响光合作用。

4. 操作规程和质量要求　若叶片相对叶脉对称的两边半叶所处条件相同，则两边的光合速率相同，光合产量也相同。可先测定一边半叶的单位面积干重；再将剩余的半叶破坏其叶柄处的韧皮部，阻断光合产物向外运输。进行一定时间的光合作用后，再测定这半叶的单位面积干重。用二者数值之差可求叶片此时段的光合速率。选择种植农作物、蔬菜等正在成长的叶片，完成表 4-3 操作。

表 4-3　改良半叶法测定植物的光合速率

工作环节	操作规程	质量要求
合理取样	在校园或田间选取有代表性的栽培植物叶片 20 片，挂上写有序号的纸牌	选取无病虫、健壮的成长叶。叶片的叶龄、部位、受光条件应一致
叶柄处理	（1）环割法。用刀片将叶柄处的韧皮部及以外部分进行环状剥离（叶柄的外层环割约 0.5cm 宽），外包锡纸或小塑料管，以免折断 （2）化学抑制法。用 5％三氯乙酸点涂叶基部（或近叶基部叶柄处或叶鞘处），也可用 0.1mol/L 丙二酸包在叶柄外面，以阻断光合产物的输出	（1）按顺序对选定叶片的叶柄进行处理，破坏叶柄处的韧皮部，使光合产物不能运出，从开始环割第一片叶记录时间 （2）环割法适用于叶柄较粗的植物，如棉花或木本植物等 （3）化学抑制法可适用于植物较多，但要注意药液不能滴到待测叶片上
剪取样品	（1）用刀片按上述处理顺序将选好的叶片沿中脉的一侧切下半叶，立即包在湿润的纱布中，放在瓷托盘内，盖好盘盖，带回室内，存于暗处 （2）带有中脉的另半叶留在植株上，继续进行光合作用 （3）5h（4~6h）后按之前的顺序剪下另半叶，并按剪下的顺序记录终止光合作用的时间。剪下的半叶同样用湿润纱布包好带回室内	（1）切割半叶时，注意不要切断主脉 （2）准确记录光合作用时间 （3）两次取回样品取样时必须是对应部位，数量一致

（续）

工作环节	操作规程	质量要求
打孔	将两次带回的叶片用具有一定面积的打孔器，在相对应的位置截取相等数量的叶块数，把照光和黑暗处理的叶块分别放在两个称量瓶中，分别写好处理和编号	打孔器一般为圆形，要避开大叶脉，截取总叶面积以 20cm² 左右为宜，不能太小
烘干称重	将写好处理和编号的称量瓶置于 80℃ 烘箱中烘干至恒重，用电子天平称量	一般需要烘干 5～6h；称量要用电子天平（0.000 1g）
结果计算	将实验室数据代入下面公式可算出植物的光合强度。光合速率［干物质，mg/（dm²·h）］＝（W_2－W_1）/（$S/100 \times t$）式中：W_2 为照光叶块干重，mg；W_1 为黑暗处理叶块干重，mg；S 为每处理叶块总面积，cm²；t 为照光时间，h	叶内贮存干物质一般为蔗糖和淀粉等，将干物质重乘以系数 1.5，便得到二氧化碳同化量，即：光合强度［干物质，mg/（dm²·h）］×1.5＝光合强度［二氧化碳，mg/（dm²·h）］

5. 问题处理 训练结束后，完成以下问题：

（1）测定光合强度时为什么要环割叶柄韧皮部？环割口为什么不大于 0.5cm？

（2）取样时为什么要在两次带回实验室的材料上对应部位取呢？

活动三 植物光合作用的生产应用

1. 活动目标 了解植物光能利用率，能合理进行光合作用的调控及生产应用。

2. 活动准备 通过查阅资料，访问当地有经验的农民，了解影响光合作用的因素、光合作用的调控及应用经验。

3. 相关知识

（1）作物的产量构成因素。作物产量包括生物产量和经济产量。作物最后总的收获量，包括根、茎、叶、果实、种子等器官的总干重，称为生物产量。生物产量中经济价值最高收获部分（如小麦、水稻的籽粒，甘薯的块根等）的产量，称为经济产量。经济产量与生物产量的比值，称为经济系数。

作物的生物产量又取决于光合面积、光合强度、光合时间、光合产物的消耗，可表示为：

生物产量＝光合面积×光合强度×光合时间－呼吸消耗

经济产量＝（光合面积×光合强度×光合时间－呼吸消耗）×经济系数

从上式可知，决定作物产量的因素是：光合面积、光合强度、光合时间、呼吸消耗和经济系数。

①光合面积。光合面积是指植物的绿色面积，主要是叶面积。通常以叶面积系数来表示叶面积的大小。

$$叶面积系数＝\frac{该土地上绿叶总面积}{土地面积}$$

谷类作物单片叶的面积可用下式计算：

单叶面积＝长×宽×折算系数（0.83）

在一定范围内，叶面积越大，光合作用积累的有机物质越多，产量也就越高。而当叶面积超过一定范围时必然导致株间光照弱、田间荫蔽、作物倒伏、叶片过早脱落。

②光合时间。适当延长光合作用的时间，可以提高作物产量。当前主要是采取选用中晚熟品种、间作套种、育苗移栽、地膜覆盖等措施，使作物能更有效地利用生长季节，达到延长光照时间的目的。

（2）作物光能利用率。一定土地面积上的植物体内有机物贮存的化学能占该土地日光投射辐射能的百分数，称为光能利用率。目前作物的光能利用率普遍不高。据测算，只有0.5%～1%的辐射能用于光合作用。低产田作物对光能利用率只有0.1%～0.2%，而丰产田对光能的利用率也只有3%左右。根据一般的理论推算，光能利用率可以达到4%～5%。

（3）植物对光能利用率不高的原因。当前作物对光能利用率不高的主要原因是：

①漏光。植物的幼苗期，叶面积小，大部分阳光直射到地面上而损失掉。有人计算稻、麦等作物，因漏光损失光能过50%以上。尤其是生产水平低的田块，若植株直到生长后期仍未封行，损失的光能就更多了。

②受光饱和现象的限制。光照度超过光饱和点以上的部分，植物就不能吸收利用，植物的光能利用率就随着光照度的增加而下降。当光照度达到全日照时，光的利用率就会很低。

③环境条件及作物本身生理状况的影响。自然干旱、缺肥、二氧化碳浓度过低、温度过低或过高，以及作物本身生长发育不良、受病虫危害等，都会影响作物对光能的利用。另外，作物本身的呼吸消耗占光合作用的15%～20%。在不良条件下，呼吸消耗可高达30%以上。

4. 操作规程和质量要求 选择当地种植的代表性植物的田块或温室，进行表 4-4 操作。

表 4-4 光合作用的调控及生产应用

工作环节	操作规程	质量要求
光合作用的调控	（1）光照度调节。适当增加光照度，如合理密植、整枝修剪、去老叶等，都可以改善田间的光照条件 （2）增加二氧化碳浓度。施用有机肥料、通风等措施来增加二氧化碳浓度。保护地栽培中使用二氧化碳气肥 （3）保持适宜土壤水分。合理灌溉、耕作保证适宜的土壤水分含量 （4）保持适宜温度。一般温带植物的光合作用在 10～35℃能正常进行，35℃以上光合作用受阻 （5）合理施肥。增加 N、Mg、Fe、Mn、P、K、B、Zn 等养分，保证光合作用顺利进行	（1）光饱和点与光补偿点是植物光合作用的两个重要指标，调控时应予考虑 （2）二氧化碳和水是光合作用的原料，应首先给予保证 （3）温度、养分等环境条件影响光合作用的进行
光合作用的生产应用	（1）实行间作套种，提高单位面积产量。在同一块农田上实行间作套种，通过挑选搭配等人工措施，以减轻竞争，创造作物的互利条件，就可夺得高产 （2）增施二氧化碳气肥，增加光合作用原料。保护地栽培中，通过施用有机肥料、施用二氧化碳气肥等措施增强光合作用 （3）延长光合作用时间，增加光合产物的积累。改革耕作制度，提高复种指数。如育苗移栽、设施栽培等 （4）培育高光效作物品种，减少呼吸消耗。在筛选高光效品种的同时，还可用物理和化学方法抑制呼吸，可大幅度提高作物产量 （5）选育理想株型，充分利用光能制造光合产物。高产农田植物群体结构有向植株矮化、植物层向薄的方向发展的趋势 （6）避免或减轻植物"午休"期的影响。用少量水改善田间小气候和作物的水分状况，以减轻光合"午休"现象，来达到增加作物产量的目的	（1）间作套种可充分拦截利用前茬作物所不能利用的光，进行干物质生产 （2）一般二氧化碳增加到0.1%～0.5%时就可提高光合作用，但当超过0.6%的浓度时，则反而会使光合作用受抑制，甚至使植物受到毒害 （3）在植物群体中，上层叶片为斜立型，中层为中间型，下层是平铺型株型者，其光能利用率最好

（续）

工作环节	操作规程	质量要求
光合作用的生产应用	（7）应用生长调节物质，提高光合作用效率。DCPTA是迄今为止发现的第一种既能影响光合作用，又能增加产量的生物调节剂 （8）利用不同色光，改善光合产物品质。使用有色薄膜在农、林、园艺等绿色生产上达到不同的目的。如甜瓜、小麦、棉花育苗、四季豆、辣椒等应用红色地膜有明显的增产效果。黄瓜和香菜应用蓝色地膜，维生素C的含量增加。黄色薄膜栽培黄瓜、芹菜、莴苣、茶树等增产效果明显。番茄、茄子、韭菜在紫膜下产量增加。青色（蔚蓝色）薄膜进行水稻育秧效果很好	（4）使用DCPTA时参照植物调节剂的使用 （5）红色光能提高作物的含糖量；蓝色光能增加植物蛋白质的含量。有色地膜的推广应用就是利用这一原理

5. 问题处理 训练结束后，利用业余时间调查一下，露地和设施条件下，植物光合作用的调控及生产应用有什么区别？

任务二 植物的呼吸作用及应用

【任务目标】

- **知识目标**：了解呼吸作用的类型及生理意义；认识呼吸作用的主要过程；熟悉光合作用和呼吸作用的关系；了解呼吸作用的影响因素。
- **能力目标**：熟练测定植物的呼吸强度；能进行呼吸作用的调控及生产应用。

【背景知识】

植物的呼吸作用

生物的一切活动都需要能量，能量来源于糖、脂类和蛋白质在体内的氧化，即靠呼吸作用来提供能量。呼吸作用是指生活细胞内的有机物质在一系列酶的作用下，逐步氧化分解，同时放出能量的过程。

1. 呼吸作用的类型 呼吸作用可分为有氧呼吸和无氧呼吸两类。

（1）有氧呼吸。是指生活细胞利用分子氧（O_2），将某些有机物彻底氧化分解，形成二氧化碳和水，同时释放能量的过程。有氧呼吸是高等植物呼吸的主要形式，通常所说的呼吸作用，主要是指有氧呼吸。呼吸作用中被氧化分解的有机物质称为呼吸基质。一般来说，淀粉、葡萄糖、果糖、蔗糖等糖类是最常见的呼吸基质。以葡萄糖作为呼吸基质为例，其有氧呼吸的总反应式可表示为：

$$C_6H_{12}O_6 + 6O_2 \rightarrow 6CO_2 + 6H_2O + 2878.59kJ$$

（2）无氧呼吸。是指生活细胞在无氧条件下，把某些有机物分解成为不彻底的氧化产物，同时释放能量的过程。这个过程在微生物中常称为发酵，如酒精发酵、乳酸发酵等。

酒精发酵是酵母菌在无氧条件下分解葡萄糖产生酒精的过程。如甘薯、苹果、香蕉贮藏久了，稻种催芽时堆积过厚，都会产生酒味。

$$C_6H_{12}O_6 \rightarrow 2CH_3CH_2OH + 2CO_2 + 100.42kJ$$

乳酸发酵是乳酸菌在无氧条件下产生乳酸的过程。如马铃薯块茎、甜菜块根、玉米胚和青贮饲料在进行无氧呼吸时就产生乳酸。

$$C_6H_{12}O_6 \rightarrow 2CH_3CHOHCOOH + 75.312kJ$$

2. 呼吸作用的生理意义 呼吸作用对植物生命活动具有十分重要的意义，主要表现在3个方面：

（1）为植物生命活动提供能量。除绿色细胞可直接利用光能进行光合作用外，其他生命活动所需的能量都依赖于呼吸作用。呼吸作用将有机物质氧化，使其中的化学能以 ATP 形式贮存起来。当 ATP 在酶作用下分解释放出能量，以满足植物体内各种生理过程对能量的需要，未被利用的能量转变为热能散失。呼吸放热，可提高植物体温，有利于种子萌发、幼苗生长、开花传粉、受精等。

（2）中间产物是合成植物体内重要有机物质的原料。呼吸作用在分解有机物过程中产生的中间产物，如丙酮酸、α-酮戊二酸、苹果酸等都是进一步合成植物体内新的有机物质的物质基础。当呼吸作用发生改变，中间产物的数量、种类也随之改变，从而影响其他物质代谢。

（3）在植物抗病免疫方面有重要作用。在植物和病原微生物的相互作用中，植物依靠呼吸作用氧化分解病原微生物所分泌的毒素，以消除毒害。植物受伤或受到病菌侵染，也通过旺盛的呼吸，促进伤口愈合，加速木质化或栓质化，以减少病菌的侵染。此外，呼吸作用的加强可促进具有杀菌作用的绿原酸、咖啡合成酸等的合成，以增强植物的免疫能力。

3. 呼吸作用的主要过程 植物的呼吸作用有多种途径，当其中一条途径受阻，可以通过其他途径来维持正常的呼吸作用，这是植物在长期的进化中形成的适应现象。这里主要介绍糖酵解、三羧酸循环过程。

（1）糖酵解。糖酵解是指葡萄糖在细胞质内经过一系列酶的催化作用，脱氢氧化，逐步转化为丙酮酸的过程。在无氧条件下，丙酮酸进行酒精发酵、乳酸发酵（图 4-5）；在有氧

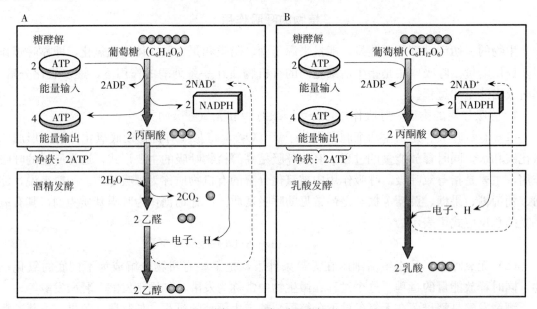

图 4-5　无氧呼吸途径
A. 酒精发酵　B. 乳酸发酵

条件下，丙酮酸则进入三羧酸循环。

（2）三羧酸循环。在有氧条件下，丙酮酸在酶和辅助因素作用下，首先经过一次脱氢和脱羧，并和辅酶 A 结合形成乙酰辅酶 A，乙酰辅酶 A 和草酰乙酸作用形成柠檬酸（含有一个羟基、三个羧基），这样反复循环进行（图 4-6）。

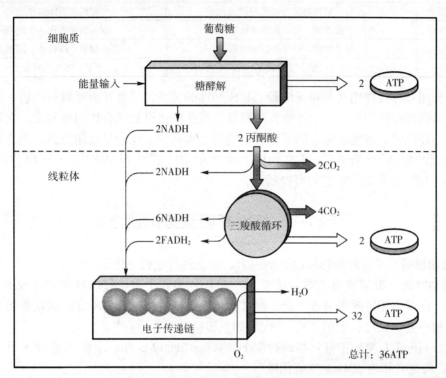

图 4-6　有氧呼吸途径

糖酵解和三羧酸循环过程中共生成 38 个 ATP，约占释放总能量的 67.6%，其余的热量散失。它们形成的一系列重要中间产物是合成脂肪、蛋白质的重要原料。ATP 是代表植物体内重要的高能化合物，化学名称是三磷酸腺苷。

植物的呼吸过程中能量是逐步释放的，这对维持植物体保持一定的体温和进行各种生理活动都非常有利。糖酵解——三羧酸循环是一系列复杂的酶促反应。在反应过程中形成的一系列重要的中间产物，有的是合成脂肪的物质（如磷酸二羟丙酮），有的是合成蛋白质的原料（如丙酮酸、α-酮戊二酸）。这样，植物体内的糖类、脂肪、蛋白质和核酸的代谢通过呼吸作用而联系起来了。因此，呼吸作用被称为植物体内有机物质代谢的枢纽。

4. 光合作用和呼吸作用的关系　　光合作用和呼吸作用既相互对立，又相互依赖，二者共同存在于统一的有机体中。光合作用与呼吸作用的区别见表 4-5。

表 4-5　光合作用和呼吸作用的区别

类型	光合作用	呼吸作用
原料	二氧化碳、水	氧气、淀粉、己糖等有机物
产物	淀粉、己糖等有机物、氧气	二氧化碳、水等

（续）

类型	光合作用	呼吸作用
能量转换	贮藏能量的过程 光能→电能→活跃化学能→稳定化学能	释放能量的过程 稳定化学能→活跃化学能
物质代谢类型	有机物质合成作用	有机物质降解作用
氧化还原反应	水被光解、二氧化碳被还原	有机物被氧化，生成水
发生部位	绿色细胞、叶绿体、细胞质	生活细胞、线粒体、细胞质
发生条件	光照下才可发生	光下、暗处均可发生

光合作用和呼吸作用又有相互依赖、紧密相连的关系，二者互为原料与产物，光合作用释放氧气可供呼吸作用利用，而呼吸作用释放二氧化碳也可被光合作用所同化。它们的许多中间产物是相同的，催化诸糖之间相互转化酶也是类同的。在能量代谢方面，光合作用中供光合磷酸化产生 ATP 所需的 ADP 和供产生 NADPH 所需 NADP$^+$，与呼吸作用所需的 ADP 和 NADP$^+$ 是相同的，它们可以通用。

活动一　植物呼吸强度的测定

1. 活动目标　了解呼吸作用的影响因素，熟练进行植物呼吸强度的测定。

2. 活动准备　根据班级人数，按 2 人一组，分为若干组，每组准备以下材料和用具：托盘天平、广口瓶测定呼吸装置 1 套、酸式滴定管及碱式滴定管各 1 支、滴定管架 1 套、发芽种子（如小麦、大豆、水稻等）。并配制如下实验试剂：

(1) 1/44mol/L 草酸溶液：准确称取 $H_2C_2O_4 \cdot 2H_2O$ 2.865 1g 溶于蒸馏水中，定容至 1 000mL，每毫升相当于 1mg 二氧化碳。

(2) 0.05mol/L $Ba(OH)_2 \cdot 8H_2O$：称取 $Ba(OH)_2 \cdot 8H_2O$ 15.774g 溶于 1 000mL 蒸馏水中。

(3) 酚酞指示剂：称取 1g 酚酞溶于 100mL 95％乙醇中，贮于滴瓶中。

3. 相关知识　呼吸作用的强弱常用呼吸强度来表示。呼吸强度又称为呼吸速率，是指单位时间内，单位植物材料干重或鲜重所放出的二氧化碳质量（或体积）或所吸收的氧气质量（或体积），常用单位是 mg/（g·h）。

环境对植物的呼吸强度的影响主要表现在：影响酶的活性和呼吸途径。

(1) 温度。温度主要是影响呼吸酶的活性。大多数植物呼吸作用的最低温度在－10℃，最适温度为 25～35℃，最高温度为 35～45℃。温度在呼吸作用所需要的最低温度和最适温度之间，植物的呼吸强度随温度的升高而增强。而当温度超过最适温度之后，植物的呼吸强度却会随着温度的升高而下降。

(2) 水分。植物细胞含水量对呼吸作用影响很大。禾谷类种子在风干状态（含水量为 11％～12％），呼吸微弱，当超过 15％，呼吸作用加强。但植物的其他器官如根、叶等萎蔫时，呼吸强度反而加强。

(3) 氧气和二氧化碳浓度。大气含氧量通常在 21％左右。当氧气浓度低于 20％时，植物地上部分的呼吸强度开始下降；当氧气浓度低于 15％时，有氧呼吸迅速下降；当氧气浓度低于 10％时，无氧呼吸出现并逐渐加强。

　　二氧化碳是呼吸作用的产物,空气中二氧化碳浓度增高时,呼吸作用减弱。某些种皮厚的种子,常因种皮内二氧化碳积累过多,即使在潮湿的土壤中保存多年也不发芽。

　　（4）机械损伤。机械损伤明显促进植物组织的呼吸作用。机械损伤使一些细胞脱化为分生组织或愈伤组织,需要更多的中间产物以形成新的细胞。

　　4. 操作规程和质量要求　植物的呼吸强度常采用广口瓶法进行测定,其原理是:在密闭的容器中,加入一定量碱液,如 $Ba(OH)_2$,并悬挂植物材料,经呼吸作用放出的二氧化碳被碱液吸收,然后用草酸滴定剩余的 $Ba(OH)_2$,从空白滴定和样品消耗的草酸溶液之差,计算呼吸过程中释放的二氧化碳的量。选择发芽的水稻种子,完成表 4-6 操作。

表 4-6　广口瓶法测定植物呼吸强度

工作环节	操作规程	质量要求
装配广口瓶测定呼吸强度装置	取 500mL 广口瓶 1 个,装配 1 个 3 孔橡皮塞,其中 1 孔插入碱石灰干燥管,吸收空气中的二氧化碳,1 孔插入温度计,1 孔直径约 1cm 供滴定用	供滴定用的孔在滴定前用橡皮塞塞紧,滴定时插入滴定管,在瓶塞下面装一小钩,以便悬挂用尼龙纱制作的小篮子,里面装发芽的小麦种子
空白滴定	（1）二氧化碳吸收。拔出滴定孔上的小橡皮塞,用碱式滴定管向瓶内准确加入 0.05mol/L $Ba(OH)_2$ 溶液 20mL,再把滴定孔塞紧 （2）空白滴定。充分摇动广口瓶几分钟后,拔出小橡皮塞,加入酚酞指示剂 3 滴,把酸式滴定管插入孔中,用 1/44mol/L 草酸溶液进行空白滴定直到红色刚消失为止,并记下草酸溶液用量,即为空白滴定值	（1）摇动广口瓶几分钟的目的是使瓶内二氧化碳全部被吸收 （2）临近滴定终点时要减慢滴定速度,以防止滴定过量,影响计算结果 （3）滴定结束后,倒出废液,用无二氧化碳蒸馏水洗净,并塞紧橡皮塞,供测定样品用
样品测定	（1）加吸收液。拔出滴定孔上的小橡皮塞,用碱式滴定管向瓶内准确加入 0.05mol/L $Ba(OH)_2$ 溶液 20mL,立即塞紧滴定孔 （2）置放样品。称取待测植物材料 5g 装入小篮子中,打开橡皮塞,迅速挂于橡皮塞下面的小钩上,放入呼吸瓶内,塞紧橡皮塞,开始记录时间 （3）样品滴定。30min 后轻轻打开瓶塞,迅速取出装有样品的小篮子,立即塞紧瓶口,充分摇动 2min。拔出小橡皮塞,加入酚酞指示剂 3 滴,立即插入酸式滴定管,用 1/44mol/L 草酸溶液进行空白滴定直到无色刚消失为止,并记下草酸溶液用量	（1）开始记录时间后 30min 内期间轻轻摇动数次,使溶液表面的 $BaCO_3$ 薄膜破坏,有利于二氧化碳全部被吸收 （2）临近滴定终点无色时要减慢滴定速度,以防止滴定过量,影响计算结果 （3）样品滴定草酸溶液用量即为样品滴定值 （4）将滴定结果记录于表 4-7 中
结果计算	呼吸强度可采用以下公式计算: 呼吸强度 $=(A-B)/(W/t)$ 式中:呼吸强度,二氧化碳,$(mg/(g \cdot h))$;A 为空白滴定值,mL;B 为样品滴定值,mL;W 为植物组织鲜重,g;t 为测定时间,h	呼吸作用的测定可以以释放的二氧化碳作为指标,也可以以吸收的氧气量作为指标

表 4-7　植物呼吸强度测定结果记录

样品	初始读数（mL）	终点读数（mL）	消耗草酸（mL）	植物鲜重（g）
样品 1				
样品 2				
空白				

5. 问题处理 训练结束后，完成以下问题：

（1）计算所测材料的呼吸速率。

（2）广口瓶橡皮塞加一碱石灰管有何作用？

活动二 呼吸作用的调控及生产应用

1. 活动目的 了解呼吸作用的调控方法及措施，并能将呼吸作用相关知识灵活应用于生产实践中。

2. 活动准备 通过查阅资料，访问当地有经验的农民，了解影响呼吸作用的因素、呼吸作用的调控及应用经验。

3. 相关知识

（1）呼吸作用与粮油种子贮藏。贮藏粮油种子的原则是保持"三低"，即降低种子的含水量、温度和空气中的含氧量。一般来说，谷类种子含水量低于14％，油料种子含水量低于9％，呼吸作用很微弱；粮油种子以较低温度贮藏，可减弱呼吸并抑制微生物的活动，使贮藏时间延长；若能适当增加二氧化碳含量、降低含氧量，便可减弱呼吸消耗，延长贮藏时间。

（2）呼吸作用与多汁果实和蔬菜的贮藏、保鲜。多汁果实和蔬菜的贮藏、保鲜的原则是在尽量避免机械损伤的基础上，控制温度、湿度和空气成分三个条件，降低呼吸消耗，使果实、蔬菜保持新鲜状态。生产上常通过降低温度来推迟呼吸高峰的出现，达到贮藏、保鲜的目的；贮藏期间相对湿度保持在80％～90％，有利于推迟呼吸高峰的出现；减低氧气浓度，增高二氧化碳浓度，大量增加氮的浓度，可抑制呼吸及微生物活动，延长贮藏时间。

（3）呼吸作用与作物栽培。许多栽培措施都是为了保证作物呼吸作用正常进行，如水稻浸种催芽时用温水淋种和时常翻种，水稻育秧采用湿润育种，作物的中耕松土等。

4. 操作规程和质量要求 选择当地种植的代表性植物的田块或温室，进行表4-8操作。

表4-8 植物呼吸作用的调控及生产应用

工作环节	操作规程	质量要求
呼吸作用的调控	（1）温度调节。温带植物呼吸作用的最适温度为25～35℃。温度过高或光线不足，呼吸作用强。因此生产上常通过降低温度，可以降低呼吸强度 （2）氧气和二氧化碳浓度调节。增加二氧化碳浓度，降低氧气含量能够降低呼吸强度。但缺氧严重时会导致无氧呼吸 （3）水分调节。降低种子含水量，可以降低呼吸强度。但根、叶萎蔫时，呼吸强度反而增强 （4）防止植物受伤。因此，应在采收、包装、运输和贮藏多汁果实和蔬菜时，尽可能防止机械损伤	（1）在一定范围内，呼吸强度随温度的升高而增强；而当温度超过最适温度之后，呼吸强度却会随着温度的升高而下降 （2）植物受伤后，呼吸会显著增强
呼吸作用的生产应用	（1）植物栽培。许多栽培措施都是为了保证植物呼吸作用的正常进行，如水稻浸种催芽时用温水淋种和时常翻种，水稻育秧采用湿润育种，植物的中耕松土，黏土掺沙改良，低洼地开沟排水等 （2）粮食贮藏。粮油种子以较低温度贮藏，可减弱呼吸作用并抑制微生物的活动，使贮藏时间延长；若能适当增加二氧化碳含量、降低含氧量，便可减弱呼吸消耗，延长贮藏时间	（1）贮藏粮油种子的原则是保持"三低"，即降低种子的含水量、温度和空气中的含氧量 （2）多汁果实和蔬菜的贮藏、保鲜的原则是在尽量避

（续）

工作环节	操作规程	质量要求
呼吸作用的生产应用	（3）果蔬贮藏。生产上常通过降低温度来推迟呼吸高峰的出现，达到贮藏、保鲜目的；贮藏期间相对湿度保持在80%～90%有利于推迟呼吸高峰的出现；降低氧气浓度，增高二氧化碳浓度，大量增加氮的浓度，可抑制呼吸作用及微生物的活动，延长贮藏时间	免机械损伤的基础上，控制温度、湿度和空气成分三个条件，降低呼吸消耗，使果实、蔬菜保持新鲜状态

5. 问题处理　生产上粮油在贮藏期，常采用通风或密闭的方法，降低温度来减少呼吸。近年来国内外采用的气调法进行粮食贮藏，就是利用这样的原理。在粮食、果实、蔬菜贮藏时，合理控制水分、氧气和二氧化碳和温度，调节呼吸速率是关键。

任务三　植物体内有机物的代谢、运输与分配

【任务目标】

- **知识目标**：了解植物体内有机物的代谢、运输与分配等基本知识。
- **能力目标**：熟练测定植物组织中可溶性糖含量。

【背景知识】

植物体内有机物的代谢、运输与分配

植物体内有机物质的运输与分配，适应了植物器官和组织间的分工，协调了生长发育，也决定了营养物质的流向和数量。

1. 植物体内有机物的代谢　植物体内有机物成分是处在不断地合成、分解和互相转化的变化之中，这些变化过程称为有机物的代谢。广义的代谢包括光合作用、呼吸作用以及所有有机物的合成、分解和相互间的转化过程。

（1）糖类的代谢。糖类的种类很多，这里重点介绍蔗糖、淀粉的合成与分解的生化过程。

①蔗糖的合成与分解。蔗糖是植物体中有机物运输的主要形式，也是高等植物组织中糖类贮藏和积累的主要形式。合成蔗糖所需的葡萄糖是由UDPG供给的，有磷酸蔗糖合成酶、蔗糖合成酶两条催化途径。蔗糖可在蔗糖酶（转化酶）的催化下水解，生成葡萄糖和果糖。

②淀粉的合成与分解。淀粉是植物重要的贮藏多糖。粮食作物的种子、块根、块茎含淀粉最多。淀粉的合成是由几种酶来催化的，每一种酶都有其自己催化的底物和引物（葡萄糖受体）。淀粉的分解有水解和磷解两种反应。淀粉的水解由淀粉酶催化，产物有葡萄糖和麦芽糖。淀粉在磷酸化酶作用下分解为磷酸葡萄糖。

各种糖类在植物体内经常发生相互间的转化。在光合作用的碳循环中和呼吸作用的糖酵解作用中，以及在糖类的合成与分解过程中，都有这类物质的相互转化。在植物的整个生长发育的过程中，糖类代谢都在不断地进行着。在种子萌发、营养器官旺盛生长及结实器官成熟时，糖类转化尤为强烈，如香蕉、苹果等在发育前期主要积累淀粉，到果实成熟时，淀粉

分解转化为糖。

（2）脂肪的代谢。植物体内的脂肪主要是作为贮藏物质，以小油滴状态存在于细胞中，主要分布在种子或果实中。脂肪是由甘油和脂肪酸合成的甘油三酯。植物细胞中先合成甘油和脂肪酸，二者再缩合生成脂肪（甘油脂肪酸三酯）。生物体内广泛存在着脂酶，它能催化脂肪水解为甘油和脂肪酸。

植物体内常发生脂肪和糖类的相互转化，脂肪是由糖类转化而来的。

由脂肪转化为糖类的过程比较复杂，脂肪先分解为甘油和脂肪酸，甘油可通过糖酵解的逆转而转化为糖。

（3）核酸的代谢。细胞核中的染色体是遗传物质，它由许多基因构成。基因的化学成分就是脱氧核糖核酸（DNA）。DNA 的特殊的化学结构，可以成为控制生物发育传递信息的载体。每一个物种都有一套表示其特殊的 DNA 分子。

核酸的基本组成单位是核苷酸，核苷酸在细胞内合成有两条基本途径：一条是以体内的氨基酸、磷酸核糖、二氧化碳和 NH_3 等简单的前体物质合成；另一条途径是由体内核酸分解产生的碱基或核苷转变的核苷酸。

核酸是由四种单核苷酸以 $3',5'$-磷酸二酯键连接起来的，若将其分解，首先在核酸内切酶和核酸外切酶的催化下将二酯键拆开，生成单核苷酸或寡核苷酸（是由几个单核苷酸组成的）。

（4）蛋白质的代谢。经过 DNA 的复制、RNA 的转录，已将遗传信息贮存起来，但如何将遗传信息表达出来，则需要在 RNA 指导下合成活性蛋白质。

蛋白质是在 mRNA 的指导下合成的，这一过程称为翻译或转译。核糖体是合成蛋白质的场所，首先是氨基酸与 tRNA 连接，然后在核糖体上合成蛋白质。

蛋白质在蛋白酶的催化下，使多肽链的肽键水解断开，最后生成 α-氨基酸。蛋白酶可分为肽链内切酶、肽链外切酶和二肽酶三类。蛋白质在一系列酶相互协同反复作用下，最终能将蛋白质或多肽链水解为各种氨基酸的混合物。

2. 植物体内有机物的运输　植物体内制造和提供营养物质的器官（叶片）称为代谢源；植物体内消耗和贮藏营养物质的器官（果实、种子）称为代谢库。供应营养物质的源与接收营养物质的库及，它们之间的输导组织构成的营养依存单位称为源—库单位。

（1）运输途径。主要有长距离运输和短距离运输。短距离运输是指细胞内和细胞间的运输，运输距离以微米计，通过共质体（胞间连丝）和质外体（自由空间）完成。长距离运输是指器官间和组织间的运输，通过输导组织来完成，木质部运输水分和无机盐，韧皮部运输同化产物。

（2）运输形式。植物体内有机物运输的主要形式是蔗糖。蔗糖具有很高的水溶性，分子小，移动性大，含有较高的水解自由能，有利于提高韧皮部的运输效率。

（3）运输方向。植物体内有机物运输没有极性，可以向顶部，也可以向基部，总的方向是由制造营养物质的器官向需求营养物质的器官运输。主要有 3 种：单向运输（木质部运输）、双向运输（韧皮部运输）、横向运输（短距离运输）。

3. 植物体内有机物的分配　植物生长期间体内有机物的分配是动态的，但有一定规律性：

（1）优先供应生长中心。生长中心是指正在生长的主要器官或部位。它的特点是生长年龄小、代谢旺盛、生长快、对养分的吸收能力强。

（2）就近供应。叶的光合产物主要运至邻近生长部位最多。一般说来，植物茎上部叶片光合产物主要供应茎顶端及其茎上的嫩叶的生长，而下部叶则主要供应根和分蘖的生长，处于中间叶片的光合产物则上、下部都供应。当形成果实时，所需要的营养物质主要靠和它最邻近的叶片供应。

（3）纵向同侧运输。在一般情况下，经常是同一方位叶子的有机物供给相同方位的花序和根系，而水和无机盐也是由同一方位的根系供给相同方位的叶片和花序。

活动一 植物组织中可溶性糖的测定

1. 活动目标 了解可溶性糖在有机物转化、种子和果实形成等方面的作用，能用蒽酮比色法测定植物组织中可溶性糖含量。

2. 活动准备 根据班级人数，按 2 人一组，分为若干组，每组准备以下材料和用具：分光光度计、天平、水浴锅、电炉、移液管、离心机、容量瓶、棕色瓶；新鲜的植物组织。并配制以下试剂：

（1）浓硫酸，相对密度 1.84g/mL。

（2）蒽酮—乙酸乙酯试剂：称取分析纯蒽酮 1g 溶于 50mL 乙酸乙酯中，贮于棕色瓶中，置于黑暗中保存。如有结晶析出，可稍微加热溶液。

3. 相关知识 可溶性糖是植物体内重要的有机物之一，与植物体内有机物的转化、种子和果实的形成以及植物的抗性等有密切关系。

可溶性糖能与蒽酮试剂反应，生成蓝绿色的糠醛衍生物，该产物在 620nm 处有最大吸收峰。糠醛生成量与可溶性糖总含量成正比，故可用分光光度计测其吸光度，从而测定可溶性糖含量。

不同的植物组织其可溶性糖含量是不一样的，为了提高分析结果的准确性和精确性，选材要有代表性，选饱满健壮的植物种子，浸泡至萌动或发芽时测定较有代表性。

4. 操作规程和质量要求 可选择植物全株干粉、果实、种子、叶片等任一部分进行测定。本活动选取小麦全株干粉进行测定，完成表 4-9 操作。

表 4-9　植物可溶性糖含量测定

工作环节	操作规程	质量要求
蔗糖标准液配制	（1）1％蔗糖标准液：将分析纯蔗糖在 80℃ 下烘至恒重，精确称取 1.000g，加少量蒸馏水溶解，转入 100mL 容量瓶中，加入 0.5mL 浓硫酸，用蒸馏水定容至刻度 （2）100mg/L 蔗糖标准液：精确吸取 1％蔗糖标准液 1mL，加入 100mL 容量瓶，加蒸馏水至刻度	（1）蔗糖称量要精确到 1/1000 （2）定容时要注意精确，千万不要超过刻度
标准曲线制作	（1）取 20mL 刻度试管 6 支，从 0～5 分别编号，按表 4-10 加入溶液和水 （2）按顺序向试管中加入 0.5mL 蒽酮—乙酸乙酯试剂，充分摇匀使乙酸乙酯水解，并沿管壁加入 5mL 浓硫酸，猛摇试管数次，立即将试管放入沸水浴中保温 1min （3）取出后放在试管架自然冷却至室温，以空白作参比，在 630nm 波长下测其吸光度，以吸光度为纵坐标，以糖含量为横坐标，绘制标准曲线	（1）浓硫酸沿壁缓缓加入，并充分振荡 （2）各试管中加量要一致 （3）也可求出回归方程

（续）

工作环节	操作规程	质量要求
样品提取	（1）称取样品干粉100mg放入大试管中，加入20～30mL蒸馏水置于沸水浴中提取20min，提取液过滤入100mL容量瓶中，待用 （2）如为新鲜样品，称取0.5～1.0g，加少许石英砂研磨至匀浆，室温下静置30～60min，过滤或离心，定容至100mL，弃去残渣	（1）准确无误地将提取液洗入过滤100mL容量瓶中 （2）新鲜样品静置过程要常搅动
样品测定	（1）取10mL干燥刻度试管1支，编号为6，用移液管加入提取液0.5mL、蒸馏水1.5mL，再加蒽酮—乙酸乙酯试剂0.5mL，充分摇匀后，沿试管壁缓缓加入5mL浓硫酸，摇匀 （2）以后操作步骤与标准曲线制作相同，测定样品的吸光度，可从标准曲线上查出可溶性糖的含量	（1）样品最好为3个，求其平均值 （2）比色时可取3次测定数据的平均值 （3）也可通过回归方程计算可溶性糖含量
结果计算	由标准曲线查出或回归方程求出糖的量（μg），按下式计算测试样品的糖含量： 可溶性糖含量＝$(m_x \times V \times D) / (V_1 \times W \times 1000) \times 100\%$ 式中：m_x为标准曲线查出或回归方程计算的糖含量，μg；V为样品总体积，mL；D为稀释倍数；V_1为测定时取用体积，mL；W为样品质量，mg；1000为样品质量的单位由mg换算成μg的倍数	

表4-10　蒽酮比色法测定可溶性糖的样品试剂量

项目	管号						
	0	1	2	3	4	5	6
各管中蔗糖量（μg）	0	20	40	60	80	100	待测样品0.5
100mg/L蔗糖液（mL）	0	0.2	0.4	0.6	0.8	1.0	
蒸馏水（mL）	2.0	1.8	1.6	1.4	1.2	1.0	1.5
蒽酮—乙酸乙酯试剂（mL）	0.5	0.5	0.5	0.5	0.5	0.5	0.5
浓硫酸（mL）	5	5	5	5	5	5	5
吸光度 A_{630}							

5. 问题处理　训练结束后，完成以下问题：

（1）本活动用植物组织干粉和植物组织新鲜样品测定可溶性糖含量。二者应注意什么问题？

（2）用蒽酮法测定植物可溶性糖含量的操作中，应注意哪些问题？

 知识拓展

如果想了解更多的知识，可以通过下面渠道进行学习：

1. 阅读杂志：

（1）《植物生理学通讯》

（2）《植物生理学报》

（3）《生理学报》

（4）《生命的化学》

（5）《生命科学》

2. 浏览网站：

（1）上海生命科学研究院植物生理生态研究所　http：//www. sippe. ac. cn/

（2）生物通　http：//www. ebiotrade. com/

（3）生物谷　http：//nhjy. hzau. edu. cn/

（4）有关院校植物生理学精品课程网站

3. 通过本校图书馆借阅有关植物生理、生命科学方面的书籍。

考证提示

获得农艺工、农作物种子繁育员、农作物植保员、蔬菜园艺工、花卉园艺工、果树园艺工、农业试验工、林木种苗工、绿化工、草坪建植工、中药材种植员、牧草工等中级资格证书，须具备以下知识和能力：

1. 植物光合作用基本原理及应用。

2. 植物呼吸基本原理及应用。

3. 植物体内有机物的代谢、运输与分配。

4. 植物叶绿素含量、光合速率、呼吸强度的测定。

5. 植物可溶性糖含量的测定。

师生互动

1. 列表比较光合作用和呼吸作用的意义、作用、调控及生产应用有何区别（表 4-11）。

表 4-11　光合作用与呼吸作用比较

代谢类型	光合作用	呼吸作用
意义		
主要过程		
原料		
产物		
能量转化		
发生部位		
发生条件		

2. 举例说明农业生产中如何利用植物光合作用和呼吸作用原理进行调控。

项目五
植物的生长发育

 项目目标

　　熟悉种子萌发、种子休眠和芽休眠；了解植物运动知识；认识植物春化作用和光周期现象；了解植物成熟、衰老与器官脱落。能熟练进行种子生活力的快速测定，能熟练测定植物根系活力，能进行植物花粉活力的测定；能进行植物器官脱落的化学调控与植物生长延缓剂的应用。

任务一　植物的生长生理

【任务目标】

● **知识目标**：熟悉种子萌发的过程、条件与类型；认识种子休眠和芽休眠；了解植物运动的类型及其对植物生长过程的意义。

● **能力目标**：熟练进行种子生活力的快速测定；熟练测定植物根系活力。

【背景知识】

植物的生长与运动

　　种子植物的生命周期要经过胚胎形成、种子萌发、幼苗生长、营养体与生殖体的形成、开花、结果、衰老和死亡等一系列生长发育阶段。通常把植物生命周期中器官的形态结构形成过程称为形态建成。

　　1. 种子的萌发　植物学中的种子是指由胚珠受精后发育而成的有性生殖器官。而农业生产上的种子是指农作物和林木的种植材料，包括籽粒、果实和根、茎、苗、芽、叶等。种子萌发是个体发育的起始。通常把胚根突破种皮作为种子萌发的标志。

　　（1）种子的萌发过程。种子的萌发是指种子的胚根伸出种皮，或营养器官的生殖芽开始生长的现象。种子的萌发一般要经过吸胀、萌动和发芽等 3 个阶段。

　　吸胀是指种子由于含有蛋白质、淀粉等亲水物质，吸水后慢慢膨胀变为溶胶状态，从外观上看种子经水浸泡后体积增加。

　　萌动是指当胚细胞不断分裂，数目增加，体积扩大，到一定程度时胚根尖端突破种皮，向外外伸的现象，俗称为露白。

种子萌动后，胚根伸长扎入土中形成根，胚轴伸长生长将胚芽推出地面，当根与种子等长，胚芽等于种子的一半时，称为发芽。发芽后的种子逐渐形成真叶，伸长幼茎便形成一棵完整的幼苗。

（2）种子萌发的条件。首先，种子能否萌发决定于自身是否具有发芽能力，只有具有发芽能力的种子才能发芽。其次，决定于外界环境条件，其中适当的水分、适宜的温度、充足的氧气是种子萌发的三要素，有些种子萌发还需要光（如莴苣、胡萝卜等）。

种子在吸收足够水分后，其他生理作用才能逐渐开始，不同植物的种子萌发需水量不同，如小麦的吸水率为 30％以上、玉米为 45％～50％。不同植物的种子萌发所需的温度不同，在适宜的温度范围内，随温度的升高种子萌发的速度加快；种子萌发时存在最低温度、最高温度和最适温度三基点温度（表 5-1）。一般植物种子氧浓度需要在 10％以上时才能正常萌发，而当氧浓度低于 5％时种子不能萌发。

表 5-1　几种主要农作物种子萌发的三基点温度（℃）

植物种类	最低温度	最适温度	最高温度
小麦	0～4	20～28	30～38
大豆	6～8	25～30	39～40
玉米	5～10	32～35	40～45
水稻	8～12	30～35	38～42
棉花	10～12	25～32	40
花生	12～15	25～37	41～46

（3）种子萌发类型。依据种子萌发后，子叶是否顶出土面，可将幼苗分为子叶出土幼苗，如花生、大豆、瓜类等（图 5-1）；子叶留土幼苗，如豌豆、玉米、高粱等（图 5-2）。

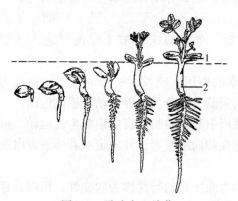

图 5-1　子叶出土幼苗
1. 上胚轴　2. 下胚轴

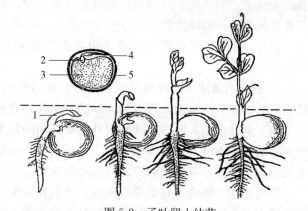

图 5-2　子叶留土幼苗
1. 上胚轴　2. 胚芽　3. 子叶　4. 胚根　5. 种皮

子叶能否出土，主要取决于胚轴生长的特性。从子叶着生处到第一片真叶之间的一段胚轴，称为上胚轴；子叶着生处至根之间的一段胚轴，称为下胚轴。下胚轴能否伸长，决定子叶能否出土。

一般来说，子叶出土幼苗播种要浅一些，但也要看下胚轴的顶土能力和种子所含脂肪的多少而定。子叶留土幼苗一般出土时阻力较大，可适当深播，以利于幼苗的扎根、防冻和抗旱。但是要注意不管哪一种幼苗，都不能播种过深，否则会使胚轴过于伸长，消耗较多的养料，幼苗不易出土，容易形成弱苗，甚至不能出苗。

2. 植物的休眠 休眠是指植物的整体或某一部分在某一时期内生长和代谢暂时停顿的现象。植物的休眠形式多样，许多一二年生植物以种子为休眠器官，多年生落叶树木以芽的方式休眠；多年生草本植物通常以地下器官等越冬或度过干旱时期。

（1）种子的休眠。种子休眠是指在充分满足各种发芽条件时，健全种子不能马上发芽的现象。种子休眠可以归纳 4 个方面的原因：

①种子未完成后熟。种子形态上成熟后，胚还须经过一段时期才能真正成熟。有些植物种子脱离了母体，从形态上看种胚似乎也已充分发育了，但种胚尚未完成最后生理成熟阶段，种子内部还需要完成一系列的生物化学转化过程。

②种皮（果皮）的限制。许多植物种子的种皮厚而坚硬，或其上附有致密的蜡质或角质，使得种皮不透水透气，胚无法得到水分和养分，种子因不能吸胀而不能萌发。

③胚未完全发育。有些植物，如银杏、人参、白蜡等，胚的发育较慢，采收时种子外部看似成熟，但内部胚仍很幼嫩，尚未发育成熟，须从胚乳中继续吸取养料，直至完全成熟才能达到萌发能力的状态。

④抑制萌发物质的存在。某些植物果实或种子的子叶、胚乳、种皮或果汁内有抑制萌发物质的存在，如挥发油、植物碱、有机酸、酚、醛等，它们都抑制种子发芽而使种子处于长短不一的休眠状态。

（2）芽的休眠。芽是很多植物的休眠器官。许多多年生木本植物形成冬芽越冬；二年生或多年生草本植物各种贮藏器官也是具有休眠的芽。休眠芽是一种特化器官，有几层起保护作用的鳞片，覆盖着活的但不活动的分生组织。

植物营养体进入休眠主要与日照长度、温度有关，一般认为在秋季、冬季温度较低、短日照条件下，脱落酸合成增加，赤霉素合成减少，诱导休眠；春季日照渐长，温度回升，赤霉素合成增加，解除休眠。

另外，缺水干旱或营养不良，也能促进植物休眠。如仙客来可被干旱诱导进入休眠状态。

3. 植物的运动 高等植物的某些器官在内外因素的作用下能发生有限的位置变化称为植物运动。植物的运动，可因其运动的方向与外界刺激的关系分为向性运动和感性运动。

（1）向性运动。向性运动是指外界单方向的刺激所引起的植物器官的定向生长运动。按照刺激的因素不同，可分为向光性、向重力性、向化性和向水性等。并规定对着刺激方向的运动称为正运动，背着刺激方向的运动称为负运动。

①向光性。植物器官受单方向的光照射而发生的弯曲生长的特性称为向光性。植物器官向光源方向弯曲称为正向光性，如向日葵的茎等；植物器官背着光源的方向弯曲称为负向光性，如芥子的根、常春藤的气生根等。

②向重力性。植物器官在重力的作用下向一定方向生长的特性称为向重力性。比如，茎的生长是向上的称为负向重力性；主根的生长是向下的称为正向重力性；侧根、侧枝、地下根状茎、叶柄的生长与重力方向垂直，称为横向重力性。

③向化性和向水性。由于某些化学物质在植物体内外分布不均匀，而造成植物器官朝向一定方向生长的特性称为向化性。根据植物根系的趋肥性，生产上采取深耕施肥，可以促进根的生长。当土壤水分分布不均匀时，根系趋向较潮湿地方生长的特性称为向水性，也是向

化性的一种表现。

（2）感性运动。感性运动是指无一定方向的外界因素均匀作用于植株或某些器官而引起的运动。常见的感性运动有感夜性、感震性和感温性。

①感夜性。植物的叶、花等器官对于昼夜光暗变化的刺激做出的反应称为感夜性。比如，合欢、大豆、花生、酢浆草等植物的叶，白天舒展，夜晚合拢或下垂；酢浆草、蒲公英的花白天开放，夜晚闭合。

②感震性。由于机械刺激引起的与生长无关的植物运动称为感震性。具有代表性的植物是含羞草，当其部分小叶受到震动或机械刺激时，成对的小叶迅速合拢，进一步加大刺激，则有更多小叶合拢，甚至整株小叶合拢。静止一会儿后，小叶可恢复正常状态。含羞草的感震性也与其叶枕细胞的水分进出有密切关系。

③感温性。由于温度变化使器官背、腹两侧不均匀生长而引起的运动称为感温性。如郁金香的花通常在温度升高时开放，温度降低时闭合。

活动一　种子生活力的快速测定

1. **活动目标**　了解种子生活力与种子寿命等知识，能熟练测定种子生活力。

2. **活动准备**　根据班级人数，按 2 人一组，分为若干组，每组准备以下材料和用具：准备刀片、镊子、培养皿、放大镜、滤纸、玉米、大豆种子、TTC、5％的红墨水。

3. **相关知识**

（1）种子生活力。种子生活力是指种子能够萌发的潜在能力或胚具有的生命力。种子活力是指种子在田间状态下迅速而整齐地萌发并形成健壮幼苗的能力（包括发芽潜力、生长潜能和生产潜力）。

（2）种子寿命。种子寿命是指种子在一定条件下保持生活力的最长期限。根据种子寿命长短可分为三类：一是短命种子。寿命为几小时至几周，如杨、柳、榆等的种子。二是中命种子。寿命为几年至几十年，大多数栽培植物的种子都属于此类。三是长命种子。寿命几十年以上，如沉睡千年的莲子催芽仍能萌发。

（3）种子失去生活力。一般来说种子贮藏越久，生活力越减弱，以至完全失去生活力。种子失去生活力的主要原因是种子因酶物质的破坏、贮藏养料的消失及胚细胞的衰退死亡。要想较长时间保持种子生活力，延长种子的寿命，在种子贮藏中必须保持干燥和低温。

4. **操作规程和质量要求**　选取的种子要有代表性，要随机抽取需要的种子，进行以下操作（表 5-2、表 5-3）。

表 5-2　TTC 染色法测定种子生活力

工作环节	操作规程	质量要求
试剂配制	取 1gTTC 溶于 1L 蒸馏水或冷开水中，配制成 0.1％的 TTC 溶液。药液 pH 应在 6.5～7.5，以 pH 试纸试之（如不易溶解，可先加少量酒精，使其溶解后再加水）	TTC 溶液最好现配现用，如需贮藏则应贮于棕色瓶中，放在阴凉黑暗处，如溶液变红则不可再用
种子处理	取玉米种子 100 粒，新、陈种子各 1 份，用冷水浸泡一夜或用 40℃左右温水浸泡 40～60min，取出沥干水分，用单面刀片沿胚的中心纵切为两半	种子处理时，水稻籽粒要去壳，豆类种子要去皮

（续）

工作环节	操作规程	质量要求
种子染色	取其中胚的各部分比较完整的一半，放在小烧杯内，加入 0.1% TTC 溶液，浸没种子为宜	用 0.1% TTC 溶液染色时，置于 30～35℃ 的恒温箱中 30min；或在 45℃ 的黑暗条件下染色约 30min
冲洗种子	保温后，倾出药液，用清水冲洗 1～2 次	直到所染的颜色不再洗出为止
生活力观察	立即对比观察新、陈种子种胚着色情况判断种子的生活力	凡种胚全部染红的为生活力旺盛的活种子，死种子胚完全不染色，或染成极淡的颜色
计算发芽率	计算种胚不着色的（活种子）种子个数，计算种子发芽率：发芽率＝发芽种子粒数÷用做发芽种子的总数×100%	计算结果保留两位小数

表 5-3　红墨水染色法测定种子生活力

工作环节	操作规程	质量要求
种子处理	取大豆种子 100 粒，新、陈种子各 1 份，用冷水浸泡一夜或用 40℃ 左右温水浸泡 40～60min，取出沥干水分，用单面刀片沿胚的中心纵切为两半	种子处理时，水稻籽粒要去壳，豆类种子要去皮
种子染色	取其中胚的各部分比较完整的一半放入小烧杯内，加经稀释的红墨水至浸没种子，染色 20min 左右	市售红墨水，实验时用蒸馏水稀释 20 倍（即 1 份红墨水加水 19 份），作染色剂
冲洗种子	染色到预定时间，倒去红墨水，用自来水冲洗 2～3 次	直到所染的颜色不再洗出为止
生活力观察	立即对比观察新、陈种子种胚着色情况，判断种子有无生活力	凡胚不着色或仅略带浅红色者，即为具有生活力的种子。若胚部染成与胚乳相同的深红色，则为死种子
计算发芽率	计算种胚不着色的（活种子）种子个数，计算种子发芽率：发芽率＝发芽种子粒数÷用做发芽种子的总数×100%	计算结果保留两位小数

5. 问题处理　训练结束后，完成以下问题：

（1）比较 TTC 染色法和红墨水染色法测定结果有何不同。

（2）比较 TTC 染色法和红墨水染色法的测定原理有何区别。

活动二　植物根系活力的测定

1. 活动目标　能够熟练准确进行根系活力的测定。

2. 活动准备　将全班按 2 人一组分成若干组，每组准备以下材料和用具：小烧杯 3 个，研钵 1 个，移液管 0.5mL 1 支，5mL 3 支，10mL 1 支，刻度试管 6 支，分光光度计，0.1mg 级分析天平，恒温箱 1 台，试管架，药匙，石英砂适量，滤纸等。水培或沙培小麦，玉米等植物根系。

并准备或配制以下试剂：

（1）乙酸乙酯：分析纯。

（2）次硫酸钠：$Na_2S_2O_4$，分析纯，粉末。

（3）1％TTC溶液：准确称取1.0g TTC，溶于少量水后定容到100mL，避光保存。

（4）0.4％ TTC溶液：准确称取0.4g TTC，溶于少量水后定容到100mL，避光保存。

（5）磷酸缓冲液：1/15mol/L，pH 7.0。

（6）1mol/L硫酸：用量筒取相对密度为1.84g/mL的浓硫酸55mL，边搅拌边加入盛有500mL蒸馏水的烧杯中，冷却后稀释至1 000mL。

（7）0.4mol/L琥珀酸：称取琥珀酸4.72g，溶于水中，定容至100mL即成。

3. 相关知识　根系是活跃的吸收器官和合成器官，根的生长情况和活力水平直接影响地上部分的营养和产量水平。TTC是标准氧化电位为80mV的氧化还原色素，溶于水中成为无色溶液，当TTC溶液渗入根的活细胞内，并作为氢受体被脱氢辅酶（NADH或NADPH$_2$）上的氢还原时，便由无色的TTC变为红色而不溶于水的TTF，从而使根系着色。植物根系中脱氢酶所引起的TTC还原，可因加入琥珀酸、延胡索酸、苹果酸得到增强，而被丙二酸、碘乙酸所抑制。TTC还原量能表示脱氢酶的活性，并作为根系活力的指标。

4. 操作规程和质量要求　植物根系活力测定分为定性测定和定量测定，完成表5-4、表5-5操作。

表 5-4　植物根系活力的定性测定

工作环节	操作规程	质量要求
配制反应液	把1％ TTC溶液、0.4mol/L的琥珀酸和磷酸缓冲液按1∶5∶4比例混合	混合时量取3种溶液要准确，混合时搅拌均匀
反应并观察	（1）洗根。把根仔细洗净，将地上部分从茎基部切除 （2）反应。将根放入锥形瓶中，倒入反应液，完全浸没根系，于37℃左右暗置1～3h （3）观察。观察着色情况，若新根尖端以及细侧根都明显变红，则表明该处有脱氢酶存在	（1）洗根时注意不要损伤根系 （2）反应液的用量以浸没根系为度

表 5-5　植物根系活力的定量测定

工作环节	操作规程	质量要求
TTC标准曲线的制作	（1）80μg/mLTTF溶液配制。移液管取0.4％TTC溶液0.2mL放入大试管中，加9.8mL乙酸乙酯，再加少许Na$_2$S$_2$O$_4$粉末摇匀，则立即产生红色的TTF （2）系列标准液配制。分别取此溶液0.25mL、0.50mL、1.00mL、1.50mL、2.00mL置于10mL刻度试管中，用乙酸乙酯定容至刻度，则得到含有20mL、40mL、80mL、120mL、160μg的TTF系列标准溶液 （3）测试绘制标准曲线。以乙酸乙酯作参比，在485nm波长下测定吸光度，绘制标准曲线	（1）量取转移各种溶液液要确保准确 （2）试剂混合后摇匀充 （3）用刻度试管定容时，确保精确 （4）除精确绘制标准曲线外，也可配制回归方程方便计算
样品反应	（1）称样。称取根尖样品0.5g放入小烧杯中 （2）反应。加入0.4％ TTC溶液和磷酸缓冲液各5mL，使根系充分浸没在溶液内，置于37℃下暗处保温1～2h，此后立即加入1mol/L硫酸2mL，以停止反应 （3）空白实验。样品反应同时要做空白实验，先加硫酸，再加根样品，37℃下暗保温后不加硫酸，其溶液浓度、操作步骤同"样品反应（2）"	（1）根尖样品称量小，一定要注意称量准确 （2）加硫酸及时并注意硫酸操作安全 （3）空白实验最好与样品实验同步进行

（续）

工作环节	操作规程	质量要求
样品液浓度测定	（1）提取 TTF。把根取出，用滤纸吸干水分，放入研钵，加乙酸乙酯 3～4mL，充分研磨，以提取出 TTF （2）比色液准备。把红色提取液移入刻度试管，并用少量乙酸乙酯把残渣洗涤 2～3 次，皆移入刻度试管，最后加入乙酸乙酯，使总量为 10mL （3）比色。用分光光度计在波长 485nm 下比色，以空白实验作参比测出吸光度，查标准曲线，求出 TTC 还原量	（1）根系水分应充分吸干 （2）比色时注意比色皿的光滑面和毛玻璃面 （3）也可通过回归方程计算 TTC 还原量
结果计算	TTC 还原强度（以根鲜重计）＝ TTC 还原量（mg）/〔根重（g）×时间（h）〕	结果保留两位小数

5. 问题处理　训练结束后，完成以下问题：

（1）为什么要测定根系活力？

（2）简述植物的根系活力与地上部分的关系。

任务二　植物的生殖生理

【任务目标】

● **知识目标**：熟悉春化作用、光周期规律的特点及其对植物生殖生理的影响；了解植物的开花、传粉与受精知识。

● **能力目标**：能进行植物春化作用和光周期现象观察，并能在农业生产中合理利用；能进行植物花粉活力的测定。

【背景知识】

植物的成花生理

花芽分化是植物从营养生长转向生殖生长的标志和关键，一般包括 3 个阶段：一是成花诱导，受春化作用和光周期影响；二是形成花原基；三是花器官的形成及发育。

1. 春化作用　许多秋播植物（如冬小麦、油菜）在其营养生长期必须经过一段低温诱导，才能转为生殖生长（开花结实）的现象，称为春化作用。需要春化的植物包括冬性一年生植物（如冬性谷类作物）、大多数二年生植物（萝卜、胡萝卜、甜菜、芹菜、白菜、荠菜等）和有些多年生植物（牧草）。

（1）春化作用的条件。低温和时间是春化作用的主要条件，对大多数要求低温的植物而言，最有效的春化温度是 1～7℃，只要有足够的时间，－1～9℃范围内同样有效。春化时间由数天到二三十天，如温度低于零度，代谢被抑制，不能完成春化过程。

根据植物对低温范围和时间要求不同，可将其分为冬性类型、半冬性类型和春性类型三类。冬性类型植物春化必须经历低温，春化时间也较长。如果没有经过低温条件则植物不能进行花芽分化和抽穗开花的植物，一般为晚熟品种或中晚熟品种。半冬性类型植物春化对低温要求介于冬性与春性类型之间，春化时间相对较短，一般为中熟或早中熟品种。春性类型植物春化对低温要求不严格，春化时间也较短，一般为极早熟、早熟和部分早中熟品种。现将小麦通过春化所需温度和天数列于表5—6。

表 5-6　不同小麦类型的春化温度范围

小麦类型	春化温度（℃）	所需天数（d）
冬性	0～5	30～70
半冬性	3～15	20～30
春性	5～20	2～15

感受低温的时期是种子萌发到幼苗生长期均可，其中以三叶期最快。少数植物如甘蓝、洋葱等，只有在绿色幼苗长到一定大小才能进行春化；感受低温影响的部位是茎尖端的生长点，一般认为在有细胞分裂的组织或即将进行分裂的细胞中。

（2）春化作用的应用。春化作用在农业生产上的应用主要表现在：

一是人工春化处理。春播前春化处理，可以提早成熟，避开后期的"干热风"；冬小麦春化处理后可以春播或补种小麦；育种上可以繁殖加代。

二是调种引种。由于我国各地区气温条件不同，在引种时首先要考虑所引品种的春化特性，考虑该品种在引种地能否顺利通过春化。例如冬小麦北种南引，由于南方气温高，不能满足春化的要求。植物只进行营养生长，不开花结实。

三是控制花期。花卉种植可以通过春化或去春化的方法提前或延迟开花。通过去春化处理还可以延缓开花，促进营养生长。例如越冬贮藏的洋葱鳞茎，在春季种植前用高温处理以解除春化，防止在生长期抽薹开花，以获得大的鳞茎增加产量。

2. 光周期现象　许多植物在开花之前，有一段时期，要求每天有一定的昼夜相对长度的交替影响才能开花的现象，称为光周期现象。

（1）植物光周期反应类型。根据植物开花对光周期反应不同可将植物分成三种类型。

①短日照植物。短日照植物是指在短日照（每天连续黑暗时数大于一定限度）条件下才能开花或开花受到促进的植物。短日照植物的日照长度短于一定的临界日长时，才能开花。如果适当延长黑暗，缩短光照可提早开花；相反延长日照，则延迟开花或不能进行花芽分化。如大豆、晚稻、烟草、玉米、棉花、甘薯等属于短日照植物。

②长日照植物。长日照植物是指在长日照（每天连续黑暗时数短于一定限度）条件下才能开花或开花受到促进的植物。长日照植物的日照长度长于一定的临界日长时，才能开花。如果延长光照，缩短黑暗可提早开花；而延长黑暗则延迟开花或花芽不能分化。如小麦、燕麦、油菜属于长日照植物。

③日中性植物。日中性植物是指对日照长度没有特殊要求，在任何日照条件下都能开花的植物。日中性植物开花受自身发育状态的控制，开花之前并不要一定的昼夜长短，只需要达到一定基本营养生长期，四季均可开花，如荞麦、番茄、黄瓜等。

（2）植物光周期现象的应用。植物光周期现象在农业生产中的应用主要有：

一是指导引种。要考虑两地的日照时数是否一致及作物对光周期的要求。同纬度地区间引种容易成功；不同纬度地区间引种要考虑品种的光周期特性。短日照植物：北种南引，开花期提早，如收获果实和种子，应引晚熟品种；南种北引，开花期延迟，应引早熟品种。长日照植物：北种南引，开花期延迟，引早熟品种；南种北引，开花期提早，引晚熟品种。同样，如以收获营养器官为主，短日照植物南种北引，可以推迟成花、延长营养期，提高产量。

二是加速育种。通过人工光周期诱导，可以加速良种繁育、缩短育种年限，如南繁北育（异地种植）、温室加代。

三是控制花期。在花卉栽培中，可用缩短或延长光照时数，来控制开花时期，使它们在需要的时节开花。如菊花，在秋季开花，遮光处理，可提前至"五一"开花；延长光照或夜间闪光，可推迟至春节开花。如山茶、杜鹃，延长光照或夜间闪光，提前开花。

四是调节营养生长和生殖生长。以收获营养器官为主的作物，可提高控制其光周期抑制开花。利用暗期光间断处理可抑制甘蔗开花，从而提高产量。短日照植物麻类，南种北引可推迟开花，使麻秆生长较长，提高纤维产量和质量。

3. 植物的开花、传粉与受精

（1）开花。开花是被子植物发育成熟的标志。当雄蕊的花粉粒和雌蕊的胚囊（或其中之一）成熟时，花被展开，雌、雄蕊暴露出来的现象称为开花。不同植物的开花年龄、季节和花期等习性常有差别。一年生草本植物生长几个月后就开花，一生只开一次花，开花结果产生种子后逐渐死亡。二年生草本植物通常第一年进行营养生长，第二年开花结果后完成生命周期。多年生植物须到一定年龄才开花，如桃树需 3～5 年，桦树需 10～12 年，一旦开花后，每年到一定时候就开花直到枯死为止。也有少数多年生植物（如竹类、剑麻等），一生只开花一次。多数植物开花季节在早春至春夏之间，少数植物在其他季节开花，个别的一年四季都可开花。

一株植物从第一朵花开放到最后一朵花开完所经历的时间称为花期。各种植物的花期长短不同，一般小麦 3～6d，梨、苹果为 6～12d，油菜为 20～40d。各种植物每朵花开放所持续的时间以及开花的昼夜周期性变化也很大，如小麦单花的开花时间只有 5～30min，每天开花有两次高峰，为 9：00～11：00 和 15：00～17：00。水稻单花开花时间为1～2h，而每天盛花的时间为 10：00～11：00。掌握植物的开花习性，有利于在栽培上及时采取相应措施，以提高产量和质量，也有助于适时进行人工有性杂交，创造新品种类型。

（2）传粉。植物开花后，花药破裂，成熟的花粉通过风、水、虫、鸟等不同媒介，传播到雌蕊柱头上的过程，称为传粉。传粉是有性生殖过程的重要环节，有自花传粉和异花传粉两种方式。

①自花传粉。雄蕊的成熟花粉落在同一朵花的柱头上的传粉现象称为自花传粉，如小麦、水稻、豆类和桃等。若花在开放之前就完成传粉和受精过程的称为闭花传粉。闭花传粉是一种典型的自花传粉，如豌豆、花生等。自花传粉植物的特征：两性花，雌蕊与雄蕊同时成熟，柱头可接受自花的花粉。实际应用中，农作物的同株异花间传粉和果树栽培上同品种异株间的传粉也属于自花传粉。

②异花传粉。植物学上把雄蕊的成熟花粉借助风或昆虫等媒介传送到另一朵花的柱头上的现象称为异花传粉。如玉米、瓜类、油菜、梨、苹果等。异花传粉植物的特征：多为两性花，雌蕊与雄蕊不同时成熟，花有蜜腺、香气，花被颜色鲜艳，花粉量少，花粉粒表面多具突起。异花传粉主要依靠昆虫和风，因而有风媒花植物和虫媒花植物之分，虫媒花植物如油

菜、柑橘、瓜类等，风媒花植物有玉米、板栗、核桃等。

由于长期自然选择和演化的结果，不少植物的花在结构和生理上形成了许多避免自花传粉而适应异花传粉的性状，如单性花（玉米、瓜类、菠菜等）、雌雄异熟、雌雄异株、雌雄异位和自花不孕等。

根据植物的传粉规律，农业生产上可通过人工辅助授粉等措施，弥补授粉不足，大幅度提高作物产量和品质。也可利用自花传粉培养自交系，配制杂交种，具有显著增产效益。

（3）受精。雌雄配子（即卵和精子）相互融合的过程称为受精，包括受精前花粉在柱头上萌发、花粉管生长并到达胚珠，进入胚囊，精子与卵细胞及中央细胞结合等过程。

①花粉粒的萌发。经过传粉，落到柱头上的花粉粒首先与柱头相互识别，如果二者亲和，则花粉粒可得到柱头的滋养并从周围吸水，代谢活动加强，体积增大，花粉内壁由萌发孔突出伸长为花粉管。

②花粉管的伸长。花粉粒萌发后，花粉管穿过柱头和花柱进入胚珠的胚囊内。一般情况下，一个柱头上有很多花粉粒萌发，形成很多花粉管，但只有一个花粉管最先进入胚囊内。在花粉管伸长的同时，花粉粒中营养核和生殖核移到管的最前端。当花粉管到达胚囊中，营养核逐渐解体消失，生殖核分裂成两个精子。

③双受精过程。到达胚囊中的花粉管，管的顶端膨大破裂，管内的精子和内含物散出。其中一个精子和卵细胞结合形成合子，以后发育成胚；另一个精子和中央细胞结合，以后发育成胚乳。这种受精现象称为双受精。双受精过程中，首先是精子与卵细胞的无壁区接触，接触处的质膜随即融合，精核进入卵细胞内，精卵两核膜接触、融合，核质相融，两核的核仁融合为一个大核仁，完成精卵融合，形成一个具有二倍体的合子，将来发育为胚。另一个精子与中央细胞的极核或次生核的融合过程与精卵融合过程相似，形成具有三倍体初生胚乳核，将来发育成胚乳。双受精作用是被子植物有性生殖所特有的现象。

④无融合生殖及多胚现象。正常情况下，种子的胚是经过卵细胞和精子结合后形成的，但在有些植物里，不经过精卵融合也能形成胚，这种现象称为无融合生殖。无融合生殖可以是卵细胞不经过受精直接发育成胚，如蒲公英等。或是由助细胞、反足细胞等发育成胚，如葱、含羞草、鸢尾等。还有的是由珠心或珠被细胞直接发育成胚，如柑橘类等。融合生殖往往形成多胚现象，即一个种子里有两个以上的胚。多胚中常有一个是受精卵发育而成的合子胚，其他则是通过助细胞、反足细胞、珠心等形成的不定胚。

活动一　植物春化作用的观察

1. 活动目标　掌握冬小麦等植物的春化处理方法，并观察其春化效应。

2. 活动准备　将全班按2人一组分成若干组，每组准备：冬性强的小麦籽粒、冰箱、烧杯、标签牌、解剖镜、镊子、解剖针、培养皿5套等。

3. 相关知识

（1）春化作用感受低温的时期和部位。不同种类的植物，接受低温春化的生长时期不同，一般可在种子萌发或在植株生长的任何时期进行。冬性一年生植物往往在种子萌动状态下就能感受低温诱导而通过春化作用。植物春化作用感受低温的部位主要是茎尖端的生长点。

（2）去春化作用和再春化作用。人工低温代替自然低温以满足植物低温要求的处理称为春化处理。需要春化的植物，在春化处理过程中，如果突然遇到高温（25～40℃）或短日照处理，则低温处理的效果会逐步解除，这种现象称为去春化作用或脱春化作用。解除春化的冬性植物，再进行低温处理又可以继续春化的现象称为再春化作用。

4. 操作规程和质量要求　北方可选择小麦为材料，南方可用油菜、莴苣作实验材料，完成表5-7操作。

表5-7　冬小麦春化作用观察

工作环节	操作规程	质量要求
种子吸水	选取一定数量的冬小麦种子（最好用强冬性品种），分别于播种前50d、40d、30d、20d和10d吸水萌动	选一定数量、质量一致、强冬性小麦种子。把籽粒放在烧杯中，加一定量的水于室温下浸泡12h，使其吸胀变软，然后将吸胀的种子置于培养皿中，在20℃下使其萌动
春化处理	选取萌动的种子50粒，置于培养皿内，放在0～2℃的冰箱中进行春化处理	春化要求0～2℃，需45d
播种	于春季（在3月下旬或4月上旬）从冰箱中取出经不同天数处理的小麦种子和未经低温处理但使其萌动的种子，同时播种于花盆或实验地中	播种前，田间最低温度在8℃以上
观察记载	麦苗生长期间，各处理进行同样的肥水管理，随时观察植株生长情况，直到处理天数最多的麦株开花时，观察植株形态，并记载拔节、抽穗、开花的具体日期，填入表中	结果记载于表5-8中

表5-8　冬小麦植株生长情况记载

品种名称：　　　　　　　春化温度：　　　　　　　播种时间：

观察日期	春化天数及植株生长发育情况记载					
	50	40	30	20	10	对照（未春化）

5. 问题处理　训练结束后，完成以下问题：

（1）春化处理时间长短与冬小麦抽穗时间是否有关？为什么？

（2）举例说明春化现象的研究在农业生产中的应用。

活动二　植物光周期现象的观察

1. 活动目标　以短日照植物为材料，在自然光照条件下，给以短日照、间断白昼、间断黑夜等处理，以了解昼夜光暗交替及其长度对短日照植物开花结实的影响。

2. 活动准备　将全班按2人一组分成若干组，每组准备：光照培养箱、冰箱、1.5mL离心管、1mL移液枪、1mL吸头、多穴拟南芥塑料培养盆、保鲜膜或塑料盖、250mL锥形瓶、10cm培养皿、封口膜、电炉、灭菌锅、烧杯、量筒、营养土、拟南芥。

并准备或配置以下试剂：

（1）70％乙醇：无水乙醇 70mL 加无菌水 30mL 混匀。

（2）1％ NaClO：NaClO（有效氯≥10％）10mL 与无菌水 90mL 混匀。

（3）MS 基本培养基：含 1.5％蔗糖和 0.8％琼脂，配方参考有关组织培养书籍。

3. 相关知识　植物只要得到足够日数的适合光周期，以后再放置不适合的光周期条件下仍可开花，这种现象称为光周期诱导。

（1）光周期诱导中光期与暗期的作用。临界暗期是相对临界光期（或临界日长）而言的，就是指在光暗交替中长日照植物能开花的最长暗期长度或短日照植物能开花的最短暗期长度。许多试验证明，在诱导植物开花中暗期比光期的作用大。许多中断光期和暗期的试验则进一步证明了临界暗期的决定作用，若用短时间的黑暗打断光期，并不影响光周期诱导成花，但用闪光中断暗期，则使短日照植物不能开花，却诱导长日照植物开花（图 5-3）

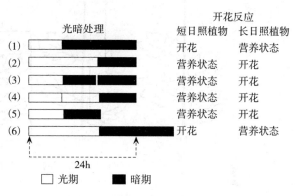

图 5-3　暗期间断对开花的影响

用灯光打断暗期，最有效的时间以午夜为最好。较早或较晚效果都差，靠近暗期的开端或终了几乎无效。闪光的光照度不需很高，在 50～100lx，但不同的植物反应不同，短日照植物晚稻对夜间 8～10lx 光照度有反应，所以，靠马路边灯下的晚稻常有迟抽穗的现象。

由于暗期闪光可促进或延迟开花，在选育上如要促进长日照植物小麦、油菜等开花，不需补充光照，只要在半夜闪光即可。如要延迟晚稻、棉花等短日照植物开花，也不必用补充光照的办法，只要半夜光照 5min 即可达到目的。

生产上用闪光打断暗期抑制开花的办法已在甘蔗种植中使用，由于半夜闪光抑制了甘蔗开花，使之继续营养生长，从而使茎秆产量提高。

暗期虽然对植物的成花诱导起着决定性的作用，但光期也必不可少，只有在适当的暗期和光期交替条件下，植物才能正常开花。试验证明，暗期长度决定花原基的发生，由于花的发育需要光合作用为它提供足够的营养物质。因此，光期的长度会影响植物成花的数量。

（2）光周期的诱导日数。光周期的诱导日数随植物不同而异。有的短日照植物如苍耳、日本牵牛，只要一个短光周期处理，即使以后在不适合的光周期下，仍可诱导花原基发生。长日照植物白芥、毒麦也只需一个长日照处理，就可诱导开花。多数植物光周期诱导需要几天、十几天到二十余天。例如，短日照植物水稻需 1d，大豆需 2～3d，大麻需 4d，菊花需 12d；长日照植物油菜、菠菜需 1d，甜菜需 15～20d 等。这是最起码的诱导周期数，少于这个光周期数不能开花，但是，光周期数再增加，对开花更有利（开花期提前，花数增加）。

通常植物必须长到一定大小，才能接受光周期诱导，以晚稻来说，植株达到 5～6 叶时才开始。冬性作物须经春化作用后才能接受光周期诱导。

（3）光周期刺激的感受和传递。植物感受光周期的部位是叶片。以短日照植物菊花的试验（图 5-4）即可证明：菊花的叶片处于短日照条件下，而茎顶端给予长日照时，可开花；叶片处于长日照条下而茎顶端给予短日照时，则不能开花。这个试验充分说明：植物感受光周期的部位是叶片而不是茎顶端生长点。叶片对光周期的敏感性与叶片的发育程度有关，幼嫩和衰老的叶片对光周期的感受能力较成长叶片弱。

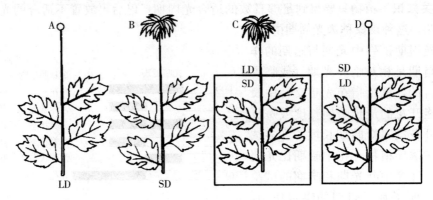

图 5-4 叶片和营养芽的光周期处理对菊花开花的影响
A~D. 4 种处理　LD. 长日照　SD. 短日照

由于感受光周期的部位是叶片，而形成活的部位是茎顶端分生组织，说明叶片感受光的刺激后能传导到分生区。嫁接试验可以证明这种推测：将 5 株苍耳嫁接串联在一起，只要其中一株上的一片叶子接受适宜的短日照光周期诱导后，即使其他植株都种植于长日照条件下，最后所有的植株也都能开花（图 5-5），就证明了确实有某种或某些刺激开花的物质通过嫁接作用在植株间传递并发生作用。

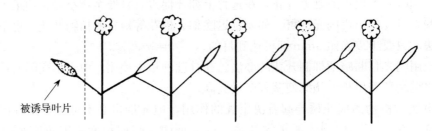

图 5-5 苍耳嫁接试验

苍耳开花刺激物的嫁接传递，第一株的叶片在短日照条件下，其余全部在长日照条件下，所有的植株都开了花。

4. 操作规程和质量要求　选用拟南芥为材料，进行培养，观察光周期有关现象（表 5-9）。

表 5-9　植物光周期现象的观察

工作环节	操作规程	质量要求
MS 培养基配制	MS 基本培养基＋8g/L 琼脂＋15g/L 蔗糖，灭菌后每个培养盘倒 25mL 左右的培养基	培养基 pH5.6～5.7，注意配制过程中防止污染

（续）

工作环节	操作规程	质量要求
种子消毒与播种	（1）消毒。称取拟南芥种子 0.5g，分别装入 4 个离心管中，在超净工作台上用 70% 乙醇表面消毒 30s，再用 1% NaClO 消毒 10min，无菌水冲洗 5～6 次 （2）播种。用带 1mL 枪头的移液枪把拟南芥种子播种在准备好的 MS 平板上，吹干培养基表面上的水分，用保鲜膜或塑料盖盖好培养盘	（1）用无菌水冲洗时，最好用移液枪吸取水分，防止污染培养基 （2）NaClO 消毒过程中，每隔 2～3min 振荡一次，充分消毒 （3）拟南芥种子数不要太多，每盘 2～3 粒，并均匀分散
种子春化处理	把播种后的培养盘用锡纸包好后放入 4℃，放置 21d；也可设置非春化组放置 3d	也可用此法观察春化作用
幼苗培养	把种植拟南芥的培养盘分别放在不同光周期的培养箱中，长日照处理为光照 16h，黑暗 8h；短日照处理为光照 8h，黑暗 16h	培养箱要求光照度为 100～120lx，湿度 60%～80%，温度 21～23℃
间苗	光照处理后培养盘中种子萌发后，并把多余的小苗除掉，保持每个穴盘 2 棵，分散均匀	保鲜膜或塑料盖应在种子萌发后揭去覆盖物
光周期诱导与间断实验	（1）光周期诱导。将 7 盘拟南芥置于长日照条件下，其中 1 盘在长日照条件下直至开花，其余的每隔 5d 将 1 盘置于短日照条件下直至开花，统计 7 盘的露白日期和每株幼苗露白时的总叶片数 （2）间断实验。将 13 盘拟南芥放入短日照条件下，其中 1 盘在短日照条件下直至开花，其余的每隔 5d 将 1 盘作夜间断处理	（1）可以把每盘拟南芥看作一个处理对待 （2）夜间断处理：放到强光（200lx）下照射 10min，处理时间为 16h 暗期的中间
开花时间统计	记录每株幼苗出现第一个花芽的时间，并统计此时每株幼苗的总叶片数	将结果记录于表 5-10

5. 问题处理　训练结束后，完成以下问题：

（1）根据实验过程中拟南芥的生长情况，完成表 5-10 的数据整理，比较两个处理开花的时间。

（2）分析光周期诱导与夜间断实验的两个处理获得的结果说明了什么问题？

（3）拟南芥种子为什么种植前需要 4℃ 处理 3d?

表 5-10　拟南芥光周期诱导与夜间断实验记录

处理		种子萌发日期	第一花芽日期	第一花芽总叶片数	萌发至花芽出现天数
长日照条件下	1				
	2				
	3				
	4				
	5				
	6				
	7				

（续）

处理		种子萌发日期	第一花芽日期	第一花芽总叶片数	萌发至花芽出现天数
短日照条件下	1				
	2				
	3				
	4				
	5				
	6				
	7				
	8				
	9				
	10				
	11				
	12				
	13				

活动三　植物花粉活力的测定

1. 活动目标　掌握鉴定植物花粉生活力的几种常用方法。

2. 活动准备　将全班按 2 人一组分成若干组，每组根据测定方法准备材料及用具：

（1）花粉萌发测定法：显微镜、恒温箱、培养皿、载玻片、玻璃棒、滤纸、蔗糖、硼酸、琼脂、烧杯、水浴锅。

（2）碘—碘化钾染色测定法：显微镜、天平、载玻片与盖玻片、镊子、烧杯、量筒、棕色试剂瓶、碘化钾、碘。

（3）氯化三苯四氮唑法（TTC 法）：显微镜、恒温箱、烧杯、量筒、天平、镊子、载玻片与盖玻片、棕色试剂瓶、TTC、酒精。

3. 相关知识　正常成熟花粉粒具有较强的活力，在适宜的培养条件下能萌发和生长，在显微镜下可直接观察与计数萌发个数，计算其萌发率，以确定其活力。

大多植株正常成熟的花粉呈圆球形，积累着较多的淀粉，用碘—碘化钾溶液染色时，呈深蓝色。发育不了的花粉往往由于不含淀粉或积累淀粉较少，碘—碘化钾溶液染色时呈黄褐色。故可用碘—碘化钾溶液染色法来测定花粉活力。

具有活力的花粉呼吸作用较强，其产生的 NADH 或 $NADPH_2$ 能将无色的 TTC 还原成红色的 TTF 而使花粉本身着色。无活力的花粉呼吸作用较弱，TTC 颜色变化不明显，故可根据花粉着色变化来判断花粉的生活力。

4. 操作规程和质量要求　以南瓜、丝瓜、水稻、小麦、玉米等植物花粉为材料，分别完成表 5-11、表 5-12 和表 5-13 的操作。

表 5-11　花粉萌发法测定花粉活力

工作环节	操作规程	质量要求
配制培养基	培养皿（10％蔗糖，10mol/L 硼酸，0.5％琼脂）；称取或量取 10g 蔗糖、1mL 硼酸、0.5g 琼脂与 90mL 水放入烧杯中，在 100℃水浴中熔化，冷却后加水至 100mL 备用	称量或量取准确；在水浴时，做好培养基的熔化
培养花粉	（1）将培养基熔化后，用玻璃棒蘸少许，涂布在载玻片上，放入垫在湿润滤纸的培养皿中，保湿备用 （2）采集丝瓜、南瓜或其他葫芦科植物刚开放或即将开放的成熟花朵，将花粉洒落在涂有培养基的载玻片上，然后将载玻片放置于垫有湿滤纸的培养皿中，在 25℃左右的恒温箱（或室温 20℃）下培养 5～10min	培养基涂布均匀；花粉采集来自成熟花朵
观察	用显微镜检查 5 个视野，统计萌发花粉个数	观察仔细，统计准确

表 5-12　碘—碘化钾染色法测定花粉活力

工作环节	操作规程	质量要求
配制碘—碘化钾溶液	取 2g 碘化钾溶于 5～10mL 蒸馏水中，加入 1g 碘，充分搅拌使完全溶解后，再加蒸馏水 300mL，摇匀贮于棕色试剂瓶中备用	称量或量取准确；为防止碘化钾分解，需贮存于棕色试剂瓶
制片与染色	采集水稻、小麦或玉米可育和不可育植株的成熟花药，取一花药于载玻片，加 1 滴蒸馏水，用镊子将花药捣碎，使花粉粒释放。再加 1～2 滴碘—碘化钾溶液，盖上盖玻片	取花药、捣碎花药时细心操作
观察	观察 2～3 张片子，每片取 5 个视野，统计花粉的染色率，以染色率表示花粉活力的百分数	观察仔细，统计准确

表 5-13　TTC 法测定花粉活力

工作环节	操作规程	质量要求
0.5％TTC 溶液配制	称取 0.5gTTC 放入烧杯中，加少许 95％酒精使其溶解，然后用蒸馏水稀释至 100mL，贮于棕色试剂瓶中避光保存	若 TTC 溶液已发红，则不能再用
TTC 法染色	采集植物花粉，取少许放在载玻片上，加 1～2 滴 0.5％TTC 溶液，盖上盖玻片，置 35℃恒温箱中，10～15min 后镜检	采集花粉时细心操作
镜检	观察 2～3 张片子，每片取 5 个视野镜检，凡被染红色的花粉活力强，淡红色次之，无色者为没有活力或不育花粉，统计花粉的染色率，以染色率表示花粉活力的百分率	观察仔细，统计准确

5. 问题处理　训练结束后，完成以下问题：

（1）上述每一种方法是否适合于所有植物花粉活力的测定？

（2）哪一种方法更能准确反映花粉的活力？

任务三　植物的成熟与衰老生理

【任务目标】

● **知识目标**：了解种子成熟生理，熟悉果实成熟生理；了解植物的衰老与器官脱落等知识。

● **能力目标**：能进行植物器官脱落的化学调控；能进行植物生长延缓剂的应用。

【背景知识】

植物的成熟与衰老生理

植物受精后，受精卵发育成胚，胚珠发育成种子，子房发育成果实。种子和果实的形成过程中，不只是发生形态上的变化，在生理上也发生剧烈的变化。茎、叶、根等器官也存在成熟、衰老和脱落的过程，该过程与种子和果实发育及花芽分化等过程相互影响。

1. 种子成熟生理　种子成熟过程中，植物营养器官中的营养物质，以可溶性的低分子化合物运到种子中，并转变为淀粉、蛋白质、脂肪等贮藏起来，并分别贮藏在不同组织的细胞器中（表 5-14）。

表 5-14　种子中贮藏物质的种类与场所

贮藏物质名称	主要贮藏组织	细胞器或颗粒名称
淀粉	胚乳	淀粉体
蛋白质	子叶、胚乳	蛋白体
糖类、脂肪	子叶、糊粉层	圆球体
矿物质	糊粉层、子叶	糊粉层

种子成熟过程中还有一些其他生理变化，如种子在成熟过程中，干物质积累迅速时，呼吸速度也高；种子接近成熟时，呼吸速度逐渐降低。内源激素也发生相应变化，从而调节着种子发育过程中的细胞分裂、生长、扩大以及有机物的合成、运输、积累和耐脱水性形成进入休眠等。

2. 果实成熟生理　果实生长停止后，发生一系列生理生化变化，包括色、香、味的形成和硬度变化，达到可食状态，这个过程称为果实成熟。

（1）果实成熟时主要生理变化。一是产生乙烯，引起呼吸跃变。一般情况下，随着成熟进程的进行，果实代谢降低，果实的呼吸速率会逐渐降低。但有些果实成熟后，在呼吸降低的过程中，会出现呼吸速率突然升高的现象，称为果实的呼吸跃变，与乙烯的产生与积累有关。梨、苹果、桃、香蕉、番茄等果实在成熟过程中会出现明显的呼吸高峰，呼吸速率可增加若干倍。这类果实称为跃变型果实；而黄瓜、樱桃、草莓、柑橘、葡萄等果实在成熟期没有明显的呼吸跃变，为非跃变果实。跃变型果实成熟期产生乙烯较多，而非跃变型果实在成熟期间变化不大。

二是内源激素的变化。在果实成熟过程中，除乙烯外，其他各种内源激素也都有明显变化。一般生长素、赤霉素、细胞分裂素的含量在果实成熟时下降到最低点；而脱落酸含量逐渐升高。

（2）果实成熟时各种物质的变化。果实成熟时各种物质的变化过程就是果实品质形成的过程。

一是硬度降低。果实成熟过程中，果肉细胞中先形成的是不溶性淀粉，后转化为可溶性糖，硬度变小；同时果肉细胞中果胶甲酯酶、多聚半乳糖醛酸酶、纤维素酶等水解酶含量升高，也会使果肉细胞分离变软。

二是色泽变艳。果实成熟前多为绿色，果实成熟后，由于液泡内积累较多花色素，同时由于液泡的 pH 不同，呈现出红、紫、蓝、黄、蓝紫等颜色。

三是口感风味变化。表现在甜味增加、酸味降低、涩感消失、香味产生。

3. 植物的衰老 植物的衰老是指植物细胞、组织、器官以至整个植株在功能及结构上发生不可逆的生理功能的衰退，并最终导致死亡的过程。

（1）植物衰老类型。植物因生长习性的不同而衰老的方式不同。一二年生植物在开花结实后，整株植物衰老死亡。多年生草本植物地上部分每年死亡，而根系仍可生活多年。多年生落叶木本植物则发生季节性的叶片同步衰老脱落。多年生常绿木本植物的茎和根能生活多年，而叶片和繁殖器官则渐次衰老脱落。

（2）植物衰老生理变化。植物衰老时，在生理生化上有许多变化，主要表现在：

一是光合速率降低。叶绿素逐渐丧失是叶片衰老最明显的特点，类胡萝卜素比叶绿素降解稍晚，这些都会导致光合速率降低。

二是呼吸速率下降。叶片衰老时呼吸速率下降，但下降速率比光合速率慢。有些植物叶片在开始衰老时呼吸速率保持平衡，但在后期出现一个呼吸跃变期，以后呼吸速率则迅速下降。

三是核酸含量降低。叶片衰老时，核酸总含量下降，且 DNA 下降速率较 RNA 下降速率小。与此同时，降解核酸的核酸酶如 DNA 酶和 RNA 酶活性都有所增加，因而加速了衰老过程。

四是蛋白质显著下降。植物衰老时，蛋白质的合成能力下降，且分解加快，蛋白质的代谢失去平衡，分解速率超过合成速率，导致蛋白质的含量明显降低。

五是激素的变化。植物衰老时，促进生长的植物激素如生长素、细胞分裂素、赤霉素等含量减少，而诱导衰老和成熟的激素如脱落酸和乙烯等含量增加。

此外，衰老时，植物细胞不仅在生理生化上发生变化，而且在结构上也有明显衰退，如叶绿体解体、细胞膜结构破坏引起细胞透性增加，最后导致细胞解体和死亡等。

4. 植物器官的脱落 脱落是指植物细胞、组织或器官脱离母体的现象。

（1）植物器官脱落类型。一是正常脱落。由于衰老或成熟引起的脱落称为正常脱落，如果实和种子的成熟脱落。二是异常脱落。异常脱落是指植物器官或各组成部分，未完成其生长发育过程及担负的生理功能，中途脱落的现象，包括生理脱落和胁迫脱落。因植物自身的生理活动而引起的脱落为生理脱落，如营养生长过旺的果树，花后幼果往往大量脱落。而逆境条件（如高温、低温、水涝、干旱、盐害、病虫草害等）引起的脱落为胁迫脱落。

（2）植物器官脱落过程。一般形成离层之后植物器官才脱落，离层是指分布在叶柄、花柄和果柄等基部一段区域经横向分裂而成的几层细胞。以叶片为例（图 5-6），落叶时细胞的分离是由于胞间层的分解。离层细胞解离之后，叶柄仅靠维管束与枝条连接，在重力或风的压力下，维管束折断，叶片因而脱落。禾本科、百合科的植物叶片不产生离层，其衰老死亡的叶并不脱落。而谢花后的花瓣不形成离层也可脱落。

（3）影响脱落的外界因素。一是光照。光照度减弱时，脱落增加。不同光质对脱落影响不同，红光延缓脱落，而远红光促进脱落。长日照延迟落叶，而短日照促进落叶。二是温度。低温促进脱落，往往是秋天树木落叶的重要因素之一。高温促进脱落，常引起土壤干旱

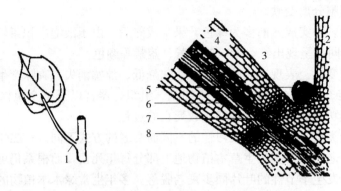

图 5-6 双子叶植物叶柄基部离区结构示意
1. 离区 2. 茎 3. 叶柄 4. 皮层 5. 腋芽 6. 纤维 7. 维管束 8. 离层

而加速脱落。三是湿度。干旱促进器官脱落，这与干旱影响内源激素水平有关。植物根系受到水淹时，土壤中氧气浓度降低，从而导致叶、花、果的脱落，淹涝反应也与植物激素有关。四是矿质营养。缺乏 N、P、K、Ca、Mg、S、B、Zn、Mo 和 Fe 都可导致脱落，缺 N 和缺 Zn 会影响生长素合成；Ca 是胞间层的组成成分，因而缺 Ca 会引起严重脱落；缺 B 常使花粉败育，引起不孕或果实退化。五是氧气等其他因素。氧气浓度在 $10\%\sim30\%$，增加氧浓度会增加脱落率，高氧增加脱落的原因可能是促进了乙烯的合成。此外大气污染、盐害、紫外线辐射、病虫害等对脱落也都有影响。

活动一 植物器官脱落的化学调控

1. 活动目标 研究萘乙酸、乙烯等植物激素对大叶黄杨叶柄脱落的影响。

2. 活动准备 将全班按 2 人一组分成若干组，每组准备：大叶黄杨、培养皿、100mg/L 乙烯利溶液、含 10mg/L 萘乙酸的 1.5% 的琼脂块、2% 琼脂液。

3. 相关知识 器官脱落在农业生产上影响较大，因而农业生产上常常采用各种措施来调控脱落。为了取得优质高产，有时需防止脱落的过早出现，有时应促进部分器官及时脱落。

（1）防止脱落。花前喷施低浓度的萘乙酸、赤霉素等生长调节剂，或使用适当浓度的助壮素、多效唑等生长延缓剂，可延缓苹果、梨、葡萄、枣等果树的果实脱落。采用乙烯合成抑制剂如 AVG 能有效防止果实脱落，乙烯作用抑制剂硫代硫酸银能抑制花的脱落。棉花结铃盛期喷施一定浓度的赤霉素溶液，可防止和减少棉铃脱落。此外增加水肥供应和适当修剪，也可使花、果得到充足养分，减少脱落。

（2）促进脱落。生产上也常采用一些促进脱落的措施，如应用脱叶剂乙烯利、2,3-二氯异丁酸等促进叶片脱落，有利于机械收获棉花、豆科植物等。为了机械收获葡萄或柑橘等果实，须先用氟代乙酸、亚胺环己酮等先使果实脱离母体枝条。此外，也可用萘乙酸或萘乙酸胺使梨、苹果等疏花疏果，以避免坐果过多而影响果实品质。

4. 操作规程和质量要求 以萘乙酸、乙烯等植物激素对大叶黄杨叶柄进行处理，完成表 5-15 操作。

表 5-15　激素对大叶黄杨叶片脱落的影响

工作环节	操作规程	质量要求
制作大叶黄杨外植体	按照枝条年龄、粗细、节位一致的原则，选用当年生的大叶黄杨幼嫩枝条，切取顶芽下第一或第二节位的对生叶子。外植体的切取方法是：切去叶片，保留叶柄，节上下各保留约 0.5cm 茎段	如果秋季做实验，在叶腋处有腋芽，须用镊子或刀片小心将其去掉，以免眠芽影响实验的效果
制作培养皿	准备 18 套培养皿，放入 2% 的琼脂液，冷却后，将外植体垂直插入	外植体的大小尽量一致
萘乙酸的轴端处理	把含有 10mg/L 萘乙酸的琼脂块切成比茎直径略大（约 3mm）的正方体，用镊子将其轻放在茎残端	以加放不含萘乙酸的琼脂块为对照组
萘乙酸的远轴端处理	将含有 10mg/L 萘乙酸的琼脂块切成比叶柄直径略大（约 1.5mm）的正方体，用镊子轻放于叶柄　切口上	以加放不含萘乙酸的琼脂块于叶柄切口上为对照组
乙烯利处理	直接用 100mg/L 乙烯利浸泡外植体 3min，之后垂直插入装有琼脂的培养皿中	以蒸馏水浸泡 3min 作为对照
观测	给培养皿加盖，置于 25℃ 温箱中。每隔 12h 用镊子前端轻压叶柄，观察叶柄是否脱落，统计脱落率。脱落率＝（脱落的叶柄数/叶柄总数）×100％	观察时间早晚各一次，各处理轻压叶柄时注意用力要均一

5. 问题处理　训练结束后，完成以下问题：

（1）不同处理对大叶黄杨叶柄脱落的影响有哪些？如何解释实验现象？

（2）针对植物器官的脱落，你还可以设计怎样的试验来探索？

活动二　植物生长延缓剂的应用

1. 活动目标　了解植物生长延缓剂对植物生长发育的影响。

2. 活动准备　将全班按 2 人一组分成若干组，每组准备：小麦种子，培养瓶、吸管（10mL、1mL）、研钵、烧杯、镊子、记号笔、分光光度计、电导仪、冰箱等，PP$_{333}$、乙醇、琼脂等。

3. 相关知识

（1）影响植物衰老的环境因子。主要有：一是光。适度的光照能延缓小麦、燕麦、菜豆、烟草等多种作物叶片的衰老，而强光对植物有光抑制作用。蓝光显著地延缓绿豆幼苗叶绿素和蛋白质的减少，从而延缓叶片衰老，而紫外光则促进衰老。二是温度。低温和高温都会加速叶片衰老。低温使质膜和线粒体破坏，细胞完整性丧失，ATP 含量减少。高温加速叶片衰老，可能是由于钙的运转受到干扰，也可能因蛋白质降解，叶绿体功能衰退等。三是水分。干旱时，蛋白质降解速度和呼吸速率加快，叶绿体片层结构破坏，光合磷酸化受抑制，光合速率下降。水涝会导致缺氧而引起根系坏死，最后使地上部分得不到营养供应而衰老。四是营养。营养缺乏会促进衰老，其中氮、磷、钾、钙、镁的缺乏对衰老影响很大。

（2）植物衰老的激素调控。试验证明，某些植物激素如细胞分裂素、生长素和赤霉素等具有抗衰老的作用，而乙烯和脱落酸等则有助于促进衰老的作用，它们之间通过相互作用来协调调控衰老过程。如吲哚乙酸在低浓度下可延缓衰老，但当浓度升高到一定程度时则又可诱导乙烯的合成，从而促进衰老。

生产实践上已运用各种生长调节剂配合其他环境条件，来促进或延缓植物衰老。如苄基腺嘌呤（BA）可用来延缓蔬果和食用菌的衰老；赤霉素、油菜素内酯、复硝酚钠、胺鲜酯等可以防止叶片早衰；硝酸银可用于延长切花的寿命；乙烯利可用于香蕉、柿子和梨等的催熟。

4. 操作规程和质量要求 以小麦为例，使用PP$_{333}$进行处理，观察其对小麦幼苗生长的影响（表5-16）。

表 5-16 植物生长延缓剂 PP$_{333}$ 对小麦生长的影响

工作环节	操作规程	质量要求
种子消毒	用饱和漂白粉溶液浸泡小麦种子10min，蒸馏水洗净	小麦种子尽量挑选籽粒饱满、无破损的
种子处理	用100mg/L、200mg/L、400mg/L 3种浓度的PP$_{333}$处理小麦种子，对照用蒸馏水处理小麦种子	每个浓度重复3次
播种及幼苗生长	（1）播种。每处理在装有1/2 MS培养基的培养瓶中均匀播种20粒小麦种子 （2）幼苗培养。将各处理培养瓶置于培养箱中培养15d左右	（1）也可用装有基质的营养钵代替培养瓶 （2）幼苗培养期间观察小麦幼苗的形态
幼苗形态观察	取生长15d左右的小麦幼苗进行形态指标测定，每处理测定10株	将测定结果填入表5-17
叶绿素含量测定	每处理称取叶片0.1g，用分光光度计测定叶绿素含量	叶绿素含量测定要求见项目四任务一活动一
电导率测定	在教师指导下，将每处理的小麦叶片在−20℃冰箱冷冻2h左右，分别测定叶片的电导率	将测定结果填入表5-18

5. 问题处理 训练及训练结束后，完成以下问题：

（1）完成不同浓度PP$_{333}$处理的小麦形态指标记录（表5-17）。

表 5-17 不同浓度 PP$_{333}$ 处理小麦形态指标

处理	发芽率（%）	株高（cm）	每株叶片数	每株根数	主根长（cm）	叶色
对照						
100mg/L						
200mg/L						
400mg/L						

（2）完成不同浓度PP$_{333}$处理的小麦生理指标记录（表5-18）。

表 5-18 不同浓度 PP$_{333}$ 处理的小麦生理指标

处理	叶绿素吸光度	叶绿素浓度	电导率（S/m）
对照			
100mg/L			
200mg/L			
400mg/L			

（3）分析上述数据，总结植物生长延缓剂对植物生长发育的影响。

 知识拓展

如果想了解更多的知识，可以通过下面渠道进行学习：

1. 阅读杂志：

（1）《植物生理学通讯》

（2）《植物生理学报》

（3）《生理学报》

（4）《生命的化学》

（5）《生命科学》

2. 浏览网站：

（1）上海生命科学研究院植物生理生态研究所 http：//www. sippe. ac. cn/

（2）生物通 http：//www. ebiotrade. com/

（3）生物谷 http：//nhjy. hzau. edu. cn/

（4）中国克隆植物网 http：//www. clonep. com//

（5）有关院校植物生理学精品课程网站

3. 通过本校图书馆借阅有关植物生理等方面的书籍。

考证提示

获得农艺工、农作物种子繁育员、农作物植保员、蔬菜园艺工、花卉园艺工、果树园艺工、农业试验工、林木种苗工、绿化工、草坪建植工、中药材种植员、牧草工等中级资格证书，须具备以下知识和能力：

1. 种子萌发、种子休眠和芽休眠。

2. 植物春化作用和光周期现象。

3. 植物成熟、衰老与器官脱落。

4. 种子生活力快速与植物根系活力测定。

师生互动

1. 设计一个试验，观察玉米种子和大豆种子的发芽过程，比较单子叶植物和双子叶植物种子发芽过程有什么区别，并各取100粒种子测定其种子生活力。

2. 如何利用植物春化作用和光周期现象指导作物育种？

3. 调查晚熟棉花如何利用植物生长调节剂进行脱叶。

项目六

植物生长的土壤环境

 项目目标

　　熟悉土壤基本组成、土壤基本性质及调控；了解土壤形成、发育及我国土壤资源概况。熟练进行土壤样品的采集与处理、土壤剖面挖掘与观察；能熟练测定土壤有机质、土壤质地、土壤孔隙度、土壤酸碱度等。熟悉当地主要土壤的特点、利用与管理。

任务一　植物生长的土壤条件

【任务目标】

　　● **知识目标**：了解土壤、土壤肥力基本概念；熟悉土壤矿物质、有机质与生物、土壤空气等组成的性质与特点；熟悉土壤质地、土壤孔隙性、土壤结构性、土壤耕性、土壤吸收性、土壤酸碱性、土壤缓冲性等基本性质。

　　● **能力目标**：熟练进行土壤样品的采集与处理、土壤有机质测定及调节、土壤质地测定及改善、土壤孔隙度测定及改善、土壤结构性观察与不良结构体改善；土壤耕性观察及改善、土壤酸碱度测定及调节。

【背景知识】

土壤的组成与性质

　　土壤是指发育于地球陆地表面能够生长绿色植物的疏松多孔表层。土壤是由岩石风化后再经成土作用形成的，是生物、气候、母质、地形、时间等自然因素和人类活动综合作用下的产物，其最基本特性是具有肥力。土壤肥力是土壤能经常适时供给并协调植物生长所需的水分、养分、空气、热量和其他条件的能力。

　　1. 土壤与植物生长　农业生产的基本任务是发展人类赖以生存的绿色植物生产。绿色植物生长所需5个基本要素：光、热量、空气、水分和养分，除光外，水分和养分主要来自土壤，空气和热量一部分也通过土壤获得。植物扎根于土壤，靠根系伸长固着于土壤中，并从土壤中获得必需的各种生活条件，完成生长发育的全过程（图6-1）。

　　归纳起来，土壤在植物生长和农业生产中有以下不可替代的重要作用：营养库作用、雨水涵养作用、生物的支撑作用、稳定和缓冲环境变化的作用、"过滤器"和"净化器"作用。另外，土壤是地球表层系统自然地理环境的重要组成部分。土壤在陆地生态系统中起着极其重要的作用：是具有生命力的多孔介质，对动、植物生长和粮食供应至关重要；净化与贮存水分；影响养分循环和有机废弃物的处理；土壤陆地与大气界面上气体与能量的调节器；是生物的栖息地和生物多样性的基础；是环境中巨大的自然缓冲介质；是常用的工程建筑材料。

2. 土壤基本组成　土壤由固相、液相和气相三相物质组成。固相物质是土壤矿物质、土壤有机质及土壤生物，而分布于土壤的大小孔隙中的成分为土壤液相（土壤水分）和土壤气相（土壤空气）。

（1）土壤矿物质。土壤中所有无机物质的总和称为土壤矿物质，主要来自于岩石与矿物的风化物。一切自然产生的化合物或单质称为矿物，例如石英、白云母、黑云母、长石、金刚石、蒙脱石、伊利石、高岭石等。

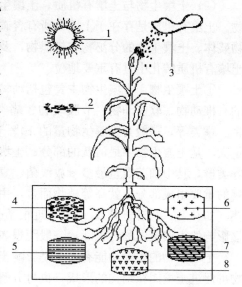

图 6-1　植物生长因子与土壤的关系
1. 光照　2. 空气　3. 降水　4. 土壤空气
5. 水分　6. 温度　7. 养分　8. 扎根

土壤矿物质按产生方式不同可分为原生矿物和次生矿物。原生矿物是指岩浆冷凝后留在地壳上没有改变化学组成和结晶结构的一类矿物，如长石、石英、云母、角闪石、辉石、橄榄石等。原生矿物经过风化作用使其组成和性质发生变化而新形成的矿物称为次生矿物，主要有蒙脱石、伊利石、高岭石等。土壤中常见矿物的组成和风化特点见表 6-1。

表 6-1　土壤中常见矿物的性质

名称	化学成分	物理性质	风化特点和分解产物
石英	SiO_2	无色、乳白色或灰色，硬度大	不易风化，是沙粒的主要来源
正长石	$KAlSi_3O_8$	正长石呈肉红色，斜长石为灰色或乳白色，硬度次于石英	较易风化，风化产物主要是高岭土、二氧化硅和无机盐，是土壤钾素、黏粒及的主要来源
斜长石	$nNaAlSi_3O_8 \cdot mCaAl_2Si_2O_8$		
白云母	$KAl_2(AlSi_3O_{10})(OH)_2$	白云母无色或浅黄色，黑云母黑色或黑褐色。均呈片状，有弹性，硬度低	白云母不易风化，黑云母易风化，是钾素和黏粒的来源之一
黑云母	$K(Mg,Fe)_2(AlSi_3O_{10})(OH \cdot F)_2$		
角闪石	$Ca_2Na(Mg,Fe)_4(Al,Fe)_4(Si,Al)_4O_{11}(OH)_2$	黑色、墨绿色或棕色，硬度仅次于长石。角闪石为长柱状，辉石为短柱状	易风化，风化后产生含水氧化铁、氧化硅及黏粒，并释放少量钙、镁等
辉石	$Ca(Mg,Fe,Al)(Si \cdot Al)_2O_6$		
橄榄石	$(Mg,Fe)_2SiO_4$	含有铁、镁硅酸盐，黄绿色	易风化，风化后形成褐铁矿、二氧化硅以及蛇纹石等
高岭石	$Al_4(Si_4O_{10})(OH)_8$	均为细小片状结晶，易粉碎，干时为粉状，滑腻，易吸水呈糊状	是长石、云母风化形成的次生矿物，颗粒细小，土壤黏粒的主要来源
蒙脱石	$Al_4(Si_8O_{20})(OH)_4 \cdot nH_2O$		
伊利石	$K_2(Al \cdot Fe \cdot Mg)_4(SiAl)_8O_{20}(OH)_4 \cdot nH_2O$		

（2）土壤生物与土壤有机质。土壤生物是指全部或部分生命周期在土壤中生活的那些生物。土壤有机质是存在于土壤中所有含碳有机化合物的总称，包括土壤中各种动、植物微生物残体、土壤生物的分泌物与排泄物，及其这些有机物质分解和转化后的物质。土壤生物在土壤有机质转化中具有重要地位。

①土壤生物。土壤生物主要包括动物、植物、微生物等。土壤动物种类繁多，包括众多的脊椎动物、软体动物、节肢动物、螨类、线虫和原生动物等，如蚯蚓、线虫、蚂蚁、蜗牛、螨类等，一般为土壤生物量的10%～20%。土壤微生物占生物绝大多数，种类多、数量大，是土壤生物中最活跃的部分；土壤微生物包括细菌、真菌、放线菌、藻类和原生动物等类群，其中细菌数量最多，放线菌、真菌次之，藻类和原生动物数量最少。土壤植物是土壤的重要组成部分，就高等植物而言，主要是指高等植物地下部分，包括植物根系、地下块茎（如甘薯、马铃薯等）。越是靠近根系的土壤，其微生物数量也越大。通常把受到根系明显影响的土壤范围称为根际，一般距根表2mm范围内的土壤属于根际。

土壤生物的主要功能有：一是影响土壤结构的形成与土壤养分的循环，如微生物的分泌物可促进土壤团粒结构的形成，也可分解植物残体释放碳、氮、磷、硫等养分；二是影响土壤无机物质的转化，如微生物及其生物分泌物可将土壤中难溶性磷、铁、钾等养分转化为有效养分；三是固持土壤有机质，提高土壤有机质含量；四是通过生物固氮，改善植物氮素营养；五是可以分解转化农药、激素等在土壤中的残留物质，降解毒性，净化土壤。

②土壤有机质。自然土壤中有机质主要来源于生长在土壤上的高等绿色植物，其次是生活在土壤中的动物和微生物；农业土壤中有机质的重要来源是每年施用的有机肥料、作物残茬和根系及分泌物、工农业副产品的下脚料、城市垃圾、污水等。我国大部分农田土壤有机质的含量变动在10～40g/kg。

土壤有机质主要由腐殖质和非腐殖质组成，其中腐殖物质占85%～90%。非腐殖物质主要是一些较简单、易被微生物分解的糖类、有机酸、氨基酸、氨基糖、木质素、蛋白质、纤维素、半纤维素、脂肪等高分子物质。腐殖物质是一类在土壤微生物作用下，酚类和醌类物质经过聚合形成的芳环状结构和含氮化合物、糖类组成的复杂多聚体，是性质稳定、新形成的深色高分子化合物。

土壤有机物质在土壤生物，特别是土壤微生物的作用下所发生的分解与合成作用为土壤有机质的转化，有矿质化和腐殖化两种类型（图6-2）。矿质化过程是指有机质在土壤生物，特别是在土壤微生物的作用下所发生的分解作用；腐殖化过程是指土壤有机质在土壤微生物的作用下转化为土壤腐殖质的过程。

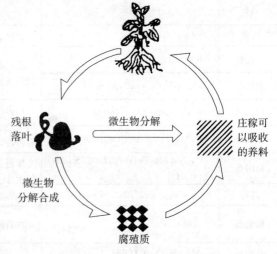

图6-2　土壤有机质转化示意

土壤有机质具有重要作用：第一，提供作物所需的养分。土壤有机质不仅能提供植物所需的养分，而且能促进土壤其他矿质养分的转化。第二，提高土壤的保肥性和供肥能力。有机质是一种两性胶体、络合物或螯合物，可提高土壤保肥和供肥能力；同时有机质又是一种缓冲体系，增强土壤的缓冲性。第三，改善土壤物理性质。有机质通过促进大小适中、紧实度适合良好土壤结构的形成，改善土壤孔隙状况，协调土壤通气透水性与保水性之间的矛盾；由于降低了黏粒之间的团聚力，降低了土壤耕作阻力，改善了土壤的耕性。第四，其他方面的作用。如能够促进微生物的活动，微生物的活性越强。部分小相对分子质量的腐殖酸具有一定的生理活性，能够促进种子发芽，增强根系活力，促进作物生长。有机质在环境学上有重要意义。

（3）土壤水分与土壤空气。土壤水分和空气存在于土壤孔隙中，二者彼此消长，即水多气少，水少气多。土壤水分和空气是土壤的重要组成物质，也是土壤肥力的重要因素，是植物赖以生存的生活条件。土壤水并不是纯水，而是含有多种无机盐与有机物的稀薄溶液，是植物吸水的最主要来源，也是自然界水循环的一个重要环节，处于不断的变化和运动中，它是土壤表现出各种性质和进行各种过程不可缺少的条件。具体内容见项目九。

①土壤空气组成与特点。土壤空气来自于大气，但在土壤内，由于根系和微生物等的活动，以及土壤空气与大气的交换受到土壤孔隙性质的影响，使得土壤空气的成分与大气有一定的差别（表6-2）。

表 6-2　土壤空气与大气的体积组成（％）

气体类型	氮气	氧气	二氧化碳	其他气体
土壤空气	78.8～80.24	18.00～20.03	0.15～0.65	1
大　　气	78.05	20.99	0.03	1

与大气相比，土壤空气的组成特点如下：土壤空气中的二氧化碳含量高于大气；土壤空气中的氧气含量低于大气；土壤空气的相对湿度比大气高；土壤空气中像甲烷等还原性气体的含量有时远高于大气；土壤空气各成分的浓度在不同季节和不同土壤深度内变化很大。

②土壤通气性。土壤空气与大气的交换能力或速率称为土壤通气性。如交换速度快，则土壤的通气性好；反之，土壤的通气性差。土壤空气与大气之间的交换机理为：一是土壤空气的整体交换。土壤空气在一定的条件下整体或全部移出土壤或大气以同样的方式进入土壤称为土壤空气的整体交换。二是土壤空气的扩散。一般情况下土壤空气扩散的方向是：氧气从大气向土壤，二氧化碳从土壤向大气，还原性气体从土壤向大气，水汽从土壤向大气。

③土壤空气与作物生长。土壤空气状况是土壤肥力的重要因素之一，不仅影响植物生长发育，还影响土壤肥力状况。第一，影响种子萌发。对于一般作物种子，土壤空气中的氧气含量大于10%则可满足种子萌发需要；如果小于5%种子萌发将受到抑制。第二，影响根系生长和吸收功能。所有植物根系均为有氧呼吸，氧气含量低于12%才会明显抑制根系的生长。植物根系的生长状况影响根系对水分和养分的吸收。第三，影响土壤微生物活动。在水分含量较高的土壤中，微生物以厌氧活动为主，反之，微生物以好气呼吸为主。第四，影响植物生长的土壤环境状况。通气良好时，有利于有机质矿化和土壤养分释放；通气不良时，有机质分解不彻底，可能产生还原性有毒气体。

3. 土壤基本性质　土壤的基本性质可分为土壤物理性质和土壤化学性质。其中土壤物理性质包括土壤质地、土壤孔隙性、土壤结构性、土壤热性质、土壤耕性等，土壤化学性质包括土壤吸收性、土壤酸碱性、土壤缓冲性等。

（1）土壤质地。土壤是由各种大小不同的矿质土粒组成的，他们单独或相互团聚成土粒聚合体存在于土壤中，前者的土粒称为单粒，后者称为复粒。国际上土壤粒级的分级标准有很多，但一般将土粒由粗到细分成石砾、沙粒、粉沙粒和黏粒4组，表6-3中列出了国内常用的粒级分级标准。卡庆斯基制中将小于1mm，但大于0.01mm的那部分土粒称为物理性沙粒，而将粒径小于0.01mm的那部分土粒称为物理性黏粒，这种分级方法在生产上使用较为方便。不同粒级土粒中的矿物类型相差很大，沙粒和粉沙粒主要是由石英和其他原生矿物组成，而黏粒绝大部分矿物是次生矿物。

表6-3 常用土粒分级标准

国际粒级制		卡庆斯基制		
粒级名称	粒径（mm）	粒级名称		粒径（mm）
石砾	＞2		石块	＞3
			石砾	3～1
沙粒	粗沙粒 2～0.-2	物理性沙粒	沙粒	粗沙粒 1～0.5
	细沙粒 0.2～0.02			中沙粒 0.5～0.25
				细沙粒 0.25～0.05
粉沙粒	0.02～0.002		粉粒	粗粉粒 0.05～0.01
				中粉粒 0.01～0.005
				细粉粒 0.005～0.001
黏粒	＜0.002	物理性黏粒	黏粒	粗黏粒 0.001～0.0005
				中黏粒 0.0005～0.0001
				细黏粒 ＜0.0001

①土壤质地分类。土壤质地是指土壤中各粒级土粒含量（质量）百分率的组合，又称为土壤机械组成，是最基本物理性质之一。土壤质地分类是根据土壤的粒级组成对土壤颗粒组成状况进行的类别划分，土壤质地分类制主要有国际制、卡庆斯基制、美国制和中国制，生产实际中以卡庆斯基制使用较为方便。

卡庆斯基制土壤质地分级是依据物理性黏粒或物理性沙粒的含量，并参考土壤类型，将土壤质地分成沙土类、壤土类和黏土类；然后再根据各粒级含量的变化进一步细分（表6-4）。对我国而言，一般土壤可选用草原土及红黄壤类的分类级别。

表6-4 卡庆斯基制质地分级

质地分类		物理性黏粒含量（%）			物理性沙粒含量（%）		
类别	名称	灰化土类	草原土类及红黄壤类	碱化及强碱化土类	灰化土类	草原土类及红黄壤类	碱化及强碱化土类
沙土	松沙土	0～5	0～5	0～5	100～95	100～95	100～95
	紧沙土	5～10	5～10	5～10	95～90	95～90	95～90
壤土	沙壤土	10～20	10～20	10～15	90～80	90～80	90～85
	轻壤土	20～30	20～30	15～20	80～70	80～70	85～80
	中壤土	30～40	30～45	20～30	70～60	70～55	80～70
	重壤土	40～50	45～60	30～40	60～50	55～40	70～60

（续）

质地分类		物理性黏粒含量（%）			物理性沙粒含量（%）		
类别	名称	灰化土类	草原土类及红黄壤类	碱化及强碱化土类	灰化土类	草原土类及红黄壤类	碱化及强碱化土类
黏土	轻黏土	50～65	60～75	40～50	50～35	40～25	60～50
	中黏土	65～80	75～85	50～65	35～20	25～15	50～35
	重黏土	>80	>85	>65	<80	<85	<65

②土壤质地的肥力特性与生产性状。土壤质地对土壤的许多性质和过程均有显著影响，首先是土壤的孔隙状况和表面性质受土壤质地的控制，而这些性质又影响土壤的通气与排水、有机物质的降解速率、土壤溶质的运移、水分渗漏、植物养分供应、根系生长、出苗、耕作质量等。沙质土、壤质土和黏质土在上述各方面都有明显差异（表 6-5）。

表 6-5　土壤质地对土壤性质和过程的影响

性质	沙质土	壤质土	黏质土
保水性	低	中～高	高
毛管上升高度	低	高	中
通气性	好	较好	不好
排水速度	快	较慢	慢或很慢
有机质含量	低	中	高
有机质降解速率	快	中	慢
养分含量	低	中等	高
供肥能力	弱	中等	强
污染物淋洗	允许	中等阻力	阻止
防渗能力	差	中等	好或很好
胀缩性	小或无	中等	大
可塑性	无	较低	强或很强
升温性	易升温	中等	较慢
耕性	好	好或较好	较差或恶劣
有毒物质	无	较低	较高

土壤质地不同，对土壤的各种性状影响也不相同，因此其农业生产性状（如肥力状况、耕作性状、植物反应等）也不相同（表 6-6）。

表 6-6　不同质地土壤的生产性状

生产性状	沙质土	壤质土	黏质土
通透性	颗粒粗，大孔隙多，通气性好	良好	颗粒细，大孔隙少，通气性不良
保水性	饱和导水率高，排水快，保水性差	良好	饱和导水率低，保水性强，易内涝
肥力状况	养分含量少，分解快	良好	养分多，分解慢，易积累
热状况	热容量小，易升温，昼夜温差大	适中	热容量大，升温慢，昼夜温差小
耕作好坏	耕作阻力小，宜耕期长，耕性好	良好	耕作阻力大，宜耕期短，耕性差
有毒物质	对有毒物质富集弱	中等	对有毒物质富集强
植物生长状况	出苗齐，发小苗，易早衰	良好	出苗难，易缺苗，贪青晚熟

（2）土壤孔性。土壤中土粒或团聚体之间以及团聚体内部的空隙称为土壤孔隙。土壤孔性，也称为土壤孔隙性，是指土壤孔隙的数量、大小、比例和性质的总称。通常是用间接的方法，测定土壤密度、容重后计算出来的。

①土壤密度和容重。土壤密度是指单位体积土粒（不包括粒间孔隙）的烘干土质量，单位是 g/cm^3 或 t/m^3；一般情况下，把土壤密度常以 $2.65g/cm^3$ 表示。土壤容重是指在田间自然状态下，单位体积土壤（包括粒间孔隙）的烘干土质量，单位也是 g/cm^3 或 t/m^3；多数土壤容重在 $1.0\sim1.8g/cm^3$，沙土多在 $1.4\sim1.7g/cm^3$，黏土一般在 $1.1\sim1.6g/cm^3$，壤土介于二者之间。土壤密度与土壤容重的区别见图 6-3。

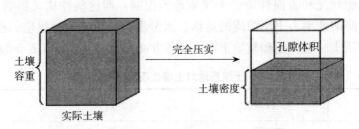

图 6-3　土壤密度与土壤容重的区别示意

②土壤孔隙度。土壤孔隙数量常以孔隙度来表示。土壤孔隙度是指自然状况下，单位体积土壤中孔隙体积占土壤总体积的百分数。实际工作中，可根据土壤密度和容重计算得出。

$$土壤孔隙度＝（1-\frac{土壤容重}{土壤密度}）\times100\%$$

根据土壤孔隙的通透性和持水能力，将其分为 3 种类型，如表 6-7 所示。

表 6-7　土壤孔隙类型及性质

孔隙类型	通气孔隙	毛管孔隙	无效孔隙（非活性孔隙）
当量孔径 土壤水吸力	＞0.02mm ＜15kPa	0.02～0.002mm 15～150kPa	＜0.002mm ＞150kPa
主要作用	起通气透水作用，常被空气占据	水分受毛管力影响，能够移动，可被植物吸收利用，起到保水蓄水作用	水分移动困难，不能被植物吸收利用，空气及根系不能进入

土壤孔隙度一般在 $30\%\sim60\%$，适宜植物生长发育的土壤孔隙度指标是：耕层的总孔隙度为 $50\%\sim56\%$，通气孔隙度在 10% 以上，如能达到 $15\%\sim20\%$ 更好。土体内孔隙垂直分布为"上虚下实"，耕层上部（$0\sim15cm$）的总孔隙度为 55% 左右，通气孔隙度为 $10\%\sim15\%$；下部（$15\sim30cm$）的总孔隙度 50% 左右，通气孔隙度为 10% 左右。"上虚"有利于通气透水和种子发芽、破土；"下实"则有利于保水和扎稳根系。

（3）土壤结构。土壤结构包含土壤结构体和土壤结构性。土壤结构体是指土壤颗粒（单粒）团聚形成的具有不同形状和大小的土团和土块。土壤结构性是指土壤结构体的类型、数量、稳定性以及土壤的孔隙状况。

①土壤结构体。按照土壤结构体的大小、形状和发育程度可分为团粒结构、粒状结构、块状结构、核状结构、柱状结构、棱柱状结构、片状结构等，各种结构体的特点见图 6-4 和表 6-8。

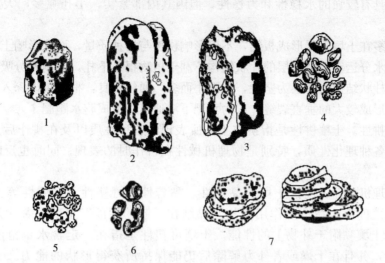

图 6-4　土壤结构的主要类型
1. 块状结构　2. 柱状结构　3. 棱柱状结构　4. 团粒结构
5. 微团粒结构　6. 核状结构　7. 片状结构

表 6-8　各种土壤结构体的特点

名称	俗称	产生条件	特点
团粒结构	蚂蚁蛋、米糁子	有机质含量较高、质地适中的土壤	近似球形且直径大小在 0.25～10mm 的土壤结构体；是农业生产中最理想的结构体
粒状结构		有机质含量不高、质地偏沙的耕作层土壤	土粒团聚成棱角比较明显，水稳性与机械稳定性较差，粒状结构土粒团大小与团粒结构相似
块状结构	坷垃	有机质含量较低或黏重的土壤	结构体呈不规则的块体，长、宽、高大致相近，边、面不明显，结构体内部较紧实
核状结构	蒜瓣土	黏土而缺乏有机质的心土层和底土层	外形与块状结构体相似，体积较小，但棱角、边、面比较明显，内部紧实坚硬，泡水不散
柱状结构	立土	水田土壤、典型碱土、黄土母质的下层	结构体呈立柱状，纵轴大于横轴，比较紧实，孔隙少
棱柱状结构		质地黏重而水分又经常变化的下层土壤	外形与柱状结构体很相似，但棱角、边、面比较明显，结构体表面覆盖有胶膜物质
片状结构	卧土	表层遇雨或灌溉后出现的结皮、犁底层	结构体形状扁平、成层排列，呈片状或板状

②土壤结构与土壤肥力。团粒结构是良好的土壤结构体，具体表现在：土壤孔隙度大小适中，持水孔隙与通气孔隙并存，并有适当的数量和比例，使土壤中的固相、液相和气相相互处于协调状态，因此，团粒结构多是土壤肥沃的标志之一。

块状结构体间孔隙过大，不利于蓄水保水，易透风跑墒，出苗难；出苗后易出现"吊根"现象，影响水肥吸收；耕层下部的暗坷垃因其内部紧实，还会影响扎根，而使根系发育不良。

核状结构具有较强的水稳性和力稳性，但因其内部紧实，小孔隙多，大、小孔隙不协调，土性不好。

片状结构多在土壤表层形成板结，不仅影响耕作与播种质量，而且影响土壤与大气的气体交换，阻碍水分运动。犁底层的片状结构不利于植物根系下扎，限制养分吸收。

柱状、棱柱状结构内部甚为坚硬，孔隙小而多，通气不良，根系难以深入；结构体间于干旱时收缩，形成较大的垂直裂缝，成为水肥下渗通道，造成跑水跑肥。

（4）土壤耕性。土壤耕性是指耕作土壤所表现的各种性质以及在耕作后土壤的生产性能。它是土壤各种理化性质，特别是物理机械性在耕作时的表现；同时也反映土壤的熟化程度。

①土壤物理机械性。包括土壤的黏结性、黏着性、可塑性、胀缩性等。土壤黏结性是指土壤颗粒之间由于黏结力作用而相互黏结在一起的性能。土壤黏着性是指在一定含水量范围内，土壤黏附于外物上的性能。土壤可塑性是指在一定含水量范围内可以被塑造成任意形状，并且在干燥或者外力解除后仍能保持所获得形状的能力。土壤胀缩性是指土壤含水量发生变化而引起的或者在含有水分情况下因温度变化而发生的土壤体积变化。

②土壤耕性的类型。生产实践中，常把旱作土壤的耕性称为"口性"，一般分为 5 级：一是口紧。土壤质地多为中壤至重壤，较坚实，黏性强，耕作费劲，干耕起块，湿时成泥条，宜耕期很短。一般只有 3~7d。二是口松。土壤质地为轻壤偏沙，易耕作，耕时不沾农具，耕后松而不结块，宜耕期长 20d 左右。三是口合适。土壤质地为轻壤偏中，是耕作上最理想的口性，干湿都好耕，耕后土活而不松散，也不起块，耕作省劲，宜耕期长 10~15d。四是口太紧。土壤质地为黏土，土壤坚实，耕作困难，耕作后成大块，耕作质量极差。宜耕期极短，只有 2~3d。五是口太松。土壤质地为沙壤偏沙至沙土，耕时很省劲，耕后不起块，但过于松散以至不能起垅。宜耕期极长。

③土壤耕性的判断。群众在长期实践中衡量土壤耕性的好坏标准是：

第一，耕作的难易程度。指耕作时土壤对农机具产生的阻力大小，它影响耕作作业和能源的消耗。群众常将省工省劲易耕的土壤称为"土轻""口松""绵软"，而将费工费劲难耕土壤称为"土重""口紧""僵硬"。

第二，耕作质量的好坏。指耕作后所表现的状况及其对植物的影响。耕性良好的土壤，耕作时阻力小，耕后疏松、细碎、平整，有利于植物的出苗和根系的发育；耕性不良的土壤，耕作费力，耕后起大坷垃，不易破碎，会影响播种质量、种子发芽和根系生长。

第三，宜耕期的长短。宜耕期是指保持适宜耕作的土壤含水量的时间。如沙质土宜耕期长，表现为"干好耕，湿好耕，不干不湿更好耕"；黏质土则相反，宜耕期很短，表现为"早上软，晌午硬，到了下午锄不动"。

（5）土壤酸碱性。土壤酸性或碱性通常用土壤溶液的 pH 来表示。土壤的 pH 表示土壤溶液中 H^+ 浓度的负对数值，$pH=-\log [H^+]$。我国一般土壤的 pH 在 4~9，多数土壤的 pH 在 4.5~8.5。

①土壤酸碱性与植物生长。不同植物对土壤酸碱性都有一定的适应范围（表 6-9），如茶树适合在酸性土壤上生长，棉花、苜蓿则耐碱性较强，但一般植物在弱酸、弱碱和中性土壤上（pH 为 6.0~8.0）都能正常生长。

表 6-9 主要栽培植物所适宜的 pH 范围

适宜范围	栽 培 植 物
pH 7.0~8.0	苜蓿、田菁、大豆、甜菜、芦笋、莴苣、花椰菜、大麦
pH 6.5~7.5	棉花、小麦、大麦、大豆、苹果、玉米、蚕豆、豌豆、甘蓝
pH 6.0~7.0	蚕豆、豌豆、甜菜、甘蔗、桑树、桃树、玉米、苹果、苕子、水稻
pH 5.5~6.5	水稻、油菜、花生、紫云英、柑橘、芝麻、小米、萝卜菜、黑麦
pH 5.0~6.0	茶树、马铃薯、荞麦、西瓜、烟草、亚麻、草莓、杜鹃花

②土壤酸碱性与土壤肥力。土壤中氮、磷、钾、钙、镁等养分有效性受土壤酸碱性变化的影响很大。微生物对土壤反应也有一定的适应范围。土壤酸碱性对土壤理化性质也有影响。土壤酸碱度与土壤肥力的关系见表 6-10。

表 6-10 土壤酸碱度与土壤肥力的关系

土壤酸碱度		极强酸性	强酸性	酸性	中性	碱性	强碱性	极强碱性
pH		3.0 4.0 4.5	5.0 5.5 6.0	6.5	7.0 7.5	8.0 8.5	9.0 9.5	
主要分布区域或土壤		华南沿海的泛酸田	华南黄壤、红壤	长江中下游水稻土	西北和北方石灰性土壤	含碳酸钙的碱土		
肥力状况	土壤物理性质	越酸因钙、镁离子减少，氢离子增多，土壤结构易破坏，妨碍土壤中水分和空气的调节			盐碱土中由于钠离子的作用，土粒分散，湿时泥泞不透水，干时坚硬			
	微生物	越酸有益细菌活动越弱，而真菌的活动越强		适宜于有益细菌的生长		越碱有益细菌活动越弱		
	氮素	硝态氮的有效性降低		氨化作用、硝化作用、固氮作用最为适宜，氮的有效性高		越碱氮的有效性越低		
	磷素	越酸磷易被固定，磷的有效性降低		磷的有效性最高	磷的有效性降低		磷的有效性增加	
	钾、钙、镁	越酸有效性含量越低		有效性含量随 pH 增加而增加		钙镁的有效性降低		
	铁	越酸铁越多，植物易受害		越碱有效性越低				
	硼、锰、铜、锌	越酸有效性越高		越碱有效性越低（但 pH8.5 以上，硼的有效性最高）				
	钼	越酸有效性越低		越碱有效性越高				
	有毒物质	越酸铝离子、有机酸等有毒物质越多		盐土中过多的可溶性盐类以及碱土中的碳酸钠对植物有毒害				
指示植物		酸性土：铁芒萁、映山红、石松等		钙质土：蜈蚣草、铁丝蕨、南天竺等 盐土：虾须草、盐蒿、扁竹叶、柽柳等 碱土：蒟刀股、碱蓬、牛毛草、麻陆等				
化肥施用		宜施用碱性肥料		宜施用酸性肥料				

（6）土壤缓冲性。土壤缓冲性是指土壤抵抗外来物质引起酸碱反应剧烈变化的能力。由于土壤具有这种性能，可使土壤的酸碱度经常保持在一定范围内，避免因施肥、根系呼吸、微生物活动、有机质分解等引起土壤反应的显著变化。

土壤缓冲性的机理为：一是交换性阳离子的缓冲作用。当酸碱物质进入土壤后，可与土壤中交换性阳离子进行交换，生成水和中性盐。二是弱酸及其盐类的缓冲作用。土壤中大量存在的碳酸、磷酸、硅酸、腐殖酸及其盐类，它们构成一个良好的缓冲体系，可以起到缓冲酸或碱的作用。三是两性物质的缓冲作用。土壤中的蛋白质、氨基酸、胡敏酸等都是两性物质，既能中和酸又能中和碱，因此具有一定的缓冲作用。

土壤缓冲性能在生产上有重要作用。由于土壤具有缓冲性能，使土壤 pH 在自然条件下不会因外界条件改变而剧烈变化，土壤 pH 保持相对稳定，有利于维持一个适宜植物生活的环境。生产上采用增施有机肥料及在沙土中掺入塘泥等办法，来提高土壤的缓冲能力。

（7）土壤吸收性。

①土壤胶体。土壤胶体是指1～1 000 nm（长、宽、高三个方向上至少有一个方向在此范围内）的土壤颗粒。土壤胶体从构造上从内到外可分为微粒核（胶核）、决定电位离子层、补偿离子层三部分（图6-5）。

土壤胶体是土壤固相中最活跃的部分，对土壤理化性质和肥力状况起着巨大影响，这是因为土壤胶体具有以下要特性：一是有巨大的比表面和表面能；二是带有一定的电荷；三是具有一定的凝聚性和分散性。

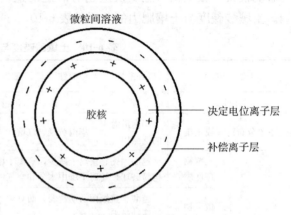

图 6-5　土壤胶体结构

②土壤吸收性。土壤吸收性是指土壤能吸收和保持土壤溶液中的分子、离子、悬浮颗粒、气体（二氧化碳、氧气）以及微生物的能力。根据土壤对不同形态物质吸收、保持方式的不同，可分为 5 种类型：一是机械吸收，是指土壤对进入土体的固体颗粒的机械阻留作用。二是物理吸收，是指土壤对分子态物质的吸附保持作用。三是化学吸收，是指易溶性盐在土壤中转变为难溶性盐而保存在土壤中的过程，也称之为化学固定。四是离子交换吸收作用，是指土壤溶液中的阳离子或阴离子与土壤胶粒表面扩散层中的阳离子或阴离子进行交换后而保存在土壤中的作用，又称为物理化学吸收作用。五是生物吸收，是指土壤中的微生物、植物根系以及一些小动物可将土壤中的速效养分吸收保留在体内的过程。

③离子交换作用。这里主要说明阳离子交换作用。阳离子交换作用是指土壤溶液中的阳离子与土壤胶粒表面扩散层中的阳离子进行交换后而保存在土壤中的作用。土壤中常见的交换性阳离子有 Fe^{3+}、Al^{3+}、H^+、Ca^{2+}、Mg^{2+}、NH_4^+、K^+、Na^+ 等。

土壤阳离子交换能力常用阳离子交换量大小来表示，是指单位质量的土壤所能吸附的可交换态的阳离子的厘摩尔数，单位是 cmol（＋）/kg。它是衡量土壤保肥力的主要指标，一般认为，阳离子交换量大于 20cmol（＋）/kg 的土壤，保肥力强，较耐肥；10～20cmol（＋）/kg 的土壤，保肥力中等；小于 10cmol（＋）/kg 的土壤，保肥力差，施肥应遵循"少吃多餐"的原则，避免脱肥或流失。

活动一 土壤样品的采集与处理

1. 活动目标 能够熟练准确进行当地各类土壤耕层混合样品的采集，并依据分析目的进行不同样品的制备，为以后正确进行土壤分析奠定基础。

2. 活动准备 根据班级人数，按 2 人一组，分为若干组，每组准备以下材料和用具：取土钻或小铁铲、布袋（塑料袋）、标签、铅笔、钢卷尺、制样板、木棍、镊子、土壤筛（18 目、60 目）、广口瓶、研钵、样品盘等。

3. 相关知识 土壤样品的采集和处理是土壤分析工作中的一个重要环节，直接影响分析结果的准确性和精确性。土壤样品的采集必须遵循随机、多点混合和具有代表性的原则，严格按照要求和目的进行操作。因此通过多点采集，使土样具有代表性；根据农化分析样品的要求，将采集的代表土样磨成一定的细度，以保证分析结果的可比性；四分法以保证样品制备和取舍时的代表性。

（1）样品的代表性。采样时必须按照一定的采样路线进行。采样点的分布尽量做到"均匀"和"随机"；布点的形式以蛇形为好，在地块面积小，地势平坦，肥力均匀的情况下，方可采用对角线或棋盘式采样路线（图 6-6）。

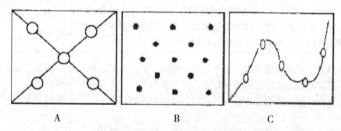

图 6-6 采样点分布法
A. 对角线法 B. 棋盘式法 C. 蛇形法

（2）四分法。将各点采集的土样捏碎混匀，铺成四方形或圆形，划分对角线分成 4 份，然后按对角线去掉 2 份（占 1/2），或去掉四堆中的一堆（占 1/4）。可反复进行类似的操作，直至数量符合要求（图 6-7）。

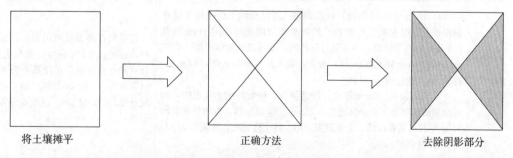

| 将土壤摊平 | 正确方法 | 去除阴影部分 |

图 6-7 四分法取舍样品示意

4. 操作规程和质量要求 选择种植农作物、蔬菜、果树、花卉、园林树木、草坪、牧草、林木等场所，进行耕层土壤混合样品采集（表 6-11）。

表 6-11 土壤样品的采集与处理

工作环节	操作规程	质量要求
合理布点	（1）布点方法。为保证样品的代表性，采样前确定采样点可根据地块面积大小，按照一定的路线进行选取。采样的方向应该与土壤肥力的变化方向一致，采样线路一般分为对角线法、棋盘式法和蛇形法三种 （2）采样点确定。保证采样点随机、均匀，避免特殊取样。一般以 5～20 个点为宜 （3）采样时间。采样目的不同，采样时间不同。根据土壤测定需要，应随时采样。供养分普查的土样，可在播种前采集混合样品。供缺素诊断用的样品，要在病株的根部附近采集土样，单独测定，并和正常的土壤对比。为了摸清养分变化和作物生长规律，可按作物生长发育期定期取样；为了制订施肥计划供施肥诊断用的土样，除在前作物收获后或施基肥、播前采集土样，以了解土壤养分起始供应水平外，还可在作物生长季节定期连续采样，以了解土壤养分的动态变化。若要了解施肥效果，则在作物生长期间，施肥的前后进行采样	（1）一般面积较大，地形起伏不平，肥力不均，采用蛇形法布点；面积中等，地形较整齐，肥力有些差异，采用棋盘式法布点；面积较小，地形平坦，肥力较均匀，采用对角线法布点 （2）每个采样点的选取是随机的，尽量分布均匀，每点采取土样深度一致，采样量一致 （3）将各点土样均匀混合，提高样品代表性 （4）采样点要避免田埂、路旁、沟边、挖方、填方、堆肥地段及特殊地形部位
正确取土	在选定采样点上，先将 2～3mm 表土杂物刮去，然后用土钻或小铁铲垂直入土 15～20cm。用小铁铲取土，应挖一个一铲宽和 20cm 深的小坑，坑壁一面修光，然后从光面用小铲切下约 1cm 厚的土片（土片厚度上下应一致），然后集中起来，混合均匀。每点的取土深度、质量应尽量一致。如果测定微量元素，应避免用含有所测定的微量元素的工具来采样，以免造成污染	（1）样品具代表性，取土深度、质量一致 （2）采集剖面层次分析标本，分层取样，依次由下而上逐层采取土壤样品
样品混合	将采集的各土点样在盛土盘上集中起来，剔除石砾、虫壳、根系等物质，混合均匀，量多时采用四分法，弃去多余的土，直至所需要数量为止，一般每个混合土样的质量以 1kg 左右为宜	四分法操作时，初选剔杂后土样混合均匀，土层摊开，底部平整，薄厚一致
装袋与填写标签	采好后的土样装入布袋中，用铅笔写好标签，标签一式两份，一份系在布袋外，一份放入布袋内。标签注明采样地点、日期、采样深度、土壤名称、编号及采样人等，同时做好采样记录	装袋量以大半袋 1kg 左右为宜
风干剔杂	从野外采回的样品要及时放在样品盘上，将土样内的石砾、虫壳、根系等杂物仔细剔除，捏碎土块，摊成薄薄一层，置于干净整洁的室内通风处自然风干	土样置阴凉处风干，严禁暴晒，并注意防止酸、碱、气体及灰尘的污染，同时要经常翻动
磨细过筛	（1）18 目（1mm 筛孔）样品制备。将完全风干的土样平铺在制样板上，用木棍先行碾碎。经初步磨细的土样，用 1mm 筛孔（18 目）的筛子过筛，不能通过筛孔的，则用研钵继续研磨，直到全部通过 1mm 筛孔（18 目）为止，装入具有磨口塞的广口瓶中，称取 1mm 土样或 18 目样 （2）60 目（0.25mm 筛孔）样品制备。剩余的约 1/4 土样，则继续用研钵研磨，至全部通过 0.25mm（60 目）筛，按四分法取出 200g 左右，供有机质、全氮测定之用。将土样装瓶，称取 0.25mm 土样或 60 目样	石砾和石块少量时可弃去，多量时，必须收集起来称重，称其质量，计算其百分含量，在计算养分含量时考虑进去。过 18 目筛后的土样经充分混匀后，供 pH、速效养分等测定用
装瓶贮存	装样后的广口瓶中，内外各附标签一张，标签上写明土壤样品编号、采样地点、土壤名称、深度、筛孔号、采样人及日期等。制备好的样品要妥为保存，若需长期贮存最好用蜡封好瓶口	在保存期间避免日光、高温、潮湿及酸碱气体的影响或污染，有效期 1 年

5. 问题处理　活动结束后，完成以下问题：

（1）为什么说随机采样和四分法可以提高样品的代表性？

（2）在土样采集和制备过程中，应注意哪些问题？

（3）为什么不能直接在磨细通过1mm筛孔的土样中筛出一部分作为通过60目筛的土样？

活动二　土壤有机质测定及调节

1. 活动目标　了解重铬酸钾容量法—外加热法测定土壤有机质含量的原理，能熟练测定所提供样品的土壤有机质含量。

2. 活动准备　将全班按 2 人一组分为若干组，每组准备以下材料和用具：硬质试管（ϕ18mm×180mm）、油浴锅或远红外消解炉、铁丝笼、温度计（300℃）、分析天平或电子天平（感量 0.000 1g）、电炉、滴定管（25mL）、弯颈小漏斗、三角瓶（250mL）、量筒（10mL、100mL）、移液管（10mL）。并提前进行下列试剂配制：

（1）0.4mol/L 重铬酸钾—硫酸溶液。称取 40.0g 重铬酸钾溶于 600～800mL 水中，用滤纸过滤到 1L 量筒内，用水洗涤滤纸，并加水至 1L。将此溶液转移至 3L 大烧杯中；另取密度为 1.84g/L 的化学纯浓硫酸 1L，慢慢倒入重铬酸钾溶液内，并不断搅拌。每加约 100mL 浓硫酸后稍停片刻，待冷却后再加另一份浓硫酸，直至全部加完。此溶液可长期保存。

（2）0.2mol/L 硫酸亚铁溶液。称取化学纯硫酸亚铁 55.60g 溶于 600～800mL 蒸馏水中，加化学纯浓硫酸 20mL，搅拌均匀，加水定容至 1 000mL，贮于棕色瓶中保存备用。

（3）0.2mol/L 重铬酸钾标准溶液。称取经 130℃烘 1.5h 以上的分析纯重铬酸钾 9.807g，先用少量水溶解，然后无损地移入 1L 容量瓶中，加水定容。

（4）硫酸亚铁溶液的标定。准确吸取 3 份 0.2mol/L 重铬酸钾标准溶液各 20mL 于 250mL 三角瓶中，加入浓硫酸 3～5mL 和邻菲罗啉指示剂 3～5 滴，然后用 0.2mol/L 硫酸亚铁溶液滴定至棕红色为止，其浓度计算为：

$$C=（6×0.2×20）÷V$$

式中：C 为硫酸亚铁溶液摩尔浓度，mol/L；V 为滴定用去硫酸亚铁溶液体积，mL；6 为 6mol/L 硫酸亚铁与 1mol 重铬酸钾完全反应的摩尔系数比值。

（5）邻菲罗啉指示剂。称取化学纯硫酸亚铁 0.695g 和分析纯邻菲罗啉 1.485g 溶于 100mL 蒸馏水中，贮于棕色滴瓶中备用。

（6）其他试剂。石蜡(固体)或磷酸或植物油2.5kg；浓硫酸（化学纯，密度1.84g/L）。

3. 相关知识　土壤有机质含量，一般通过测定有机碳的含量计算求得，将所测的有机碳乘以常数 1.724，即为有机质总量。在加热条件下，用稍过量的标准重铬酸钾—硫酸溶液氧化土壤有机碳，剩余的重铬酸钾用标准硫酸亚铁滴定，以土样和空白样所消耗标准硫酸亚铁的量差值可以计算出有机碳量，可进一步计算土壤有机质的含量，其反应式如下：

$$2K_2Cr_2O_7+3C+8H_2SO_4 \longrightarrow 2K_2SO_4+2Cr_2（SO_4）_3+3CO_2\uparrow+8H_2O$$
$$K_2Cr_2O_7+6FeSO_4+7H_2SO_4 \longrightarrow K_2SO_4+Cr_2（SO_4）_3+3Fe_2（SO_4）_3+7H_2O$$

用 Fe^{2+} 滴定剩余的 $Cr_2O_7{}^{2-}$ 时，以邻菲罗啉为氧化还原指示剂。在滴定过程中指示剂的变色过程如下：开始时溶液以重铬酸钾的橙色为主，此时指示剂在氧化条件下呈淡蓝色，被重铬酸钾的橙色掩盖，滴定时溶液逐渐呈绿色（Cr^{3+}），至接近终点时变为灰绿色。当 Fe^{2+} 溶液过量半滴时，溶液则变成棕红色，表示颜色已达终点。

4. 操作规程和质量要求 选择所提供的土壤分析样品，进行下列全部或部分内容（表6-12）。

表 6-12 土壤有机质含量测定与调控

工作环节	操作规程	质量要求
称样	用分析天平准确称取通过 60 目筛的风干土样 0.05~0.5g（精确到 0.000 1g），放入干燥的硬质试管底部，记下土样质量	一般有机质含量<20g/kg，称量 0.4~0.5g；20~70g/kg，称量 0.2~0.3g；70~100g/kg，称量 0.1g；100~150g/kg，称量 0.05g
加氧化剂	用移液管准确加入重铬酸钾—硫酸溶液 10mL，小心将土样摇散，贴上标签，盖上小漏斗，将试管插入铁丝笼中待加热	此法只能氧化 90%的有机质，所以在计算分析结果时氧化校正系数为 1.1
加热氧化	将铁丝笼放入预先加热至 185~190℃的油浴锅或远红外消解炉中，此时温度控制在 170~180℃，自试管内大量出现气泡开始时计时，保持溶液沸腾 5min，取出铁丝笼，待试管稍冷后，用卷纸或废报纸擦净试管外部油液，冷却至室温	加热时产生的二氧化碳气泡不是真正沸腾，只有待真正沸腾时才能开始计算时间
溶液转移	将试管内含物用蒸馏水少量多次洗入 250mL 的三角瓶中，总体积控制在 60~70mL，加入邻菲罗啉指示剂 3~5 滴，摇匀	要用水冲洗试管和小漏斗，转移时要做到无损；最后使溶液的总体积达到 50~60mL，酸度为 2~3mol/L
滴定	用标准的硫酸亚铁溶液滴定 250mL 三角瓶的内含物。溶液颜色由橙色（或黄绿色）经绿色、灰绿色变到棕红色即为终点	指示剂变色敏锐，临近终点时，要放慢滴定速度
空白实验	必须同时做两个空白实验，取其平均值，空白实验用石英砂或灼烧的土代替土样，其余规程同非空白实验	如果试样滴定所用硫酸亚铁溶液的毫升数不到空白实验所消耗的硫酸亚铁溶液毫升数的1/3，则有氧化不完全可能，应减少土样称量重做
结果计算	土壤有机质含量 = $$\frac{(V_0-V)\times C_2\times 0.003\times 1.724\times 1.1}{m}\times 10$$ 式中：V_0 为滴定空白时消耗的硫酸亚铁溶液体积，mL；V 为滴定样品时消耗的硫酸亚铁溶液体积，mL；C_2 为硫酸亚铁溶液的浓度，mol/L；0.003 为 1/4 碳原子的毫摩尔质量，g；1.724 为由有机碳换算为有机质的系数；1.1 为氧化校正系数；m 为烘干土样质量，g	平行测定结果允许相差：有机质含量<10g/kg，允许绝对相差≤0.5g/kg；有机质含量 10~40g/kg，允许绝对相差≤1.0g/kg；有机质含量 40~70g/kg，允许绝对相差≤3.0g/kg；有机质含量>100g/kg，允许绝对相差≤5.0g/kg
土壤有机质调控	（1）合理施肥。一是增施有机肥料、秸秆覆盖还田、种植绿肥、归还植物凋落物等。二是适量施用氮肥。 （2）适宜耕种。一是适宜免耕、少耕。二是实行绿肥或牧草与植物轮作、旱地改水田。 （3）调节土壤水、气、热状况。可通过农田基本建设、合理灌溉排水、适时覆盖、适宜耕作、合理施肥、设施农业等措施调节土壤水分、土壤通气性、土壤热量状况	（1）施用的有机肥原则上要腐熟，以免烧苗。氮肥的施用千万避免氮肥过量施用 （2）免耕、少耕的采用一定要结合当地生产状况；适时调整作物轮作，水旱轮作，避免连作 （3）只有土壤温度、湿度适宜，并有适当的通气条件时，才能使矿质化和腐殖化过程协调

5. 问题处理

（1）可将各次称重结果记录入表 6-13 中，便于计算。

表 6-13　土壤有机质测定时数据记录

土样号	土样质量 （g）	初读数 （mL）	终读数 （mL）	净体积 （mL）	有机质含量 （g/kg）	平均含量 （%）
样品 1						
样品 2						
样品 3						
空白 1						
空白 2						

（2）活动结束后，完成以下问题：怎样确定样品的质量？消煮后的溶液颜色偏绿说明什么问题？应该怎么办？如果在滴定时忘记加指示剂会出现什么结果？加入硫酸银的作用是什么？

活动三　土壤质地测定及改善

1. 活动目标　能熟练应用简易比重计法和手测法判断当地农田、菜园、果园、绿化地、林地、草地的土壤质地类型，为耕作、播种、灌溉等提供依据。

2. 活动准备　将全班按 2 人一组分为若干组，每组准备以下材料和用具：量筒（1 000mL、100mL）、特制搅拌棒、甲种比重计（鲍氏比重计）、温度计（100℃）、带橡皮头玻璃棒、烧杯（50mL）、天平（感量 0.01g）、角匙、称样纸、500mL 三角瓶、电热板、滴管、表面皿等。沙土、壤土、黏土等已知质地名称土壤样本和待测土壤样本。并提前进行下列试剂配制：

（1）0.5mol/L NaOH 溶液。称取 20g 化学纯氢氧化钠，加蒸馏水溶解后，定容至 1 000mL，摇匀。

（2）0.25mol/L 草酸钠溶液。称取 33.5g 化学纯草酸钠，加蒸馏水溶解后，定容到 1 000mL，摇匀。

（3）0.5mol/L 六偏磷酸钠溶液。称取化学纯六偏磷酸钠 51g，加蒸馏水溶解后，定容到 1 000mL，摇匀。

（4）2% 碳酸钠溶液。称取 20g 化学纯碳酸钠溶于 1 000mL 的蒸馏水中，摇匀。

（5）异戊醇。$(CH_3)_2CHCH_2CH_2OH$，化学纯。

（6）软水的制备。将 200mL 2% 碳酸钠溶液加入到 15 000mL 自来水中，静置过夜，上清液即为软水。

3. 相关知识　质地不同实际就是反映土壤颗粒的粗细不同。测定土壤质地的常用方法有简易比重计法和手测法两种。简易比重计法测定土壤质地，就是取一定量的土壤，经物理、化学处理后分散成单粒，将其制成一定容积的悬浊液，让分散的土粒在悬浊液中自由沉降。根据粒径愈大，下沉速度愈快的原理，应用物理学上司笃克斯定律公式计算出某一粒级土粒下沉所需时间。在这个时间里，用特制的甲种比重计测得土壤悬浊液中所含小于某一粒级土粒的数量，经校正后可计算出该粒级土粒在土壤中的质量百分数，然后查表确定质地名称（表6-14、表6-15）。手测法是以手指对土壤的感觉为主，结合视觉和听觉来确定土壤质地名称。简易比重计法能迅速测定土壤质地类型，既省时，又有相当的精确性，适用于生产上大量样本的质地测定工作；手测法是最简便的土壤质地测定法，广泛应用于野外、田间土壤质地的鉴定。

表6-14　小于某粒径土粒的沉降时间

温度（℃）	0.01～0.05mm			0.005～0.01mm			0.001～0.005mm			<0.001mm		
	h	min	s	h	min	s	h	min	s	h	m	s
10		1	18		35		2	25		48		
11		1	15		34		2	25		48		
12		1	12		33		2	20		48		
13		1	10		32		2	15		48		
14		1	10		31		2	15		48		
15		1	8		30		2	15		48		
16		1	6		29		2	5		48		
17		1	5		28		2	0		48		
18		1	2		27	30	1	55		48		
19		1	0		27		1	55		48		
20			58		26		1	50		48		
21			56		26		1	50		48		
22			55		25		1	50		48		
23			54		24	30	1	45		48		
24			54		24		1	45		48		
25			53		23	30	1	40		48		
26			51		23		1	35		48		
27			50		22		1	30		48		
28			48		21	30	1	30		48		
29			46		21		1	30		48		
30			45		20		1	28		48		

表6-15　甲种比重计温度校正值

温度（℃）	校正值	温度（℃）	校正值	温度（℃）	校正值
6.0～8.5	−2.2	18.5	−0.4	26.5	＋2.2
9.0～9.5	−2.1	19.0	−0.3	27.0	＋2.5
10.0～10.5	−2.0	19.5	−0.1	27.5	＋2.6
11.0	−1.9	20.0	0	28.0	＋2.9
11.5～12.0	−1.8	20.5	＋0.15	28.5	＋3.1
12.5	−1.7	21.0	＋0.3	29.0	＋3.3
13.0	−1.6	21.5	＋0.45	29.5	＋3.5
13.5	−1.5	22.0	＋0.6	30.0	＋3.7
14.0～14.5	−1.4	22.5	＋0.8	30.5	＋3.8
15.0	−1.2	23.0	＋0.9	31.0	＋4.0
15.5	−1.1	23.5	＋1.1	31.5	＋4.2
16.0	−1.0	24.0	＋1.3	32.0	＋4.6
16.5	−0.9	24.5	＋1.5	32.5	＋4.9
17.0	−0.8	25.0	＋1.7	33.0	＋5.2

（续）

温度（℃）	校正值	温度（℃）	校正值	温度（℃）	校正值
17.5	−0.7	25.5	+1.9	33.5	+5.5
18.0	−0.5	26.0	+2.1	34.0	+5.8

4. 训练规程和质量要求

（1）简易比重计法。选择所提供的土壤分析样品，进行下列全部或部分内容（表6-16）。

表 6-16　简易比重计法测定土壤质地

工作环节	操作规程	质量要求
称样	称取通过 1mm 筛孔的风干土样 50g（沙质土称取 100g），置于 500mL 三角瓶，供分散处理用	样品称量精确到 0.01g
样品分散	根据土壤 pH 选择加入相应的分散剂（石灰性土壤加 0.5mol/L 六偏磷酸钠 60mL；中性土壤加 0.25mol/L 草酸钠 20mL，酸性土壤加 0.5mol/L 氢氧化钠 40mL）。再加入 100～150mL 软水，用带橡皮头的玻璃棒充分搅拌 5min 以上，再静置 0.5h 以上	样品分散，除研磨法外，也可使用煮沸法、振荡法处理。但一定要分散彻底
悬浊液制备	将分散后的土壤悬浊液用软水无损地洗入 1 000mL 量筒中，至 1 000mL 刻度，该量筒作为沉降筒用	应少量多次无损洗至 800～900mL，再定容
测量悬浊液温度	将温度计插入待测量沉降筒的悬浊液中，记录悬浊液温度	应注意手持温度计进行测量，防止损坏
自由沉降	用搅拌棒在沉降筒内沿上下方向充分搅拌土壤悬浊液 1min 以上。搅拌结束后计时，让土粒在沉降筒内自由沉降	约上下各 30 次，搅拌棒的多孔片不要提出液面
测悬浊液比重	根据表 6-14 和悬浊液温度查到待测土粒所需的沉降时间，提前 30s 小心将甲种比重计放入沉降筒内，如沉降筒内泡沫较多，可加入几滴异戊醇消泡。沉降时间到则读数并记录。然后小心取出比重计，让土粒继续自由沉降，供下一级别粒级测定用	每次读数应以弯月面上缘为准，取出的比重计应放在清水中洗净备用
结果计算	（1）将风干土样质量换算成烘干土样质量 烘干土质量（g）＝风干土质量（g）／（吸湿水含量＋1） 　　　　　　＝风干土质量×水分系数 （2）比重计读数的校正 校正值＝分散剂校正值＋温度校正值 校正后读数＝比重计读数−校正值 分散剂校正值＝分散剂毫升数×分散剂摩尔浓度×分散剂相对分子质量 （3）土粒含量 小于某粒径土粒含量＝（校正后读数／烘干土质量）×100% 某两粒径范围内土粒含量＝两相邻粒径土粒含量差值 （4）查表确定质地名称。查卡庆斯基质地分类标准得到所测土样的质地名称	计算正确，查表得到所测土样的质地名称

（续）

工作环节	操作规程	质量要求
土壤质地改善	（1）因地制宜，合理利用。不同植物对土壤质地有一定的适应性。要根据质地情况，适宜选种植物种类 （2）增施有机肥，改良土性。施用有机肥后，可以促进沙粒的团聚，而降低黏粒的黏结力，达到改善土壤结构的目的 （3）掺沙掺黏，客土调剂。若沙地附近有黏土、胶泥土、河泥等，可采用搬黏掺沙的办法；若黏土附近有沙土、河沙等，可采取搬沙压淤的办法，逐年客土改良 （4）引洪漫淤，引洪漫沙。对于沿江沿河的沙质土壤，采用引洪漫淤的方法；对于黏质土壤，采用引洪漫沙的方法 （5）翻淤压沙，翻沙压淤。在具有"上沙下黏"或"上黏下沙"质地层次的土壤中可采用此法 （6）种树种草，培肥改土 （7）因土制宜，加强管理。对于大面积过沙土壤，营造防护林，种树种草，防风固沙；选择宜种植物。对于大面积过黏土壤，根据水源条件种植水稻或水旱轮作等	（1）农作物对质地适应范围广，蔬菜适宜壤质土，花卉对质地适应范围较窄；果树对质地适应范围南北方有差异，块茎类、瓜果类植物适宜较粗质地 （2）改良后使土壤质地达到"三泥七沙"或"四泥六沙"的壤土质地范围 （3）引洪漫沙方法是漫沙将畦口开低，每次不超过10cm，逐年进行，可使大面积黏质土壤得到改良 （4）可根据种植植物情况，采用平畦宽垄，播种宜深，播后镇压，早施肥，勤施肥，勤浇水，水肥宜少量多次等措施

（2）手测法。手测法分成干测法和湿测法两种，无论是何种方法，均为经验方法。选择所提供的土壤分析样品，进行表6-17全部或部分内容。

表6-17　手测法测定土壤质地

工作环节	操作规程	质量要求
干测法	取玉米粒大小的干土块，放在拇指与食指间使之破碎，并在手指间摩擦，根据指压时间大小和摩擦时感觉来判断	（1）应拣掉土样中的植物根、结核体（铁子、石灰结核）、侵入体等 （2）干测法见表6-18 （3）湿测法见表6-19
湿测法	取一小块土，放在手中捏碎，加入少许水，以土粒充分浸润为度（水分过多过少均不适宜），根据能否搓成球、条及弯曲时断裂等情况加以判断	
结果判断	（1）按照先摸后看，先沙后黏，先干后湿的顺序，对已知质地的土壤进行手摸测定其质地 （2）先摸后看就是首先目测，观察有无坷垃、坷垃多少和软硬程度。质地粗的土壤一般无坷垃，质地越细坷垃越多越硬。沙质土壤比较粗糙无滑感，黏重的土壤正好相反	加入的水分必须适当，不黏手为最佳，随后按照搓成球状、条状、环形的顺序进行，最后将环压扁成片状，观察指纹是否明显
土壤质地改善	参考表6-16	参考表6-16

表6-18　土壤质地手测法判断标准（干测法）

质地名称	干燥状态下在手指间挤压或摩擦的感觉	在湿润条件下揉搓塑型时的表现
沙土	几乎由沙粒组成，感觉粗糙，研磨时沙沙作响	不能成球形，用手捏成团，但一解即散，不能成片
沙壤土	沙粒为主，混有少量黏粒，很粗糙，研磨时有响声，干土块用小力即可捏碎	勉强可成厚而极短的片状，能搓成表面不光滑的小球，不能搓成条
轻壤土	干土块稍用力挤压即碎，手捻有粗糙感	片长不超过1cm，片面较平整，可成直径约3mm的土条，但提起后易断裂
中壤土	干土块用较大力才能挤碎，为粗细不一的粉末，沙粒和黏粒的含量大致相同，稍感粗糙	可成较长的薄片，片面平整，但无反光，可以搓成直径约3mm的小土条，弯成2～3cm的圆形时会断裂

（续）

质地名称	干燥状态下在手指间挤压或摩擦的感觉	在湿润条件下揉搓塑型时的表现
重壤土	干土块用大力才能破碎成为粗细不一的粉末，黏粒的含量较多，略有粗糙感	可成较长的薄片，片面光华，有弱反光，可以搓成直径约2mm的小土条，能弯成2～3cm的圆形，压扁时有裂缝
黏土	干土块很硬，用力不能压碎，细而均一，有滑腻感	可成较长的薄片，片面光华，有强反光，可以搓成直径约2mm的细条，能弯成2～3cm的圆形，且压扁时无裂缝

表6-19　土壤质地野外手感鉴定分级标准（湿测法）

质地名称		手捏	手刮	手挤
卡庆斯基制	国际制			
沙土	沙土	不管含水量为多少，都不能搓成球	不能成薄片，刮面全部为粗沙粒	不能挤成扁条
壤沙土	沙壤土	能搓成不稳定的土球，但搓不成条	不能成薄片，刮面留下很多细沙粒	不能挤成扁条
轻壤	壤土	能搓成直径3～5mm粗的小土条，拿起时摇动即断	较难成薄片，刮面粗糙似鱼鳞状	能勉强挤成扁条，但边缘缺裂大，易断
中壤	黏壤土	小土条弯曲成圆环时有裂痕	能成薄片，刮面稍粗糙，边缘有少量裂痕	能挤成扁条，摇动易断
重壤	壤黏土	小土条弯曲成圆环时无裂痕，压扁时产生裂痕	能成薄片，刮面较细腻，边缘有少量裂痕，刮面有弱反光	能挤成扁条，摇动不易断
黏土	黏土	小土条弯曲成圆环时无裂痕，压扁时也无裂痕	能成薄片，刮面细腻平滑，无裂痕，发光亮	能挤成卷曲扁条，摇动不易断

5. 问题处理　活动结束后，完成以下问题：

（1）为什么测定土壤质地时要先将样本进行分散处理？

（2）分散处理的好坏对测定结果有什么影响？

（3）如何选定分散剂？

（4）在应用简易比重计法测定土壤质地时，为提高测定结果的准确度，应注意哪些问题？

活动四　土壤孔隙度测定及改善

1. 活动目标　能熟练准确测定当地农田、菜园、果园、绿化地、林地、草地等土壤容重，并能计算土壤孔隙度，判断土壤孔隙状况，为土壤管理提供依据。

2. 活动准备　将全班按2人一组分为若干组，每组准备以下材料和用具：环刀（容积100cm³）、天平（感量0.01g和0.1g）、恒温干燥箱、削土刀、小铁铲、铝盒、酒精、草纸、剪刀、滤纸等。

3. 相关知识　土壤容重是土壤松紧度的指标，与土壤质地、结构、有机质含量和土壤紧实度等有关，可用以计算单位面积一定深度的土壤质量，为计算土壤水分、养分、有机质和盐分含量提供基础数据；而且也是计算土壤孔隙度和空气含量的必要数据。土壤孔隙度与土壤肥力有密切的关系，是土壤的重要物理性质，土壤孔隙度一般不直接测定，而是由土壤密度和容重计算得出。本活动采用质量法原理。先称出已知容积的环刀质量，然后带环刀到田间取原状土，立即称重并测定其自然含水量，通过前后差值换算出环刀内的烘干土质量，求得容重值，再利用公式计算出土壤孔隙度。

4. 操作规程和质量要求 选取农田、果园、菜园、林地、绿化地等，进行表6-20操作。

表6-20 土壤孔隙度测定及改善

工作环节	操作规程	质量要求
称空重	检查每组环刀与上下盖和环刀托是否配套（图6-8），用草纸擦净环刀，加盖称重，记下编号；同时称重干洁的铝盒，编号记录，然后带上环刀、铝盒、削土刀、小铲或铁锹到田间取样	样品称量精确到0.1g；要注意环刀与上下盖、铝盒及盖要保持对应
选点	测耕作层土壤容重，则在待测田间选择代表性地点，除去地表杂物，用铁锹铲平地表，去掉约1cm的最表层土壤，然后取土，重复3次。若测土壤剖面不同层次的容重，则须先在田间选择挖掘土壤剖面的位置，然后挖掘土壤剖面，按剖面层次，自下而上分层采样，每层重复3次	选择待测田间代表性地点，使取样有代表性
取土	将环刀托放在已知质量的环刀上，套在环刀无刃口一端，将环刀刃口向下垂直压入土中，至环刀筒中充满土样为止。环刀压入时要平稳，用力要一致	要用力均匀使环刀入土；在用小刀削平土面时，应注意防止切割过分或切割不足；多点取土时取土深度应保持一致
称重	用小铁铲或铁锹挖去环刀周围的土壤，在环刀下方切断，取出已装满土的环刀，使环刀两端均留有多余的土壤。用小刀削去环刀两端多余的土壤，使两端的土面恰与刃口平齐，并擦净环刀外面的土，立即称重。若带回室内称重，则应在田间立即将环刀两端加盖，以免水分蒸发影响称重	若不能立即称重，带回室内称重，则应立即将环刀两端加盖，以免水分蒸发影响称重
测定土壤含水量	在田间环刀取样的同时，在同层采样处，用铝盒采样（20g左右）或者直接从称重后的环刀筒中取土（约20g）测定土壤含水量	酒精燃烧法测定土壤自然含水量
土壤容重计算	按下式计算土壤容重： $$d = \frac{(M-G) \times 100}{V(100+W)}$$ 式中：d为土壤容重，g/cm^3；M为环刀＋湿土质量，g；G为环刀，g；V为环刀容积cm^3；W为土壤含水量（%）	此法重复测定不少于3次，允许平行绝对误差<$0.03g/cm^3$，取算术平均值
土壤孔隙度计算	计算方法如下： 土壤孔隙度（P_1）$= \left(1 - \frac{土壤容重}{土壤比重}\right) \times 100\%$ 式中，土壤密度采用密度值$2.65g/cm^3$ 土壤毛管孔隙度（P_2）＝土壤田间持水量×土壤容重 土壤非毛管孔隙度（P_3）＝P_1-P_2	
孔性改善	（1）防止土壤压实。第一，应在宜耕的水分条件下进行田间作业；第二，应尽量实行农机具联合作业，降低作业成本；第三，尽量采用免耕或少耕，减少农机具压实 （2）合理轮作和增施有机肥。实行粮肥轮作、水旱轮作，增施有机肥料等措施 （3）合理耕作。深耕结合施用有机肥料，再配合耙糖、中耕、镇压等措施 （4）工程措施。采用工程措施改造或改良铁盘、砂姜、漏沙、黏土等障碍土层	（1）土壤压实是指在播种、田间管理和收获等作业过程中，因农机具的碾压和人、畜践踏而造成的土壤由松变紧的现象 （2）达到改善土壤孔隙状况，提高土壤通气透水性能。 （3）通过合理耕作，使过紧或过松土壤达到适宜的松紧范围 （4）消除障碍层，创造一个深厚疏松的根系发育土层，对果树、园林树木等深根植物尤其重要

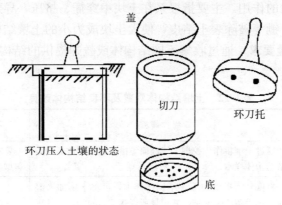

图 6-8 环 刀

5. 问题处理 活动结束后，完成以下问题：

（1）可将各次称重结果记录入表 6-21 中，便于计算。

表 6-21 土壤容重测定记录

土样编号	环刀质量 G（g）	（环刀＋湿土）质量 M（g）	铝盒质量 W_1/g	（铝盒＋湿土）质量 W_2（g）	（铝盒＋干土）质量 W_3（g）	含水量（%）	容重（g/cm³）	孔隙度（%）

（2）测定土样土壤容重时，为什么要保持土样的自然状态？

（3）测定中应注意哪些问题？

（4）你测定的容重及孔隙状况是否符合良好的农业土壤的要求？

活动五　土壤结构体观察及不良结构体改良

1. 活动目标 根据当地土壤情况，能正确判断各类土壤结构体，并提出改良不良结构体的建议。

2. 活动准备 全班分为若干个项目小组，查阅有关土壤肥料书籍、杂志、网站，走访当地有经验的农户和专家，总结当地改良不良结构体有哪些特征。

3. 相关知识 土壤结构的形成大体有两个阶段：土粒的团聚过程、结构体的成形过程。无论哪个阶段，都包括了物理、化学和生物过程。

（1）土粒的团聚过程。单个土粒或复粒通过一定的机制相互吸引聚集在一起形成更大的土粒团聚体，进而形成土壤结构。这些作用机制包括：一是胶体的凝聚作用；二是胶结作用，土壤中的胶结物质主要有黏土矿物、含水氧化物胶体和有机胶体，它们在土粒团聚时起到黏结剂的作用；三是外力的作用：例如，农机具的挤压、作物根系及真菌菌丝的缠绕、土壤动物的搅拌和混合等都将使土粒或微团粒聚集成更大的团聚体。

（2）土壤结构体的成形过程。在土粒本身团聚或外力作用下聚集成的土壤团聚体经外力的切割、挤压成形等产生相应类型的土壤结构体。这些外力有：一是干湿交替作用；二是冻融交替作用；三是生物的作用，主要指根系在土块中穿插、挤压，导致土块破碎；四是土壤耕作的作用，犁、耙、锄等破除表土结皮，使大土块成为小的土壤结构体。

4. 操作规程和质量要求　通过收集不同结构体或教师提供的结构体样本，进行表 6-22、表 6-24 操作。

表 6-22　土壤结构体观察及不良结构体改良

工作环节	操作规程	质量要求
土壤结构体收集	通过土壤耕作、挖掘土壤剖面等措施收集当地不同类型结构体样本	要求收集的土壤结构体要具有典型特征，样本完好，便于观察
观察土壤结构体样本	根据教师提供的土壤结构体样本，可将土壤加水湿润，用手测法来鉴别，并记录所观察样本的特点，并正确判断土壤结构体	具体标准参见表 6-23
判断当地土壤结构状况	根据上述观察情况，总结当地土壤结构状况，并撰写一份调查报告	报告内容要做到：内容简洁、事实确凿、论据充足、建议合理

表 6-23　常见土壤结构类型手测法判别标准

结构类型			结构形状	直径（厚度）(cm)	结构名称
团聚体类型	立方体状	裂面和棱角不明显	形状不规则，表面不平整	>100	大块状
				50～100	块状
				5～50	碎块状
		裂面和棱角明显	形状较规则，表面较平整，棱角尖锐	>5	核状
			近圆形，表面粗糙或平滑	<5	粒状
		形状近浑圆，表面平滑，大小均匀		1～10	团粒状
	柱状	裂面和棱角不明显	表面不平滑，棱角浑圆，形状不规则	30～50	拟柱状
				>50	大拟柱状
		裂面和棱角明显	形状规则，侧面光滑，顶底面平行	30～50	柱状
				>50	大柱状
			形状规则，表面平滑，棱角尖锐	30～50	棱柱状
				>50	大棱柱状
	板状	呈水平层状		>5	板状
				<5	片状
	微团聚体			<0.25	微团聚体
单粒类型	土粒不胶结，呈分散单粒状				单粒

表 6-24　不良土壤结构体改良

工作环节	操作规程	质量要求
土壤结构体状况调查	通过土壤耕作、挖掘土壤剖面等措施调查当地土壤不良结构体状况	主要说明当地土壤中团粒结构存在情况，主要有哪些不良结构体
增施有机肥料	有机质是良好的土壤胶结剂，是团粒结构形成不可缺少的物质，我国土壤由于有机质含量低，缺少水稳性团粒结构，因此须增施优质有机肥来增加土壤有机质，促进土壤团粒结构体的形成	施用有机肥一定要腐熟后施用，施用量应根据种植的植物和当地土壤肥力高低进行确定

（续）

工作环节	操作规程	质量要求
调节土壤酸碱度	对酸性土壤施用石灰，碱性土壤施用石膏，在调节土壤酸碱度的同时，增加了钙离子，促进良好结构体的形成	施用石灰或石膏时，要根据土壤酸碱性和种植植物类型确定合理用量，并尽量与土壤充分混合
合理耕作	适时深耕、耙耱、镇压、中耕等，有利于破除土壤板结，破碎块状与核状结构	合理耕作要注意结合土壤墒情和植物生长情况适时进行，达到疏松土壤，加厚耕作层，增加非水稳性团粒结构体
合理轮作	一是用地植物和养地植物轮作；二是每隔3～4年就要更换一次植物品种或植物类型	适时采取粮食植物与绿肥或牧草植物轮作，避免长期连作，达到土壤养分平衡，减轻植物病害
合理灌溉、晒垡、冻垡	有条件的地区采用沟灌、喷灌或地下灌溉为好；在休闲季节采用晒垡或冻垡	一是避免大水漫灌；二是灌后要及时疏松表土，防止板结
施用土壤结构改良剂	一般用量一般只占耕层土重0.01%～0.1%，以喷施或干粉撒施，然后耙耱均匀即可，创造的团粒结构能保持2～3年	使用时要求土壤含水量在田间持水量的70%～90%时效果最好
总结当地土壤结构改良经验	根据上述观察情况，总结当地土壤结构状况，并撰写一份调查报告	报告内容要做到：内容简洁、事实确凿、论据充足、建议合理

5. 问题处理 活动结束后，完成以下问题：

（1）观察土壤结构时，能否强行用力将大土块分开？

（2）如何促使土壤形成较多的团粒结构体？

活动六 土壤耕性观察与改良

1. 活动目标 根据当地土壤类型和植物种植情况，能正确判断土壤耕性好坏。

2. 活动准备 全班分为若干个项目小组，查阅有关土壤肥料书籍、杂志、网站，走访当地有经验的农户和专家，总结当地土壤耕性判断的经验。

3. 相关知识 土壤水分含量影响到土壤物理机械性，从而影响土壤耕性（表6-25）。土壤质地与耕性的关系也很密切，黏重的土壤其黏结性、黏着性和可塑性都比较强，干时表现极强黏结性，水分稍多时又表现黏着性和可塑性，因而宜耕范围窄。

表6-25 土壤湿度与耕性的关系

土壤湿度	干燥	湿润	潮湿	泞湿	多水	极多水
土壤状况	坚硬	酥软	可塑	黏韧	浓浆	稀浆
土壤特征	固态，黏结性强，无黏着性和塑性	酥松，黏结性弱，无黏着性和塑性，易散碎	有塑性，黏结性和黏着性极弱	有塑性和黏着性，黏结性极弱	塑性消失，但有黏着性，黏结性极弱	易流动，塑性、黏结性、黏着性消失
耕作阻力	大	小	大	大	大	小
耕作质量	成硬土块不散碎	易散碎，成小土块	不散碎，成大土块	不散碎，成大土块，易黏农具	泥泞状的浓泥浆	成稀泥浆
宜耕性	不宜	宜旱地耕作	不宜	不宜	不宜	宜水田耕作

4. 操作规程和质量要求　选取即将耕作的地块，进行耕性判断，完成表 6-26 操作。

表 6-26　土壤耕性判断及改良

工作环节	操作规程	质量要求
选取需要耕作的田块	根据植物种植规划和播种或移栽时间，提前选取地块	一般要求耕作前一周进行判断
耕作阻力判断	选取即将耕翻的地块，进行试犁，并判断耕作难易程度	主要根据土壤质地、土壤墒情进行综合判断，要求易耕作、阻力小
耕作质量评判断	根据试犁后土垡松散情况、坷垃大小进行综合判断	耕后土垡松散容易耙碎、不成坷垃、土壤疏松，孔隙状况良好
宜耕期长短判断	（1）眼看。观察雨后和灌溉后地表干湿状况 （2）试犁。观察"犁花" （3）手感。扒开二指表层土，取一把土能握紧成团，且在 1m 高处松手，观察落地情况	（1）地表呈"喜鹊斑"，即外白里湿，黑白相间，出现"鸡爪裂纹"或"麻丝裂纹"，半干半湿状态是土壤的宜耕状态 （2）试犁，土垡能被抛散而不黏附农具，即出现"犁花"时，即为宜耕状态 （3）落地后散碎成小土块的，表示土壤处于宜耕状态，应及时耕作
综合评判当地土壤耕性好坏	根据当地土壤耕性的观察判断情况，评判土壤耕性好坏	参见土壤耕性观察与判断的质量要求
掌握耕作时土壤适宜含水量	通过眼看、试犁和手感等 3 种方法是土壤含水量保持在宜耕期范围内	参见宜耕期的判断
增施有机肥料	增施有机肥料可提高土壤有机质含量，降低黏质土壤的黏结性、黏着性，增强沙质土的黏结性、黏着性	施用有机肥一定要腐熟后施用，施用量应根据种植的植物和当地土壤肥力高低进行确定
改良土壤质地	黏土掺沙，可减弱黏重土壤的黏结性、黏着性、可塑性和起浆性；沙土掺黏，可增加土壤的黏结性，并减弱土壤的淀浆板结性	改良后使土壤质地达到"三泥七沙"或"四泥六沙"的壤土质地范围
创造良好的土壤结构性	通过增施有机肥料、调节土壤酸碱度、合理耕作、合理轮作、合理灌溉晒垡冻垡、施用土壤结构改良剂等措施，培育团粒结构	参见土壤结构改良的质量要求
总结当地土壤耕性改良经验	根据上述观察情况，总结当地土壤耕性改良状况，并撰写一份调查报告	报告内容要做到：内容简洁、事实确凿、论据充足、建议合理

5. 问题处理　活动结束后，完成以下问题：

（1）当地土壤耕性如何？

（2）如何因地制宜改善土壤耕性？

活动七　土壤酸碱度测定及调节

1. 活动目标　能用电位法测定农田、菜园、果园、绿化地、林地、草地等土壤 pH，能熟练应用混合指示剂法快速判断农田、菜园、果园、绿化地、林地、草地等土壤 pH，为合理利用土壤提供依据。

2. 活动准备　将全班按 2 人一组分为若干组，每组准备以下材料和用具：酸度计（附甘汞电极、玻璃电极或复合电极）、高型烧杯（50mL）、量筒（25mL）、天平（感量 0.1g）、洗瓶、磁力搅拌器、白瓷比色板、玛瑙研钵等。

并提前进行下列试剂配制：

（1）pH4.01 标准缓冲液。称取经 105℃烘干 2～3h 苯二甲酸氢钾（$C_8H_5KO_4$，分析纯）10.21g，用蒸馏水溶解稀释定容至 1 000mL，即为 pH 4.01、浓度 0.05mol/L 的苯二甲酸氢钾溶液。

（2）pH6.87 标准缓冲液。称取经 120℃烘干的磷酸二氢钾 3.39g（KH_2PO_4，分析纯）和无水磷酸氢二钠（Na_2HPO_4，分析纯）3.53g，溶于蒸馏水中，定容至 1 000mL。

（3）pH9.18 标准缓冲液。称 3.80g 硼砂（$Na_2B_4O_7$，分析纯）溶于无二氧化碳的蒸馏水中，定容至 1 000mL，此溶液的 pH 容易变化，应注意保存。

（4）1mol/L 氯化钾溶液。称取化学纯氯化钾（KCl）74.6g，溶于 400mL 蒸馏水中，用 10%氢氧化钾和盐酸调节 pH 至 5.5～6.0，然后稀释至 1 000mL。

（5）pH4～8 混合指示剂。分别称取溴甲酚绿、溴甲酚紫及甲酚红各 0.25g 于玛瑙研钵中加 15mL 0.1mol/L 的氢氧化钠及 5mL 蒸馏水，共同研匀，再加蒸馏水稀释至 1 000mL，此指示剂的 pH 变色范围如表 6-27 所示。

表 6-27　pH4～8 混合指示剂显色情况

pH	4.0	4.5	5.0	5.5	6.0	6.5	7.0	8.0
颜色	黄色	绿黄色	黄绿色	草绿色	灰绿色	灰蓝色	蓝紫色	紫色

（6）pH4～11 混合指示剂。称取 0.2g 甲基红、0.4g 溴百里酚蓝、0.8g 酚酞，在玛瑙钵中混合研匀，溶于 95%的 400mL 酒精中，加蒸馏水 580mL，再用 0.1mol/L 氢氧化钠调至 pH7（草绿色），用 pH 计或标准 pH 溶液校正，最后定容至 1 000mL，其变色范围如如表 6-28 所示。

表 6-28　pH4～11 混合指示剂显色情况

pH	4.0	5.0	6.0	7.0	8.0	9.0	10.0	11.0
颜色	红色	橙黄色	稍带绿	草绿色	绿色	暗蓝色	紫蓝色	紫色

3. 相关知识

（1）电位法测定原理。用水或中性盐溶液提取土壤中水溶性氢离子或交换性氢离子、铝离子，再用指示电极（玻璃电极）和另一参比电极（甘汞电极）测定该浸出液的电位差。由于参比电极的电位是固定的，因而电位差的大小取决于试液中的氢离子活度。在酸度计上可直接读出 pH。

（2）混合指示剂法测定原理。利用指示剂在不同 pH 溶液中，可显示不同颜色的特性，根据其显示颜色与标准酸碱比色卡进行比色，即可确定土壤溶液的 pH。

4. 训练规程和质量要求　选择当地土壤，进行表 6-29～表 6-31 全部或部分内容。

（1）电位法。见表 6-29。

表6-29　电位法测定土壤酸碱性

工作环节	操作规程	质量要求
仪器校准	（1）将待测液与标准缓冲液调到同一温度，并将温度补偿器调到该温度值 （2）用标准缓冲液校正仪器时，先将电极与所测试样 pH 相差不超过 2 个 pH 单位的标准缓冲液，启动读数开关，调节定位器使读数刚好为标准液的 pH，反复几次至读数稳定 （3）取出电极洗净，用滤纸条吸干水分，再插入第二个标准缓冲液中，进行校正	（1）长时间存放的电极用前应在水中浸泡 24h，使之活化后才能正常反应 （2）暂时不用可浸泡在水中，长期不用应干燥保存。两标准之间允许偏差 0.1 个 pH 单位，如超过则应检查仪器电极或标准缓冲液是否有问题 （3）仪器校准无误后，方可用于样品测定
土壤水浸液 pH 测定	（1）称取通过 lmm 筛孔的风干土样 25.0g 于 50mL 烧杯中，用量筒加入无二氧化碳蒸馏水 25mL，在磁力搅拌器上（或用玻璃棒）剧烈搅拌 1～2min，使土体充分分散，放置 30min 后进行测定 （2）将电极插入待测液中，轻轻摇动烧杯以除去电极上水膜，使其快速平衡，静置片刻，按下读数开关，待读数稳定时记下 pH （3）放开读数开关，取出电极，用水洗涤，用滤纸条吸干水分，再进行第二个样品测定	（1）放置 30min 时应避免空气中 NH$_3$ 或挥发性酸等的影响 （2）每测 5～6 个样品后须用标准缓冲液检查定位 （3）电极位置应在上部清液中，尽量避免与泥浆接触。操作过程中避免酸、碱蒸汽侵入 （4）待测批量样品时，最好按土壤类型等将 pH 相差大的样品分开测定 （5）标准缓冲液在室温下可保存 1～2 个月，在 4℃冰箱中可延长期限。发现混浊、沉淀不能再使用 （6）此法测定应不少于 3 次重复，平行测定结果允许绝对相差：中性、酸性土壤≤0.1 个 pH 单位；碱性土壤≤0.2 个 pH 单位
土壤氯化钾浸液 pH 测定	当土壤 pH＜7 时，应测定土壤氯化钾浸液 pH。测定方法除用 1mol/L 氯化钾溶液代替无二氧化碳蒸馏水以外，其他步骤与水浸液 pH 测定相同	

（2）混合指示剂法。见表6-30。

表6-30　混合指示剂法测定土壤酸碱性

工作环节	操作规程	质量要求
试样制备	取黄豆大小待测土壤样品，置于清洁白瓷比色板穴中，加指示剂 3～5 滴，以能全部湿润样品而稍有剩余为宜，水平振动 1min，静置片刻	为了方便而准确，事先配制成不同 pH 的标准缓冲液，每隔 0.5 个或 1 个 pH 单位为一级，取各级标准缓冲液 3～4 滴于白瓷比色板穴中，加混合指示剂 2 滴，混匀后，即可出现标准色阶，用颜料配制成比色卡片备用
pH 测定	待稍澄清后，倾斜瓷板，观察溶液色度与标准色卡比色，确定 pH	

（3）土壤酸碱性调节。见表6-31。

表6-31　土壤酸碱性调节

工作环节	操作规程	质量要求
土壤酸碱性测定	根据当地土壤类型和种植规划，选取样点，分别测定土壤 pH	参见土壤酸碱性测定的质量要求

（续）

工作环节	操作规程	质量要求
酸性土壤改良	（1）施用的石灰，大多数是生石灰，施入土壤中发生中和反应和阳离子交换反应。生石灰碱性很强，因此不能和植物种子或幼苗的根系接触，否则易灼烧致死 （2）在沿海地区以用含钙质的贝壳灰改良；我国四川、浙江等地也有钙质紫色页岩粉改良酸性土的经验。另外，草木灰既是钾肥又是碱性肥料，可用来改良酸性土 （3）目前我国多用熟石灰作为酸性土壤的化学改良剂，其用量有两种计算方法：一是按土壤交换性酸度或水解性酸度来计算；二是按土壤盐基饱和度来计算	（1）石灰使用量经验做法是：土壤 pH4～5，石灰用量为750～2 250kg/hm²；pH5～6，石灰用量为 375～750kg/hm² （2）旱地可结合犁田整地时施用石灰，也可采用局部条施或穴施。石灰不能与氮、磷、钾、微肥等一起混合施用，一般先施石灰，几天后再施其他肥料。石灰肥料有后效，一般隔3～5年施用一次
碱性土壤的改良	生产上用石膏、黑矾、硫黄粉、明矾、腐殖酸肥料等来改良碱性土，一方面中和了碱性，另一方面增加了多价离子，促进土壤胶粒的凝聚和良好结构的形成。另外，在碱性或微碱性土壤上栽培喜酸性的花卉，可加入硫黄粉、硫酸亚铁来降低土壤碱性，使土壤酸化	重碱地施用石膏应采取全层施用法；花碱地，其碱斑面积在 15％ 以下，可将石膏直接施在碱斑上。灰碱地宜在春、秋季平整土地后，耕作时将石膏均匀施在犁垡上，通过耙地，使之与土混匀，再行播种
总结当地土壤酸碱性调节经验	根据调控情况，总结当地土壤酸碱性调节经验，并撰写一份调查报告	报告内容要做到：内容简洁、事实确凿、论据充足、建议合理

5. 问题处理

（1）为了方便计算，结果记录可填入表 6-32。

表 6-32　土壤 pH 记录

土样编号	风干土质量（g）	浸提液用量（mL）	土壤 pH

（2）用电位法测土壤酸碱度时，以蒸馏水和氯化钾作浸提剂分别测得的土壤酸碱度有什么不同？

任务二　植物生长的土壤环境调控

【任务目标】

● **知识目标**：了解土壤的形成与发育；认识我国现行土壤分类系统及了解当地土壤资源概况；了解当地土壤资源退化及危害；熟悉当地主要土壤的特点与利用。

● **能力目标**：能运用所学知识对当地农业、城市园林等土壤环境进行合理利用与管理。

【背景知识】

我国土壤资源概况

1. 土壤的形成与发育 土壤是由岩石演变而来的，但岩石与土壤是完全不同的两种物体。岩石是形成土壤的物质基础。在自然界中，土壤是由风化过程和成土过程同时同地作用下形成的。

（1）成土岩石与成土母质。

①成土岩石。根据岩石产生的方式不同，可将其分成三大类。一是岩浆岩，是由地球内部呈熔融态岩浆喷出地表或上升到接近于地表不同深度的地壳中，经冷却后凝固而成的岩石。如花岗岩、流纹岩、正长岩、玄武岩、闪长岩等。二是沉积岩，是指由原先岩石的碎屑、溶液析出物或有机质以及某些火山物质，在陆地或海洋中经堆积、挤压而成的一类次生岩石。如砾岩、沙岩、页岩、石灰岩等。三是变质岩，是指由地壳中原来的岩石由于受到构造运动、岩浆活动等影响，使其矿物成分、结构构造及化学成分发生变化而形成的新岩石。如片麻岩、石英岩、大理岩、板岩等。

②岩石的风化过程。岩石矿物在地表自然因素（大气、水分、热量、生物等）作用下发生的物理变化和化学变化就是风化作用。风化作用有物理风化、化学风化及生物风化三种类型。一是物理风化，也称为机械风化，是指岩石矿物在自然因素作用下发生的物理反应，其变化主要是大小、外形的变化，主要有温度、结冰、水流和风力的磨蚀作用等。二是化学风化，是指岩石矿物在自然因素的作用下所发生的化学变化或反应，有溶解、水化、水解和氧化还原等。三是生物风化，是岩石矿物在生物作用下发生的物理变化和化学变化，生物风化的方式有多种：岩石在生物作用下发生的崩解破碎作用、搬迁作用、生物生命活动释放的酸性物质对矿物的溶解作用等。

岩石矿物的风化是土壤形成的基础。风化产物无论是残留在原地，还是在重力、风、水、冰川等作用下通过搬运和沉积作用，均可成为各种类型的土壤母质。

③成土母质。岩石、矿物风化形成的风化产物称为成土母质。成土母质有的残留在原地堆积，有的受风、水、重力和冰川等外力作用搬运到别的地方重新沉积下来，形成各种沉积物。按其搬运动力与沉积特点不同可分为表 6-33 的几种类型。

表 6-33　成土母质的主要类型与性质

母质类型	成因	性质
残积物	就地风化未经搬运的风化物	分布在山地和丘陵上部；性质受基岩影响；未磨圆，棱角分明
坡积物	风化物在重力或流水的作用下，被搬运到山坡的中、下部而堆积	分布在山坡或山麓；层次稍厚，无分选性；坡积物的性质决定于山坡上部的岩性
洪积物	山洪搬运的碎屑物在山前平原形成的沉积物	形如扇形，扇顶沉积物分选差，往往是石砾、黏粒与沙粒混存，在扇缘其沉积物多为黏粒及粉沙粒，水分条件好，养分也较丰富
冲积物	河水中夹带的泥沙，在中下游两岸或入海口沉积而成	具有明显的成层性和条带性；上游粗，下游细；含卵石、砾石；养分丰富

（续）

母质类型	成因	性质
湖积物	由湖泊的静水沉积而成	沉积物细，质地偏黏，夹杂有大量的生物遗体
海积物	海边的海相沉积物	各处粗细不一，质地细的养分含量较高，粗的则养分少，而且都含有盐分，形成滨海盐土
风积物	是由风力将其他成因的堆积物搬运沉积而成	质地粗，沙性大，形成的土壤肥力低

（2）土壤形成因素。自然土壤是在母质、气候、生物、地形和时间等五大成土因素的综合作用下逐渐发育形成的；而在人类活动起主导作用的情况下，自然土壤的发生发展过程便进入了一个新的、更高级的阶段，即开始了农业土壤的发生发展过程（表6-34）。各种成土因素相互作用、相互影响，导致土壤的发生条件趋向多样性和复杂性，使某些土壤产生了一些分异性，形成各种各样的土壤类型。

表6-34　成土因素对土壤形成的影响

成土因素	对土壤形成的影响
母质	母质的化学组成对土壤的形成、性状和肥力有明显影响；土壤母质的机械组成决定了土壤质地；母质的层次性可长期保存于土壤剖面构造中
气候	气候决定着土壤的水、热条件；气候影响土壤有机质的积累与分解；气候直接参与母质的风化过程和土壤淋溶化学过程
地形	地形重新对土壤水分、热量进行再分配；地形可以对母质进行再分配；地形影响土壤的形成和分布
生物	主要表现在有机质积累和腐殖质形成方面，具体表现为：植物对养分的富集和选择吸收；生物固氮作用；微生物和土壤动物分解转化有机质的作用
时间	土壤的形成和发展随时间的推移而不断深化；土壤形成的母质、气候、生物和地形等因素的作用程度和强度都随时间的延长而加深
人类活动	人类活动对土壤形成、演化的影响远远超过自然成土因素；人类活动可定向培育土壤，使土壤肥力特性发生巨大变化；人类活动对土壤影响具有两重性：利用合理有利于肥力提高，不合理利用导致土壤资源破坏和肥力下降

（3）土壤形成过程。土壤的形成是在母质基础上产生和发展土壤肥力的过程，也就是在母质上使植物生长发育所需要的养分、水分、空气、热量不断积累和协调的过程。这一过程实质是植物营养物质的地质大循环和生物小循环矛盾统一的过程（图6-9）。

由于成土条件的复杂性，使土壤发育形成中物质与能量的迁移、转化、累积、交换各不相同，从而产生了各种各样的成土过程，如黏化过程、熟化过程、钙化过程、富铁铝化过程、潜育化过程、潴育化过程、盐碱化过程、白浆化过程、腐殖质积累过程等。

2. 我国土壤资源

（1）我国现行土壤分类系统。现行的中国土壤分类系统分土纲、亚纲、土类、亚类、土属、土种和亚种7级。前4级为高级分类，后3级为基层分类。现行的中国土壤分类系统（修订方案，1995）是中国土壤分类系统中的高级分类，它将我国土壤分为14个土纲141个土类。尽管该系统是在中国土壤分类系统（首次方案，1992）的基础上提出的，但比较习惯且实用的仍为首次方案（表6-35）。

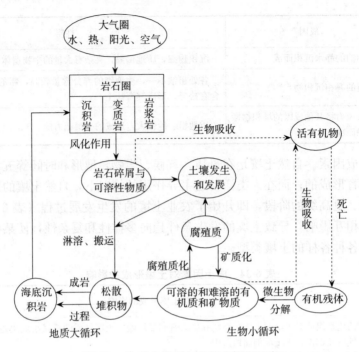

图 6-9 地质大循环与生物小循环示意

表 6-35 中国土壤系统分类（首次方案，1992）

土纲	土类
铁铝土	1. 砖红壤 2. 赤红壤 3. 红壤 4. 黄壤
淋溶土	5. 黄棕土 6. 黄褐土 7. 棕壤 8. 暗棕壤 9. 白浆土 10. 棕色针叶林土 11. 漂灰土 12. 灰化土
半淋溶土	13. 燥红土 14. 褐土 15. 灰褐土 16. 黑土 17. 灰色森林土
钙成土	18. 黑钙土 19. 栗钙土 20. 栗褐土 21. 黑垆土
干旱土	22. 棕钙土 23. 灰钙土
漠土	24. 灰漠土 25. 灰棕漠土 26. 棕漠土
初育土	27. 黄绵土 28. 红黏土 29. 新积土 30. 龟裂土 31. 风沙土 32. 石灰土 33. 火山灰土 34. 紫色土 35. 磷质石灰土 36. 石质土 37. 粗骨土
半水成土	38. 草甸土 39. 砂姜黑土 40. 山地草甸土 41. 林灌草甸土 42. 潮土
水成土	43. 沼泽土 44. 泥炭土
盐碱土	45. 盐土 46. 漠境盐土 47. 滨海盐土 48. 酸性硫酸盐土 49. 寒原盐土 50. 碱土
人为土	51. 水稻土 52. 灌淤土 53. 灌漠土
高山土	54. 高山草甸土 55. 亚高山草甸土 56. 高山草甸土 57. 亚高山草原土 58. 山地灌丛草原土 59. 干寒高山漠土 60. 亚高山漠土 61. 寒冻高山荒漠土

（2）我国主要土壤的分布规律。我国土壤种类繁多，形态各异，分布组合不同，土壤的利用与管理十分复杂。我国的土壤类型在自然环境条件的综合作用下，呈现出明显水平地带分布、垂直地带分布和区域性分布的特点（表 6-36）。

表 6-36 我国土壤分布规律

分布规律类型	分布规律
水平地带性分布	水平方向上土壤分布因生物气候带变化而变化。包括纬度和经度地带性。东部湿润区由北向南土壤水平分布：暗棕壤（黑龙江，吉林大兴安岭、小兴安岭和长白山地区）—黑土和黑钙土（东北松嫩平原和三江平原）—棕壤（辽东半岛等）—黄棕壤（苏、皖、鄂、湘等省）—黄壤和红壤（长江以南）—赤红壤和砖红壤（南岭以南）；内陆干旱区，由东向西分布：黑钙土—栗钙土—棕钙土—灰钙土—荒漠土；由东北大兴安岭向西南至黄土高原分布：黑土—黑钙土—栗钙土—褐土—垆土
垂直地带性分布	土壤随海拔高度增加而呈现分布的规律性。暖温带湿润区分布是棕壤—山地棕壤—山地暗棕壤；半湿润区是垆土—山地褐土—山地淋溶褐土—山地棕壤—山地暗棕壤—山地草甸土；珠穆朗玛峰由下向上分布的土壤类型是红黄壤—山地黄棕壤—山地酸性棕壤—山地漂灰土—黑毡土与草毡土—高山寒漠土—冰雪线
区域性分布	在地带性土壤分布规律的基础上，由于受地形、地质、水文等自然因素等影响，其土壤类型有别于地带性土壤类型，显示出土壤的区域性。也称为非地带性分布。按区域面积分为中域或微域

（3）我国主要土壤的分布与特征。我国土壤资源极其丰富，其特征存在显著差异。现将我国一些重要土壤类型的分布与特征总结见表 6-37。

表 6-37 我国部分土类的分布和主要性质

土类	分布	主要性质和利用
砖红壤	热带雨林、季雨林	遭强烈风化脱硅作用，氧化硅大量迁出，氧化铝相对富集（脱硅富铝化），游离铁占全铁的 80%，黏粒硅铝率<1.6，风化淋溶系数<0.05，盐基饱和度<15%，黏粒矿物以高岭石、赤铁矿与三水铝矿为主，pH4.5～5.5，具有深厚的红色风化壳。生长橡胶及多种热带植物
赤红壤	南亚热带季雨林	脱硅富铝风化程度仅次于砖红壤，比红壤强，游离铁度介于二者之间。黏粒硅铝率 1.7～2.0，风化淋溶系数 0.05～0.15，盐基饱和度 15%～25%，pH4.5～5.5，生长龙眼、荔枝等
红壤	中亚热带常绿阔叶林	中度脱硅富铝风化，黏粒中游离铁占全铁的 50%～60%，深厚红色土层。底层可见深厚红、黄、白相间的网纹红色黏土。黏土矿物以高岭石、赤铁矿为主，黏粒硅铝率1.8～2.4，风化淋溶系数<0.2，盐基饱和度<35%，pH4.5～5.5，生长柑橘、油桐、油茶、茶等
黄壤	亚热带湿润条件，多见于 700～1 200m 的山区	富含水合氧化物（针铁矿），呈黄色，中度富铝风化，有时含三水铝石，土壤有机质累积较高，可达 100g/kg，pH4.5～5.5。多为林地，间亦耕种
黄棕壤	北亚热带暖湿落叶阔叶林	弱度富铝风化，黏化特征明显，呈黄棕色黏土。B 层黏聚现象明显，硅铝率 2.5 左右，铁的游离度 2.5 左右，铁的游离度较红壤低，交换性酸 B 层大于 A 层，pH5.5～6.0。多由沙页岩及花岗岩风化物发育而成
黄褐土	北亚热带丘陵岗地	土体中游离碳酸钙不存在，土色灰黄棕，在底部可散见圆形石灰结核。黏化淀积明显，B 层黏聚，有时呈黏盘。黏粒硅铝率 3.0 左右，pH 表层 6.0～6.8，底层 7.5，盐基饱和度由表层向底层逐渐趋向饱和。由较细粒的黄土状母质发育而成
棕壤	湿润暖温带落叶阔叶林，但大部分已垦植旱作	处于硅铝风化阶段，具有黏化特征的棕色土壤，土体见黏粒淀积，盐基充分淋失，pH6～7，见少量游离铁。多有干鲜果类生长，山地多森林覆盖
暗棕壤	温带湿润地区针阔叶混交林	有明显有机质富集和弱酸性淋溶，A 层有机质含量可达 200g/kg，弱酸性淋溶，铁铝轻微下移。B 层呈棕色，结构面见铁锰胶膜，呈弱酸性反应，盐基饱和度 70%～80%。土壤冻结期长

（续）

土类	分布	主要性质和利用
褐土	暖温带半湿润区	具有黏化与钙质淋移淀积的土壤，盐基饱和，处于硅铝风化阶段，有明显黏淀层与假菌丝状钙积层。B层呈棕褐色，pH7～7.5，盐基饱和度达80％以上，有时过饱和
灰褐土	温带干旱、半干旱山地，云冷杉下	腐殖质累积与积钙作用明显的土壤。枯枝落叶层有机质可达100g/kg，下见暗色腐殖层，有弱黏化特征，钙积层在40～60cm以下出现，铁、铝氧化物无移动，pH7～8
黑土	温带半湿润草甸草原	具深厚均腐殖质层的无石灰性黑色土壤，均腐殖质层厚30～60cm，有机质含量30～60g/kg。底层具轻度滞水还原淋溶特征，见硅粉，盐基饱和度在80％以上，pH6.5～7.0
草甸土	地下水位较浅	潜水参与土壤形成过程，具有明显腐殖质累积，地下水升降与浸润作用，形成具有锈色斑纹的土壤。具有 A—C 构型
砂姜黑土	成土母质为河湖沉积物	经脱沼与长期耕作形成，仍见残余沼泽草甸特征。底土中见砂姜聚积，上层见面砂姜，底层可见砂姜瘤与砂姜盘，质地黏重
潮土	近代河流冲积平原或低平阶地	地下水位浅，潜水参与成土过程，底土氧化还原作用交替，形成锈色斑纹和小型铁子。长期耕作，表层有机质含量10～15g/kg
沼泽土	地势低洼，长期地表积水	有机质累积明显及还原作用强烈，形成潜育层，地表有机质累积明显，甚至见泥炭或腐泥层
草甸盐土	半湿润至半干旱地区	高矿化地下水经毛细管作用上升至地表，盐分累积大于6g/kg时，属盐土范畴。易溶盐组成中所含的氯化物与硫酸盐比例有差异
滨海盐土	沿海一带，母质为滨海沉积物	土体含有氯化物为主的可溶盐。滨海盐土的盐分组成与海水基本一致，氯盐占绝对优势，次为硫酸盐和重碳酸盐，盐分中以钠离子、钾离子为主，钙离子、镁离子次之。土壤含盐量20～50g/kg，地下水矿化度10～30g/L，土壤积盐强度随距海由近至远，从南到北而逐渐增强。土壤 pH7.5～8.5，长江以北的土壤富含游离碳酸钙
碱土	干旱地区	土壤交换性钠离子达20％以上，pH9～10。土壤黏粒下移累积，物理性状劣，坚实板结。表层质地轻，见蜂窝状孔隙
水稻土	长期季节性淹灌脱水，水下耕翻，氧化还原交替	原来成土母质或母土的特性有重大改变。由于干湿交替，形成糊状淹育层，较坚实板结的犁底层（AP）、淹育层（P）、潴育层（W）与潜育层（G）多种发生层
灌淤土	长期引用高泥沙含量灌溉水淤灌	在落淤后，即行耕翻，逐渐加厚土层达50cm以上，从根本上改变了原来土壤的层次，包括表土及其他土层，均作为埋藏层，因而形成土体深厚，色泽、质地均一，土壤水分物理性状良好的土壤类型
黄绵土	由黄土母质直接耕翻形成	由于土壤侵蚀严重，表层耕层长期遭侵蚀，只得加深耕作黄土母质层，因而母质特性明显，无明显发育，为A—C型土。由于风成黄土富含细粉粒，质地、结构均一，疏松绵软，富含石灰，磷、钾贮量较丰富，但有效性差。土壤有机质缺乏，含量约5g/kg
风沙土	半干旱、干旱漠境地区及滨海地区，风沙移动堆积	由于成土时间短暂，无剖面发育，反映了沙流动堆积与固定的不同阶段
紫色土	热带亚热带紫红色岩层直接风化	A—C构型，理化性质与母岩直接相关，土层浅薄，剖面层次发育不明显。母质富含矿质养分，且风化迅速，为良好的肥沃土壤

活动一　土壤资源退化与防治

1. 活动目标　了解土壤退化概念，熟悉土壤退化类型及危害，掌握当地土壤退化的防治。

2. 活动准备　根据班级人数，按 4 人一组，分为若干组，小组共同调研，制订各类土壤退化防治方案，共同研讨，并进行小组评价。

3. 相关知识　土壤退化是指土壤数量减少和质量降低，数量减少表现为表土丧失，或整个土体毁坏，或土地被非农业占用；质量降低表现在土壤物理、化学、生物学方面的质量下降。

（1）土壤退化的分类。中国科学院南京土壤研究所借鉴国外的分类，根据我国的实情，将土壤退化分为土壤侵蚀、土壤沙化、土壤盐化、土壤污染等（表 6-38）。

表 6-38　土壤退化分类

一级	二级
土壤侵蚀	水蚀，冻融侵蚀，重力侵蚀
土壤沙化	悬移风蚀，推移风蚀
土壤盐化	盐渍化和次生盐渍化，碱化
土壤污染	无机物污染，农药污染，有机废物污染，化学废料污染，污泥、矿渣和粉煤灰污染，放射性物质污染，寄生虫、病原菌和病毒污染
土壤性质恶化	土壤板结，土壤潜育化和次生潜育化，土壤酸化，土壤养分亏缺
耕地非农业占用	

（2）土壤退化的危害。我国土壤侵蚀严重，水蚀、风蚀面积占国土面积 1/3，流失土壤每年大约 50 亿 t，占世界总流失量的 1/5；沙漠、戈壁面积 110 万 km^2，沙漠化土壤面积已达 32.83 万 km^2；盐碱荒地 0.2 亿 km^2，盐碱耕地 0.07 亿 km^2；环境恶化，工业"三废"、化肥、农药、生物调节剂、地膜等严重污染土壤；由于有机肥投入减少，肥料结构不合理造成土壤肥力下降。

土壤退化发生广、强度大、类型多、发展快、影响深远，因此应积极采取措施，进行有效防治（表 6-39）。

表 6-39　各种土壤退化的含义、危害

类型	含义	危害
土壤侵蚀	是指土壤及其母质在水力、风力、冻融、重力等外力作用下，被破坏、剥蚀、搬运和沉积的全过程	土壤质量退化；生态环境恶化；引起江河湖库淤积
土壤沙化	是指因风蚀，土壤细颗粒物质丧失，或外来沙粒覆盖原有土壤表层，造成土壤质地变粗的过程	严重影响农牧业生产；使大气环境恶化；危害河流、交通；威胁人类生存
土壤盐渍化	是指易溶性盐在土壤表层积累的现象或过程	引起植物生理干旱；降低土壤养分有效性；恶化土壤理化性质；影响植物吸收养分
土壤潜育化	是指土壤处于受积滞水分的长期浸渍，土体内氧化还原电位低，并出现青泥层或腐泥层或泥炭层或灰色斑纹层的过程	还原物质较多；土性冷；养分有效性低；结构不良
土壤污染	是指人类活动所产生的污染物，通过不同途径进入土壤，其数量和速度超过了土壤的容纳能力和净化速度的现象	导致严重经济损失；导致农产品污染超标、品质不断下降；导致大气环境次生污染；导致水体富营养化并成为水体污染的祸患；成为农业生态安全的克星

4. 操作规程和质量要求 根据当地土壤退化发生情况，选做表 6-40 内容。

表 6-40 土壤退化的防治

工作环节	操作规程	质量要求
土壤侵蚀的预防与治理	(1) 调查当地土壤侵蚀现状和危害 (2) 总结当地土壤侵蚀预防与治理经验，制订治理方案 ①水利工程措施：坡面治理、沟道治理和小型水利工程 ②生物措施：种草种树、绿化荒山、农林牧综合经营 ③耕作措施：一是改变地面微小地形，如横坡耕作、沟垄种植、水平犁沟、筑埂作垄、等高种植、丰产沟等；二是增加地面覆盖，如间作套种、草田轮作、草田带状间作、宽行密植、利用秸秆杂草等进行生物覆盖、免耕或少耕等；三是增加土壤入渗，如增施有机肥、深耕改土、纳雨蓄墒，并配合耙糖、浅耕等	达到：土壤肥力明显提高；森林覆盖率显著提高；生态环境明显改善
土壤沙化的预防与治理	(1) 调查当地土壤沙化现状和危害 (2) 总结当地土壤沙化预防与治理经验，制订治理方案 ①营造防沙林带：建立封沙育草带、前沿阻沙带、草障植物带、灌溉造林带、固防防火带 ②实施生态工程：建立农林草生态复合经营模式 ③合理开发水资源：调控河流上、中、下游流量，挖蓄水池、打机井、多管井、开挖"马槽井"等 ④控制农垦：控制载畜量，控制农垦 ⑤采取综合治沙：活沙障、机械固沙、化学固沙等技术	达到：大气环境明显改善；小气候环境明显改善；人类生存条件有所好转
土壤盐渍化的预防与治理	(1) 调查当地土壤盐渍化现状和危害 (2) 总结当地土壤盐渍化预防与治理经验，制订治理方案 ①水利工程措施：排水、灌溉洗盐、放淤压盐 ②农业改良措施：种植水稻、耕作改良与增施有机肥料 ③生物措施：植树造林、种植绿肥牧草 ④化学改良措施：施用石膏、磷石膏、硫酸亚铁、沥青等	达到：土壤肥力明显提高；物理性状得到显著改善；作物生长良好，产量显著提高
土壤潜育化的预防与治理	(1) 调查当地土壤沙化现状和危害 (2) 总结当地土壤沙化预防与治理经验，制订治理方案 ①排水除渍：开挖截洪沟、环田沟、"十"字形或"非"字形沟，排除山洪水、冷泉水、铁锈水、渍水和矿毒水 ②合理轮作：改单作为水旱轮作，粮肥轮作 ③合理耕作：冬季耕作层犁翻晒白，且早耕早晒，晒白晒透 ④合理施肥：宜施磷、钾、硅肥 ⑤多种经营：采取稻田—养殖（鱼、鸭），或种植藕、荸荠等	达到：土壤肥力明显提高；物理性状得到显著改善；作物生长良好，产量显著提高
土壤污染的预防与治理	(1) 调查当地土壤沙化现状和危害 (2) 总结当地土壤沙化预防与治理经验，制订治理方案 ①减少污染源：加强对土壤污染的调查和监测、控制和消除工业"三废"、控制化学农药使用、合理施用化肥 ②综合治理：一是采取客土、换土、隔离法、清洗法、热处理等工程措施；二是采取生物吸收、生物降解、生物修复等生物措施；三是加入沉淀剂、抑制剂、消除剂、颉颃剂、修复剂等改良剂；四是增施有机肥料、控制土壤水分、选择合适形态化肥、种植抗污染品种、改变耕作制度、改种木本植物和工业用植物；五是完善法制，发展清洁生产	达到：土壤肥力明显提高；物理性状得到显著改善；作物生长良好，产量显著提高；土壤中污染物质逐渐消除；农产品中无有害物质残留

5. 问题处理　活动结束后，完成以下问题：

（1）当地土壤资源退化的类型有哪些？

（2）当地土壤资源退化防治有哪些好的方法？还应有哪些需要改进？

活动二　农业土壤利用与管理

1. 活动目标　调查了解当地农业土壤的生产性状和肥力水平，掌握当地农业土壤的使用现状，为当地农业土壤的可持续发展，提出科学有效的农业土壤利用与管理的最佳方法。

2. 活动准备　根据班级人数，按 2～4 人一组，分为若干组，利用图书馆、网络资源、相关书籍，通过走访、座谈、现场调查等形式，调查当地的农业土壤利用与管理现状。

3. 相关知识　农业土壤包括农田土壤和园艺土壤。农田土壤是在自然土壤基础上，通过人类开垦耕种，加入人工肥力演变而成的，分为旱地土壤和水田土壤；园艺土壤是栽培果树、蔬菜等园艺植物的农田土壤。

（1）旱地土壤。各类旱地土壤特征见表 6-41。

表 6-41　各类土壤资源的利用方式与特征

利用形式	土壤特征
旱地高产田	适宜的土壤环境：山区梯田化，平原园田化、方田化。协调的土体构型：上虚下实的剖面构型，耕作层深厚、疏松、质地较轻。适量协调的土壤养分。良好的物理性状，有益微生物数量多、活性大、无污染
旱地中低产田	干旱灌溉型：降水量不足或季节分配不合理，缺少必要调蓄工程，或土壤保蓄能力差 盐碱耕地型：土壤中可溶性盐含量超标，影响植物生长 坡地梯改型：具有流、旱、瘦、粗、薄、酸等特点 渍涝排水型：地势低洼，排水不畅，常年或季节性渍涝 沙化耕地型：主要障碍因素为风蚀沙化 障碍层次型：如土体过薄，剖面上有夹沙层、砾石层、铁磐层、砂姜层、白浆层等障碍层次
果园、菜园土壤	（1）南方果园：土壤类型多，有机质含量低，质地黏重，耕性不良，养分含量较低，土壤酸性 （2）北方果园：土层深厚，质地适中，灌排条件好，肥力较高，无盐碱化 熟化层深厚。有机质含量高，养分含量丰富。土壤物理性状良好。保肥供肥能力强
设施土壤	土壤温度高。土壤水分相对稳定、散失少。土壤养分转化快、淋失少。土壤溶液浓度易偏高。土壤微生态环境恶化。营养离子平衡失调。易产生气体危害和土壤消毒造成的毒害

（2）水田土壤。水田土壤是在一定的自然环境及人们种植水稻或水生植物后，采用各种栽培措施的影响下形成的。由于长期灌溉和干湿交替，水田土壤形成了不同于旱地的土壤性状。主要表现在：一是具有特殊的土壤剖面构型。典型的水田土壤剖面层次，通常可分为耕作层、犁底层、潴育层、潜育层等。一般来说，耕作层较厚（15～20cm）；犁底层较软而不烂；潴育层具有锈纹、锈斑，地下水位不高；潜育层位于 70～80cm。二是水热状况比较稳定。水田淹水期，水层增大了土壤热容量，水热动态稳定。三是氧化还原电位较低，物质的化学变化较大。一般水田土壤多处于还原状态，淹水时间愈长，还原物质愈多，氧化还原电位较低，可降到 100mV 以下，而在晒田和排水落干收获期则可达 300mV 以上。四是厌氧

微生物为主，有机质积累多。淹水减少了土壤中氧气质量分数，厌氧微生物占据优势，导致有机质分解速度缓慢，使有机质较快积累起来。

4. 操作规程和质量要求 根据当地的旱地农田、果园、菜园、水田等土壤类型，进行表 6-42 操作。

表 6-42 旱地土壤利用与管理

工作环节	操作规程	质量要求
旱地高产田的培肥与管理	（1）当地高产土壤环境现状评估。调查当地高产土壤的类型，培肥管理中存在哪些问题，有何典型经验 （2）总结当地高产田培肥管理经验，制订其培肥与管理措施 ①增施有机肥料，科学施肥。以有机肥为主、化肥为辅、有机无机相配合 ②合理灌排。适时适量地按需供水、均匀灌水、节约用水 ③合理轮作，用养结合。合理搭配耗地植物、自养植物、养地植物 ④深耕改土，加速土壤熟化。深耕结合施用有机肥料，并与耙耱、施肥、灌溉等耕作管理措施相结合 ⑤防止土壤侵蚀，保护土壤资源	
旱地中低产田的培肥管理	（1）当地中低产土壤环境现状评估。调查当地中低产土壤的类型，培肥管理中存在哪些问题，有何改良利用的典型经验 （2）总结当地中低产田培肥管理经验，制订其培肥与管理措施 ①干旱灌溉型的要通过发展灌溉加以改造耕地，并做到合理灌溉 ②盐碱耕地型的可建设排水工程，干沟、支沟、斗沟、农沟配套成网；井灌井排，深浅井合理分布，咸水、淡水综合利用；平整土地，防止地表积盐；进行淤灌；旱田改水田；耕作培肥 ③坡地梯改型可通过植树造林、种植绿肥牧草、坡面工程措施（等高沟埂、梯田，固沟保坡，沟坡兼治等）、推广有机旱作种植技术、发展灌溉农业等措施 ④渍涝排水型要建设骨干排水工程（干沟、支沟）进行排水；田间建设沟渠（斗沟、农沟）配套成网 ⑤沙化耕地型可通过：营建防护林网；种植牧草绿肥；平整土地，全部格田化；发展灌溉，保灌 6 次；土壤培肥，秸秆还田，增施有机肥，补施磷、钾肥等 ⑥障碍层次型可采取：在坡地采用等高种植；采用深松、深翻加深耕层，混合上下土层，消除障碍层；增施有机肥，秸秆还田，平衡施肥，培肥土壤	经过培肥管理，达到高产土壤肥力标准： （1）山区梯田化，平原园田化、方田化 （2）具有上虚下实的较厚耕层；水田有适度发育的犁底层 （3）土壤养分丰富，有机质含量适中，全氮、速效磷、速效钾含量较高 （4）具有良好土壤孔隙和结构，团粒结构多，水热状况良好 （5）有益微生物丰富，土壤不存在污染、退化等
果园土壤的培肥管理	（1）当地果园土壤环境现状评估。调查当地果园土壤的类型，培肥管理中存在哪些问题，有何改良利用的典型经验 （2）总结当地果园土壤培肥管理经验，制订其培肥与管理措施 ①加强果园土、肥、水管理：山丘果园修筑梯田，平地果园挖排水沟；增施有机肥，平衡施用氮、磷、钾及微量元素肥料 ②适度深翻，熟化土壤：深耕结合增施有机肥料；中耕除草与培土 ③增加地面覆盖：地膜覆盖和春、秋季覆草有效配合；果园种植绿肥 ④黄河故道等沙荒地，要设置防风林网，种植绿肥增加覆盖，培土填淤	

（续）

工作环节	操作规程	质量要求
菜园土壤的培肥管理	（1）当地菜园土壤环境现状评估。调查当地菜园土壤的类型，培肥管理中存在哪些问题，有何改良利用典型经验 （2）总结当地菜园土壤培肥管理经验，制订其培肥与管理措施 ①改善灌排条件，防止旱涝危害。采用渗灌、滴灌、雾灌等节水灌溉技术，高畦深沟种植 ②深耕改土。施用有机肥基础上，2～3年深翻一次 ③合理轮作。改单一品种连作为多种蔬菜轮作 ④增施有机肥，减少化肥施用，二者比例以1∶1为宜	
设施土壤的培肥管理	（1）当地设施土壤环境现状评估。调查当地设施土壤的类型，培肥管理中存在哪些问题，有何改良利用典型经验 （2）总结当地设施土壤培肥管理经验，制订其培肥与管理措施 ①施足有机底肥 ②整地起垄。提早进行灌溉、翻耕、耙地、镇压，最好进行秋季深翻 ③适时覆膜，提高地温 ④膜下适量浇水 ⑤控制化肥追施量。适当控制氮肥用量，增施磷、钾肥 ⑥多年设施栽培连茬种植前最好进行土壤消毒	
一般水稻土的培肥管理	（1）搞好农田基本建设，这是保证水稻土的水层管理和培肥的先决条件 （2）增施有机肥料，合理使用化肥。水稻的植株营养主要来自土壤，所以增施有机肥，包括种植绿肥在内，是培肥水稻土的基础措施。合理使用化肥，除养分种类全面考虑以外，在氮肥的施用方法上也应考虑反硝化作用，应当以铵类化肥进行深施为宜 （3）水旱轮作与合地灌排。合理灌排可以调节土温，一般称为"深水护苗，浅水发棵"。北方水稻土地区，春季刮北风时灌深水可以防止温度下降以护苗；刮南风时宜灌浅水。水稻分蘖盛期或末期要排水烤田	经过培肥管理，达到： （1）良好的土体构型：耕作层超过20cm以上；有良好发育的犁底层，厚5～7cm，以利托水托肥；心土层应该是垂直节理明显，利于水分下渗和处于氧化状态。地下水位以在80～100cm以下为宜，以保证土体的水分浸润和通气状况 （2）适量的有机质和较高的土壤养分含量。一般土壤有机质以20～50g/kg为宜。肥沃水稻土必须有较高的养分贮量和供应强度 （3）适当的渗漏量和适宜的地下日渗漏量在北方水稻土宜为10mm/d左右，利于氧气随渗漏水带入土壤中。适宜的地下水位是保证适宜渗漏量和适宜通气状况的重要条件
低产水稻土的培肥管理	水稻土的低产特性主要有冷、黏、沙、盐碱、毒害和酸等 （1）冷：低洼地区地下水位高的水稻土如潜育水稻土，冷浸田在秋季水稻收割后，土壤水分长期饱和甚至积水，这样于次年春季插秧后，土温低，影响水稻苗期生长，不发苗，造成低产。改良方法是开沟排水，增加排水沟密度和沟深，改善排水条件，降低地下水位 （2）黏和沙：质地过黏和过沙对水分渗漏不利，前者过小，后者过大，均能对水稻生长发育产生不良影响，也不利于耕作管理。具有这两类特性的水稻土，耕耙后很快澄清，地表板而硬，插秧除草都困难。改良方法是客土，前者掺入沙土，后者掺入黏质土，如黄土性土壤或黑土等 （3）盐碱、毒害：盐碱和工业废水的影响，主要是在排水的基础上，加大灌溉量以对盐碱、毒害进行冲洗 （4）酸度改良：主要是一些土壤酸度过大的水稻土应当适量施用石灰	

5. 问题处理　活动结束后，完成以下问题：

（1）完成表 6-43 内容。

（2）当地农业土壤利用中存在的主要问题是什么？

（3）当地农业土壤利用与管理你有什么好建议？

表 6-43 当地农业土壤利用现状及建议

土壤利用形式	当地土壤区域环境状况 当地气候、地形地势、地下水、污染情况、周围社会环境	土壤利用状况 种植制度、植物种类、管理方式	肥力性状 质地、结构、孔隙度、酸碱度、有机质、养分含量	利用与管理状况 利用现状、改良现状、进一步采取的措施
旱田土壤				
水田土壤				
设施农业土壤				
果园土壤				
菜园土壤				
水田土壤				

活动三 城市园林土壤利用与管理

1. 活动目标 了解城市园林土壤利用形式的特点，熟悉城市土壤的利用与管理。

2. 活动准备 根据班级人数，按 4 人一组，分为若干组，小组共同调研，制订城市土壤培肥改良计划或方案，共同研讨，并进行小组评价。

3. 相关知识 城市园林土壤是自然土壤被城市占据，在人类强烈活动影响下形成的。随着我国城市化进程不断加快，城市迅速扩大，重视城市土壤资源的特征与管理是一项重要的任务。城市土壤具有以下特征：

（1）人为影响大，肥力性状差。自然土壤或耕作土壤经城市占用并受人类活动的影响，土壤性状会发生明显的变化。城市土壤微生物数量较少，植被类型明显减少；土壤生物量大幅度降低，土壤生物多样性下降；土壤物质流和能量流循环失衡，土壤物质运行受到阻隔；土壤腐殖质逐渐减少；土壤团粒结构被破坏，土壤结构趋向块状和片状，渣砾增多；土壤紧实度加剧，土壤容重明显变大，孔隙状况不良，总孔隙度小，土壤持水能力降低；土壤酸性或碱性加剧，营养元素含量下降。

（2）土壤污染严重。城市化伴随工业发展，城市人口密度和数量增大，各种化学用品不断增加，生活垃圾、工程废料和生活废水及工业污染物排放等都是污染土壤的因素。

（3）净化功能明显降低，有害成分增加。城市土壤由于腐殖质呈明显的下降趋势，土壤生物活性明显降低，土壤黏土矿物更新过程放缓，所以土壤降解、转化污染物的能力大大降低，土壤过滤器和净化器的功能明显减弱。各类污染物易进入地下水或通过生物链进入动物、植物体内，造成城市地下水体污染和城市植物有害成分增加。

4. 操作规程与质量要求 城市园林土壤是建立在当地自然土壤或农业土壤基础上形成的，依据当地土壤情况完成表 6-44 操作。

表 6-44 城市园林土壤利用与管理

工作环节	操作规程	质量要求
合理利用城市土壤	根据土壤类型选择适宜的植物栽培。绿化用地在绿化前，要进行园林绿化设计，在进行植物配置时，力求做到适地适树。在施工过程中发现土壤条件不适宜设计上安排的树种时，要及时改换其他树种栽植	紧实土壤或带宽小于 2m，要选择适应性强的树种栽植；渣砾多的土壤要栽植喜气耐肥树种；水位高潮湿土壤上要栽植喜湿树种；盐碱地要选用耐盐碱的树种；楼北的地方要选种耐阴树种
适时改良城市土壤	(1) 改土。如果遇到松散土壤或极紧土壤不适宜树木栽植，要进行改土。改土是将土坑按规格要求挖好后，遇有渣砾要去掉，坑内施基肥换好土栽植，栽植第二年后要在树坑外围环状改土。在可能情况下，改土后经 2~3 年再在树的周围同样方法扩大改土面积 (2) 改土复壮。对已栽植多年的树木因土壤渣砾多或土壤紧实而造成长势弱的植株要进行改土复壮。改土复壮方法基本改土，但要将环状改土分 2~3 年完成，每年可改土一部分，减少树根损伤 (3) 改善土壤环境。石灰渣土在植树前要将坑内的土全部换掉换成好土。盐渍化土要采取挖沟排盐、灌水洗盐等措施降低土壤含盐量。水湿土壤要在绿化前挖沟排水或垫土抬高地面 (4) 生物改良土壤。种植白三叶既可以绿化又可以通过固氮改良土壤	改土规格是在树坑外围挖成宽 0.8m 左右，深 0.8m 左右的环状沟。沟挖完后，视土壤情况确定土壤处理方法。多渣土壤要筛除渣砾，换上好土掺有草炭、有机肥、锯末等保水保肥物质；紧实土壤可掺些树木屑、枝叶、沙砾等松土物质
因地制宜土壤培肥	(1) 增加土壤养分。要将每年修剪的枝叶收集粉碎以备改土用。贫瘠土壤或营养面积不足的绿地，要施足基肥及时追肥。城市建筑占用肥力高土壤，可将表土贮备起来以作绿化地改土换土用 (2) 改善土壤通气状况。紧实土壤进行松土并掺混一些能增加土壤透气物质。条件允许情况下人行道铺装改成透气铺装 (3) 调节土壤水分。根据土壤墒情做到适时浇水。保水性差的土壤可改土增加土壤保水性。扩大城市地表水面积，减少铺装，提高土壤含水量 (4) 加强土壤管理。禁止在绿地挖土、堆放杂物。禁止建筑垃圾埋入绿地。防止有害物质污染土壤。禁止人为践踏土壤	(1) 肥料要选用专用树肥，或多元素无机肥与有机肥混施效果最佳。施肥时间、深度、范围和施肥量等确定要有利于植物根系吸收为宜 (2) 保水差的土壤浇水要少量多次；板结土壤应在根区松土筑埂浇水

5. 问题处理 活动结束后，完成以下问题：

(1) 简述当地城市土壤利用情况。

(2) 当地城市土壤利用中存在的主要问题是什么？

(3) 对当地城市土壤利用与管理，你有什么好建议？

任务三　综合技能应用

【任务目标】

- **知识目标：**了解土壤剖面基本知识。
- **能力目标：**能会挖掘土壤剖面，并进行观察。

活动一　土壤剖面观测与肥力性状调查

1. 活动目标　能正确进行土壤剖面的设置、挖掘和观察记载，并能较准确地鉴别土壤生产性状，找出限制生产的障碍因素，为合理的改良利用土壤提供依据。

2. 活动准备　将全班按 4 人一组分为若干组，每组准备以下材料和用具：铁锹、土铲、锄头、剖面刀、放大镜、铅笔、钢卷尺、小刀、橡皮、白瓷比色板、土壤剖面记载表、10%盐酸、酸碱混合指示剂、赤血盐等。

3. 相关知识　从地表向下所挖出的垂直切面称为土壤剖面。土壤剖面一般是由平行于地表、外部形态各异的层次组成，这些层次称为土壤发生层或土层。土壤剖面形态是土壤内部性质的外在表现，是土壤发生、发育的结果。不同类型的土壤具有不同的剖面特征。

（1）自然土壤剖面。自然土壤剖面一般可分为 4 个基本层次：腐殖质层、淋溶层、淀积层和母质层。每一层次又可细分若干层，见图 6-10。

由于自然条件和发育时间、程度的不同，土壤剖面构型差异很大，有的可能不具有以上所有的土层，其组合情况也可能各不相同。如发育处在初期阶段的土壤类型，剖面中只有A—C 层，或 A—AC—C 层；受侵蚀地区表土冲失，产生 B—BC—C 层的剖面；只有发育时间很长，成土过程亦很稳定的土壤才有可能出现完整的 A—B—C 层的剖面。有的在 B 层中还有 Bg 层（潜育层）、BCa 层（碳酸盐聚积）、Bs 层（硫酸盐聚积）等。

（2）耕作土壤的剖面。旱地土壤剖面一般也分为 4 层：即耕作层（表土层）、犁底层（亚表土层）、心土层及底土层（图 6-11、表 6-45）。

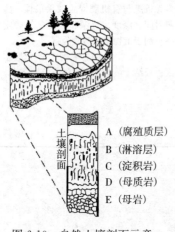

图 6-10　自然土壤剖面示意

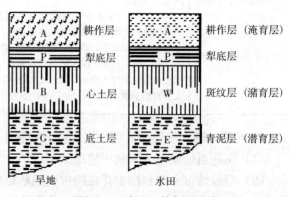

图 6-11　农业土壤剖面示意

表 6-45　旱地土壤剖面构造

层次	代号	特征
耕作层	A	又称为表土层或熟化层,厚 15~20cm。受人类耕作生产活动影响最深,有机质含量高,颜色深,疏松多孔,理化性质与生物学性状好
犁底层	P	厚约 10cm,受农机具影响常呈片状或层状结构,通气透水不良,有机质含量显著下降,颜色较浅
心土层	B	厚度为 20~30cm,土体较紧实,有不同物质淀积,通透性差,根系少量分布,有机质含量极低
底土层	G	一般在地表 60cm 以下,受外界因素影响很小,但受降雨、灌排和水流影响仍很大

一般水田土壤可分为:耕作层(淹育层),代号 A;犁底层,代号 P;斑纹层(潴育层),代号 W;青泥层(潜育层),代号 G 等土层(表 6-46)。

表 6-46　水田土壤剖面构造

层次	代号	特征
淹育层	A	水稻土的耕作层,长期在水耕熟化和旱耕熟化交替进行条件下,有机质积累增加,颜色变深,在根孔和土壤裂隙中有棕黄色或棕红色锈斑
犁底层	P	受农机具影响常呈片状或层状结构,可起到托水托肥作用
潴育层	W	干湿交替、淋溶淀积作用活跃,土体呈棱柱状结构,裂隙间有大量锈纹锈斑淀积
潜育层	G	长期处于饱和还原条件,铁、铝氧化物还原,土层呈蓝灰色或黑灰色,土体分散成糊状

4. 操作规程和质量要求　选择当地主要土壤,进行表 6-47 全部或部分内容。

表 6-47　土壤剖面挖掘与观察

工作环节	操作规程	质量要求
土壤剖面设置	剖面位置的选择一定要有代表性。对某类土壤来说,只有在地形、母质、植被等成土因素一致的地段上设置剖面点,才能准确地反映出土壤的各种性状	避免选择在路旁、田边、沟渠边及新垦搬运过的地块上
土壤剖面挖掘	选好剖面点后,先划出剖面的挖掘轮廓,然后挖土。主剖面的规格一般长为 1.5m、宽 0.8m、深 1.0m。深度不足 1.0m 者,挖至母岩、砾石层或地下水位为止。将观察面分成两半,一半用土壤剖面刀自上而下地整理成毛面,另一半削成光面,以便观察时相互进行比较	观察面要垂直向阳,观察面的对面要挖成阶梯状。所挖出表土和底土分别堆放在土坑的两侧,以便回填时先填底土,再填表土,尽可能恢复原状
剖面层次划分	自然土壤剖面按发生层次划分土层:枯枝落叶层、腐殖质层、淋溶层、淀积层、母质岩、母岩等层次。耕作土壤剖面层次划分:耕作层、犁底层、心土层、底土层。水稻土剖面层次:耕作层、犁底层、潴育层、潜育层(或青泥层)	由于自然条件和发育时间、程度的不同,土壤剖面构型差异很大,一般不具有所有层次,其组合情况也各不相同

（续）

工作环节	操作规程	质量要求
剖面形态观察记载	（1）土壤颜色：土壤颜色有黑、白、红、黄四种基本色，但实际出现的往往是复色。观察时，先确定主色，后确定次色，次色记在前面，主色在后	确定土壤颜色时，旱田以干状态时为准，水田以观察时的土色为准
	（2）土壤质地：野外测定土壤质地，一般用手测法，其中有干测法和湿测法两种，可相互补充，一般以湿测法为主	标准见土壤质地测定
	（3）土壤结构：用挖土工具把土挖出，让其自然落地散碎或用手轻捏，使土块分散，然后观察被分散开的个体形态的大小、硬度、内外颜色及有无胶膜、锈纹、锈斑等，最后确定结构类型	标准见土壤结构的观察
	（4）松紧度：野外鉴定土壤松紧的方法可根据小刀插入土体的难易和阻力大小来判断。有条件的可用土壤紧实度仪测定	松：小刀易入土，基本无阻力；散：稍加力，小刀即可插入土体；紧：用力较大，小刀才能插入土体；紧实：用力很大，小刀才能插入土体；坚实：十分费力，小刀也难以插入土体
	（5）土壤干湿度：按各土层的自然含水状态分级	干：土壤呈干土块，手试无凉感，嘴吹时有尘土扬起；润：手试有凉感，嘴吹无尘土扬起；潮：有潮湿感，手握成土团，落地即散，放在纸上能使纸变湿；湿：放在手上使手湿润，握成土团后无水流出。
	（6）新生体：新生体是在土壤形成过程中产生的物质，如铁锰结核、石灰结核等	反映土壤形成过程中物质的转化情况
	（7）侵入体：是外界侵入土壤中的物体，如瓦片、砖渣、炭屑等	其存在，与土壤形成过程无关
	（8）根系：反映植物根系分布状况	多量：$1cm^2$ 有 10 条根以上的；中量：$1cm^2$ 有 5～10 条根；少量：$1cm^2$ 有 2 条根左右；无根：见不到根痕
	（9）石灰性反应：用 10% 稀盐酸，直接滴在土壤上，观察气泡产生情况，判断其石灰含量	无石灰质：无气泡、无声音；少石灰质：缓慢产生小气泡，可听到响声，含量为 1% 以下；中量石灰质：明显产生大气泡和响声，但很快消失，含量为 1%～5%；多石灰质：发生剧烈沸腾现象，产生气泡，响声大，历时较久，含量为 5% 以上
	（10）亚铁反应：用赤血盐直接滴加测定。土壤酸碱度：土壤酸碱度的测定用混合指示剂法	土壤酸碱度标准见土壤酸碱度测定技能训练

5. 常见技术问题处理　将上述观察结果记录于表 6-48。根据各土层的特征特性，生产利用现状或自然植被种类、覆盖度等。对所调查土壤的生产性能客观地进行评价，找出限制生产的障碍因素，并提出改良利用的主要途径与措施。

表 6-48　土壤剖面观察记载

剖面野外编号：_____　室内编号：_____　地点：_____县_____乡_____村

调查时间：_____年_____月_____日

土壤名称：当地名称_____　最后定名_____　代表面积：_____

（一）土壤剖面环境

1. 地形_____　2. 海拔_____　3. 成土母质_____　4. 自然植被_____

5. 农业利用方式_____　6. 灌溉方式_____　7. 排水条件_____　8. 地下水位_____

9. 地下水水质_____　10. 侵蚀情况_____

（二）土壤生产性能

1. 耕作制度_____

2. 产量水平（1）_____　（2）_____

3. 施肥水平

4. 植物生长表现（1）_____　（2）_____　（3）_____

5. 耕作性能

6. 障碍因素

7. 肥力等级

（三）土壤剖面示意

（四）土壤剖面描述

剖面图	层次代号	深度(cm)	质地	新生体			紧实度	植物根系	侵入体	孔隙度
				类别	形态	数量				

剖面图	层次代号	深度(cm)	亚铁反应	石灰反应	pH	全氮(%)	碱解氮(mg/kg)	速效磷(mg/kg)	速效钾(mg/kg)	有机质(g/kg)

 知识拓展

如果想了解更多的知识，可以通过下面渠道进行学习：

1. 阅读杂志：

（1）《中国土壤与肥料》

（2）《土壤通报》

（3）《土壤》

（4）《土壤学报》

2. 浏览网站：

(1) 中国科学院南京土壤研究所网 http：//www. issas. ac. cn/

(2) 中国肥料信息网 http：//www. natesc. gov. cn/

(3) 中国农业科学院土壤肥料研究所网 http：//sfi. caas. ac. cn/

(4) ××省（市）土壤肥料信息网

3. 通过本校图书馆借阅有关土壤肥料的书籍。

考证提示

获得农艺工、农作物种子繁育员、农作物植保员、蔬菜园艺工、花卉园艺工、果树园艺工、农业试验工、林木种苗工、绿化工、草坪建植工、中药材种植员、牧草工等中级资格证书，须具备以下知识和能力：

1. 土壤矿物质、有机质、生物的性质与作用。

2. 土壤空气组成特点、土壤通气性及调节。

3. 土壤样品的采集与制备。

4. 土壤有机质含量的测定与调节。

5. 土壤质地的特性、测定与改善。

6. 土壤孔性的性质、测定与调节。

7. 土壤结构性与土壤耕性等判断及改良。

8. 土壤胶体与土壤吸收性及调节。

9. 土壤酸碱性测定与改良。

10. 当地土壤特点、利用现状及利用管理。

11. 当地主要农业土壤，或草原土壤，或森林土壤，或城市土壤等的利用与管理。

12. 土壤剖面观测与肥力性状调查。

师生互动

1. 调查并讨论当地土壤的主要成土矿物、岩石、成土母质有哪些。

2. 调查并讨论当地利用土壤生物改良土壤有哪些经验，当地提高土壤有机质含量的经验有哪些。

3. 调查当地土壤质地情况，完成表 6-49 中内容。并根据当地种植的主要植物，判断其适宜的土壤质地类型是什么，有无不良质地，如何进行合理改良。

表 6-49 三种不同土壤质地的特点和农业生产特性

性质与生产特性	沙土	黏土	壤土
通气透水性			
保水保肥性			
养分含量			
供肥性能			
土温变化			
植物生长特性			
适宜作物（3 种）			

4. 调查当地土壤，比较 4 类土壤结构体的特性、发生条件，填入表 6-50 中。当地农户有哪些创造团粒结构的好经验？

表 6-50　土壤结构体特性及发生条件

结构类型	特性	俗称	发生条件
团粒结构			
块状结构			
柱状结构			
片状结构			

5. 描述一下当地土壤的质地、孔性、结构等，并探讨其改善或调控有哪些措施。

6. 调查当地土壤的吸收性能如何，土壤的保肥与供肥方式主要是什么，当地常采取哪些措施来改善土壤的保肥与供肥。

7. 根据当地实际情况，以县或乡或村为区域，调查其所分布的土壤类型，了解其特征、利用改良经验，写出课外活动小结。

8. 调查当地农业或城市园林土壤存在哪些主要问题，有何典型管理经验。

项 目 七
植物生长的温度环境

项目目标

　　熟悉土壤温度、空气温度的变化及对植物生长的影响；熟悉植物生长的温度指标；了解植物对温度环境的适应。能熟练测定土壤温度和空气温度；能正确进行露地条件和设施条件下的温度调控。

任务一　植物生长的温度条件

【任务目标】

　　● **知识目标**：了解土壤温度、气温对植物生长的影响；熟悉土壤热性质及土壤温度的变化；熟悉植物生长的温度指标。

　　● **能力目标**：能熟练测定土壤温度和气温。

【背景知识】

温度与植物生长

　　植物在整个生命周期中所发生的一切生理生化作用，都是在一定的温度环境中进行的。不同的温度环境决定了植物种类的分布，也对生长发育的各项活动产生重要影响。

　　1. 土壤温度与植物生长

　　（1）影响植物对水分、养分的吸收。在植物生长发育过程中，随着土壤温度的升高，根系吸水量也逐渐增加。通常土壤温度对植物吸水的影响又间接影响了气孔阻力，从而限制了光合作用。低温减少了植物对多数养分的吸收，以 30℃ 和 10℃ 下 48h 短期处理作比较，低温影响水稻对养分吸收顺序是磷、氮、硫、钾、镁、钙。

　　（2）影响植物块茎或块根的形成。土壤温度高低直接影响植物地下贮藏器官的形成，如马铃薯以 15.6～22.9℃ 最适于块茎形成。一般情况下，土壤温度越低，块茎个数多而小。

　　（3）影响植物生长发育。土壤温度对植物整个生长发育期都有一定影响，而且前期影响大于气温对植物生长发育的影响。如种子发芽对土壤温度有一定要求，小麦、油菜种子发芽所要求最低温度为 1～2℃，玉米、大豆为 8～10℃，水稻则为 10～12℃。土壤温度变化还直接影响植物的营养生长和生殖生长，间接影响微生物活性、土壤有机质转化等，最终影响植物的生长发育和产量形成。

（4）影响地下微生物和昆虫的活动。土壤温度的高低影响土壤微生物的活动、土壤气体的交换、水分的蒸发、各种矿物质的溶解及有机质的分解等。同时土壤温度对昆虫，特别是地下害虫的发生发展有很大影响。如金针虫，当 10cm 土壤温度达到 6℃ 左右开始活动，当达到 17℃ 左右活动旺盛，并危害种子和幼苗。

2. 空气温度与植物生长

（1）气温日变化与植物生长发育。植物生长发育在最适温度范围内随温度升高而加快，超过有效温度范围会对植物产生危害。植物的生长和产品品质在有一定昼夜变温的条件下比恒温条件下要好，这种现象称为温周期现象。如我国西北地区的瓜果含糖量高、品质好与气温日较差大有密切关系。在高纬度温差大地区，在较低温度下，日较差大有利于种子发芽；在较高温度下，日较差小有利于种子发芽。温度的日变化影响还与高温、低温的配合有关。

（2）气温年变化与植物的生长发育。温度的年变化对植物生长也有很大影响，高温对喜凉植物生长不利，而喜温植物却需一段相对高温期。如四季如春的云南高原由于缺少夏季高温，有些水稻品种不能充分成熟；但在平均气温相近的湖北却生长良好。

除周期性变化外，温度非周期性变化与植物生长也有密切关系。温度非周期性变化往往造成农业气象灾害。春、秋两季，温度升高不稳，北方冷空气入侵，常常形成早、晚霜冻危害及低温冷害，比如云南滇中地区就有倒春寒与 8 月低温的影响，造成作物减产；夏末不适时的高温造成长江流域的水稻逼熟而减产。气温的非周期性变化对植物生长发育易产生低温灾害和高温热害。

同时，温度的变化还能引起作物环境中的其他因子，如湿度、土壤肥力等的变化。环境中这些因子的综合作用又能影响作物的生长发育、农业产量的形成和农产品的质量等。

活动一　植物生长的土壤温度测定

1. 活动目标　能够熟练进行土壤温度的测定，并对观测数据进行整理和科学分析。

2. 活动准备　根据班级人数，按 2 人一组，分为若干组，每组准备以下材料和用具：地面温度表、地面最高温度表、地面最低温度表、曲管地温表、计时表、铁锹、记录纸和笔。

3. 相关知识

（1）土壤热性质。土壤温度的高低，主要取决于土壤接受的热量和损失的热量数量，同时受热容量、导热率和导温率等土壤热性质的影响。

①土壤热容量。土壤热容量是指单位质量或容积土壤，温度每升高 1℃ 或降低 1℃ 时所吸收或释放的热量。如以质量计算土壤数量则为质量热容量，单位是 J/（g·℃），常用 C_m 表示；如以体积计算土壤数量则为容积热容量，单位是 J/（cm³·℃），常用 C_v 表示。两者的关系如下：

$$容积热容量 ＝ 质量热容量 × 土壤容重$$

不同土壤组成成分的热容量相差很大（表 7-1）。热容量大，则土壤温度变化慢；热容量小，则土壤温度易随环境温度的变化而变化。

表 7-1　不同土壤组成分的热容量

土壤成分	土壤空气	土壤水分	沙粒和黏粒	土壤有机质
质量热容量 [J/ (g·℃)]	1.004 8	4.186 8	0.75~0.96	2.01
容积热容量 [J/ (cm³·℃)]	0.001 3	4.186 8	2.05~2.43	2.51

②土壤导热率。土壤导热率指土层厚度 1cm，两端温度相差 1℃时，单位时间内通过单位面积土壤断面的热量，单位是 J/ (cm²·s·℃)，常用 λ 表示。土壤不同组分的导热率相差很大（表 7-2）。导热率越高的土壤，其温度越易随环境温度变化而变化，反之，土壤温度相对稳定。

③土壤导温率。土壤导温率，也称为导热系数或热扩散率，是指标准状况下，在单位厚度 (1cm) 土层中温差为 1℃时，单位时间 (1s) 经单位断面面积 (1cm²) 进入的热量使单位体积 (1cm³) 土壤发生的温度变化值，单位是 cm²/s。不同土壤成分的导温率相差很大（表 7-2）。土壤导温率越高，则土壤温度容易随环境温度的变化而变化；反之，土壤温度变化慢。

表 7-2　土壤组成成分的导热率和导温率

土壤组成分	导热率 [J/ (cm²·s·℃)]	导温率 (cm²/s)
土壤空气	0.000 21~0.000 25	0.161 5~0.192 3
土壤水分	0.005 4~0.005 9	0.001 3~0.001 4
矿质土粒	0.016 7~0.020 9	0.008 7~0.010 8
土壤有机质	0.008 4~0.012 6	0.003 3~0.005 0

土壤容积热容量和土壤导热率是影响土壤导温率的两个因素，可以用下式表示它们三者之间的关系：

$$土壤导温率 = \frac{土壤导热率}{土壤容积热容量}$$

(2) 土壤温度。温度日变化、年变化的特征常用"较差"和"极值"出现时刻来描述。"较差"即振幅，"极值"出线时刻是指最高温度和最低温度出现的时刻。

①土壤温度的日变化。在正常条件下，一日内土壤表面最高温度出现在 13：00 左右，最低温度出现在日出之前。土壤温度一日之中最高温度与最低温度之差称之为日较差。一般土表白天接受太阳辐射增热，夜间放射长波辐射冷却，因而引起温度昼夜变化（图 7-1）。土壤温度受太阳高度角、土壤热性质、土壤颜色、地形、天气等因素影响。

②土壤温度的年变化。在北半球中高纬度地区，土壤表面温度年变化的特点是：最高温度在 7 月或 8 月，最低温在 1 月或 2 月。土壤温度的年变化主要取决于太阳辐射的年变化、土壤的自然覆盖、土壤

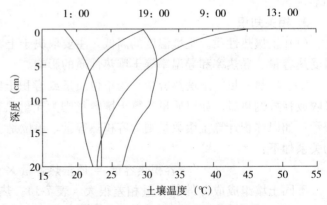

图 7-1　一日中土壤温度的垂直变化

热性质、地形、天气等。凡是有利于表层土壤增温和冷却的因素，如土壤干燥、无植被、无积雪等都能使极值出现的时间有所提早。反之，则使最低温度与最高温度出现的月份推迟。

③土壤温度的垂直变化。由于土壤中各层热量昼夜不断地进行交换，使得一日中土壤温度的垂直分布有一定的特点。一般土壤温度垂直变化分为 4 种类型，即日射型（受热型或昼型）、辐射型（放热型或夜型）、清晨转变型和傍晚转变型。

辐射型以 01：00 为代表，土壤温度随深度增加而升高，热量由下向上输导。日射型以 13：00 为代表，土壤温度随深度增加而降低，热量从上向下输导。清晨转变型以 09：00 为代表，此时 5cm 深度以上是日射型，5cm 以下是辐射型。傍晚转变型以 19：00 为代表，即上层为放热型，下层为受热型。

一年中土壤温度的垂直变化可分为放热型（冬季，相当于辐射型），受热型（夏季，相当于日射型）和过渡型（春季和秋季，相当于上午转变型和傍晚转变型。）

④影响土壤温度变化的因素。影响土壤温度变化的主要因素是太阳辐射，除此之外，土壤湿度等因素也影响着土壤温度变化。一是土壤湿度。土壤湿度一方面改变土壤的热特性（热容量和导热率），另一方面影响地面辐射收支和热量收支。因此，潮湿土壤与干燥土壤相比，地面土壤温度的日变幅和年变幅较小，最高、最低温度出现时间较迟。二是土壤颜色。土壤颜色可改变地面辐射差额，故深色土壤白天温度高，日较差大，浅色土壤白天温度较低，日较差较小。三是土壤质地。土壤温度的变化幅度以沙土最大，壤土次之，黏土最小。四是覆盖。植被、积雪或其他地面覆盖物，可截留一部分太阳辐射能，土温不易升高；还可防止土壤热量散失，起保温作用。五是地形和天气条件。坡向、坡度和地平屏蔽角大等地形因素及阴、晴、干、湿、风力大小等天气条件，或者使到达地面的辐射量发生改变，或者影响地面热量收支，影响土壤温度变化。六是纬度和海拔高度。土壤温度随着纬度增加、海拔增高而逐渐降低。

（3）测温仪器。一套地温表包含 1 支地面温度表、1 支地面最高温度表、1 支地面最低温度表和 4 支不同的曲管地温表。

地面温度表用于观测地面温度，是一套管式玻璃水银温度表，温度刻度范围较大，为 −20～80℃，每度间有一短格，表示 0.5℃。

地面最高温度表是用来测定一段时间内的最高温度。它是一套管式玻璃水银温度表。外形和刻度与地面温度表相似。它的构造特点是在水银球内有一玻璃针，深入毛细管，使球部和毛细管之间形成一窄道（图 7-2）。

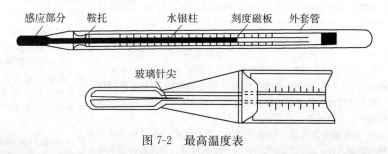

图 7-2　最高温度表

地面最低温度表是用来测定一段时间内的最低温度。它是一套管式酒精温度表。它的构造特点是毛细管较粗，在透明的酒精柱中有一蓝色哑铃形游标（图 7-3）。

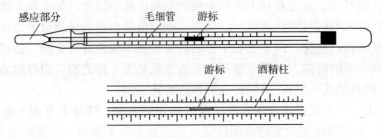

图 7-3　最低温度表

曲管地温表是观测土壤耕作层温度用的，共 4 支（图 7-4）。分别用于测定土深 5cm、10cm、15cm、20cm 的温度。属于套管式水银温度表，每 0.5℃有一短格，因球部与表身弯曲成 135°夹角，玻璃套管下部用石棉和灰填充以防止套管内空气对流。

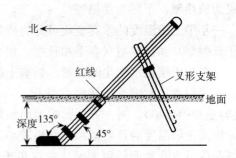

图 7-4　曲管地温表示意

4. 操作规程和质量要求　选择当地种植农作物、蔬菜、果树、花卉、园林植物等场所，完成表 7-3 内容。

表 7-3　土壤温度的测定

工作环节	操作规程	质量要求
土壤温度表的安装	（1）地面温度表的安装。在观测前 30min，将温度表感应部分和表身的一半水平地埋入土中；另一半露出地面，以便观测（图 7-5） （2）曲管温度表的安装。安装前选挖一条与东西方向成 30°角、宽 25～40cm、长 40cm 的直角三角形沟，北壁垂直，东西壁向斜边倾斜。在斜边上垂直量出要测土壤温度的深度即可安装曲管温度表。安装时，从东至西依次安好 5cm、10cm、15cm、20cm 曲管地温表，按一条直线放置，相距 10cm （3）地面最高温度表的安装。安装方法与地面温度表相同 （4）地面最低温度表的安装。安装方法与地面温度表相同	（1）曲管温度表应安置在观测场内南部地面上，面积为 2m×4m （2）地表要疏松、平整、无草，与观测场整个地面相平 （3）曲管温度表的安置按 5cm、10cm、15cm、20cm 顺序排列，表间隔隔 10cm。5cm 曲管温度表距 3 支地面温度表 20cm。安置时，感应部向北，表身与地面成 45°夹角
土壤温度的观测	（1）观测的时间和顺序。按照先地面后地中，由浅而深的顺序进行观测。其中 0cm、5cm、10cm、15cm、20cm、40cm 土壤温度表于每天北京时间 02：00、08：00、14：00、20：00 进行 4 次或 08：00、14：00、20：00 3 次观测。最高、最低温度表只在 08：00、20：00 各观测 1 次。夏季最低温度可在 08：00 观测 （2）最高温度表调整。用手握住表身中部，球部向下，手臂向外伸出约 30°，用大臂将表前后甩动，使毛细管内的水银落到球部，使示度接近于当时的干球温度。调整时动作应迅速，调整后回原处时，先放球部，后放表身 （3）最低温度表调整。将球部抬高，表身倾斜，使游标滑动到酒精的顶端为止，放回时先放表身，后放球部，以免游标滑向球部一端 （4）读数和记录。先读小数，后读整数，并应重复读数	（1）注意土壤温度的观测顺序，应该是地面温度→最高温度→最低温度→曲管土壤温度 （2）最高温度表和最低温度表的调整和放置应注意顺序 （3）各种温度表读数时，要迅速、准确、避免视觉误差，视线必须和水银柱顶端齐平，最低温度表视线应与酒精柱的凹液面最低处齐平 （4）读数精确到小数点后一位，小数位是"0"时，不得将"0"省略。若计数在零下，数值前应加上"−"号

（续）

工作环节	操作规程	质量要求
仪器和观测地段的维护	（1）各种土壤温度表及其观测地段应经常检查，保持干净和完好状态，发现异常应立即纠正 （2）在可能降雹之前，为防止损坏地面和曲管温度表，应罩上防雹网罩，雹停以后立即去掉	当冬季地面温度降到－36.0℃以下时，停止观测地面和最高温度表，并将温度表取回

5. 问题处理 根据观测资料，画出定时观测的土壤温度和时间的变化图。从图中可以了解土壤温度的变化情况和求出日平均温度值。若一天观测 4 次，可用下式求出日平均土壤温度：

地面

图 7-5 地面温度表安装示意

日平均地面温度＝［（当日地面最低气温＋前一日 20：00 地面温度）／
2＋08：00、14：00、20：00 地面温度之和］/4

活动结束后，计算当地土壤温度，并进行分析。

活动二 植物生长的气温测定

1. 活动目标 能够熟练测定空气温度及有关仪器的使用方法，并对观测数据进行整理和科学分析。

2. 活动准备 根据班级人数，按 2 人一组，分为若干组，每组准备以下材料和用具：干、湿球温度表，最高温度表，最低温度表，温度计，百叶箱。气温的观测包括定时的气温、日最高温度、日最低温度以及用温度计进行气温的连续记录。

3. 相关知识 植物生长发育不仅需要提供适宜的土壤温度，也需要适宜的空气温度给予保证。空气温度简称为气温，一般所说气温是指距地面 1.5m 高的空气温度。

（1）三基点温度。植物生命活动基本温度包括三种温度指标：一是维持生命温度，一般在－10～50℃；二是保证生长的温度，一般在 5～40℃；三是保证发育的温度，一般在 10～35℃。但不论是生命活动或生长、发育温度，按其生理过程来说，又都有三个基本点温度，即最低温度、最适温度和最高温度，称为三基点温度。其中在最适温度范围内，植物生命活动最强，生长发育最快；在最低温度以下或最高温度以上，植物生长发育停止。不同植物的三基点温度是不同的（表 7-4），高纬度、寒冷地区的植物，三基点温度范围较低；而低纬度、温暖地区的植物，三基点温度范围较高。同一植物不同品种的三基点温度也有差异；同一品种植物不同生长发育阶段其三基点温度也是不同的，如水稻秧苗生长要求至少 13℃ 的水温，但到灌浆期则要求达到 20℃ 以上。

表 7-4 几种作物的三基点温度（℃）

作物种类	最低温度	最适温度	最高温度
小麦	3～4.5	20～22	30～32
玉米	8～10	30～32	40～44
水稻	10～12	30～32	36～38

（续）

作物种类	最低温度	最适温度	最高温度
棉花	13～14	28	35
油菜	4～5	20～25	30～32

三基点温度是最基本的温度指标，用途很广。在确定温度的有效性、作物的种植季节和分布区域，以及计算植物生长发育速度、生产潜力等方面必须考虑三基点温度。除此之外，还可根据各种作物三基点温度的不同，确定其适应的区域，如C4作物由于适应较高的温度和较强的光照，故在中纬度地区可能比C3作物产量高，而在高纬度地区C3作物则可能比C4作物产量高。

（2）农业界限温度。对农业生产有指标或临界意义的温度，称为农业指标温度或界限温度。一个地方的作物布局、耕作制度、品种搭配和季节安排等，都与该温度的出现日期、持续日数和持续时期中积温的多少有密切的关系。重要的界限温度有0℃、5℃、10℃、15℃、20℃等（表7-5）。

表7-5　重要的农业界限温度的含义

界限温度（℃）	含义
0	土壤冻结或解冻，农事活动开始或终止，越冬植物停止生长；早春土壤开始解冻，早春植物开始播种。从早春日平均气温通过0℃到初冬通过0℃期间为"农耕期"，低于0℃的时期为农闲期
5	春季通过5℃的初日，华北的冻土基本化冻，喜凉植物开始生长。多数树木开始生长。深秋通过5℃越冬植物进行抗寒锻炼，土壤开始日消夜冻，多数树木落叶。5℃以上持续的日数称为"生长期"或"生长季"
10	春季喜温植物开始播种，喜凉植物开始迅速生长。秋季喜温谷物基本停止灌浆，其他喜温植物也停止生长。大于10℃期间为喜温植物生长期，与无霜期大体吻合
15	春季通过15℃的初日，喜温作物积极生长，为水稻适宜移栽期和棉花开始生长期。秋季通过15℃为冬小麦适宜播种期的下限。大于15℃期间为喜温植物的活跃生长期
20	春季通过20℃的初日，是水稻安全抽穗、开花的指标，也是热带作物橡胶正常生长、产胶的界限温度；秋季低于20℃对水稻抽穗开花不利，易形成冷害导致空壳。初、终日之间为热带植物的生长期

（3）积温。植物生长发育不仅要有一定的温度，而且通过各生长发育期或全生长发育期间需要一定的积累温度。一定时期的积累温度，即温度总和，称为积温。积温能表明植物在生长发育期内对热量的总要求。在某一个时期内，如果温度较低，达不到植物所需要的积温，生长发育期就会延长，成熟期推迟。相反，如果温度过高，很快达到植物所需要的积温，生长发育期会缩短，有时会引起高温逼熟。

①积温的种类。高于生物学下限温度的日平均温度称为活动温度。例如，某天日平均温度为15℃，生物学下限温度为10℃，则当天对该作物的活动温度就是15℃。活动积温则是植物生长发育期间的活动温度的总和。各种植物不同生长发育期的活动积温不同，同一植物的不同品种所需求的活动积温也不相同（表7-6）。由于大多数植物在10℃以上

才能活跃生长，所以大于10℃的活动积温是鉴定一个地区对某一植物的热量供应能否满足的重要指标。

表 7-6 几种植物所需大于 10℃ 的活动积温（℃）

植物	早熟型	中熟型	晚熟型
水稻	2 400～2 500	2 800～3 200	—
棉花	2 600～2 900	3 400～3 600	4 000
冬小麦	—	1 600～2 400	
玉米	2 100～2 400	2 500～2 700	>3 000
高粱	2 200～2 400	2 500～2 700	>2 800
大豆	—	2 500	>2 900
谷子	1 700～1 800	2 200～2 400	2 400～2 600
马铃薯	1 000	1 400	1 800

活动温度与生物学下限温度之差称为有效温度。如某天的日平均温度为15℃，对生物学下限温度为10℃的作物来说，当天对该作物的有效温度为15℃－10℃＝5℃。植物生长发育期内有效温度积累的总和称为有效积温。不同植物或同一植物不同生长发育期间的有效积温也是不同的。

实践证明，某种植物的全部生长发育期（或某一生长发育期）所需的积温，特别是所需的有效积温多趋近常数。因此，植物要完成其生长发育期（或某一生长发育期）所持续的日数与其所经历的温度高低成反相关，即植物生长发育期内逐日温度越高，则各生长发育期持续日数相应减少；反之，就相应地增加。有效积温比较稳定，能更确切地反映植物对热量的要求。所以，在植物生产中，应用有效积温比较好。

②积温的应用。积温作为一个重要的热量指标，在植物生产中有着广泛的用途，主要体现在：

一是用来分析农业气候热量资源。通过分析某地的积温大小、季节分配及保证率，可以判断该地区热量资源状况，作为规划种植制度和发展优质、高产、高效作物的重要依据。

二是作为植物引种的科学依据。积温是作物与品种特性的主要指标之一，依据植物品种所需的积温，对照当地可提供的热量条件，进行引种或推广，可避免盲目性。

三是为农业气象预报服务。作为物候期、收获期、病虫害发生期等预报重要依据，也可根据杂交育种、制种工作中父本和母本花期相遇的要求，或农产品上市、交货期的要求，利用积温来推算适宜的播种期。

四是作为农业气候专题分析与区划的重要依据之一。积温是热量资源的主要标志，根据积温多少，确定某作物在某地种植能否正常成熟，预计能否高产、优质。例如分析积温多少与某地棉花霜前花比例的关系，既涉及产量又涉及品质。此外，还可以根据积温分析，为确定各地种植制度（如复种指数、前后茬作物的搭配等）提供依据，并可用积温作为指标之一进行区划。

4. 操作规程和质量要求 选取当地以种植作物为主的田块，准备测定气温的工具和仪器，完成表 7-7 的操作。

表 7-7 气温的测定

工作环节	操作规程	质量要求
仪器的安置	（1）在小型百叶箱的底板中心，安装一个温度表支架、干球温度表和湿球温度表垂直悬挂在支架两侧，球部向下，干球在东，湿球在西，感应球部距地面 1.5m 左右。如图 7-6 所示 （2）在湿度表支架的下端有两对弧形钩，分别放置最高温度表和最低温度表，感应部分向东	（1）湿球下部的下侧方是一个带盖的水杯，杯口离湿球约 3cm，湿球纱布穿过水杯盖上的狭缝浸入杯内的蒸馏水中 （2）要注意干、湿球的位置，干球在东，湿球在西 （3）要注意最高、最低温度表的感应部分应向东
气温的观测	按干球温度表、湿球温度表、最高温度表、最低温度表、自记温度计、自记湿度计的顺序，在每天 02：00、08：00、14：00、20：00 进行 4 次干、湿球温度的观测，在每天 20：00 观测最高温度和最低温度各一次	读数记录的要点和要求同土壤温度观测
最高和最低温度表调整	最高、最低温度表的调整方法与地温观测相同	调整的要求同土壤温度观测
仪器维护	各种气表应经常检查，保持干净和完好状态，发现异常应立即纠正	要求同土壤温度观测

图 7-6 小型百叶箱内仪器的安置

5. 问题处理 活动结束后，完成以下问题：

（1）先分组练习，再选代表上台观测，并将测量结果（保留一位小数）记入表 7-8。

表 7-8 气温测定记录

测量项目	干球温度	最高温度	最低温度
读数（℃）			

（2）根据观测资料，画出定时观测空气温度和时间变化图。从图中可以了解空气温度的变化情况和求出日平均气温值。其统计方法是：

日平均气温＝（02：00气温＋08：00气温＋14：00气温＋20：00气温）/4

如果02：00气温不观测，可用下式求日平均气温：

日平均气温＝［（当日最低气温＋前一日20：00气温）/2
＋08：00、14：00、20：00气温之和］/4

任务二　植物生长的温度环境调控

【任务目标】

● **知识目标**：认识植物的感温性及温周期现象；了解植物对温度环境的适应；熟悉温度调控的基本原理。

● **能力目标**：能熟练进行露地条件下温度的正确调控；能根据不同设施进行温度的正确调控。

【背景知识】

植物对温度环境的适应

植物生长环境中的温度是不断变化的，既有规律性的周期性变化，又有无规律性的变化。如昼夜温度的不同，四季温度的变化等都是有节律的温度变化，而夏季的炎热和冬季的冻害发生时的温度变化都是无节律的，没有周期性的。植物会对其所生长的环境温度变化产生一定的适应性或抗性。

1. 植物的感温性　植物感温性是指植物长期适应环境温度的规律性变化，形成其生长发育对温度的感应特性。不同植物在不同发育阶段，对温度的要求不同，大多数植物生长发育过程中需要一定时期的较高温度，在一定的温度范围内随温度升高生长发育速度加快，有些植物或品种在较高温度的刺激下发育加快，即感温性较强。如水稻的感温性，晚稻强于中稻，中稻强于早稻。春化作用是植物感温性的另一表现。

2. 植物的温周期现象　植物的温周期现象是指在自然条件下气温呈周期性变化，许多植物适应温度的这种节律性变化，并通过遗传成为其生物学特性的现象。植物温周期现象主要是指日温周期现象。如热带植物适应于昼夜温度高，振幅小的日温周期，而温带植物则适应于昼温较高，夜温较低，振幅大的日温周期。

在一定的温度范围内，昼夜温差较大更有利于植物的生长和产品质量的提高。如在不同昼夜温度下培育的火炬松苗，在昼夜温差最大时（日温30℃、夜温17℃）生长最好，苗高达 32.2 cm；昼夜温度均在 17℃时，苗高 10.9 cm，差异十分明显（表 7-9）。温周期对植物生长的有利作用，是由于生长期中白天很少出现极端的、不利于植物生长的温度，白天适当高温有利于光合作用，夜间适当低温减弱呼吸作用，使光合产物消耗减少，净积累相应增多。

表 7-9　不同昼夜温度下火炬松苗高生长量

日温	夜温		
	11℃	17℃	23℃
30℃		32.2cm	
23℃	30.2cm	24.9cm	19.9cm
17℃	16.8cm	10.9cm	15.8cm

3. 植物对温度适应的生态类型　根据植物对温度的不同要求，一般可将植物分为以下 5 种类型：

（1）耐寒的多年生植物。这类植物的地上部分能耐高温，但一到冬季地上部分枯死，而以地下部分的宿根越冬，一般能耐 0℃以下的低温。这类植物如金针菜、茭白、藕等。

（2）耐寒的一二年生植物。这类植物能忍受 -2～-1℃的低温，短期内可耐 -10～-5℃的低温。这类植物如大蒜、大葱、菠菜、白菜等。

（3）半耐寒植物。这类植物不能长期忍受 -2～-1℃的低温，在长江流域以南地区可露地越冬。这类植物如豌豆、蚕豆、萝卜、胡萝卜、芹菜、甘蓝等。云南在滇中、滇西以南等地还能冬季露地生长。

（4）喜温植物。这类植物的最适温度为 20～30℃，当温度超过 40℃时，则几乎停止生长；而当温度在 15℃以下时，又会出现授粉不良，导致落蕾落花增加。因此在长江以南可以春播和秋播，北方则以春播为主。这类植物如黄瓜、辣椒、番茄、茄子、菜豆等。

（5）耐热植物。这类植物在 30℃左右光合作用最旺盛，而西瓜、甜瓜及豇豆等在 40℃的高温下仍能生长。不论是华南或华北，还是云南德宏、西双版纳等地都可春播而夏、秋收获。这类植物如西瓜、冬瓜、南瓜、丝瓜、甜瓜、豇豆、刀豆等。

活动一　一般条件下温度环境调控

1. 活动目标　熟悉当地植物生长的温度状况，能正确地进行一般条件下温度调控。

2. 活动准备　了解当地土壤温度和气温的基本变化规律；查阅当地有关极端温度资料等有关知识。

3. 相关知识　主要是调控土壤温度和空气温度。

（1）土壤温度的调控技术。

一是合理耕作。通过耕翻松土、镇压、垄作等措施，改变土壤水、热状况，进行适当提高或降低土壤温度，满足植物生长。耕翻松土的作用主要有疏松土壤、通气增温、调节水气、保肥保墒等。镇压是松土的相反过程，可以增温、稳温和提墒。垄作的目的在于：增大受光面积，提高土壤温度，排除渍水，松土通气。

二是地面覆盖。农业生产中常用覆盖方式有：地膜覆盖、秸秆覆盖、有机肥覆盖、草木灰覆盖、地面铺沙等。地面覆盖的目的在于保温、增温，抑制杂草，减少蒸发，保墒等。

三是灌溉排水。一般中纬度地区在元旦前后"日化夜冻"时对越冬植物进行灌溉，是防止冻害发生的有效措施。水分灌溉对植物生产有重要意义，除了补充植物需水外，还可以改善农田小气候环境。春季灌水可以抗御干旱，防止低温冷害；夏季灌水可以缓解干旱，降温，减轻干热风危害；秋季灌水可以缓解秋旱，防止寒露风的危害；冬季灌水可为越冬植物的安全越冬创造条件。温暖季节灌溉会引起降温，寒冷季节灌溉可以保温。过多地区，采用排水，可以提高土壤温度。

四是增温剂和降温剂的使用。寒冷季节使用增温剂提高土壤温度，高温季节使用降温剂降低土壤温度。

（2）气温的调控技术。生产上在高温季节常常需要降温：

一是采用先进灌溉技术。在植物茎、叶生长高温期间，可通过喷灌、滴灌、雾灌等灌溉技术，进行叶面喷洒降温，调节茎、叶环境湿度。注意灌水量和时间，并且要注意喷洒均匀。

二是遮阳处理。遮阳处理主要用于花卉、食用菌等植物生产对于一些需要遮阳的植物，可采取：搭建遮阳网；在阴棚四周搭架种植藤蔓作物如南瓜、西葫芦等，提高遮阳效果；在棚顶安装自动旋转自来水喷头或喷雾管，在每天 10：00～16：00 进行喷水降温。

4. 操作规程和质量要求　选择当地种植农作物、蔬菜、果树、花卉等地块，观察植物生长情况，并进行表 7-10 的操作。

表 7-10　一般条件下的温度调控技术

工作环节	操作规程	质量要求
地温的调控	（1）合理耕作：通过耕翻松土、镇压、垄作等措施，改变土壤水、热状况，进行适当提高或降低土壤温度，满足植物生长 （2）地面覆盖：农业生产中常用覆盖方式有：地膜覆盖、秸秆覆盖、有机肥覆盖、草木灰覆盖、地面铺沙等 （3）灌溉排水：一般在元旦前后要对越冬植物进行灌溉，是防止冻害发生的有效措施。水分过多地区，采用排水，可以提高土壤温度 （4）增温剂和降温剂的使用：寒冷季节使用增温剂提高地温，高温季节使用降温剂降低土壤温度	（1）选择的技术人员一定要有长期从事这方面科学研究和技术推广经验 （2）选择的农户一定要有长期实践经验 （3）通过网站、杂志、图书获得资料，要注意资料的真实性、可靠性 （4）获得的实验资料及数据一定要客观、真实、可靠
气温的调控	（1）采用先进灌溉技术。在植物茎、叶生长高温期间，可通过喷灌、滴灌、雾灌等灌溉技术，进行叶面喷洒降温，调节茎、叶环境湿度 （2）遮阳处理。对于一些需要遮阳的植物，可采取：一是搭建遮阳网；二是在阴棚四周搭架种植藤蔓作物如南瓜、西葫芦等，提高遮阳效果；三是在棚顶安装自动旋转自来水喷头或喷雾管，在每天 10：00～16：00 进行喷水降温	（1）注意灌水量和时间，并且要注意喷洒均匀 （2）遮阳处理主要用于花卉、食用菌等植物生产

5. 问题处理　课余时间可选择当地种植农作物、蔬菜、果树、花卉等土质均匀的地块，将其均匀划分成五个小块，对其中四块分别进行镇压、耕翻松土（5～7cm）、垄作（5～7cm）、灌溉（约 10cm）操作，第五块不做处理，作为对照。在各地块的相同位置分别安置地面三支温度表和 5cm、10cm 曲管地温表，1d 后，分别观测 08：00、14：00、20：00 的

温度，填入表 7-11。

表 7-11 耕作措施对土壤温度的影响

耕作措施	温度（℃）				
	地面	最高	最低	5cm	10cm
镇压					
耕翻松土					
垄作					
灌溉					
对照					

根据表 7-11 数据记录情况，分析 4 种农作方式对土壤温度有何影响？

活动二　设施条件下温度环境调控

1. 活动目标　熟悉当地植物生长的温度状况，能正确地进行一般条件下温度调控。

2. 活动准备　了解当地土壤温度和气温的基本变化规律；查阅当地有关极端温度资料等有关知识。

3. 相关知识　设施增温是指在不适宜植物生长的寒冷季节，利用增温或防寒设施，人为地创造适于植物生长发育的气候条件进行生产的一种方式。设施增温的主要方式有：智能温室、日光温室和塑料大棚等。

（1）智能温室。智能温室也称为自动化温室，是指配备了由计算机控制的可移动天窗、遮阳系统、保温系统、升温系统、湿窗帘/风扇降温系统、喷滴灌系统或滴灌系统、移动苗床等自动化设施，基于农业温室环境的高科技智能温室。智能温室的控制一般由信号采集系统、中心计算机、控制系统三大部分组成。

（2）日光温室。日光温室是采用较简易的设施，充分利用太阳能，在寒冷地区一般不加温进行蔬菜越冬栽培，而生产新鲜蔬菜的栽培设施日光温室具有鲜明的中国特色。日光温室是我国独有的设施。日光温室的结构各地不尽相同，分类方法也比较多。按墙体材料分，主要有干打垒土温室、砖石结构温室、复合结构温室等。按后屋面长度分，有长后坡温室和短后坡温室；按前屋面形式分，有二折式、三折式、拱圆式、微拱式等。按结构分，有竹木结构、钢木结构、钢筋混凝土结构、全钢结构、全钢筋混凝土结构、悬索结构、热镀锌钢管装配结构。

前坡面夜间用保温被覆盖，东、西、北三面为围护墙体的单坡面塑料温室，统称为日光温室。其雏形是单坡面玻璃温室，前坡面透光覆盖材料用塑料膜代替玻璃即演化为早期的日光温室。日光温室的特点是保温好、投资低、节约能源，非常适合我国经济欠发达农村使用。

（3）塑料大棚。塑料大棚俗称冷棚，是一种简易实用的保护地栽培设施，由于其建造容易、使用方便、投资较少，随着塑料工业的发展，被世界各国普遍采用。利用竹木、钢材等材料，并覆盖塑料薄膜，搭成拱形棚，供栽培蔬菜，能够提早或延迟供应，提高单位面积产量，有得于防御自然灾害，特别是北方地区能在早春和晚秋淡季供应鲜嫩蔬菜。

塑料大棚充分利用太阳能，有一定的保温作用，并通过卷膜能在一定范围调节棚内的温度和湿度。因此，塑料大棚在我国北方地区，主要是起到春提前、秋延后的保温栽培作用，一般春季可提前 30～35d，秋季能延后 20～25d，但不能进行越冬栽培；在我国南方地区，塑料大棚除了冬、春季用于蔬菜、花卉的保温和越冬栽培外，还可更换遮阳网用于夏、秋季的遮阳降温和防雨、防风、防雹等的设施栽培。

4. 操作规程和质量要求　选择当地种植农作物、蔬菜、果树、花卉等地块，观察植物生长情况，并进行表 7-12 的操作。

表 7-12　设施条件下温度调控技术

工作环节	操作规程	质量要求
设施环境中地温调控	（1）保温：在设施周围设置防寒沟，一般宽 30cm、深 50cm 即可，沟内填充稻壳、蒿草等材料；冬季减少灌水量、进行地面覆盖 （2）增温：加温的方法主要有热风采暖、蒸汽采暖、电热采暖、辐射采暖和火炉采暖等	（1）防寒沟保温的途径主要是增大地表热流量 （2）热风采暖要注意通风，防止缺氧和有害气体积累
设施环境条件下保温技术	（1）减少贯流放热和通风换气量。近年来主要采用外盖膜、内铺膜、起垄种植再加盖草席、草毡子、纸被或棉被，以及建挡风墙等方法来保温 （2）增大保温比。适当降低设施的高度，缩小夜间保护设施的散热面积，有利于提高设施内昼夜的气温和地温 （3）增大地表热流量。通过增大保护设施的透光率、减少土壤蒸发以及设置防寒沟等，增加地表热流量	在选用覆盖物时，要注意尽量选用导热率低的材料。其保温原理为：减少设施内表面的对流传热和辐射传热；减少覆盖材料自身的传导散热；减少设施外表面向大气的对流传热和辐射传热；减少覆盖面的露风而引起的对流传热
设施环境条件下加温技术	加温的方法有酿热加温、电热加温、水暖加温、汽暖加温、暖风加温、太阳能贮存系统加温等，根据作物种类和设施规模和类型选用	酿热加温利用的是酿热物发酵过程中产生的热量
设施环境条件下降温技术	（1）换气降温。打开通风换气口或开启换气扇进行排气降温 （2）遮光降温。夏天光照太强时，可以用旧薄膜或旧薄膜加草帘、遮阳网等遮盖降温 （3）屋面洒水降温。在设备顶部设置有孔管道，水分通过管道小孔喷于屋面，使得室内降温 （4）屋内喷雾降温。一种是由设施侧底部向上喷雾，另一种是由大棚上部向下喷雾，应根据植物的种类来选用	当外界气温升高时，为缓和设施内气温的继续升高对植物生长产生不利影响，需采取降温措施

5. 问题处理　可选一个中型温室，在温室的中部、两侧距地面 10cm、50cm、150cm 处分别安置干球温度表，次日 08：00、14：00、20：00 分别测量，填入表 7-13。

表 7-13　温室内不同位置温度观测

时间	左侧			中部			右侧		
	10cm	50cm	150cm	10cm	50cm	150cm	10cm	50cm	150cm
08：00									
14：00									
20：00									

根据表 7-13 数据记录情况，分析日光温室不同位置的空气温度有何变化，对植物生长有何影响？

 知识拓展

如果想了解更多的知识，可以通过下面渠道进行学习：

1. 阅读杂志：

(1)《气象》

(2)《中国农业气象》

(3)《气象知识》

(4)《中国气象》

(5)《贵州气象》《广东气象》《山东气象》《陕西气象》

2. 浏览网站：

(1) 农博天气 http：//weather. aweb. com. cn/

(2) 中国天气网 http：//www. weather. com. cn/

(3) 新气象 http：//www. zgqxb. com. cn/

(4) 中国气象台 http：//www. nmc. gov. cn/

(5) ××省（市）气象信息网

3. 通过本校图书馆借阅有关气象、农业气象方面的书籍。

考证提示

获得农艺工、农作物种子繁育员、农作物植保员、蔬菜园艺工、花卉园艺工、果树园艺工、农业试验工、林木种苗工、绿化工、草坪建植工、中药材种植员、牧草工等中级资格证书，须具备以下知识和能力：

1. 土壤温度、空气温度的变化及对植物生长的影响。

2. 植物生长的三基点温度、农业界限温度、积温等温度指标。

3. 土壤温度和空气温度的测定。

4. 能正确进行露地条件和设施条件下的温度调控。

师生互动

1. 通过查阅大当地气象站有关资料，描述当地土壤温度和空气温度的变化规律。

2. 调查当地农业生产中，有哪些增温、降温、保温等温度调控经验，并写一篇综述性文章。

项目八

植物生长的光环境

项目目标

　　了解植物生长的光环境；熟悉光对植物生长发育的影响；认识植物对光环境的适应类型；熟悉植物的光合性能与光能利用率。能熟练进行光照度、日照时数的观测；能熟练进行露地条件下、不同设施光环境的正确调控。

任务一　植物生长的光照条件

【任务目标】

- **知识目标**：了解日地关系与季节、太阳辐射等知识；熟悉光对植物生长发育的影响。
- **能力目标**：能熟练进行光照度的测定；能进行日照时数的观测。

【背景知识】

光 与 植 物 生 长

　　光是植物生长发育必需的重要条件之一，不同种类的植物在生长发育过程中要求的光照条件不同，植物长期适应不同光照条件又形成相应的适应类型。

　　1. 光质与植物生长发育　光质又称为光的组成，是指具有不同波长的太阳光谱成分。光质主要由紫外线、可见光和红外线组成。不同波长的光具有不同的性质，对植物的生长发育具有不同的影响。

　　（1）光质对光合作用的影响。植物光合作用对光能的利用是从叶绿素对光的吸收开始的，而叶绿素对光能的吸收主要以蓝紫光、红橙光为主。其中蓝紫光能被类胡萝卜素所吸收，红橙光和黄绿光则能被藻胆色素吸收，而绿光为生理无效光。

　　（2）光质对植物生长的影响。一般长波光能促进植物伸长生长，短波光能抑制植物的伸长生长。在农业上，通过改变光质可影响植物生长，如有色薄膜育苗，红色薄膜有利于提高叶菜类产量，紫色薄膜对茄子有增产作用。红光下甜瓜植株加速发育，果实提前 20d 成熟，果肉的糖分和维生素含量也有增加。

　　（3）光质对植物产品品质的影响。光的不同波长对植物的光合作用产物产生影响，红光有利于糖类的合成，蓝紫光有利于蛋白质和有机酸的合成。短波光能促进花青素的合成，使植物茎、叶、花果颜色鲜艳；但短波光能抑制植物生长，阻止植物的黄化现象，在蔬菜生产上可利用这一原理生产韭黄、蒜黄、豆芽、葱白等蔬菜。

2. 光照度与植物生长发育　　光照度依地理位置、地势高低、云量等的不同呈规律性的变化。即随纬度的增加而减弱，随海拔的升高而增强。一年之中以夏季光照最强，冬季光照最弱；一天之中以中午光照最强，早、晚光照最弱。

（1）光照度影响植物光合作用。光照度是影响植物光合作用的重要因素。叶片只有处于光饱和点的光照下，才能发挥其最大的制造与积累干物质的能力；在光饱和点以上的光照度不再对光合作用起作用（图 8-1）。

（2）光照度与植物生长发育。第一，光照度对种子发芽有一定影响。植物种子的发芽对光照条件的要求各不相同，有的植物种子需要在光照条件下才能发芽，受影响的常是小种子。第二，光照度影响着植物的周期性生长。光照度与温度等因子共同影响着植物生长，从而使植物生长表现出昼夜周期性和季节周期性。第三，光照度影响植物的抗寒能力。秋季天气晴朗，光照充足，植物光合能力强，积累糖分多，使植物的抗寒能力较强。若秋季阴天时间较多，光照不足，积累糖少，则植物抗寒能力差。

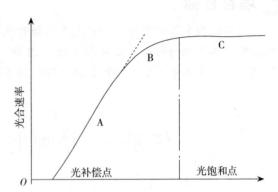

图 8-1　植物的光合速率和光照度的关系
A. 光合速率随光照度的增强而呈比例的增加
B. 光合 速率随光照度的增强速度转慢
C. 光照度达到光饱和点，光合速率随光照度的增强不发生变化

第四，光照度影响植物的营养生长。强光对植物茎的生长有抑制作用，但能促进组织分化，有利于树木木质部的发育。光能促进细胞的增大和分化，控制细胞的分裂和伸长，植物体积的增大、重量的增加等。第五，光照度影响植物的生殖生长。适当的强光有利于植物生殖器官的发育，若光照减弱，营养物质积累减少，花芽的形成也减少，已经形成的花芽，也会由于体内养分供应不足而发育不良或早期死亡。

（3）光照度与植物产品品质。首先，光照度影响植物花的颜色及果实着色。强光照射有利于花青素的形成，这样会使植物花朵、果实的颜色鲜艳。光照对植物花蕾的开放时间也有很大影响。如半枝莲、酢浆草的花朵只在晴天的中午盛开，月见草、紫茉莉、晚香玉只在傍晚开花，昙花在夜间开花，牵牛、亚麻只盛开在每日清晨日出时刻。其次，光照度影响植物叶的颜色。光照充足，叶绿素含量多，植物叶片呈现正常绿色。如果缺乏足够的光照，叶片中叶绿素含量少，呈现浅绿色、黄绿色甚至黄白色。最后，光照度还影响植物产品的营养成分。光照充足、气温较高及昼夜温差较大条件下，果实含糖量高，品质优良。

3. 光照时间与植物生长发育　　一天中，白天和黑夜的相对长度称为光周期。所谓相对长度是指日出至日落的理论日照时数（即可照时数），而不是实际有阳光的时数。

（1）光照时间与植物开花。在光周期现象中，对植物开花起决定作用的是暗期的长短。也就是说，短日照植物必须长于某一临界暗期才能形成花芽，长日照植物必须短于某一临界暗期才能开花。用适宜植物开花的光周期处理植物，称为光周期诱导。经过足够日数的光周期诱导的植物，即使再处于不适合的光周期下，那种在适宜的光周期下产生的诱导效应也不会消失，植物仍能正常开花。

（2）光周期与植物休眠。光周期对植物的休眠有重要影响。一般短日照促进植物休眠而使生长减缓，长日照可以打破或抑制植物休眠，使植物持续不断地生长。

（3）光周期对植物其他方面的影响。光周期影响植物的生长。短日照植物置于长日照条件下，常常长得高大；而把长日植物置于短日照条件下，则节间缩短，甚至呈莲座状。

光周期影响植物性别的分化。一般来说，短日照促进短日照植物多开雌花，长日照促进长日照植物多开雄花。

光周期对有些植物地下贮藏器官的形成和发育有影响。如短日照植物菊芋，在长日照条件下仅形成地下茎，但并不加粗，而在短日照条件下，则形成肥大的块茎。

植物对光周期的敏感性是各不相同的。通常木本植物对光周期的反应不如草本植物敏感。利用植物对光周期的不同反应，可通过人工控制光照时数来调整植物的生长发育。

活动一 光照度的观测

1. 活动目标 熟悉照度计的构造原理，能利用仪器进行光照度的测定。

2. 活动准备 根据班级人数，按 2 人一组，分为若干组，每组准备以下材料和用具：照度计、笔（铅笔或钢笔）、白纸等。

3. 相关知识

（1）日地关系与季节形成。地球是一个椭球体，其赤道半径 6 378.1km，极半径为 6 356.8km。它不停地进行着绕太阳的公转，同时又绕地轴自西向东进行自转。地球公转一周需要 365d 5h 48min 46s，自转一周需要 23h 56min 4s。

①日地关系。地球围绕太阳公转过程中，太阳光线垂直投射到地球上的位置不断变化，引起各地的太阳高度角和日照时间长短发生改变，造成一年中各纬度（主要是中高纬度）所接受太阳辐射能也发生了变化。当地球公转到 3 月 21 日左右的位置时，阳光直射在赤道上，这时北半球的阳光是斜射的，正是春季，南半球此时正是秋季。当地球转到 6 月 22 日左右的位置时，阳光直射在北回归线上，北半球便进入了夏季，而南半球正是冬季。当地球转到 9 月 23 日左右时，阳光又直射到赤道上，北半球进入秋季，南半球转为春季。当地球转到 12 月 22 日左右的位置时，阳光直射到南回归线上，北半球进入冬季，而南半球则进入夏季。接下来就进入了新的一年，新一轮的四季交替又要开始了。

②昼夜形成。在地球自转过程中，在同一时间里，总是有半个球面朝向太阳，另半个球面背向太阳。朝向太阳的半球称为昼半球，背向太阳的半球称为夜半球，昼半球和夜半球的分界线称为晨昏线。当地球自西向东自转时，昼半球的东侧逐渐进入黑夜，夜半球的东侧逐渐进入白天，由此形成了地球上的昼夜交替现象（图 8-2）。

③日照长短。日照时间分为可照时数与实照时

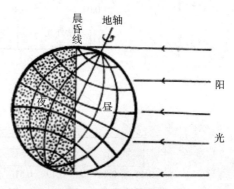

图 8-2 昼夜的形成

数。在天文学上，某地的昼长是指从日出到日落太阳可能照射的时间间隔，也称为可照时数，也称为昼长，它是不受任何遮蔽时每天从日出到日落的总时数，以 h、min 为单位。可由气象常用表查得。实际上，由于受云、雾等天气现象或地形和地物遮蔽的影响，太阳直接照射的实际时数会短于可照时数，将一日中太阳直接照射地面的实际时数称为实照时数，也称为日照时数。实照时数是用日照计测得的，日照计只能感应一定能量的太阳直接辐射，有云、地物遮挡时测不到。

在日出前与日落后的一段时间内，虽然没有太阳直射光投射到地面，但仍有一部分散射光到达地面，习惯上称为曙光和暮光。在曙暮光时间内也有一定的光照度，对植物的生长发育产生影响。把包括曙暮光在内的昼长时间称为光照时间。即

光照时间＝可照时数＋曙暮光时间

生产上曙暮光是指太阳在地平线以下 $0\sim6°$ 的一段时间。当太阳高度降低至地平线以下 $6°$ 时，晴天条件上的光照度约为 3.5 lx。曙暮光持续时间长短，因季节和纬度而异。全年以夏季最长，冬季最短。就纬度来说，高纬度要长于低纬度，夏半年尤为明显。例如在赤道上，各季的曙暮光时间只有近 40min，而在 $60°$ 的高纬度，夏季曙暮光可以长达 3.5h，冬季也有 1.5h。

（2）太阳辐射。太阳以电磁波的形式向外放射巨大能量的过程称为太阳辐射，放射出来的能量称为太阳辐射能。太阳辐射是地面和大气最主要的能量源泉，是一切生命活动的基础。

①太阳辐照度。太阳辐照度是反映太阳辐射强弱程度的物理量，是指单位时间内垂直投射到单位面积上的太阳辐射能量的多少，单位是 $J/(\text{m}^2 \cdot s)$。太阳辐照度主要由太阳高度角和日照时间决定。太阳高度角大，日照时间长，则太阳辐照度强。

②光照度。光照度是表示物体被光照射明亮程度的物理量，是指可见光在单位面积上的光通量，单位是勒克斯（lx）。光照度与太阳高度角、大气透明度、云量等有关。一般来说，夏季晴天中午地面的光照度约为 $1.0 \times 10^5 \text{lx}$，阴天或背阴处光照度为 $1.0 \times 10^4 \sim 2.0 \times 10^4 \text{lx}$。

③太阳辐射光谱。太阳辐射能随波长的分布曲线称为太阳辐射光谱。在大气上界太阳辐射能量多数集中在 $0.15 \sim 4.0 \mu m$，按其波长可分为紫外线（波长小于 $0.4 \mu m$）、可见光（波长 $0.4 \sim 0.76 \mu m$）和红外线（波长大于 $0.76 \mu m$）三个光谱区。其中可见光区的能量占太阳辐射总能量的 50% 左右，由红、橙、黄、绿、青、蓝、紫 7 种光组成；红外线区占 43% 左右；紫外线区占 7% 左右（图 8-3）。由于大气吸收，地球表面测得的太阳辐射光谱在 $0.29 \sim 5.3 \mu m$，而且在空间和时间都有变化。

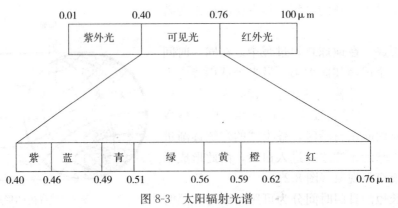

图 8-3　太阳辐射光谱

太阳辐射透过大气层后，由于大气的吸收、散射和反射作用大大减弱。如果把射入大气上界的太阳辐射作为 100%，被大气和云层吸收的约占 14%，被散射回宇宙空间的约占 10%，被反射回宇宙空间的约占 27%，其余的到达地面，地面又反射回宇宙空间一部分太阳辐射，实际地面接受的太阳辐射能只有大气上界的 43%，包括 27% 的直接辐射和 16% 的散射辐射（图 8-4）。

（3）光照度测定原理。光照度大小取决于可见光的强弱，一天中正午光照度最大，早晚小。一年中夏季最大，冬季最小。而且，随纬度增加，光照度减小。照度计是测定光照度（简称为照度）的仪器，它是利用光电效应的原理制成的。整个仪器有感光元件（硒光电池）和微电表组成。当光线照射到光电池后，光电池即将光能转换为电能，反映在电流表上。电流的强弱和照射在光电池上的光照度呈正相关，因此，电流表上测得的电流值经过换算即为光照度。为了方便，把电流计的数值直接标成照度值，单位是 lx。

4. 操作规程和质量要求　可选择操场上阳光直射的位置、树林内、田间、日光温室等场所，进行表 8-1 的操作。

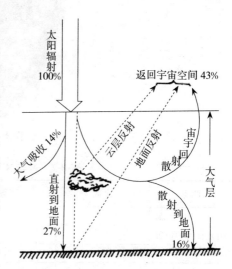

图 8-4　太阳辐射通过大气层的减弱情况

表 8-1　光照度的测定

工作环节	操作规程	质量要求
熟悉照度计的结构	ST-80C 数字照度计由测光探头和读数单元两部分组成，两部分通过电缆用插头和插座连接。读数单元左侧有"电源""保持""照度""扩展"等操作键	学会各操作键的使用方法
测量光照度	（1）压拉后盖，检查电池是否装好。然后调零，方法是完全遮盖探头光敏面，检查读数单元是否为零。不为零时仪器应检修 （2）按下"电源""照度"和任一量程键（其余键抬起），然后将大探头的插头插入读数单元的插孔内 （3）打开探头护盖，将探头置于待测位置，光敏面向上，此时显示窗口显示数字，该数字与量程因子的乘积即为光照度值（单位：lx） （4）如欲将测量数据保持，可按下"保持"键。（注意：不能在未按下量程键前按"保持"键）读完数后应将"保持"键抬起恢复到采样状态 （5）测量完毕将电源键抬起（关）。再用同样的方法测定其他测点光照度值。全部测完则抬起所有按键，小心地取出探头插头，盖上探头护盖，将照度计装盒带回	（1）根据光的强弱选择适宜的量程按键 （2）电缆线两端严禁拉动而松脱，测点转移时应关闭电源键，盖上探头护盖 （3）测量时探头应避免人为遮挡等影响，探头应水平放置使光敏面向上 （4）每个测点连测 3 次，取平均值
整理数据	分不同时间测定场所内的光照度，记录测定数据，最后求出的平均光照度。	数据记录一般采用表格形式，可参照表 8-2

图 8-5　ST-80C 数字照计

表 8-2　×年×月×日×时光照度观测记录（lx）

测点	次数	读数	选用量程	光照度值	平均值
阳光直射的位置	1				
	2				
	3				
树林内	1				
	2				
	3				
田间	1				
	2				
	3				
日光温室	1				
	2				
	3				

5. 问题处理

训练结束后，完成以下问题：比较 4 种位置的光照度有何区别，并分析其原因有哪些。

活动二　日照时数的测定

1. 活动目标　熟悉日照计的构造原理，能利用仪器进行日照时数的测定。

2. 活动准备　根据班级人数，按 2 人一组，分为若干组，每组准备以下材料和用具：日照计、笔（铅笔或钢笔）、白纸等。

3. 相关知识　可照时数指某地从日出到日落的时间，日照时数指太阳直接照射地面的实际时数，日照时数与可照时数的百分比称为日照百分率。测定日照时数多用乔唐式日照计（又称为暗筒式日照计）。它是利用太阳光通过仪器上的小孔射入筒内，使涂有感光药剂的日照纸上留下感光迹线，然后根据感光迹线的长度来计算日照时数。

4. 操作规程和质量要求　测定日照时数的仪器一般用乔唐式日照计。选择露地、林荫下、建筑物前后等场所，进行表 8-3 全部或部分内容。

表 8-3　日照时数的测定

工作环节	操作规程	质量要求
熟悉日照计的构造	乔唐式日照计由暗筒、底座、隔光板、进光孔、筒盖、压纸夹、纬度刻度盘、纬度刻度线组成（图 8-6）	知道每个组成部件的作用及使用方法
日照计的安置	（1）安在终年从日出到日落都能受到太阳光照射的地方，常安置在观测场南面的柱子上或平台上，高度 1.5m （2）底座要水平，日照计暗筒的筒口对准正北 （3）纬度记号线对准纬度盘的当地纬度	要精确测定子午线的位置，并在底座上做标记，使暗筒的筒口对准正北。熟知当地的地理纬度
日照时数的测定	（1）涂药。先配药，用柠檬酸铁铵（感光剂）与清水以 3∶10 的比例配成感光液；用赤血盐（铁氰化钾是显影剂）与清水以 1∶10 的比例配成显影液。分别装入褐色瓶中放于暗处保存备用。涂药时取两种药液等量均匀混合，在暗处或红灯光下进行。涂药前，先用脱纸棉把需涂药的日照纸表面擦净，再另用脱纸棉蘸药液薄而均匀地涂在日照纸上，涂后的纸放于暗处阴干 （2）换纸。每天日落后换纸（阴天也换），换下日照纸并签好名，将涂有感光药液填好年、月、日的另一张日照纸，放入暗筒内，并将纸上 10∶00 线对准暗筒正中线，纸孔对准进光孔，压紧纸，盖好盖 （3）记录。取下日照纸，按感光迹线长短，在其下画铅笔线。然后将感光纸放入足量的清水中浸漂 3～5min 取出，待阴干后，复验感光迹线与铅笔线是否一致，如感光迹线比铅笔线长，补描上这一段铅笔线，然后按铅笔线长度统计日照时数	（1）配药液时要混合均匀，而且量不可过多，以能涂 10 张日照纸的量为宜，以免日久受光失效 （2）涂药时，用脱纸棉擦净日照纸表面后弃掉，再用新的脱纸棉涂药，脱纸棉用过后不能再次使用 （3）不要把药品溅到皮肤和衣服上 （4）日照纸在换的过程中不能感光，否则将没有感光迹线 （5）描铅笔线时，注意和感光迹线长度一致，计算时把上午、下午的感光迹线相加即可。最好连续进行一个月的观测，观测结果列表，并查出该地相同时间内的可照时间，计算日照百分率（表 8-4、表 8-5）
日照计的检查与维护	每月应检查一次日照计，发现问题及时纠正。每天日出前应检查日照计的小孔，有无小虫、尘沙堵塞或被露、霜遮住	每月查看日照计的水平、方位、纬度的安置情况

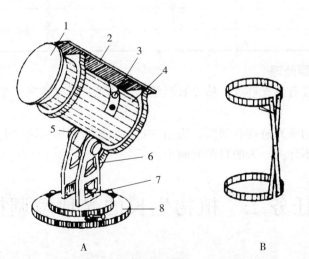

A　　　　　　　　　　　　B

图 8-6　乔唐式日照计

A. 外形　B. 压纸夹

1. 筒盖　2. 隔光板　3. 进光孔　4. 暗筒　5. 固定螺丝　6. 纬度刻度盘　7. 纬度刻度线　8. 底座

表 8-4　日照时数观测（＿月）

时间（日）	日照时数（h）	时间（日）	日照时数（h）	时间（日）	日照时数（h）
1		11		21	
2		12		22	
3		13		23	
4		14		24	
5		15		25	
6		16		26	
7		17		27	
8		18		28	
9		19		29	
10		20		30	

表 8-5　可照时数及日照百分率记录

时间（日）	可照时数（h）	日照百分率（%）	时间（日）	可照时数（h）	日照百分率（%）	时间（日）	可照时数（h）	日照百分率（%）
1			11			21		
2			12			22		
3			13			23		
4			14			24		
5			15			25		
6			16			26		
7			17			27		
8			18			28		
9			19			29		
10			20			30		

5. 常见技术问题处理

（1）日照纸上没有感光迹线，检查日照纸是否感光；天气情况，是否为阴天；暗筒上的小孔是否被遮住。

（2）日照纸上的感光迹线有间断，说明一日中出现太阳被云遮住的现象，计算时这段无感光迹线的部分，不计入一天的日照时间中。

任务二　植物生长的光环境调控

【任务目标】

● **知识目标**：了解叶的适光变态，认识植物对光环境的适应类型；熟悉植物的光合性能与光能利用率。

● **能力目标**：能熟练进行露地条件下光环境的正确调控；能根据不同设施进行光环境的正确调控。

【背景知识】

植物对光环境的适应

植物长期生长在一定的光照条件下，在其形态结构及生理特性上表现出一定的适应性，进而形成了与光照条件相适应的不同生态类型。

1. 叶的适光变态 叶片是植物直接接受阳光的器官，在形态结构、生理特征上受光的影响最大，对光有较强的适应性。由于叶长期处于光照度不同的环境中，其形态结构、生理特征上往往产生适应光的变异，称为叶的适光变态。阳生叶与阴生叶是叶适光变态的两种类型。一般在全光照或光照充足的环境下生长的叶片属于阳生叶，具有叶片短小、角质层较厚、叶绿素含量较少等特征；而在弱光条件下生长的植物叶片属于阴生叶，表现为叶片排列松散、叶绿素含量较多等特点（表8-6）。

表 8-6 阳生叶与阴生叶比较

特征	阳生叶	阴生叶
叶片	厚而小	薄而大
叶面积/体积	小	大
角质层	较厚	较薄
叶脉	密	疏
气孔分布	较密，但开放时间短	较稀，但经常开放
叶绿素	较少	较多
叶肉组织	栅状组织较厚或多层	海绵组织较丰富
分化生理	蒸腾、呼吸、光补偿点、光饱和点均较高	蒸腾、呼吸、光补偿点、光饱和点均较低

2. 植物对光照度的适应类型 自然界中，有的植物在强光照下生长良好，而有的植物需要在较弱的光环境下才能生存；同样，有的植物在遮阳的情况下生长健壮，而有的植物却不能忍受遮阳。这是植物长期适应不同的光照度而形成的不同生态习性。通常按照植物对光照度的适应程度将其划分为3种类型：阳性植物、阴性植物、中性植物。

（1）阳性植物。阳性植物是指在全光照或强光下生长发育良好，在荫蔽或弱光下生长发育不良的植物。阳性植物需光量一般为全日照的70％以上，多生长在旷野和路边等阳光充足的地方。如桃、杏、枣、扁桃、苹果等绝大多数落叶果树，多数露地一二年生花卉及宿根花卉或灌木（如一串红、鸡冠花、一品红、桃花、梅花、月季、米兰、海棠、菊花等），仙人掌科、景天科等多浆植物，茄果类及瓜类等，还有草原和沙漠植物以及先叶开花的植物都属于阳性植物。

（2）阴性植物。阴性植物指在弱光条件下能正常生长发育，或在弱光下比强光下生长良好的植物。阴性植物需光量一般为全日照的5％～20％，在自然群落中常处于中下层或生长在潮湿背阴处，如蕨类植物、兰科、凤梨科、姜科、天南星科及秋海棠植物等多为阴性植物。

（3）中性植物。介于阳性植物与阴性植物之间的植物。一般对光的适应幅度较大，在全日照下生长良好，也能忍耐适当的荫蔽，或在生长发育期间需要较轻度的遮阳，大多数植物属于此类。如桂花、夹竹桃、棕榈、苏铁、樱花、桔梗、白菜、萝卜、甘蓝、葱蒜类等。中性植物中的有些植物随着其年龄和环境条件的差异，常常又表现出不同程度的偏喜光或偏阴生特征。

活动一　一般条件下光环境调控

1. 活动目标　熟悉当地植物生长的光照状况，能正确地进行出一般条件下光环境调控。

2. 活动准备　选择当地种植农作物、蔬菜、果树、花卉等地块，调查光照条件，查阅当地有关改善光环境资料。

3. 相关知识

（1）植物的光合性能。植物的生物产量取决于光合面积、光合强度、光合时间、光合产物的消耗，可表示为：

生物产量＝光合面积×光合强度×光合时间－呼吸消耗

经济产量＝（光合面积×光合强度×光合时间－呼吸消耗）×经济系数

从上式可知，决定植物产量的因素是：叶面积、光合强度、光合时间、呼吸消耗和经济系数。

①光合面积。光合面积是指植物的绿色面积，主要是叶面积。通常以叶面积系数来表示叶面积的大小。

$$叶面积系数 = \frac{该土地上绿叶总面积}{土地面积}$$

谷类植物单片叶的面积可用下式计算：

单片叶的面积＝长×宽×折算系数（0.83）

在一定范围内，叶面积越大，光合作用积累的有机物质越多，产量也就越高。而当叶面积超过一定范围时必然导致株间光照弱、田间荫蔽、植物倒伏、叶片过早脱落。据研究，各种植物的最大叶面积系数一般不超过5。例如小麦为5，玉米为5，大豆为3.2，水稻为7。叶面积系数是反映植物群体结构的重要指标之一。

②光合时间。适当延长光合作用的时间，可以提高植物产量。当前主要采取选用中晚熟品种、间作套种、育苗移栽、地膜覆盖等措施，使植物能更有效地利用生长季节，达到延长光合时间的目的。

多数植物产量的形成，主要在生长发育的中后期。试验证明，小麦籽粒重的 $2/3\sim4/5$ 是抽穗后积累的。因此，生产上应重视中后期光合作用的正常进行，防止后期叶片早衰。

（2）光能利用率。一定土地面积上的植物体内有机物贮存的化学能占该土地日光投射辐射能的百分数称为光能利用率。目前作物的光能利用率普遍不高。据测算，只有 $0.5\%\sim1\%$ 的辐射能用于光合作用。低产田作物对光能利用率只有 $0.1\%\sim0.2\%$，而丰产田对光能的利用率也只有3%左右。根据一般的理论推算，光能利用率可以达到 $4\%\sim5\%$，如果生产上真的达到这一数字，则粮食产量可以成倍增长。

当前作物对光能利用率不高的主要原因是：一是漏光。植物的幼苗期，叶面积小，大部分阳光直射到地面上而损失掉。有人计算稻、麦等作物，因漏光损失光能过 50% 以上。尤其是生产水平低的田块，若植株直到生长后期仍未封行，损失的光能就更多了。二是受光饱和现象的限制。光照度超过光饱和点以上的部分，植物就不能吸收利用，植物的光能利用率就随着光照度的增加而下降。当光照度达到全日照时，光的利用率就会很低。三是环境条件及作物本身生理状况的影响。自然干旱、缺肥、二氧化碳浓度过低、温度过低或过高，以及作物本身生长发育不良、受病虫危害等，都会影响作物对光能的利用。另外，作物本身的呼吸消耗占光合作用的 15%～20%。在不良条件下，呼吸消耗可高达 30% 以上。

4. 操作规程和质量要求　选择当地种植农作物、蔬菜、果树、花卉等地块，观察植物生长情况，并进行表 8-7 的操作。

表 8-7　一般条件下光环境的调控技术

工作环节	操作规程	质量要求
一般条件下光照环境的调控	（1）选育光能利用率高的品种。选育具有光能利用高的品种特征的优良品种，提高光能利用率 （2）合理密植。只有合理密植，增大绿叶面积，以截获更多的太阳光，提高作物群体对光能的利用率，同时还能充分地利用地力 （3）间套复种。间作套可以充分利用植物生长季节的太阳光，增加光能利用率；复种则可把生长季节充分加以利用 （4）加强田间管理。整枝、修剪可以改善植物群体的通风透光条件，减少养料的消耗，调节光合产物的分配。增加空气中的二氧化碳浓度也能提高植物对光能的利用率	（1）光能利用率高的品种特征是：矮秆抗倒伏，叶片分布较为合理，叶片较短并直立，生长发育期较短，耐阴性强，适于密植 （2）间套复种还可以使边际效应得到较好的发挥；间套复种还能合理地利用地力
通过调控光照时间控制花期	（1）短日照处理。可用于短日照处理的花卉有菊花、一品红、叶子花等。在长日照季节里可将此类花卉用黑布、黑纸或草帘等遮暗一定时数，使其有一个较长的暗期，可促使其开花。如菊花和一品红，使其 17：00 至次日 08：00 处于黑暗中，一品红 40d 左右即可开花，菊花 50～70d 即可开花 （2）长日照处理。生产上最常见的品种唐菖蒲自然开花期是日照最长的夏季，要求 12～16h 的光照时间。我国北方冬季种植唐菖蒲时，欲使其开花，必须人工增加光照时间，每天 16：00 以后用 200～300W 的白炽灯在 1m 左右距离补充光照 3h 以上，同时给予较高的温度，经过 100～130d 的设施栽培，即可开花 （3）光暗颠倒处理。昙花对光照的反应不同于其他花卉，其一般在夜间开放，不便于观赏，但如果在其花蕾长 6～10cm 时，白天遮去阳光，夜晚照射灯光，则能改变其夜间开花的习性，使之在白天盛开，并可延长开花时间	（1）在短日照处理前，枝条应有一定的长度，并停施氮肥，增施磷、钾肥，见效会更快 （2）短日照处理夜间不能撤掉遮光设备，可将遮光物四周下部掀开通风 （3）处理过程中室温在 20℃ 左右，最低不能低于 15℃

5. 常见技术问题处理　训练结束后，完成以下问题：

（1）了解一下当地在调控光照环境上有哪些典型经验。

（2）比较一下短日照处理、长日照处理和光暗颠倒处理对花期调控有何差异。

活动二 设施条件下光环境调控

1. 活动目标 熟悉当地植物生长的光照状况，能正确地进行设施条件下光环境调控。

2. 活动准备 选择当地种植设施蔬菜、果树、花卉等地块，调查光照条件，查阅当地有关改善光环境资料。

3. 相关知识 设施条件下光环境调控技术主要有增加光照和减少光照两种情况。

（1）增加光照。一是选择优型设施和塑料薄膜设施。采用强度大、横断面积小的骨架材料，尽量建成无柱或少柱设施，以减少骨架遮阳面积。采用阶梯式栽培，保持树体前低后高；采用南北行栽植，加大行距，缩小株距或采用主副行栽培，以减少株间遮阳。采果后去冠更新，及时进行夏剪，保持合理的树冠，使树体受光良好。调节好屋面的角度，尽量缩小太阳光线的入射角度。选用强度较大的材料，适当简化建筑结构，以减少骨架遮光。选用透光率高的薄膜，选用无滴薄膜、抗老化膜。

二是适时揭放保温覆盖设备。保温覆盖设备早揭晚放，可以延长光照时数。揭开时间以揭开后棚室内不降温为原则，通常在日出 1h 左右早晨阳光洒满整个屋前面时揭开；覆盖时间要求设施内有较高的温度，以保证设施内夜间最低温度不低于植物同时期所需要的温度为准，一般太阳落山前 30min 加盖，不宜过晚，否则会使室温下降。

三是清扫薄膜。每天早晨用笤帚或用布条、旧衣物等捆绑在木杆上，将塑料薄膜自上而下地把尘土和杂物清扫干净。至少每隔 2d 清扫一次。

四是减少薄膜水滴。选用无滴、多功能或三层复合膜。使用 PVC 和 PE 普通膜的设施应及时清除膜上的露滴，其方法可用 70g 明矾加 40g 敌克松，再加 15kg 水喷洒薄膜面。

五是涂白和挂反光幕。在建材和墙上涂白，用铝板、铝箔或聚酯镀铝膜作反光幕，可增加光照度，又能改善光照分布，还可提高气温。挂反光幕，后墙贮热能力下降，加大温差，有利于植物生长发育、增产增收。张挂反光幕时先在后墙、山墙的最高点横拉一细铁丝，把幅宽 2m 的聚酯镀铝膜上端搭在铁丝上，折过来，用透明胶纸粘住，下端卷入竹竿或细绳中。

六是铺反光膜。在地面铺设聚酯镀铝膜，将太阳直射到地面的光，反射到植株下部和中部的叶片和果实上。这样光照度增加，提高了树冠下层叶片的光合作用，使光合产物增加，果实增大，含糖量增加，着色面扩大。铺设反光膜在果实成熟前 30～40d 进行。

七是人工补光。光照弱时，须强光或加长光照时间，以及连续阴天等要进行人工补光。人工补光一般用电灯，要能模拟自然光源，具有太阳光的连续光谱。为此应将白炽灯（或弧光灯）与日光灯（或气体发光灯）配合使用。补光时，可按每 3.3m² 用 120W 灯泡的比例。

（2）减弱光照。一是覆盖各种遮阳设施。初夏中午前后，光照度过强，温度过高，超过植物光饱和点，对生长发育有影响时应进行遮光。遮光材料要求有一定的透光率、较高的反射率和较低的吸收率。覆盖物有遮阳网、苇帘、竹帘等。二是玻璃面涂白。将玻璃面涂成白色可遮光 50%～55%，降低室温 3.5～5.0℃。三是屋面流水。使屋面安装的管道保持有水流，可遮光 25%。

4. 操作规程和质量要求 选择当地种植设施植物等地块，观察植物生长情况，并进行

表8-8 的操作。

表 8-8　设施条件下光环境调控技术

工作环节	操作规程	质量要求
设施环境下增加光照	（1）根据当地日光温室情况和材料类型，选择优型设施和塑料薄膜设施。尽量选用透光率高的薄膜，选用无滴薄膜、抗老化膜 （2）根据当地日光温室等设施情况，考虑天气情况，适时揭放保温覆盖设备 （3）及时清扫薄膜。至少每隔 2d 清扫一次 （4）选用无滴、多功能或三层复合膜。使用 PVC 和 PE 普通膜的设施应及时清除膜上的露滴 （5）涂白和挂反光幕，铺反光膜。铺设反光膜在果实成熟前 30～40d 进行 （6）人工补光。光照弱时，须强光或加长光照时间，以及连续阴天等要进行人工补光	根据当地生产实际灵活选用调控措施，并总结经验
设施环境下减弱光照（遮光技术）	（1）覆盖各种遮阳设施。覆盖物有遮阳网、苇帘、竹帘等 （2）玻璃面涂白。将玻璃面涂成白色可遮光 50%～55%，降低室温 3.5～5.0℃ （3）屋面流水。使屋面安装的管道保持有水流，可遮光 25%	根据当地生产实际灵活选用调控措施，并总结经验

5. 常见技术问题处理　训练结束后，完成以下问题：

（1）了解一下当地日光温室设施中调控光照环境上有哪些典型经验。

（2）比较一下增加光照、减弱光照对植物生长有何差异。

 知识拓展

如果想了解更多的知识，可以通过下面渠道进行学习：

1. 阅读杂志：

（1）《气象》

（2）《中国农业气象》

（3）《气象知识》

（4）《中国气象》

（5）《贵州气象》《广东气象》《山东气象》《陕西气象》

2. 浏览网站：

（1）农博天气 http：//weather.aweb.com.cn/

（2）中国天气网 http：//www.weather.com.cn/

（3）新气象 http：//www.zgqxb.com.cn/

（4）中国气象台 http：//www.nmc.gov.cn/

（5）××省（市）气象信息网

3. 通过本校图书馆借阅有关气象、农业气象方面的书籍。

考证提示

获得农艺工、农作物种子繁育员、农作物植保员、蔬菜园艺工、花卉园艺工、果树园艺工、农业试验工、林木种苗工、绿化工、草坪建植工、中药材种植员、牧草工等中级资格证书，须具备以下知识和能力：

1. 植物生长的光环境。
2. 光对植物生长发育的影响。
3. 植物的光合性能与光能利用率。
4. 光照度、日照时数的观测。
5. 植物生长光环境的调控技术。

师生互动

1. 选择种植农作物、蔬菜、果树、园林植物等4种地块，测定其光照度，比较其光照条件，提出改善光照条件的主要措施。

2. 调查总结当地提高植物光能利用率的典型经验以及如何利用当地的光资源状况调控植物的生长发育。

3. 比较露地环境、日光温室、简易塑料大棚、小拱棚等环境的光照条件，并调查当地改善光照条件的经验，提出4种条件下光环境调控技术。

项目九

植物生长的水分环境

项目目标

　　了解水分对植物生长的影响；认识植物吸水的原理；熟悉土壤水分、大气水分；了解植物对水分环境的适应类型。熟练测定土壤自然含水量和田间持水量；熟练进行植物的蒸腾强度测定及调节；熟练测定空气湿度、降水量与蒸发量；熟练进行露地条件下、不同设施水分环境的调控。

任务一　植物生长的水分条件

【任务目标】

● **知识目标**：了解水分对植物生长的影响；认识植物细胞吸水和植物吸水的原理；熟悉土壤水分的形态、有效性及表示方法；了解植物蒸腾知识；熟悉空气湿度；认识水汽凝结及降水。

● **能力目标**：熟练测定土壤自然含水量和田间持水量；熟练进行植物的蒸腾强度测定及调节；熟练测定空气湿度；能进行降水量与蒸发量观测。

【背景知识】

水分与植物生长

　　水是植物的重要组成成分，水利是农业的命脉，水对植物的生命具有决定性作用。

1. 水分对植物生长的影响

　　(1) 水分是植物新陈代谢过程的重要物质。细胞原生质含水量在70%以上，才能保持新陈代谢活动正常进行，随着细胞内水分的减少，植物的生命活动就会大大减弱。水是植物光合作用、合成有机物的重要原料，植物有机物质的合成及分解过程必须有水分参与。其他生物化学反应，如呼吸作用中的许多反应，脂肪、蛋白质等物质的合成和分解反应，也需要水的参与。没有水，这些重要的生化过程都不能正确进行。

　　(2) 水是植物进行代谢作用的介质。细胞内外物质运输、植物体内的各种生理生化过程、矿质元素的吸收与运输、气体交换、光合产物的合成、转化和运输以及信号物质的传导等都需要以水分作为介质。土壤中的无机物和有机物，要溶解在水中才能被植物吸收。许多生化反应，也要在水介质中才能进行。植物体内物质的运输，是与水分在植物体内不断流动同时进行的。

（3）能使植物体保持固有的姿态。植物细胞含有的大量水分，可产生降低水压、以维持细胞的紧张度，保持膨胀状态，使植物枝叶挺立，花朵开放，根系得以伸展，从而有利于植物体获取光照、交换气体、吸收养分等。如水分供应不足，植物便萎蔫，不能正常生活。

（4）水分具有重要的生态作用。由于水所具有的特殊理化性质，对植物的生命活动提供许多便利。因此，可作为生态因子，在维持适合植物生活的环境方面起着特别重要的作用。例如，植物可通过蒸腾散热，调节体温，以减少烈日的伤害；水温变化幅度小，在寒冷的环境中也可避免体温下降得太快。如遇干旱时，也可通过灌水来调节植物周围的空气湿度，改善田间小气候。水有很大的表面张力和附着力，对于物质和水分的运输有重要作用。水是透明的，可见光和紫外光可透过，这对于植物叶片吸收太阳光进行光合作用很重要。此外，可以通过水分，促进肥料的释放，从而调节养分的供应速度。

俗话说："有收无收在于水"，可见水对植物的生命具有决定性作用，水是农业的命脉。因此，降水（或灌溉）适时、适量是确保稳产、高产、优质的重要条件。

2. 植物细胞吸水　一切生命活动都是在细胞内进行的，吸水也不例外。植物细胞吸水有 3 种方式：

（1）渗透吸水。是指含有液泡的细胞吸水，如根系吸水、气孔开闭时保卫细胞的吸水，主要是由于溶质势的下降而引起的细胞吸水过程。当液泡的水势高于外液的水势，易引起细胞质壁分离（图 9-1）。质壁分离是指由于细胞壁的伸缩性有限，而原生质层的伸缩性较大，当细胞不断失水时，原生质层便和细胞壁慢慢分离开来的现象。细胞质壁分离易引起植物发生萎蔫，持续下去，植物就会死亡。

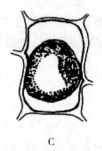

图 9-1　植物细胞的质壁分离现象
A. 未发生　B. 初始分离　C. 完全分离

（2）吸胀吸水。主要是由于细胞壁和原生质体内有很多亲水物质，如纤维素、蛋白质等，它们的分子结构中有亲水基，因而能够吸附水分子，从而使细胞吸水。

（3）降压吸水。主要是指因压力势的降低而引发的细胞吸水。如蒸腾旺盛时，木质部导管和叶肉细胞的细胞壁都因失水而收缩，使压力势下降，从而引起这些细胞水势下降而吸水。

3. 植物根系吸水　植物吸收水分的主要器官是根，而根系吸水的主要区域是根毛区。植物根系吸收土壤水分后，便进行运输，其运输途径为：土壤中的水→根毛→根的皮层→根的内皮层→根的中柱鞘→根的导管或管胞→茎的导管→叶柄导管→叶脉导管→叶肉细胞→叶细胞间隙→气孔下腔→气孔→大气（图9-2）。

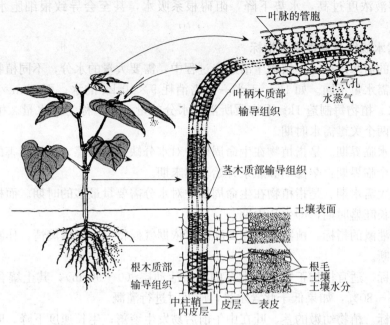

图 9-2　水分从根部向上运输的途径

（1）植物根系吸水的动力。根系吸水的动力主要有根压和蒸腾拉力两种。

根压是指由于植物根系生理活动而促使液流从根部上升的压力。根压可使根部吸进的水分沿导管输送到地上部分，同时土壤中的水分又不断地补充到根部，从而形成了根系的主动吸水。多数植物根压为 0.1～0.2Mpa，有些木本植物可达 0.6～0.7Mpa。

蒸腾拉力是指因叶片蒸腾作用而产生的使导管中水分上升的力量。当植物叶片蒸腾时，导致水分从土壤通过根毛、皮层、内皮层，再经中柱薄壁细胞进入导管，使叶脉导管失水，产生压力梯度，从而形成根的被动吸水现象。蒸腾拉力是比根压更强的一种吸水动力，可达到根压的十几倍压力，是植物吸水的主要动力。

（2）土壤对根系吸水的影响。植物根系吸水一方面取决于根系的生长状况，另一方面又受土壤状况影响，并且土壤状况对根系吸水的影响很大。

①水分。土壤水分状况与植物吸水有密切关系，植物吸收的水分是土壤中的有效水，当土壤干旱时，有效水含量减少，植物便发生萎蔫现象。如果土壤干旱严重，失去更多的有效水，植物便发生永久萎蔫现象，植株便会死亡。

②温度。一般情况下，在适宜温度范围内，土壤温度升高，植物根系吸水增加；土壤温度降低，根系吸水受阻。但不同植物对温度敏感程度不同。另外土壤温度急剧下降比逐渐降温对根系吸水影响更大。

③通气状况。土壤通气良好时，根系呼吸作用旺盛，根系吸水能力较强；通气不良时，根系代谢活动不能正常进行，根系吸水受到限制，在植物生产上，旱田的中耕松土和水田的排水晒田，通过增施有机肥料使土壤形成较多的团粒结构等措施，就是通过改善通气条件，提高根系吸水和吸肥的能力。

④土壤浓度。一般情况下，土壤溶液浓度较低，水势较高，根系易于吸水。盐碱地

上，水中盐分浓度高，水势低，植物吸水困难。植物生产中，如施肥过多或过于集中，也可使土壤溶液浓度过高，水势下降，阻碍根系吸水，甚至会导致根细胞水分外流，而产生"烧苗"。

4. 植物需水规律与合理灌溉指标

（1）植物的需水规律。在植物生活的全过程中，需要大量的水分，不同植物或同一植物不同品种，其需水量不同。如 $1hm^2$ 玉米一生需消耗 $9×10^6kg$ 的水；而 $1hm^2$ 小麦一生约需 $4×10^6kg$ 的水。植物每制造 $1kg$ 干物质所消耗水分的量（g），称为需水量。植物生活全过程中，往往有两个关键需水时期。

①植物需水临界期。是指植物在生命周期中对水分缺乏最敏感、最易受害的时期。如小麦一生中有两个临界期：孕穗期和灌浆开始乳熟末期。

②植物最大需水期。是指植物在生命周期中对水分需要量最多的时期。而植物最大需水期多在植物生长旺盛时期，即生活中期。

（2）合理灌溉的指标。植物是否需要灌溉可依据气候特点、土壤墒情、作物形态、生理指标等加以判断。

①土壤指标。适宜植物正常生长发育的根系活动层（0～90cm），其土壤含水量为田间持水量的 60%～80%，如果低于此含水量，应及时进行灌溉。

②形态指标。植物幼嫩的茎、叶在中午前后易发生萎蔫；生长速度下降；叶、茎颜色呈绿色或有时变红等情况下，要及时进行灌溉。

③生理指标。常用植物叶片的细胞液浓度、渗透势、水势和气孔开度等作为灌溉的生理指标。不同植物的灌溉生理指标临界值见表 9-1。

表 9-1　不同植物的灌溉生理指标临界值

作物生长发育期		叶片渗透势（MPa）	叶片水势（MPa）	叶片细胞液浓度（%）	气孔开度（μm）
冬小麦	分蘖—孕穗期	−1.1～−1.0	−0.9～−0.8	5.5～6.5	
	孕穗—抽穗期	−1.2～−1.1	−1.0～−0.9	6.5～7.5	
	灌浆期	−1.5～−1.3	−1.2～−1.1	8.0～9.0	
	成熟期	−1.6～−1.3	−1.5～−1.4	11.0～12.0	
春小麦	分蘖—拔节期	−1.1～−1.0	−0.9～−0.8	5.5～6.5	6.5
	拔节—抽穗期	−1.2～−1.1	−1.0～−0.9	6.5～7.5	6.5
	灌浆期	−1.5～−1.3	−1.2～−1.1	8.0～9.0	5.5
棉花	花前期		−1.2		
	花期—棉铃期		−1.4		
	成熟期		−1.6		

活动一　土壤水分状况的测定及调节

1. 活动目标　熟练准确地测定土壤自然水分含量，为土壤耕作、播种、土壤墒情分析和合理排灌等提供依据；了解测定土壤田间持水量的原理，能够熟练准确地测定土壤田间持水量，为确定灌水定额，指导农业生产等提供依据。

2. 活动准备　根据班级人数，按 2 人一组，分为若干组，每组准备以下材料和用具：烘箱、天平（感量为 0.01g 和 0.001g）、干燥器、称样皿、玻璃皿、量筒（10mL）、烧杯、滴管、滤纸、纱布、橡皮筋、环刀（100cm³）、铝盒、剖面刀、铁锹、小锤子、铁框或木框（面积 1m×1m 或 2m×2m，高 20～25cm）、水桶、土钻、无水酒精等。

3. 相关知识　土壤水分以固态、液态和气态三种形态存在。植物直接吸收利用的是液态水。土壤水并非纯净水，而是稀薄的溶液，不仅溶有各种溶质，而且还有胶粒悬浮或分散于其中。

（1）土壤水分的形态。根据水分在土壤中的物理状态、移动性、有效性和对植物的作用，可常把土壤水分划分为吸湿水、膜状水、毛管水、重力水等不同的形态（图 9-3）。

①吸湿水。由于固体土粒表面的分子引力和静电引力对空气中水分子的吸附力而被紧密保持的水分称为吸湿水。其厚度只有 2～3 个水分子层，分子排列紧密，不能自由移动，无溶解力，也不能为植物吸收，属于无效水分。

土壤吸湿水的多少，一方面决定于周围的物理条件，主要是大气湿度与温度。当土壤空气中水汽达到饱和时，土壤吸湿水可达最大值，这时的含水量为最大吸湿量，也称为吸湿系数。一般土壤质地愈细，有机质含量愈高，土壤吸湿水含量也就愈高，相反则少。

②膜状水。膜状水是指土粒靠吸湿水外层剩余的分子引力从液态水中吸附

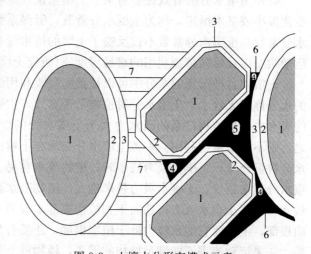

图 9-3　土壤水分形态模式示意
1. 土粒　2. 吸湿水　3. 膜状水　4. 毛管水
5. 孔隙中的气态水　6. 毛管弯月面　7. 土壤大孔隙中的重力水

一层极薄的水膜。膜状水受到的引力比吸湿水小，因而有一部分可被植物吸收利用。但因其移动缓慢，只有当植物根系接触到时才能被吸收利用。吸湿水和膜状水又合称为束缚水。

膜状水达到最大量时的土壤含水量，称为最大分子持水量。通常在膜状水没有被完全消耗之前，植物已呈萎蔫状态；当植物因吸不到水分而发生萎蔫时的土壤含水量称为萎蔫系数（或称为凋萎系数），它包括全部吸湿水和部分膜状水，是植物可利用的土壤有效水分的下限。

③毛管水。毛管水是指土壤依靠毛管引力的作用将水分保持在毛管孔隙中的水，称为毛管水。毛管水是土壤中最宝贵的水分，也是土壤的主要保水形式。根据毛管水在土壤中存在的位置不同，可分为毛管悬着水和毛管上升水。毛管悬着水是指在地下水位较低的土壤，当降水或灌溉后，水分下移，但不能与地下水联系而"悬挂"在土壤上层毛细管中的水分；毛管上升水是指地下水随毛管引力作用而保持在土壤孔隙中的水分。

当毛管悬着水达到最大量时的土壤含水量，称为田间持水量；它代表在良好的水分条件下灌溉后的土壤所能保持的最高含水量，是判断旱地土壤是否需要灌水和确定灌水量的重要依据（表 9-2）。毛管上升水达到最大量时的土壤含水量，称为毛管持水量；当地下水位适当时，毛管上升水可达根系分布层，是植物所需水分的重要来源之一。

表 9-2 不同质地和耕作条件下的田间持水量 （%）

土壤质地	沙土	沙壤土	轻壤土	中壤土	重壤土	黏土	二合土	
							耕后	紧实
田间持水量	10～14	13～20	20～24	22～26	24～28	28～32	25	21

④重力水。当土壤中的水分超过田间持水量时，不能被毛管力所保持，而受重力作用的影响，沿着非毛管孔隙（空气孔隙）自上而下渗漏的水分称为重力水。当土壤为重力水所饱和时的含水量，称为全蓄水量（或饱和含水量）。全蓄水量包括了土壤的重力水、毛管水、膜状水和吸湿水。全蓄水量是计算稻田淹灌水量的依据。

（2）土壤水分的有效性。对某一土壤来说，土壤所保持的各种水分形态类型的最大数值变化极小或基本恒定，称为土壤水分常数。吸湿系数、凋萎系数、田间持水量等都是常见的水分常数。土壤水分常数不仅反映了土壤的持水量和含水量的大小，也反映了土壤的吸持和运动状态以及可被植物利用的难易程度，对研究土壤水分状况及其对植物有效性有重要意义。

土壤中各种形态的水分中可以被植物吸收利用的水分称为有效水；不能被植物吸收利用的水分称为无效水。土壤水分对植物是否有效，主要取决于土壤对水分的保持力及植物根系的吸水力。当植物根系的吸水力大于土壤水分的保持力时，土壤水分就能被植物利用；反之，则不能被植物利用。多数土壤水分必须在土壤中流动一段路程，才能达到根部。当土壤水分含量充分，土壤水吸力较小时，植物吸水容易。随着水分的蒸发和被植物吸收，根际土壤水分越来越少，土壤水吸力越来越大，植物吸水就会越来越困难。如果没有水从附近流向根际，最后土壤水吸力将趋向于和植物根部水吸力平衡，植物吸水就会停止，要使附近水流向根部，不仅要它的水吸力低于植物根部，还要有足够速率流向根部，以补偿植物蒸腾的需要。如果流动速率不能满足植物的需要，植物就会萎蔫。

而土壤含水量大于凋萎系数，但又低于毛管断裂含水量时（土壤含水量小于田间持水量的 70% 时），因水的运动缓慢，难于及时满足植物的需求量，则属于无效水。在毛管断裂含水量至田间持水量或毛管持水量之间的毛管水，因运动速度快，供水量大，能及时满足植物的需要，属速效水。土壤有效水的多少与土壤质地、有机质含量有密切关系。一般而言，质地过沙或过黏的土壤，有效水少；壤质土，有机质含量高，结构好的土壤，有效水则多（表 9-3）。

表 9-3 土壤质地、有机质与有效水的关系

墒情类型	田间持水量（%）	凋萎系数（%）	有效水（%）
沙土	3～6	0.2～0.3	2.8～5.7
沙壤土	6～12	0.3～3.0	5.7～9.0
壤土	12～23	3.0～12.0	9.0～11
黏土	21～23	12.0～15.0	9.0～8.0
泥炭土	160～200	60.0～80.0	100.0～120.0

（3）土壤含水量的表示方法。主要有质量含水量、容积含水量、相对含水量等。

①质量含水量。是指土壤水分质量占烘干土质量的比值，标准单位是 g/kg 通常用百分数来表示。即：

$$质量含水量 = \frac{水分质量（g）}{烘干土质量（g）} \times 100\%$$

②容积含水量。是指土壤中水的容积占土壤容积的百分数。用以说明土壤水分占孔隙

容积的比值，了解土壤水分与空气的比例关系。

$$土壤容积含水量 = \frac{水的体积}{土壤体积} \times 100\% = 土壤含水量（质量含水量）\times 土壤容重$$

例：某土壤含水量（质量含水量）为 20.3%，土壤容重为 $1.2g/cm^3$，则土壤含水量（容积含水量）$= 20.3\% \times 1.2 = 24.4\%$。又如，土壤孔隙度为 55%，则空气所占体积为 $55\% - 24.4\% = 30.6\%$。

③相对含水量。指土壤实际含水量占该土壤田间持水量的百分数。土壤相对含水量是以土壤实际含水量占该土壤田间持水量的百分数来表示。一般认为，土壤含水量以田间持水量的 $60\% \sim 80\%$ 时，为最适旱地植物的生长发育。

$$土壤相对含水量 = \frac{土壤实际含水量（质量含水量）}{田间持水量（质量含水量）} \times 100\%$$

例：某土壤的田间持水量为 24%，今测得该实际含水量为 12%，则：

$$土壤相对含水量 = \frac{12\%}{24\%} \times 100\% = 50\%$$

4. 操作规程和质量要求　表示土壤水分状况的常用指标有：土壤自然含水量、土壤田间持水量等，选择种植农作物、蔬菜、果树、花卉、园林树木、草坪、牧草、林木等田间，完成表 9-4～表 9-7 的内容。

（1）酒精燃烧法测定土壤自然含水量（表 9-4）。酒精燃烧法测定水分的原理是：利用酒精在土壤中燃烧放出的热量，使土壤水分蒸发干燥，通过燃烧前后质量之差，计算土壤含水量的百分数。酒精燃烧在火焰熄灭的前几秒钟，即火焰下降时，土温才迅速上升到 $180 \sim 200℃$。然后温度很快降至 $85 \sim 90℃$，再缓慢冷却。由于高温阶段时间短，样品中有机质及盐类损失很少，故此法测定的土壤水分含量有一定的参考价值。

表 9-4　酒精燃烧法测定土壤自然含水量

工作环节	操作规程	质量要求
新鲜样品采集	用小铲子在田间挖取表层土壤 1kg 左右装入塑料袋中，带回实验室以便测定	最好采取多点、随机采取，增加土样的代表性
称空重	用感量为 0.01g 的天平对洗净烘干的铝盒称重，记为铝盒重（W_1），并记下铝盒的盒盖和盒帮的号码	应注意铝盒的盒盖和盒帮相对应，避免出错
加湿土并称重	将塑料袋中的土样倒出约 200g，在实验台上用小铲子将土样稍研碎混合。取 10g 左右的土样放入已称重的铝盒中，称重，记为铝盒加新鲜土样质量（W_2）	应将土样内的石砾、虫壳、根系等物质仔细剔除，以免影响测定结果
酒精燃烧	将铝盒盖开口朝下扣在实验台上，铝盒放在铝盒盖上。用滴管向铝盒内加入工业酒精，直至将全部土样覆盖。用火柴点燃铝盒内酒精，任其燃烧至火焰熄灭，稍冷却；小心用滴管重新加入酒精至全部土样湿润，再点火任其燃烧；重复燃烧三次	酒精燃烧法不适用于含有机质高的土壤样品的测定。燃烧过程中严控温度，注意防止土样损失，以免出现误差
冷却称重	燃烧结束后，待铝盒冷却至不烫手时，将铝盒盖盖在铝盒上，待其冷却至室温，称重，记为铝盒加干土质量（W_3）	冷却后应及时称重，避免土样重新吸水
结果计算	平行测定结果用算术平均值表示，保留一位小数 $$土壤含水量 = \frac{W_2 - W_3}{W_3 - W_1} \times 100\%$$	平行测定结果的允许绝对相差：水分含量 $<5\%$，允许绝对相差 $\leqslant 0.2\%$；水分含量 $5\% \sim 15\%$，允许绝对相差 $\leqslant 0.3\%$；水分含量 $>15\%$，允许绝对相差 $\leqslant 0.7\%$

（2）烘干法测定土壤自然含水量（表 9-5）。烘干法测定水分的原理是：在（105±2）℃下，水分从土壤中全部蒸发，而结构水不被破坏，土壤有机质也不致分解。因此，将土壤样品置于（105±2）℃下烘至恒重，根据烘干前后质量之差，可计算出土壤水分含量的百分数。

表 9-5　烘干法测定土壤自然含水量

工作环节	操作规程	质量要求
称空重	用感量为 0.001g 的天平对洗净烘干的铝盒称重，记为铝盒重（W_1），并记下铝盒的盒盖和盒帮的号码	应注意铝盒的盒盖和盒帮相对应，避免出错
加风干土并称重	取 10g 左右的土样放入已称重的铝盒中，称重，记为铝盒加新鲜土样质量（W_2）	应将土样内的石砾、虫壳、根系等物质仔细剔除，以免影响测定结果
烘干	将铝盒放入预先温度升至（105±2）℃的电热烘箱内烘 6～8h。稍冷却后，将铝盒盖盖上，并放入干燥器中进一步冷却至室温	烘干过程中严控温度，注意防止土样损失，以免出现误差
冷却称重	待铝盒冷却至不烫手时，将铝盒盖盖在铝盒上，待其冷却至室温，称重，记为铝盒加干土质量（W_3）	冷却后应及时称重，避免土样重新吸水
结果计算	平行测定结果用算术平均值表示，保留一位小数 土壤含水量 $= \dfrac{W_2 - W_3}{W_3 - W_1} \times 100\%$	平行测定结果的允许绝对相差：水分含量<5%，允许绝对相差≤0.2%；水分含量 5%～15%，允许绝对相差≤0.3%；水分含量>15%，允许绝对相差≤0.7%

（3）实验室法测定土壤田间持水量（表 9-6）。

表 9-6　实验室法测定土壤田间持水量

工作环节	操作规程	质量要求
选点取土	在田间选择挖掘的土壤位置，用小刀修平土壤表面，按要求深度将环刀向下垂直压入土中，直至环刀筒中充满土样为止，然后用土刀切开环刀周围的土样，取出已充满土的环刀，细心削平两端多余的土，并擦净环刀外	环刀取土时要保持土壤的原样，不能压实土壤，否则引起数值不准确
湿润土样	在环刀底端放入大小合适滤纸 2 张，用纱布包好后用橡皮筋扎好，放在玻璃皿中。玻璃皿中事先放 2～3 层滤纸，将装土环刀放在滤纸上，用滴管不断地滴加水于滤纸上，使滤纸经常保持湿润状态，至水分沿毛管上升而全部充满达到恒重为止（W_2）	湿润土样时，一定要注意使滤纸经常保持湿润状态
测定含水量	取出装土环刀，去掉纱布和滤纸，取出一部分土壤放入已知质量的铝盒（W_1）内称重，放入 105～110℃烘箱中，烘至恒重，取出称重（W_3）	参照水分测定要求
结果计算	质量田间持水量 =（湿土质量－烘干土质量）/烘干土质量×100% 容积田间持水量 = 质量田间持水量×容积	平行测定结果以算术平均数值表示，保留一位小数，允许绝对相差≤1%

（4）田间测定法测定土壤田间持水量（表 9-7）。

表 9-7 田间测定法测定土壤田间持水量

工作环节	操作规程	质量要求
选择地点	在田间选择代表性的地块，其面积可为 1m×1m，或 2m×2m，将地表整平	地点选择要注意代表性，应远离道路、大树、坑、建筑物等
筑埂	在四周筑起内、外两层坚实的土埂，土埂高 20～25cm，内、外埂相距 0.25m（沙质土壤）或 1m（黏土），内外土埂之间为保护带，带中地面应与内埂中测区一样平	筑埂时一定要拍实，防止渗漏或串水
计算灌溉所需水量并灌水	一般按总空隙度的 1 倍计算，然后按照需水量进行灌水	为防止水分蒸发，灌水后要用秸秆、塑料布及时覆盖
取样	灌水后沙壤土及轻壤土 1～2d，重壤土及黏土 3～4d，在所需深度用土钻进行取样。于测定区，按正方形对角线打钻，每次打 3 个钻孔，从上至下按土壤发生层分别采土 15～20g	取样时在埂土铺上木板，人站在木板上工作
测定含水量	将所采土壤迅速装入已知质量（W_1）的铝盒中盖紧，带回室内称重（W_2），在电热板上干燥，再放在烘箱中经 105℃烘至恒重（W_3），计算含水量	参照水分测定要求
重复	1～2d 后再次取样，重复测定一次含水量，至土壤含水量的变化小于 1%～1.5% 时，此含水量即为田间持水量	重复是为了提高结果的代表性，一定要给予重视
结果计算	质量田间持水量＝（湿土质量－烘干土质量）/烘干土质量×100% 容积田间持水量＝质量田间持水量×容积	平行测定结果以算术平均数值表示，保留一位小数；允许绝对相差≤1%

5. 问题处理

（1）土壤含水量测定数据记录格式见表 9-8。运用酒精燃烧法测定土壤水分时，一般情况下要经过 3～4 次燃烧后，土样才可达到恒重。

表 9-8 土壤含水量测定数据记录

样品号	盒盖号	盒帮号	铝盒重（W_1）	盒加新鲜土质量（W_2）	盒加干土质量（W_3）	含水量（%）	平均值

（2）田间持水量数据记录格式见表 9-9。

表 9-9 田间持水量测定数据记录

铝盒号	铝盒质量（g）	湿土加铝盒质量（g）	烘干土加铝盒质量（g）	水质量（g）	烘干土质量（g）	土壤质量含水量（%）	田间持水量（%）

活动二　植物的蒸腾强度测定及调节

1. 活动目标　了解植物蒸腾有关知识，能熟练进行植物蒸腾强度的测定。

2. 活动准备　根据班级人数，按 2～4 人一组，分为若干组，并准备扭力天平、打孔器、秒表等。

3. 相关知识　植物蒸腾作用是指植物体内的水分以气态散失到大气中去的过程。蒸腾作用虽然会造成植物体内水分的亏缺，甚至会引起危害，但它对植物的生命活动有很大的益处：蒸腾作用产生的蒸腾拉力是植物吸水的主要动力；根系吸收的矿物质或合成的物质可随着水分上升在植物体内转运；蒸腾作用散失大量水分，高温环境中可降低植物体的温度，避免高温危害；叶片进行蒸腾作用时，气孔开放，二氧化碳易进入叶内被同化，促进光合产物的积累。

（1）蒸腾作用的方式。植物蒸腾水分部位主要是叶片。叶片的蒸腾作用方式有两种：一是角质蒸腾，是指植物体内的水分通过角质层而蒸腾的过程；二是气孔蒸腾，是指植物体内的水分通过气孔而蒸腾的过程。植物以气孔蒸腾为主。

（2）蒸腾作用的指标。蒸腾作用的强弱常用蒸腾速率、蒸腾效率和蒸腾系数来表示。

①蒸腾速率。又称为蒸腾强度，是指植物在单位时间内，单位叶面积上通过蒸腾作用散失的水量。大多数植物白天的蒸腾速率为 15～250g/（m² · h），夜晚为 1～20g/（m² · h）。

②蒸腾效率。是指植物每蒸腾 1kg 水时所形成的干物质的克数。蒸腾效率一般为 1～8g/kg。

③蒸腾系数。是指植物每制造 1g 干物质所消耗水分的克数。蒸腾系数在 125～1 000（表 9-10），蒸腾系数越小，则表示该植物利用水分的效率越高。

表 9-10　几种主要植物的蒸腾系数

植物	蒸腾系数	植物	蒸腾系数	植物	蒸腾系数
小麦	450～600	棉花	300～600	蔬菜	500～800
燕麦	600～800	大麻	600～800	松树	450
玉米	250～300	亚麻	400～500	云杉	500
荞麦	500～800	向日葵	500～600	橡树	560
黍子	200～250	牧草	500～700	椑树	800
水稻	500～800	马铃薯	300～600	白蜡	850

（3）影响蒸腾作用的因素。主要有光照、空气湿度、风速、温度、土壤条件等。

①光照。光照除影响气孔开闭外，还可通过改变气温、叶温而影响水的汽化、扩散与蒸

腾；所以，光照度高，蒸腾强度随之升高。但光照度过高，会引起气孔关闭，蒸腾强度则会大大下降。

②空气湿度。植物叶片与空气之间的水势差越大，蒸腾强度越高。

③温度。在一定的温度范围内，随着温度的升高，蒸腾作用加强。

④风速。适当增加风速，能促进叶面水蒸气的扩散，促进蒸腾；但是，如果风速过大，气孔关闭，反而抑制蒸腾。

⑤土壤条件。影响根系吸水的各种土壤条件如土壤温度等，都间接地影响蒸腾作用；地下部分的水分供应充足，地上部分的蒸腾作用也相应地加强。

4. 操作规程和质量要求 选取当地种植农作物、蔬菜等植物的田间，进行以下操作（表 9-11）。

表 9-11 植物蒸腾强度的测定

工作环节	操作规程	质量要求
田间取样	在田间选择要测定的材料，用打孔器（已知孔口面积），取样	选取的材料要有代表性
称样计时	由 50mg 扭力天平（准确到 0.1mg）进行测定。用秒表准确计时。从取样起到第一分钟时，第一次读数；再过 3min 第二次读数	在采用离体称重法时，必须防止植株上所附着的尘土对质量的影响。所以在剪取材料前，应轻轻打掉植株上所附着的浮土
结果计算	由两次质量差计算蒸腾强度或以后次质量计算蒸腾强度。计算式为：$$蒸腾强度1 = \frac{（前次重-后次重）\times 60}{3 \times 面积}$$ $$蒸腾强度2 = \frac{（前次重-后次重）\times 60}{3 \times 后次重}$$	测定时，应同时测定气温、日照、风速、空气湿度，以便测定结果的相互比较
植物蒸腾调节	（1）减少蒸腾面积。移栽植物时，可去掉一些枝叶 （2）降低蒸腾速率。在午后或阴天移栽植物，或栽后搭棚遮阳，或实行设施栽培 （3）使用抗蒸腾剂。如使用苯汞乙酸、乳胶、聚乙烯蜡、高岭土等，减少蒸腾量	（1）去掉枝叶可减少蒸腾面积，降低蒸腾失水量，有利于成活 （2）避开促进蒸腾的外界条件、使用抗蒸腾剂，都能降低移栽植物的蒸腾速率

5. 问题处理 训练结束后，完成以下问题：

（1）田间取样的时候应注意什么？

（2）比较蒸腾强度的两次计算有何区别？

（3）植物蒸腾强度测定有何意义？

活动三 空气湿度的测定

1. 活动目标 能够准确地说明空气湿度观测仪器的构造原理，熟练准确地进行空气湿度的观测，并依据观测结果正确使用《湿度查算表》查算空气湿度，为以后正确进行水分分析、评价奠定基础。

2. 活动准备 根据班级人数，按 2 人一组，分为若干组，每组准备以下观测仪器和用具：干、湿球温度表，通风干湿表，毛发湿度表，毛发湿度计和蒸馏水等。

3. 相关知识 大气中的水分是大气组成成分中最富于变化的部分。大气中水分的存在形式有气态、液态和固态；多数情况下，水分是以气态存在于大气中，三种形态在一定条件下可相互转化。

（1）空气湿度的表示方法。空气湿度是表示空气中水汽含量（即空气潮湿程度）的物理量。常用的表示方法有：

①水汽压（e）与饱和水汽压（E）。大气中水汽所产生的分压称为水汽压。水汽压是大气压的一个组成部分。通常情况下，空气中水汽含量多，水汽压大；反之，水汽压小。水汽压的单位常用百帕（hPa）表示。温度一定时，单位体积的空气中能容纳的水汽量是有一定限度的。若水汽含量正好达到了某一温度下空气所能容纳水汽的最大限度，则水汽已达到饱和，这时的空气称为饱和空气。饱和空气的水汽压称为饱和水汽压；未达到此限度的空气称为未饱和空气；超过这个限度的空气称为过饱和空气。一般情况下，超出部分水汽发生凝结。所以，在温度一定时，所对应的饱和水汽压是确定的。温度增加（降低）时，饱和水汽压也随之增加（降低）。

②绝对湿度（a）。单位容积空气中所含水汽的质量称为绝对湿度，实际上就是空气中水汽的密度，单位为 g/cm^3 或 g/m^3。空气中水汽含量愈多，绝对湿度就愈大，绝对湿度能直接表示空气中水汽的绝对含量。

③相对湿度（r）。是指空气中实际水汽压与同温度下饱和水汽压的百分比，即：

$$r = \frac{e}{E} \times 100\%$$

相对湿度表示空气中水汽的饱和程度。在一定温度条件下，水汽压愈大，空气愈接近饱和。当 $e=E$ 时，$r=100\%$，空气达到饱和，称为饱和状态；当 $e<E$ 时，即 $r<100\%$，称为未饱和状态；当 $e>E$ 时，即 $r>100\%$ 而无凝结现象发生时，称为过饱和状态。因饱和水汽压随温度变化而变化，所以在同一水汽压下，气温升高，相对湿度减少，空气干燥；相反，气温降低，相对湿度增加，空气潮湿。

④饱和差（d）。是指在一定温度下，饱和水汽压和实际水汽压之差，即：

$$d=E-e$$

饱和差表示空气中的水汽含量距离饱和的绝对数值。一定温度下，e 愈大，空气愈接近饱和，当 $e=E$ 时，空气达到饱和，这时候 $d=0$。

⑤露点（t_d）。气温愈低，饱和水汽压就越小，所以对于含有一定量水汽的空气，在水汽含量和气压不变的情况下，降低温度，使饱和水汽压与当时实际水汽压值相等，这时的温度就成为该空气的露点温度，简称为露点，单位为℃。实际气温与露点之差表示空气距离饱和的程度。如果气温高于露点，则表示空气未达到饱和状态；气温等于露点时，则表示空气已达到饱和状态；气温低于露点，则表示空气达到过饱和状态。

（2）空气湿度的变化。

①绝对湿度的变化。绝对湿度的日变化有两种类型：一是单波型日变化，即绝对湿度的日变化与温度的日变化一致。一天中有一个最大值和一个最小值。最大值出现在午后温度最高的时候，即 14：00～15：00；最小值出现在日出之前。单波型的日变化，多发生在温度变化不太大的海洋、海岸地区、寒冷季节的大陆和暖季潮湿地区。二是双波型日变化，在一天中有两个最大值和两个最小值，两个最大值分别出现在 8：00～9：00 和 20：00～21：00；两个最低值分别出现在日出前和 14：00～15：00。双波型的日变化常出现在温度

变化较剧烈的内陆暖季及沙漠地区（图9-4）。

绝对湿度的年变化与气温的年变化相似。在陆地上，最大值出现在7月，最小值出现1月。在海洋或海岸地方，绝对湿度最大值在8月，最小值在2月。

②相对湿度的变化。相对湿度的日变化与气温的日变化相反。相对湿度与水汽压及气温有关。当气温升高时，水汽压及饱和水汽压都随之增大，但是饱和水汽压的增大要比水汽压快，因而水汽压与饱和水汽压的百分比就变小，也就是相对湿度变小。反之，气温降低时，相对湿度就增大。所以，一天中相对湿度的最大值出现在气温最低的清晨，最小值出现在14：00～15：00（图9-5）。

相对湿度的年变化一般与气温的年变化相反。夏季最小，冬季最大。但在季风区由于夏季有来自海洋的潮湿空气，冬季有来自大陆的干燥空气，因此使相对湿度的年变化与温度年变化相似。

（3）空气湿度测定仪器。

①干、湿球温度表。干、湿球温度表是由两支型号完全一样的普通温度表组成的，放在同一环境中（如白叶箱）。其中一支用来测定空气温度，就是干球温度表，另一支球部缠上湿的纱布，称为湿球温度表。湿球温度表的读数与空气湿度有关。当空气中的水汽未饱和时，湿球温度表球部表面的水分就会不断蒸发，消耗湿球及球部周围空气的热量，使湿球温度下降，干、湿球温度表的示度出现差值，

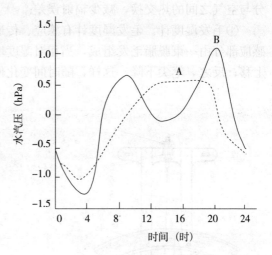

图9-4　绝对湿度日变化
A. 单波型日变化　B. 双波型日变化

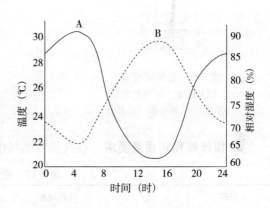

图9-5　相对相对湿度日变化
A. 相对湿度　B. 气温

称为干湿差。所以，湿球温度表的示度要比干球温度表低，空气越干燥，蒸发越快，湿球示度低得越多，干湿差越大。反之，干湿差就越小。只有当空气中的水汽达到饱和时，干、湿球温度才相等。

②毛发湿度表。毛发湿度表的感应部分是脱脂毛发，它具有随空气湿度变化而改变其长度的特性。其构造如图9-6所示。当空气相对湿度增大时，毛发伸长，指针向右移动；反之，相对湿度降低时，指针向左移动。

③通风干湿表。通风干湿表携带方便，精确度较高，常用于野外测定气温和空气湿度。仪器构造如图9-7所示，干球、湿球温度表感应部分分别在A、B的双层辐射防护管内，防护管借三通管和两支温度表之间的中心圆管与风扇相通。工作时用插入通风器上特制的钥匙上发条，以开动风扇，在通风器的边沿有缝隙，使得从防护管口引入的空气经过缝隙排到外

面去，就这样风扇在温度表感应部分周围造成了恒定速度的气流（2.5m/s），以促进感应部分与空气之间的热交换，减少辐射误差。

④毛发湿度计。毛发湿度计有感应、传递放大和自记装置等三部分组成，形同温度计。感应部分由一束脱脂毛发组成，当相对湿度增大时，发束伸长，杠杆曲臂使笔杆抬起，笔尖上移；反之，笔尖下降。这样，随时间变化便于连续记录出相对湿度的变化曲线。

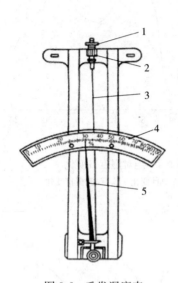

图 9-6　毛发湿度表
1. 锁紧螺旋　2. 调整螺旋
3. 毛发　4. 刻度盘　5. 指针

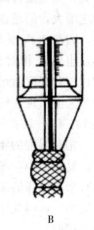

图 9-7　干球、湿球纱布包扎
A. 干球温度表感应部分
B. 湿球温度表感应部分

4. 操作规程和质量要求　在气象观测场内进行表 9-12 全部或部分内容。

表 9-12　空气湿度的观测

工作环节	操作规程	质量要求
安置仪器	（1）干、湿球温度表的安装方法参考温度观测 （2）毛发湿度表应垂直悬挂在温度表支架的横梁上，表的上部用螺丝固定 （3）毛发湿度计要安置在大百叶箱内温度计的后上方架子上，底座保持水平 （4）通风干湿表于观测前将仪器挂在测杆上（仪器温度表感应部分离地面高度视观测目的而定）	仪器安置正确、牢固
观测	（1）各仪器每天观测 4 次（02：00、08：00、14：00、20：00） （2）观测时，要保持视线与水银柱顶或刻度盘齐平，以免因视差而使读数偏高或偏低 （3）观测顺序为：干球温度→湿球温度→毛发湿度表→湿度计 （4）湿度计的读数压迫读取湿度计瞬时值，并作时间记号。每天 14：00 换纸，换纸方法同温度计 （5）通风干湿观测时间和次数与农田中观测时间和次数一致	（1）按时观测，严禁迟测、漏测、缺测 （2）毛发湿度表，只有当气温降到 −10.0℃以下时才作正式记录使用，观测值要经过订正，以减小误差

（续）

工作环节	操作规程	质量要求
查算 《湿度查算表》	根据观测的干球温度值 t，在简化后的《湿度查算表》中分别查出水汽压（e）、相对湿度（r）、露点温度（t_d）和饱和水汽压（E）值	查算准确，无误
记录观测结果	将观测结果记录在表格中	（1）记录时，除温度、水汽压、饱和水汽压保留一位小数外，其他均为整数 （2）记录要清楚，准确，不能主观臆造数据

5. 问题处理

（1）《湿度查算表》的使用。根据观测的干球温度值 t，在简化后的《湿度查算表》中确定待查找部分，在该部分内分别找到湿球温度 t_w 值与 e、r、t_d 交叉的各点数值，即为相应的水汽压（e）、相对湿度（r）、露点温度（t_d）值。饱和水汽压值（E）为该部分中湿球温度与干球温度相等时的水汽压值。

（2）空气湿度观测记录见表9-13。

表9-13　空气湿度观测记录

观测结果	观测时间（7：00）	观测时间（13：00）	观测时间（17：00）
干球温度表读数（℃）			
湿球温度表读数（℃）			
毛发湿度表（％）			
水汽压（hPa）			
相对湿度（％）			
露点温度（℃）			
饱和水汽压（hPa）			
毛发湿度计（％）			

活动四　降水量与蒸发量的观测

1. 活动目标　能够准确地说明降水量与蒸发量观测仪器的构造原理，熟练准确地进行降水量与蒸发量的观测，为以后正确进行水资源分析、评价奠定基础。

2. 活动准备　根据班级人数，按2人一组，分为若干组，每组准备以下观测仪器和用具：雨量器、虹吸式雨量计（或翻斗式雨量计）、小型蒸发器和专用量杯等。

3. 相关知识

（1）水汽凝结。自然界中，常会有水汽凝结成液态（露点温度在0℃以上）或固态冰晶（露点温度在0℃以下）的现象发生，而大气中的水汽凝结需在一定的条件下才能发生凝结。水汽由气态转变为液态或固态的过程称为凝结。大气中水汽发生凝结的条件有两个：一是大气中的水汽必须达到过饱和状态；二是大气中必须有凝结核，两者缺一不可。

水汽凝结物主要包括地面和地面物体表面上的凝结物（如露、霜、雾凇、雨凇等）、大气中的凝结物（如雾和云）。

①露和霜。露和霜是地面和地面物体表面辐射冷却，温度下降到空气的露点以下时，空气接触到这些冷的表面，而产生的水汽凝结现象。如露点高于0℃，就凝结为露；如果露点低于0℃，就凝结为霜。露和霜形成于强烈辐射的地面和地面物体表面上。形成露和霜的条件是在晴朗、无风或微风的夜晚；导热率小的疏松土壤表面、辐射能力强的黑色物体表面、辐射面积大且粗糙的地面，晚间冷却较强烈，易于形成露或霜。此外，低洼的地方和植株的枝叶面上夜间温度较低而且湿度较大，所以露和霜较重。

②雾凇和雨凇。

雾凇是一种白色松脆的似雪易散落的晶体结构的水汽凝结物，它常凝结于地面物体，如树枝、电线、电杆等的迎风面上，雾凇又称为树挂。雾凇是一种有害的天气现象。

雨凇是过冷却雨滴降落到0℃以下的地面或物体上直接冻结而成的毛玻璃状或光滑透明的冰层，称为雨凇。雨凇外表光滑或略有突起。雨凇多发生在严冬或早春季节，是我国北方的灾害天气。

③雾。当近地气层温度降低到露点以下时，空气中的水汽凝结成小水滴或水冰晶，弥漫在空气中，使水平方向上的能见度不到1km的天气现象称为雾。雾削弱了太阳辐射、减少了日照时数、抑制了白天温度的升高、减少了蒸散，限制了根系吸收作用。

④云。云是自由大气中的水汽凝结或凝华而形成的微小水滴、过冷却水滴、冰晶或者它们混合形成的可见悬浮物。云和雾没有本质区别，只是云离地而雾贴地。形成云的基本条件：一是充足的水汽；二是有足够的凝结核；三是使空气中的水汽凝结成水滴或冰晶时所需的冷却条件。

形成云的主要原因是空气的上升运动把低层大气的水汽和凝结核带到高层，由于绝热冷却而产生降温。当温度降低到露点以下时，空气中的水汽达到过饱和状态，这时水汽便以凝结核为核心，凝结成微小的水滴或冰晶，即是云。反之，空气的下沉运动，由于绝热增温而使云消散。

（2）降水。降水是指从云中降落到地面的液态或固态水。广义的降水是地面从大气中获得各种形态的水分，包括云中降水和地面凝结物。形成较强降水的基本条件：一是要有充足的水汽；二是要使气块能够被持久抬升并冷却凝结；三是要有较多的凝结核。

①降水的表示方法。主要有：

一是降水量。降水量是指一定时段内从大气中降落到地面未经蒸发、渗透和流失而在水平面上积聚的水层厚度。降水量是表示水多少的特征量，通常以mm为单位。降水量具有不连续性和变化大的特点，通常以d为最小单位，进行降水日总量、旬总量、月总量和年总量的统计。

二是降水强度。降水强度是指单位时间内的降水量。降水强度是反映降水急缓的特征量，单位为mm/d或mm/h。按降水强度的大小可将降水分为若干等级（表9-14）。

表 9-14　降水等级的划分标准

种类	等级	小	中	大	暴	大暴	特大暴
雨	12h	0.1～5.0	5.1～15.0	15.1～30.0	30.1～60.0	≥60.1	
	24h	0.1～10.0	10.0～25.0	25.1～50.0	50.1～100	100.1～200.0	>200.0
雪	12h	0.1～0.9	1.0～2.9	≥3.0	—	—	—
	24h	≤2.4	2.5～5.0	>5.0	—	—	—

在没有测量雨量的情况下，也可以从当时的降雨状况来判断降水强度（表 9-15）。

表 9-15　降水等级的判断标准

降水强度等级	降雨状况
小雨	雨滴下降清晰可辨；地面全湿，落地不四溅，但无积水或洼地积水的形成很慢，屋上雨声微弱，檐下只有雨滴
中雨	雨滴下降连续成线，落硬地雨滴四溅，屋顶有沙沙雨声；地面积水形成较快
大雨	雨如倾盆，模糊成片，四溅很高，屋顶有哗哗雨声；地面积水形成很快
暴雨	雨如倾盆，雨声猛烈，开窗说话时，声音受雨声干扰而听不清楚；积水形成特快，下水道往往来不及排泄，常有外溢现象
中雪	积雪深达 3cm 的降雪过程
大雪	积雪深达 5cm 的降雪过程
暴雪	积雪深达 8cm 的降雪过程

②降水的种类。按降水物态形状分可分为：一是雨，从云中降到地面的液态水滴。直径一般为 0.5～7mm。下降速度与直径有关，雨滴越大，其下降速度也越快。二是雪，从云中降到地面的各种类型冰晶的混合物。雪大多呈六角形的星状、片状或柱状晶体。三是霰，是白色或淡黄色不透明的而疏松的锥形或球形的小冰球，直径 1～5mm。霰是冰晶降落到过冷却水滴的云层中，互相碰撞合并而形成，或是过冷却水在冰晶周围冻结而成的。由于霰的降落速度比雪花大得多，着落硬地常反跳而破碎。霰常见于降雪之前或与雪同时降落。直径小于 1mm 的称为米雪，米雪的外形多比较扁长。四是雹，由透明和不透明冰层组成的坚硬的球状、锥状或形状不规则的固体降水物。雹块大小不一，其直径由几毫米到几十毫米，最大可达十几厘米。

按降水性质可分为：一是连续性降水，强度变化小，持续时间长，降水范围大，多降自雨层云或高层云。二是间歇性降水，时小时大，时降时止，变化慢，多降自层积云或高层云。三是阵性降水，骤降骤止，变化很快，天空云层巨变，一般范围小，强度较大，主要降自积雨云。四是毛毛状降水，雨滴极小，降水量和强度都很小，持续时间较长，多降自层云。

按降水强度可分为：小雨、中雨、大雨、暴雨、大暴雨、特大暴雨、小雪、中雪、大雪、暴雪等（表 9-14）。

（3）降水量与蒸发量观测仪器。

①雨量器。主体为金属圆筒。目前我国所用的雨量器筒口直径为 20mm，它包括承水器、贮水器、漏斗和贮水瓶。每一个雨量器都配有一个专用的量杯，不同雨量器的量杯不能混用。承水器为正圆形，器口为内直外斜的刀刃形，以防止落到承雨器以外的雨水溅入承水器内。专用雨量杯上的刻度，是根据雨量器口径与雨量杯口径的比例确定的，每一小格为 0.1mm，每一大格为 1.0mm（图 9-8）。

②虹吸式雨量计。是用来连续记录液态降水量和降水时数的自记仪器。由承雨器、浮子室、自记钟、虹吸管等组成。当雨水通过承水器进入浮子室后，浮子室的水面就升高，浮子和笔杆也随之上升，于是自记笔尖就随着自记钟的转动，在自记纸上连续记录降水量的变化曲线，而曲线的坡度就表示降水强度。当笔尖达到自记纸上限时，借助虹吸管，使水迅速排出，笔尖回落到零位重新记录，笔尖每升降一次可记录 10.0mm 降水量。自记钟给出降水量随时间的累积过程。

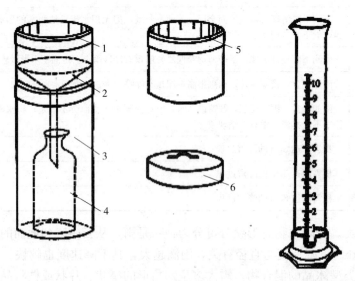

图 9-8　雨量筒及量杯
1. 承水器　2. 漏斗　3. 贮水筒　4. 贮水瓶　5. 承雪口　6. 筒盖

③翻斗式雨量计。是可连续记录降水量随时间变化和测量累积降水量的有线遥测仪器。分感应器和记录器两部分，其间用电缆连接。感应器用翻斗测量，它是用中间隔板间开的两个完全对称的三角形容器，中隔板可绕水平轴转动，从而使两侧容器轮流接水，当一侧容器装满一定量雨水时（0.1mm 或 0.2mm），由于重心外移而翻转，将水倒出，随着降雨持续，将使翻斗左右翻转，接触开关将翻斗翻转次数变成电信号，送到记录器，在累积计数器和自记钟上读出降水资料。

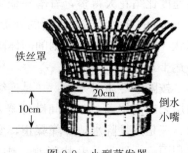

图 9-9　小型蒸发器

④小型蒸发器。图 9-9 所示为一口径 20cm、高约 10cm 的金属圆盆，口缘做成内直外斜的刀刃形，并附有蒸发罩以防鸟兽饮水。

4. 操作规程和质量要求　在气象观测场内进行表 9-16 全部或部分内容。

表 9-16 降水量与蒸发量的观测

工作环节	操作规程	质量要求
安置仪器	（1）雨量器要水平地固定在观测场上，器口距地面高度为 70cm （2）雨量计应安装在雨量器附近，承水器口离地面的高度以仪器自身高度为准，器口应水平 （3）小型蒸发器安装在雨量器附近，终日受阳光照射的位置，并安装在固定铁架上，口缘离地 70cm，保持水平	仪器安装正确、牢固
实地观测	（1）降水量每天观测 2 次（08：00、20：00）；蒸发量每天在 20：00 观测 1 次 （2）雨量器观测降水量。 观测降雨时，将瓶内的水倒入量杯，用食指和拇指平夹住量杯上端，使量杯自由下垂，视线与杯中水凹月面最低处齐平，读取刻度。若观测时仍在下雨，则应启用备用雨量器，以确保观测记录的准确性 观测降雪时，要将漏斗、贮水瓶取出，使降雪直接落入贮水筒内，也可以将承雨器换成承雪器。对于固体降水，必须用专用台秤称量，或加盖后在室温下等待固态降水物融化，然后，用专用量杯测量。不能用烈日烤的方法融化固体降水。 （3）雨量计观测降水量。可从记录纸上直接读取降水量值。如果 1d 内有降水时（自记迹线≥0.1mm），必须每天换自记纸一次；无降水时，自记纸可 8～9d 换一次，在换纸时，人工加入 1.0mm 的水量，以抬高笔尖，避免每天迹线重叠 （4）观测蒸发量。首先观测原量及蒸发量：用专用量杯测量前一天 20：00 注入蒸发器内 20mm 清水（当天原量）经 24h 蒸发后剩余的水量，并作记录。然后倒掉余量，重新量取 20mm（干燥地区和干燥季节须量取 30mm）清水注入蒸发器内（次日原量）。其次，计算蒸发量，用以下公式：蒸发量＝原量＋降水量－余量。最后，水结冰的测量：用称量法（方法和要求同降水部分）	（1）按时观测，严禁迟测、漏测、缺测 （2）观测要规范、标准。观测数值要准确 （3）在炎热干燥的日子里，降水停止后要及时补充观测，若降水强度大时，也就增加观测次数，以保证观测的准确性 （4）有降水时，应取下蒸发器的金属网罩；有强降水时，应随时注意从器内取出一定的水量，以防溢出，并将取出量记入当时余量中
记录观测结果	（1）计算蒸发量。计算公式：蒸发量＝原量＋降水量－余量 （2）记录。将观测结果和计算结果填在表格里。记录降水量时，当降水量＜0.05mm，或观测前虽有微量降水，因蒸发过快，观测时没有积水，量不到降水量，均记为 0.0mm；0.05mm≤降水量≤0.1mm 时，记为 0.1mm。记录蒸发量时，因降水或其他原因，致使蒸发量为负值时，则记为 0.0mm；蒸发器内水量全部蒸发完时，记为＞20.0mm（如原量为 30.0mm，记为＞30.0mm）	记录时，降水量、蒸发量均要保留一位小数

5. 问题处理

（1）注意经常清洗承雨器、蒸发器和贮水瓶。

（3）降水量、蒸发量观测记录见表 9-17。

表 9-17　降水量、蒸发量观测记录（mm）

观测时间	8：00	20：00
降水量		
原量		
余量		
蒸发量		

任务二　植物生长的水分环境调控

【任务目标】

● **知识目标**：了解植物对水分环境的适应类型；熟悉调控土壤水分的技术措施。

● **能力目标**：能熟练进行露地条件下水分环境的正确调控；能根据不同设施进行水分环境的正确调控。

【背景知识】

植物对水分环境的适应

由于长期生活在不同的水环境中，植物会产生固有的生态适应特征。根据水环境的不同以及植物对水环境的适应情况，可以把植物分为水生植物和陆生植物两大类。

1. 水生植物　生长在水体中的植物统称为水生植物。水体环境的主要特点是弱光、缺氧、密度大、黏性高、温度变化平缓，以及能溶解各种无机盐类等。

水生植物类型很多，根据生长环境中水的深浅不同，可划分为挺水植物、浮水植物和沉水植物 3 类。一是挺水植物，是指植物体大部分挺出水面的植物，根系浅，茎秆中空；如荷花、芦苇、香蒲等。二是浮水植物，是指叶片漂浮在水面的植物，气孔分布在叶的上面，微管束和机械组织不发达，茎疏松多孔，根漂浮或伸入水底；包括不扎根的浮水植物（如凤眼莲、浮萍等）和扎根浮水植物（如睡莲、菱角和眼子菜等）。三是沉水植物，整个植物沉没在水下，与大气完全隔绝的植物，根退化或消失，表皮细胞可直接吸收水体中气体、营养和水分，叶绿体大而多，适应水体中弱光环境，无性繁殖比有性繁殖发达；如金鱼藻、狸藻和黑藻等。

2. 陆生植物　生长在陆地上的植物统称为陆生植物，可分为旱生植物、湿生植物和中生植物三种类型。

（1）旱生植物。是指长期处于干旱条件下，能长时间忍受水分不足，但仍能维持水分平衡和正常生长发育的植物。这类植物在形态上或生理上有多种多样的适应干旱环境的特征，多分布在干热草原和荒漠区（图 9-10）。根据旱生植物的生态特征和抗旱方式，又可分为多浆液植物和少浆液植物两类。

①多浆液植物。又称为肉质植物。例如仙人掌、番杏、猴狮面包树、景天、马齿苋等。

这类植物蒸腾面积很小，多数种类叶片退化而由绿色茎代替光合作用；其植物体内有发达的贮水组织，植物体的表面有一层厚厚的蜡质表皮，表皮下有厚壁细胞层，大多数种类的气孔下陷，且数量少；细胞质中含有一种特殊的五碳糖，提高了细胞质浓度，增强了细胞保水性能，大大提高了抗旱能力。

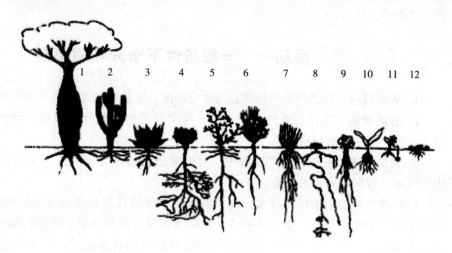

图 9-10　植物对干旱的适应生存

1. 树干贮水的面包树类　2. 茎贮水的仙人掌类　3. 叶贮水的龙舌兰类
4. 深主根系常绿树和灌木　5. 落叶、多刺灌木　6. 具叶绿素茎灌木　7. 丛生类草
8. 垫状植物　9. 地下芽植物　10. 鳞茎植物　11. 一年生植物　12. 耐干化植物

②少浆液植物。又称为硬叶旱生植物。如柽柳、沙拐枣、羽茅、梭梭、骆驼刺、木麻黄等。这类植物的主要特点是：叶面积小，大多退化为针刺状或鳞片状；叶表具有发达的角质层、蜡质层或茸毛，以防止水分蒸腾；叶片栅栏组织多层，排列紧密，气孔数量多且大多下陷，并有保护结构；根系发达，能从深层土壤内和较广的范围内吸收水分；维管束和机械组织发达，体内含水量很少，失水时不易显出萎蔫的状态，甚至在丧失 1/2 含水量时也不会死亡；细胞液浓度高、渗透压高，吸水能力特强，细胞内有亲水胶体和多种糖类，抗脱水能力也很强。这类植物适于在干旱地区的沙地、沙丘中栽植；潮湿地区只能栽培于温室的人工环境中。

（2）湿生植物。指适于生长在潮湿环境，且抗旱能力较弱的植物。根据湿生环境的特点，还可以区分为耐阴湿生植物和喜光湿生植物两种类型。

①耐阴湿生植物。也称为阴性湿生植物，主要生长在阴暗潮湿环境里。例如多种蕨类植物、兰科植物，以及海芋、秋海棠、翠云草等植物。这类植物大多叶片很薄，栅栏组织与机械组织不发达，而海绵组织发达，防止蒸腾作用的能力很小，根系浅且分枝少。它们适应的环境光照弱，空气湿度高。

②喜光湿生植物。也称为阳性湿生植物，主要生长在光照充足，土壤水分经常处于饱和状态的环境中。例如池杉、水松、灯心草、小毛茛以及泽泻等。它们虽然生长在经常潮湿的土壤上，但也常有短期干旱的情况，加之光照度大，空气湿度较低，因此湿生形态不明显，有些甚至带有旱生的特征。这类植物叶片具有防止蒸腾的角质层等适应特征，输导组织也较发达；根系多较浅，无根毛，根部有通气组织与茎、叶通气组织相连，木本植物多有板根或膝根。

（3）中生植物。是指适于生长在水湿条件适中的环境中的植物。这类植物种类多，数量大，分布最广，它们不仅需要适中的水湿条件，同时也要求适中的营养、通气、温度条件。中生植物具有一套完整的保持水分平衡的结构和功能，其形态结构及适应性均介于湿生植物与旱生植物之间，其根系和输导组织均比湿生植物发达，随水分条件的变化，可趋于旱生方向，或趋于湿生方向。

活动一　一般条件下水分环境调控

1. 活动目标　熟悉当地植物生长的水分状况，能正确地进行出一般条件下水分环境调控。

2. 活动准备　选择当地种植农作物、蔬菜、果树、花卉等地块，调查水分条件，查阅当地有关改善水分环境资料。

3. 相关知识　在植物生产实践中，可以通过一些水分调控技术来提高农田土壤水分的生产效率，发展节水高效农业。

（1）沟垄覆盖集中保墒技术。沟垄覆盖集中保墒技术是平地（或坡地沿等高线）起垄，农田呈沟、垄相间状态，垄作后拍实，紧贴垄面覆盖塑料薄膜，降雨时雨水顺薄膜集中于沟内，渗入土壤深层，沟要有一定深度，保证有较厚的疏松土层，降雨后要及时中耕以防板结，雨季过后要在沟内覆盖秸秆，以减少蒸腾失水。

（2）喷灌。是利用专门的设备将水加压，或利用水的自然落差将高位水通过压力管道送到田间，再经喷头喷射到空中散成细小水滴，均匀地散布在农田上，达到灌溉目的。

（3）地下灌技术。把灌溉水输入地下铺设的透水管道或采用其他工程措施，抬高地下水位，依靠土壤的毛细管作用浸润根层土壤，供给植物所需水分的灌溉技术。

（4）膜上灌技术。是在地膜栽培的基础上，把以往的地膜旁侧改为膜上灌水，水沿放苗孔和膜旁侧灌水渗入进行灌溉。

（5）植物调亏灌溉技术。是从植物生理角度出发，在一定时期内主动施加一定程度的有益的亏水度，使作物经历有益的亏水锻炼后，达到节水增产，改善品质的目的，通过调亏可控制地上部分的生长量，实现矮化密植，减少整枝等工作量。

（6）水肥耦合技术。是根据不同水分条件，提倡灌溉与施肥在时间、数量和方式上合理配合，促进作物根系深扎，扩大根系在土壤中的吸水范围，多利用土壤深层贮水，并提高作物的蒸腾强度和光合强度，减少土壤的无效蒸发，以提高降雨和灌溉水的利用效率，达到以水促肥，以肥调水，增加作物产量和改善品质的目的。

4. 操作规程和质量要求　根据当地生产条件和种植作物情况，进行水分调控，满足植物生长需要（表 9-18）。

表 9-18　土壤墒情判断与水分环境调控技术

工作环节	操作规程	质量要求
植物生长根系土壤墒情判断	农田土壤的湿度称为墒，土壤湿度变化的状况称为墒情。在田间验墒时，既要看表层又要看下层。先量干土层厚度，再分别取土验墒。若干土层在 3cm 左右，而以下墒情为黄墒，则可播种，并适宜植物生长；若干土层厚度达 6cm 以上，且在其下墒情也差，则要及早采取措施，缓解旱情	群众在生产中根据土壤含水量的变化与土壤颜色及性状的关系，把墒情类型分为 5 级（表 9-19）

（续）

工作环节	操作规程	质量要求
土壤水分调控技术	（1）集水蓄水技术。在丘陵山区主要采用沟垄覆盖集中保墒技术、等高耕作种植等方法，蓄积水分，提高土壤水分含量 （2）推广节水灌溉技术。节水灌溉技术在植物生产上发挥着越来越重要作用，主要有喷灌、微灌、膜上灌、地下灌等技术等。喷灌可按植物不同生长发育期需水要求适时、适量供水，且具有明显的增产、节水作用。地下灌溉可减少表土蒸发损失，水分利用率高，与常规沟灌相比，一般可增产 10%～30%。微灌技术是一种新型的节水灌溉工程技术，包括滴灌、微喷灌和涌泉灌等。一般比地面灌溉省水 60%～70%，比喷灌省水 15%～20%。膜上灌适用于所有实行地膜种植的作物，与常规沟灌玉米、棉花相比，可省水 40%～60%，并有明显的增产效果。调亏灌溉不仅适用于果树等经济作物，而且适用于大田作物 （3）推广少耕免耕技术。少耕的方法主要有以深松代翻耕，以旋耕代翻耕、间隔带耕种等。我国的松土播种法就是采用凿形或其他松土器进行松土，然后播种。带状耕作法是把耕翻局限在行内，行间不耕地，植物残茬留在行间 免耕法一般由 3 个环节组成：利用前作残茬或播种牧草作为覆盖物；采用联合作业的免耕播种机开沟、喷药、施肥、播种、覆土、镇压一次完成作业；采用农药防治病虫、杂草 （4）推广地面覆盖技术。一是秸秆覆盖，利用麦秸、玉米秸、稻草、绿肥等覆盖于已翻耕过或免耕的土壤表面。二是地膜覆盖，其效应表现在增温、保温、保水、保持养分、增加光效和防除病虫草等。有平畦覆盖、高垄覆盖、高畦覆盖、沟畦覆盖、沟种坡覆、穴坑覆盖等方法 （5）耕作保墒技术。主要是：适当深耕、中耕松土、表土镇压、创造团粒结构体、植树种草、水肥耦合技术、化学制剂保水节水技术等 （6）推广水土保持技术。一是水土保持耕作技术，如等高耕种、等高带状间作、沟垄种植、坑田、半旱式耕作、水平型沟、草田带轮作、覆盖耕作、少耕、免耕、草田轮作、深耕密植。二是工程措施，主要措施有修筑梯田、等高沟埂（如地埂、坡或梯田）、沟头防护工程、谷坊等。三是林草措施，主要措施用封山育林、荒坡造林、（水平沟造林、鱼鳞坑造林）、护沟造林、种草等	（1）适宜等高耕作种植的山坡要厚 1m 以上，坡度在 6°～10°，带宽 10～20m （2）喷灌可节省灌溉用工、占用耕地少、对地形和土质适应性强，能改善田间小气候等。微灌技术可根据不同的土壤渗透特性调节灌水速度，适用于山区、坡地、平原等各种地形条件。膜上灌投资少，操作简便，便于控制水量，加速输水速度，可减少土壤的深层渗漏和蒸发损失 （3）免耕具有以下优点：省工省力；省费用、效益高；抗倒伏、抗旱、保苗率高；有利于集约经营和发展机械化生产 （4）秸秆覆盖在两茬植物间的休闲期覆盖，或在植物生长发育期覆盖；可以将秸秆粉碎后覆盖，也可整株秸秆直接覆盖，播种时将秸秆扒开，形成半覆盖形式 （5）应选择生长快的低矮匍匐型草种，1～2 年内进行必要的封草和抚育措施。造林应采用深根性与浅根性相结合的适合当地条件的速生乔木和灌木树种 （6）耕作措施与工程措施应避免水土流失
空气湿度的调控	（1）采用先进灌溉技术。在植物茎、叶生长高温期间或空气湿度干燥期间，可通过喷灌、滴灌、雾灌等灌溉技术，进行叶面喷洒降温，调节茎、叶环境湿度 （2）遮阳处理。对于一些需要遮阳的植物，可采取：一是搭建遮阳网；二是在阴棚四周搭架种植藤蔓作物如南瓜等，提高遮阳效果；三是在棚顶安装自动旋转自来水喷头或喷雾管，在每天 10：00～16：00 进行喷水增加湿度	（1）注意灌水量和时间，并且要注意喷洒均匀 （2）遮阳处理主要用于花卉、食用菌等植物生产

表 9-19　土壤墒情类型和性状（轻壤土）

墒情	汪水	黑墒	黄墒	灰墒	干土面
土色	暗黑	黑～黑黄	黄	灰黄	灰～灰白
手感干湿程度	湿润，手捏有水滴出	湿润，手捏成团，落地不散，手有湿印	湿润，捏成团，落地散碎，手微有湿印和凉爽之感	潮干，半湿润，捏不成团，手无湿印，而有微温暖的感觉	干，无湿润感，捏散成面，风吹飞动
质量含水量（%）	>23	20～23	10～20	8～10	<8
相对含水量（%）		100～70	70～45	45～30	<30
性状和问题	水过多，空气少，氧气不足，不宜播种	水分相对稍多，氧气稍嫌不足，为适宜播种的墒情上限，能保苗	水分、空气都适宜，是播种最好的墒情，能保全苗	水分含量不足，是播种的临界墒情，由于昼夜墒情变化，只一部分种子出苗	水分含量过低，种子不能出苗
措施	排水，耕作散墒	适时播种，春播稍作散墒	适时播种，注意保墒	抗旱抢种，浇水补墒后再种	先浇后播

5. 问题处理　调查当地农业生产中如何进行土壤水分调控，写一篇 1 000 字左右的经验总结文章。

活动二　设施条件下水分环境调控

1. 活动目标　熟悉当地植物生长的水分状况，能正确地进行出设施条件下水分环境调控。

2. 活动准备　选择当地种植设施蔬菜、果树、花卉等地块，调查水分条件，查阅当地有关改善水分环境资料。

3. 相关知识　空气湿度和土壤水分共同构成设施内的湿度环境。设施内湿度过大，容易造成作物茎、叶徒长，影响正常生长发育。同时，高湿（90%以上）或结露，常常是一些病害多发的原因。

（1）设施内空气湿度的形成。设施内的空气湿度是在设施密闭条件下，由土壤水分的蒸发和植物体内水分的蒸腾形成的。室内湿度条件与作物蒸腾、土壤表面和室内壁面的蒸发强度有密切关系。设施内作物生长相对湿度比露地栽培要高得多。白天通风换气时，水分移动的主要途径是土壤→作物→室内空气→外界空气。如果作物蒸腾速度比吸水速度快，作物体内缺水，气孔开度缩小，蒸腾速度下降。不进行通风换气时，设施内蓄积大量的水汽，空气饱和差下降，作物则不容易出现缺水，早晨或傍晚设施密闭时，外界气温低，室内空气聚冷会形成"雾"。

（2）设施内空气湿度特点。主要表现为：

①空气湿度相对较大。一般情况下，设施内空气相对湿度和绝对湿度均高于露地，平均相对湿度一般在 90%左右，经常出现 100%的饱和状态。日光温室及塑料大、中、小棚，由于设施内空间相对较小，冬、春季节为保温很少通风，相对湿度经常达到 100%。

②季节变化和日变化明显。季节变化一般是低温季节相对湿度高，高温季节相对湿度

低。长江中下游地区，冬季（1~2月）平均空气相对湿度在90%以上，比露地高20%左右；春季（3~5月）相对湿度相对下降，一般在80%左右，比露地高10%左右。相对湿度的日变化表现为夜晚湿度高，白天湿度低，白天中午前后湿度最低。

③湿度分布不均匀。由于设施内温度分布存在差异，导致相对湿度分布叶存在差异。一般情况下，温度较低的部位相对湿度较高，而且经常导致局部低温部位产生结露现象。

4. 操作规程和质量要求　根据当地生产条件和种植作物情况，进行设施条件下水分调控，满足植物生长需要（表9-20）。

表9-20　设施条件下水分的调控

工作环节	操作规程	质量要求
设施环境土壤水分调控	（1）目前主要推广的是以管道灌溉为基础的多种灌溉方式，包括直接利用管道进行的输水灌溉，以及滴灌、微喷灌、渗灌等节水灌溉技术 （2）大型智能化设施已开始普及，应用灌溉自动控制设备，根据设施内的温度、湿度、光照等因素以及植物生长不同阶段对水分的要求，采用计算机综合控制技术，进行及时灌溉 （3）排水。如果设施内出现积水现象，则应开沟排水	大型智能化设施应尽量选择杂质少、位置近的水源，同时要对水源的水质进行处理，使其满足灌溉要求
设施环境下湿度的调控	（1）降低湿度。主要有：一是地膜覆盖，抑制土壤蒸发；二是寒冷季节控制灌水量，提高低温；三是通风降湿，通过通风调节改善设施内空气湿度；四是加温除湿；五是使用除湿机；六是热泵除湿 （2）增加湿度。主要有：一是间歇采用喷灌或微喷灌技术；二是喷雾加湿；三是湿帘加湿	（1）采用通风降湿，冬季应注意减少次数与时间，春季应加大通风量 （2）加湿的主要方法是灌水。加湿最好和降温结合应用

5. 问题处理　训练结束后，完成以下问题：

（1）当地日光温室等设施栽培如何调控土壤水分？

（2）当地日光温室等设施栽培如何降低或增加环境内空气湿度？

 知识拓展

如果想了解更多的知识，可以通过下面渠道进行学习：

1. 阅读杂志：

（1）《气象》

（2）《中国农业气象》

（3）《气象知识》

（4）《中国气象》

（5）《贵州气象》《广东气象》《山东气象》《陕西气象》

2. 浏览网站：

（1）农博天气 http://weather.aweb.com.cn/

（2）中国天气网 http://www.weather.com.cn/

（3）新气象 http://www.zgqxb.com.cn/

（4）中国气象台 http：//www.nmc.gov.cn/

（5）××省（市）气象信息网

3. 通过本校图书馆借阅有关气象、农业气象方面的书籍。

考证提示

获得农艺工、农作物种子繁育员、农作物植保员、蔬菜园艺工、花卉园艺工、果树园艺工、农业试验工、林木种苗工、绿化工、草坪建植工、中药材种植员、牧草工等中级资格证书，须具备以下知识和能力：

1. 水分对植物生长的影响。

2. 植物吸水的原理。

3. 土壤水分、大气水分。

4. 土壤自然含水量和田间持水量的测定。

5. 植物的蒸腾强度测定。

6. 空气湿度、降水量与蒸发量的观测。

7. 植物生长水分环境的调控。

师生互动

1. 选择种植农作物、蔬菜、果树、园林植物等地块各一个，测定土壤水分含量，判断土壤墒情，调查整个生长季的灌水量，看看它们有何区别？从中得到哪些启示？

2. 当地一年四季的空气相对湿度及降水量有什么变化规律？对种植植物有何指导意义？

3. 在教师指导下，收集相关资料，完成表 9-21 的内容。

表 9-21　不同地区水分调控经验总结

我国地区	降水量	蒸发量	水分调控技术经验
干旱地区			
半干旱地区			
半湿润地区			
湿润地区			

项目十

植物生长的养分环境

了解土壤养分及土壤氮素、磷素、钾素的含量及转化；熟练测定土壤碱解氮含量、速效磷含量、速效钾含量，为合理施肥提供科学依据。熟悉各种常见氮肥、磷肥、钾肥、微量元素肥料、复合（混）肥料的性质与合理施用技术。熟悉常见有机肥料、生物肥料、新型肥料的性质与合理施用技术。了解测土配方施肥技术的基本原理，并能进行具体作物的测土配方施肥技术运用。能进行常见化学肥料的真假识别。

任务一 土壤养分状况及测试

【任务目标】

● **知识目标**：了解土壤养分的形态及调控；熟悉土壤氮素、磷素、钾素的含量及转化。

● **能力目标**：能熟练测定土壤碱解氮含量、速效磷含量、速效钾含量，为合理施肥提供科学依据。

【背景知识】

土 壤 养 分

土壤养分是指存在于土壤中植物必需的营养元素，是土壤肥力的物质基础，也是评价土壤肥力水平的重要指标之一。

1. 土壤养分的来源 在植物生长发育所必需的 16 种营养元素中，除碳、氢、氧 3 种元素来自大气中的二氧化碳和水以外，其他营养元素几乎全部来自土壤。土壤养分的来源主要有：土壤矿物质风化所释放的养分；土壤有机质分解释放的养分；土壤微生物的固氮作用；植物根系对养分的集聚作用；大气降水对土壤加入的养分；施用肥料，包括化学肥料和有机肥料中的养分。

2. 土壤养分的形态 土壤养分由于其存在的形态不同，对植物的有效性差异很大。按其对植物的有效程度，土壤养分一般可分为 5 种类型。

（1）水溶态养分。水溶态养分是指能溶于水的养分。它们存在于土壤溶液中，极易被植物吸收利用，对植物有效性高。水溶态养分包括大部分无机盐类的离子（如 K^+、Ca^{2+}、

NO^{3-} 等）和少部分结构简单、分子量小的有机化合物（如氨基酸、酰胺、尿素、葡萄糖等）。

（2）交换态养分。交换态养分是指吸附于土壤胶体表面的交换性离子，如 NH_4^+、K^+、Ca^{2+}、$H_2PO_4^-$ 等。土壤溶液中的离子与土壤胶体上的离子可以进行交换，并保持动态平衡，二者没有严格的界限，对植物都是有效的。因此，水溶态养分和交换态养分合称为速效养分。

（3）缓效态养分。缓效态养分是指某些矿物中较易释放的养分。如黏土矿物晶格中固定的钾、伊利石矿物以及部分黑云母中的钾。这部分养分对当季植物的有效性较差，但可作为速效养分的补给来源，在判断土壤潜在肥力时，其含量具有一定的意义。

（4）难溶态养分。难溶态养分是指存在于土壤原生矿物中且不易分解释放的养分。如氟磷灰石中的磷、正长石中的钾。它们只有在长期的风化过程中释放出来，才可被植物吸收利用。难溶态养分是植物养分的贮备。

（5）有机态养分。有机态养分是指存在于土壤有机质中的养分。它们多数不能被植物吸收利用，需经过分解转化后才能释放出有效养分。但它们的分解释放较矿物态养分容易得多。

土壤中各种形态的养分没有截然的界限。由于土壤条件和环境的变化，土壤中的养分能够发生相互的转化。

3. 土壤养分调控

（1）加强耕作和合理灌溉，促进养分的转化供应。各种农业技术措施中，以耕作和灌溉对养分转化的作用最为明显。精耕细作，疏松耕层，以耕保肥。旱地深耕可以有效地改善土壤孔隙的松紧状况，提高土壤的蓄水能力和通气性，促进微生物的活动，加速土壤矿物质成分的风化释放和有机质的分解，从而使土壤有效养分显著增加。中耕松土可以使土壤中保持一定的水分，通气增温也能提高速效养分的数量。

合理灌溉，调节土壤水、气和热，以水促肥。保持适宜的土壤水分可以改善土壤热状况和通气性，加强矿质养分的溶解、水解和氧化作用，促进有机物质的分解，提高土壤的供肥能力。追施化肥，要在下雨前或结合灌溉施用，以便溶解而发挥作用。

在洪水过多或洼地有积水的情况下，由于通气差，土温低，养分的释放、供应较慢，或发生养分流失，甚至产生还原性有害物质，影响植物的吸收能力，应采取排水措施，减少水分，便于透气增温，促进养分转化。

（2）改善土壤性状，提高养分的有效性。影响土壤养分有效性的主要因素有：土壤酸碱度、土壤的氧化还原状况、土壤质地、有机质和微生物的活动等。

土壤酸碱性对土壤微生物的活性、矿物质和有机质的分解起重要作用，影响土壤养分元素的释放、固定和迁移等。土壤中各种养分的有效度在不同 pH 条件下差异很大。酸性土施用石灰，碱性土施用石膏，不仅能调节土壤的酸碱度，而且还有改良土壤结构的效果，从而提高各种养分的有效性。

土壤的氧化还原状况主要影响那些具有多种化合价的元素，如铁、锰、铜。相同 pH 条件下，还原态离子（低价态）的溶解度较氧化态大，因此，在还原性土壤如水稻土中，随着 Eh 的下降，还原态金属离子浓度提高，有时甚至会产生毒害。消除的途径是通过排水晾田以提高 Eh，减轻其毒害作用。

土壤质地不同，对土壤的水、肥、气、热、扎根条件以及是否产生毒害物质的协调能力也不同，从而影响土壤养分的有效性。

有机质可以与一些微量元素络合，或通过微生物活动而转化成有机态。微生物可以分解有机物，释放微量元素，也可吸收微量元素到体内而暂时固定。微生物的活动还可改变局部土壤的 pH 和氧化还原状况，也会影响到微量元素的有效性。可通过耕作和合理灌溉调节土壤水、气、热状况，来提高各种养分的有效性。

（3）合理施肥，满足植物生长需要。一是有机肥和化肥配施。氮、磷、钾之间和大量元素与微量元素之间的平衡供应。只有在养分平衡供应的前提下，才能大幅提高养分的利用率，从而增进肥效。二是改进肥料施用技术。首先要根据具体情况灵活应用不同的施肥方式：基肥、种肥和追肥。其次，要综合应用 6 项施肥技术：肥料种类（品种）、施肥量、养分配比、施肥时期、施肥方法和施肥位置。

（4）实施养分资源综合调控。

一是制订正确的养分资源管理政策和法规。许多国家和地区都提出了养分管理的政策与法规，大部分通过计算目标区域（农场或流域）的养分循环与平衡，对各项管理措施进行评价，进而依据有关政策和法规制订详细的养分管理计划。

二是养分资源管理的经济调控。通过改变产品和投入养分的价格来调节供求关系或投入产出比以影响投入水平；通过税收来调节，目的是注意保护和调动农民种粮的积极性。

三是养分资源管理的技术推广与农化服务。技术推广是区域养分管理的重要手段。在我国现行农业生产体制下，农户施肥不合理已成为提高肥料效率的瓶颈，如何引导农民合理施肥是农业可持续发展的核心内容之一。因此，应该进一步健全适应市场和农业产业化生产新形式的农业技术推广体系，以指导和帮助农民进行合理的施肥决策。这是提高养分资源效率、实现农业可持续发展的重要基础。

活动一　土壤碱解氮含量的测定

1. 活动目标　能熟练准确测定当地农田、菜园、果园、绿化地、林地、草地等主要土壤碱解氮含量，为指导合理施用氮肥提供科学依据。

2. 活动准备　将全班按 2 人一组分为若干组，每组准备以下材料和用具：半微量滴定管（1～2mL 或 5mL）、扩散皿、恒温箱、滴定台、玻璃棒。

并提前进行下列试剂配制：

（1）1.8mol/L 氢氧化钠溶液。称取分析纯氢氧化钠 72g，用水溶解后，冷却定容到 1 000mL（适用于水田土壤）。

（2）2%硼酸溶液。称取 20g 硼酸（H_3BO_3，三级），用热蒸馏水（约 60℃）溶解，冷却后稀释至 1 000mL，用稀酸或稀碱调节 pH 至 4.5。

（3）0.01mol/L 盐酸溶液。取 1：9 盐酸 8.35mL，用蒸馏水稀释至 1 000mL，然后用标准碱或硼砂标定。

（4）定氮混合指示剂。分别称 0.1g 甲基红和 0.5g 溴甲酚绿指示剂，放入玛瑙研钵中，并用 100mL95%酒精研磨溶解，此液应用稀酸或稀碱调节 pH 至 4.5。

（5）特制胶水。阿拉伯胶（称取 10g 粉状阿拉伯胶，溶于 15mL 蒸馏水中）10 份，甘油 10 份，饱和碳酸钾 10 份，混合即成。

（6）硫酸亚铁（粉剂）。将分析纯硫酸亚铁磨细，装入棕色瓶中置阴凉干燥处贮存。

3. 相关知识

（1）土壤氮素的含量与来源。我国土壤全氮含量变化很大，据对全国 2 000 多个耕地土壤的统计，其变幅为 0.4～3.8g/kg，平均值为 1.3g/kg，多数土壤在 0.5～1.0g/kg。不同地区的土壤中氮的含量不同，土壤中氮素的含量与气候、地形、植物、成土母质及农业利用的方式、年限等因素有关。

耕作土壤中氮的来源主要有：生物固氮，降水，尘埃沉降，施入的含氮肥料包括化肥和含氮有机肥，土壤吸附空气中的 NH_3，灌溉水和地下水补给。其中施肥和生物固氮是主要的来源。

（2）土壤中氮素的形态。土壤中氮素的形态可分为无机态氮、有机态氮。

①无机氮。也称为矿质氮，包括铵态氮、硝态氮、亚硝态氮和游离氮，一般只占土壤全氮量的 1%～2%，易被植物吸收利用。铵态氮是指在土壤中以铵离子（NH_4^+）形式存在的氮；硝态氮是指以硝酸根（NO_3^-）形式存在的氮；亚硝态氮是指以亚硝酸根（NO_2^-）形式存在的氮；游离氮一般是指存储在土壤水溶液中游离的氨气，以分子态存在；土壤中的无机氮主要是铵态氮和硝态氮两部分。

②有机氮。有机氮是土壤中氮的主要形态，一般占土壤全氮量的 95% 以上。按其溶解和水解的难易程度可分为水溶性有机氮、水解性有机氮和非水解性有机氮三类。水溶性有机氮主要包括一些结构简单的游离氨基酸、胺盐及酰胺类化合物，一般占全氮量的 5% 以下，是速效氮源；水解性有机氮主要包括蛋白质类（占土壤全氮量的 40%～50%）、核蛋白类（占全氮量的 20% 左右）、氨基糖类（占全氮量的 5%～10%）以及尚未鉴定的氮等，经微生物分解后，均可成为植物氮源；非水解性有机氮主要有胡敏酸氮、富里酸氮和杂环氮等，其含量占土壤全氮量的 30%～50%。

（3）土壤中氮素的转化。土壤中氮素的转化包括矿化作用、硝化作用、反硝化作用、生物固氮作用、氮素的固定与释放、氨的挥发作用和氮素的淋溶作用等。这些转化过程都是相互联系和相互制约的（图 10-1）。

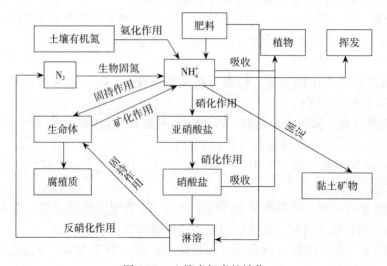

图 10-1　土壤中氮素的转化

①矿化作用。矿化作用是指土壤中的有机氮经过矿化作用分解成无机氮素的过程。矿化作用一般分两步：水解作用和氨化作用。水解作用是指在蛋白质水解酶、纤维素水解酶、木酵素菌等各种水解酶作用下将高分子的蛋白质、纤维素、糖类分解成为氨基酸的过程。氨化作用是指氨基酸在微生物——氨化细菌的作用下进一步分解成铵离子（NH_4^+）或氨气（NH_3）的过程。在多种细菌、真菌、放线菌的作用下，氨基酸可通过氧化脱氨、还原脱氨、水解脱氨等途径，产生氨和有机酸、醇、醛、甲烷或硫化氢等产物。

②硝化作用。硝化作用是指土壤中的氨（NH_3）或铵离子（NH_4^+）在硝化细菌的作用下转化为硝酸的过程。硝化作用产生的硝态氮是植物最容易吸收的氮素，特别是白菜、甘蓝、芹菜等叶菜类蔬菜极喜吸收硝态氮。

③反硝化作用。反硝化作用是硝酸盐或亚硝酸盐还原为气体分子态氮氧化物的过程。

④生物固氮。生物固氮是指通过一些生物所有的固氮菌将空气（土壤空气）中气态的氮被植物根系所固定而存在于土壤中的过程。生物固氮作用一般发生在豆科植物的根系。

⑤无机氮的固定作用。矿化后释放的无机氮和由肥料施入的 NH_4^+ 或 NO_3^- 可被土壤微生物吸收；也可被黏土矿物晶格固定；或与有机质结合，这些统称为无机氮的固定作用。

⑥淋溶作用。土壤中以硝酸或亚硝酸形态存在的氮素在灌溉条件下很容易被淋溶损失，造成污染。湿润和半湿润地区土壤中，氮的淋失量较多；干旱和半干旱地区，淋失极少。

⑦氨的挥发作用。矿化作用产生的 NH_4^+ 或施入土壤中的 NH_4^+ 易分解成 NH_3 而挥发。

（4）土壤碱解氮测定原理。用 1.8mol/L 氢氧化钠碱解土壤样品，使有效态氮碱解转化为氨气状态，并不断地扩散逸出，由硼酸吸收，再用标准酸滴定，计算出碱解氮的含量。因旱地土壤中硝态氮含量较高，须加硫酸亚铁还原为铵态氮。由于硫酸亚铁本身会中和部分氢氧化钠，故须提高碱的浓度，使加入后的碱度保持在 1.2mol/L。因水田土壤中硝态氮极微，故可省去加入硫酸亚铁，而直接用 1.2mol/L 氢氧化钠碱解。

4. 操作规程和质量要求　选择处理好的当地农田、菜园、果园、绿化地土壤分析样品，进行表 10-1 全部或部分内容。

表 10-1　土壤碱解氮含量的测定

工作环节	操作规程	质量要求
称样	称取通过 1mm 筛风干土样 2g 和 1g 硫酸亚铁粉剂，均匀铺在扩散皿（图 10-2）外室内，水平地轻轻旋转扩散皿，使样品铺平。同一样品须称取 2 份做平行测定	样品称量精确到 0.01g；若为水稻土，不需要加还原剂
扩散准备	在扩散皿内室加入 2mL 2%硼酸溶液，并滴加 1 滴定氮混合指示剂，然后在扩散皿的外室边缘涂上特制胶水，盖上皿盖，并使皿盖上的孔与皿壁上的槽对准，而后用注射器迅速加入 10mL 1.8mol/L 氢氧化钠于皿的外室中，立即盖严毛玻璃盖，以防逸失	由于胶水碱性很强，在涂胶和恒温扩散时要特别细心，谨防污染室内
恒温扩散	水平方向轻轻旋转扩散皿，使溶液与土壤充分混匀，然后小心地用橡皮筋两根交叉成"十"字形圈紧固定，随后放入 40℃恒温箱中保温 24h	扩散时温度不宜超过 40℃。扩散过程中，扩散皿必须盖严，不能漏气
滴定	24h 后取出扩散皿去盖，再以 0.01mol/L 盐酸标准溶液用半微量滴定管滴定内室硼酸中所吸收的氨量（由蓝色滴到微红色）	滴定时应用细玻璃棒搅动室内溶液，不宜摇动扩散皿，以免溢出

（续）

工作环节	操作规程	质量要求
空白实验	在样品测定同时进行 2 个空白实验。除不加土样外，其他步骤同样品测定	空白器皿与样品器皿一定要同时保温扩散
结果计算	按下式进行结果计算： $$碱解氮含量（mg/kg）= \frac{c(V-V_0) \times 14 \times 1\,000}{m}$$ 式中：c 为标准盐酸溶液的浓度，mol/L；V 为滴定样品时用去盐酸体积，mL；V_0 为滴定空白样品时用去盐酸体积，mL；14 代表 1mol 氮的克数；1 000 是换算成每千克样品中氮的毫克数的系数；m 为烘干样品重，g	平行测定结果以算术平均值表示，保留整数；平行测定结果允许相对相差≤10%

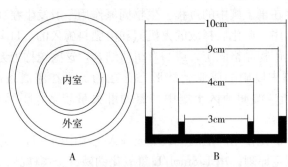

图 10-2 扩散皿示意
A. 正面图 B. 断面图

5. 问题处理

（1）将土壤碱解氮测定结果填入表 10-2 中，方便结果计算。

表 10-2 土壤碱解氮测定记录

土样号	土样质量（g）	消耗盐酸数量（mL）	空白消耗盐酸数量（mL）	碱解氮含量（mg/kg）

（2）结合当地土壤碱解氮丰缺指标，根据测定结果提出施用氮肥意见。

活动二 土壤速效磷含量的测定

1. 活动目标 能熟练测定当地农田、菜园、果园、绿化地、林地、草地等主要土壤速效磷含量，了解土壤速效磷供应状况，为指导合理施用磷肥提供科学依据。

2. 活动准备 将全班按 2 人一组分为若干组，每组准备以下材料和用具：天平、分光光度计、振荡机、容量瓶、三角瓶、比色管、移液管、无磷滤纸。

并提前进行下列试剂配制：

（1）无磷活性炭粉。为了除去活性炭中的磷，先用 1∶1 盐酸溶液浸泡 24h，然后移至平板瓷漏斗抽气过滤，用水淋洗到无氯离子为止（4~5次），再用碳酸氢钠浸提剂浸泡24h，在平板瓷漏斗抽气过滤，用水洗尽碳酸氢钠并检查到无磷为止，烘干备用。

（2）100g/L氢氧化钠溶液。称取10g氢氧化钠溶于100mL水中。

（3）0.5mol/L碳酸氢钠溶液。称取化学纯碳酸氢钠42g溶于800mL蒸馏水中，冷却后，以0.5mol/L氢氧化钠调节pH至8.5，洗入1 000mL容量瓶中，用水定容至刻度，贮存于试剂瓶中。

（4）3g/L酒石酸锑钾溶液。称取0.3g酒石酸锑钾溶于水中，稀释至100mL。

（5）硫酸钼锑贮备液。称取分析纯钼酸铵10g溶入300mL约60℃的水中，冷却。另取181mL浓硫酸缓缓注入800mL水中，搅匀，冷却。然后将稀硫酸溶液缓慢注入钼酸铵溶液中，搅匀，冷却。再加入100mL 3g/L酒石酸锑钾溶液，最后用水稀释至2L，摇匀，贮于棕色瓶中备用。

（6）硫酸钼锑抗显色剂。称取0.5g左旋抗坏血酸溶于100mL钼锑贮备液中。此试剂有效期24h，必须用前配制。

（7）100μg/mL磷标准贮备液。准确称取105℃烘干过2h的分析纯磷酸二氢钾0.439g用水溶解，加入5mL浓硫酸，然后加水定容至1 000mL。该溶液放入冰箱中可供长期使用。

（8）5μg/mL磷标准液。吸取5.00mL磷标准贮备液于100mL容量瓶中，定容。该液用时现配。

3. 相关知识

（1）土壤中磷的含量。我国耕地土壤中磷的含量很低，大多数土壤全磷的含量（P_2O_5）在0.2~1.1g/kg，其中99%以上为迟效磷，植物当季能利用的磷仅有1%。在我国不同地区土壤中全磷的含量不同，从南往北和从东到西逐渐增加。

（2）土壤中磷的形态。土壤中磷的形态，按化学分类可分为有机态磷和无机态磷两大类。有机态磷和无机态磷之间可以互相转化。

①有机态磷。目前已知道化学性质和形态的有磷酸肌醇、磷脂和核酸，还有少量的磷蛋白和磷酸糖等。这些有机磷化合物占有机磷的1/2左右，另一半形态目前仍不太清楚。土壤中有机磷的总量占土壤全磷的10%~50%。有机态磷除少数能被植物直接吸收利用外，大部分要经过微生物的作用，使有机磷变成无机磷，植物才能吸收利用。

②无机态磷。土壤中无机态磷占全磷的50%~90%，主要是由土壤中矿物质分解而成。无机磷含量与成土母质有关。

土壤中无机态磷根据植物对磷吸收程度可分为三种类型。一是水溶性磷：主要是磷酸二氢钾、磷酸二氢钠、磷酸氢二钾、磷酸氢二钠、磷酸一钙、磷酸一镁等，这类化合物多以离子状态存在于土壤中，可被植物直接吸收利用。二是弱酸溶性磷：主要是磷酸二钙、磷酸二镁等，它们能够被弱酸溶解，但不溶于水，能被植物吸收利用。三是难溶性磷：不能被水和弱酸溶解，植物不能吸收利用，有时可被强酸溶解，主要是磷酸十钙、羟基磷灰石、磷酸八钙、氯磷灰石、盐基性磷酸铝等。水溶性磷和弱酸溶性磷在土壤中含量很低，而且不稳定，易被植物吸收也能转化成难溶性磷，二者统称为土壤速效磷。难溶性磷是土壤无机磷的主要部分。

土壤中无机磷按其所结合主要阳离子性质不同可分为四类：一是磷酸钙（镁）类化合物（Ca—P代表），主要是一些磷酸钙镁盐类；二是磷酸铁类化合物（Fe—P代表），三是磷酸铝类化合物（Al—P代表）；四是闭蓄态磷（O—P代表），主要是由氧化铁胶膜包被着的磷酸盐。

（3）土壤中磷的转化。土壤中磷的转化包括有效磷的固定（化学固定、吸附固定、闭蓄态固定和生物固定）和难溶性磷的释放过程，它们处于不断的变化过程中（图10-3）。

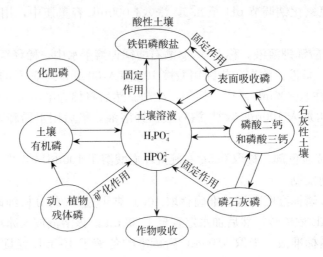

图 10-3　磷在土壤中的转化

①化学固定。中性、石灰性土壤中水溶性磷酸盐和弱酸溶性磷酸盐与土壤中水溶性钙、镁盐，吸附性钙、镁及碳酸钙、碳酸镁作用发生化学固定。在酸性土壤中水溶性磷和弱酸溶性磷酸盐与土壤溶液中活性铁、铝或代换性铁、铝作用生成难溶性铁、铝沉淀。如磷酸铁铝、磷铝石、磷铁矿等。

②吸附固定。吸附固定即土壤固相对溶液中磷酸根离子的吸附作用。吸附固定分为非专性吸附和专性吸附。非专性吸附主要发生在酸性土壤中，由于酸性土壤 H^+ 浓度高，黏粒表面的 OH^- 质子化，经库仑力的作用，与磷酸根离子产生非专性吸附。铁、铝多的土壤易发生磷的专性吸附，磷酸根与氢氧化铁、氢氧化铝、氧化铁、氧化铝的 Fe—OH 或 Al—OH 发生配位基因交换，为化学力作用。

③闭蓄态固定。闭蓄态固定是指磷酸盐被溶度积很小的无定形铁、铝、钙等胶膜所包蔽的过程（或现象）。在砖红壤、红壤、黄棕壤和水稻土中闭蓄态磷是无机磷的主要形式，占无机磷总量的40%以上，这种形态磷难以被植物利用。

④生物固定。当土壤有效磷不足时就会出现微生物与植物争夺磷营养，因而发生磷的生物固定。磷的生物固定是暂时的，当生物分解后磷可被释放出来供植物利用。

⑤土壤无机磷的释放。土壤中难溶性无机磷的释放主要依靠 pH、Eh 的变化和螯合作用。在石灰性土壤中，难溶性磷酸钙盐可借助于微生物的呼吸作用和有机肥料分解所产生的二氧化碳和有机酸作用，逐步转化为有效性较高的磷酸盐和磷酸二钙。土壤淹水后，pH升高，Eh 下降，促进磷酸铁水解，提高无定形磷酸铁盐的有效性，使闭蓄态磷胶膜溶解，活性提高。所以在水旱轮作田，淹水种稻后，土壤供磷能力增高。

⑥土壤有机磷的分解。土壤中有机磷在酶的作用下进行水解作用，能逐步释放出有效磷供植物吸收利用。

（4）土壤速效磷测定原理。针对土壤质地和性质，采用不同的方法提取土壤中的速效磷，提取液用钼锑抗混合显色剂在常温下进行还原，使黄色的锑磷钼杂多酸还原成为磷钼蓝，通过比色计算得到土壤中的速效磷含量。一般情况下，酸性土采用酸性氟化铵或氢氧化钠—草酸钠提取剂测定，中性和石灰性土壤采用碳酸氢钠提取剂，石灰性土壤可用碳酸盐的碱溶液。

4. 操作规程和质量要求 选择处理好的土壤分析样品，进行表 10-3 全部或部分内容。

表 10-3 土壤速效磷含量的测定

工作环节	操作规程	质量要求
称样	称取通过 1mm 筛孔的风干土壤样品 2.5g 置于 250mL 三角瓶中	样品称量精确到 0.01g
土壤浸提液制备	准确加入碳酸氢钠溶液 50mL，再加约 1g 无磷活性炭，摇匀，用橡皮塞塞紧瓶口，在振荡机上振荡 30min，立即用无磷滤纸过滤于 150mL 三角瓶中，弃去最初滤液	用碳酸氢钠浸提有效磷时，温度应控制在（25±1）℃；若滤液不清，重新过滤
加显色剂	吸取滤液 10.00mL 于 25mL 比色管中，缓慢加入显色剂 5.00mL，慢慢摇动，排出二氧化碳后加水定容至刻度，充分摇匀。在室温高于 20℃ 处放置 30min	若有效磷含量较高，应减少浸提液吸取量，并加浸提剂补足至 10mL 后显色，以保持显色时溶液的酸度。二氧化碳气泡应完全排出
标准曲线绘制	吸取磷标准液 0mL、0.5mL、1.00mL、1.50mL、2.00mL、2.50mL、3.00mL 于 25mL 比色管中，加入浸提剂 10mL，显色剂 5mL，慢慢摇动，排出二氧化碳后加水定容至刻度。此系列溶液磷的浓度分别为 $0\mu g/mL$、$0.1\mu g/mL$、$0.2\mu g/mL$、$0.3\mu g/mL$、$0.4\mu g/mL$、$0.5\mu g/mL$、$0.6\mu g/mL$。在室温高于 20℃ 处放置 30min，然后同待测液一起进行比色，以溶液质量浓度作横坐标，以吸光度作纵坐标（在方格坐标纸上），绘制标准曲线	标准曲线绘制应以样品同时进行，使其和样品显色时间一致。也可通过计算回归方程，代替标准曲线绘制
比色测定	将显色稳定的溶液，用 1cm 光径比色皿在波长 700nm 处比色，测量吸光度	钼锑抗法显色以 20～40℃ 为宜，如室温低于 20℃，可放置在 30～40℃ 烘箱中保温 30min，取出冷却后比色
结果计算	从标准曲线查得待测液的浓度后，可按下式计算： 土壤速效磷（mg/kg）$= \rho \times \dfrac{V_显 \times V_提}{V_分 \times m}$ 式中：ρ 为标准曲线上查得的磷的浓度，mg/kg；$V_显$ 为在分光光度计上比色的显色液体积，mL；$V_提$ 为土壤浸提所得提取液的体积，mL；m 为烘干土壤样品质量，g；$V_分$ 为显色时分取的提取液的体积，mL	平行测定结果以算术平均值表示，保留一位小数。平行测定结果允许误差：测定值（mg/kg）为：＜10、10～20、＞20 时，允许差（mg/kg）分别为：绝对差值≤0.5、绝对差值≤1.0、相对相差≤5%

5. 问题处理

（1）将土壤速效磷测定结果填入表 10-4 中，方便结果计算。

表 10-4 土壤速效磷测定记录

标准液浓度（$\mu g/mL$）	0	0.1	0.2	0.3	0.4	0.5	0.6	待测液 1	待测液 2
吸光度值									

（2）土壤速效磷的结果计算中，也可依据磷标准系列溶液的测定值配置回归方程，依

据待测液测定值利用回归方程计算待测液浓度值。

（3）结合当地土壤速效磷丰缺指标，根据测定结果提出施用磷肥意见。

活动三　土壤速效钾含量的测定

1. 活动目标　能熟练测定当地农田、菜园、果园、绿化地、林地、草地等主要土壤速效钾含量，了解土壤速效钾供应状况，为指导合理施用钾肥提供科学依据。

2. 活动准备　将全班按 2 人一组分为若干组，每组准备以下材料和用具：天平、分析天平、振荡机、火焰光度计或原子吸收分光光度计、容量瓶、三角瓶、塑料瓶、滤纸。

并提前进行下列试剂配制：

（1）1mol/L 乙酸铵溶液。称取 77.08g 乙酸铵溶于近 1L 水中。用稀乙酸或氨水（1∶1）调节至溶液 pH 为 7.0（绿色），用水稀释至 1L。该溶液不宜久放。

（2）100μg/mL 钾标准溶液。准确称取经 110℃ 烘干 2h 的氯化钾 0.1907g，用水溶解后定容至 1L，贮于塑料瓶中。

3. 相关知识

（1）土壤钾的含量和形态。我国土壤全钾 （K_2O） 含量为 0.5～25g/kg。影响土壤含钾量的主要因素有成土母质、气候、生物、质地、耕作施肥等，从北到南、由西向东，我国土壤钾素含量有逐步降低的趋势，东南地区是我国缺钾土壤的集中地区。

土壤钾按化学形态可分为水溶性钾、交换性钾、缓效态钾和矿物态钾。

①水溶性钾。水溶性钾是指以离子形态存在于土壤中的钾，它的含量很低，一般为 0.2～10mg/kg，只占土壤全钾量的 0.05％～0.15％。

②交换性钾。交换性钾是吸附在带有负电荷的土壤胶体上的钾，一般占土壤全钾量的 0.15％～0.5％。交换性钾的含量受黏土矿物种类、胶体含量、耕作和施肥等因素影响。

水溶性钾和交换性钾之间存在动态平衡，都能被植物直接吸收利用，构成速效钾，其含量与钾肥肥效有一定相关性，可作为施用钾肥的参考指标。

③缓效态钾。缓效态钾主要是指固定在黏土矿物层状结构中的钾和较易风化的矿物中的钾，如黑云母中的钾。缓效钾一般占土壤全钾量的 1％～10％，它虽然不能被多数植物吸收利用，但它是土壤速效钾的贮备。

④矿物态钾。矿物态钾主要是指存在于原生矿物中的钾，如钾长石、白云母中的钾。这部分钾占土壤全钾量的 90％～98％，是植物不能吸收利用的钾，只有在长期的风化过程中逐渐释放出来，才能被植物吸收利用。

（2）土壤中钾的转化。钾在土壤中的转化包括两个过程：钾的释放和钾的固定。

①土壤中钾的释放。钾的释放是钾的有效化过程，是指矿物中的钾和有机体中的钾在微生物和各种酸作用下，逐渐风化并转变为速效钾的过程。例如正长石在各种酸作用下进行水解作用，可将其所含的钾释放出来。土壤灼烧和冰冻能促进土壤中钾的释放；生物作用也可促进钾的释放；酸性条件可以促进矿石溶解，释放钾离子；种植喜钾植物也可促进钾的释放。

②土壤中钾的固定。土壤中钾的固定是指土壤有效钾转变为缓效钾，甚至矿物态钾的过程。土壤中钾的固定主要是晶格固定。钾离子的大小与 2∶1 型黏土矿物晶层上孔穴的大小

相近，当 2∶1 型黏土矿物吸水膨胀时，钾离子进入晶层间，当干燥收缩时，钾离子被嵌入晶层内的孔穴中而成为缓效钾（图 10-4）。

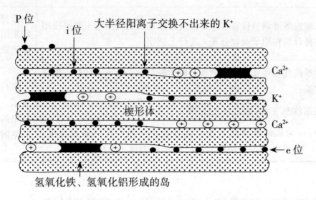

图 10-4　2∶1 型黏土矿物固定钾示意

土壤中不同形态的钾可以相互转化，并处于动态平衡中（图 10-5）。

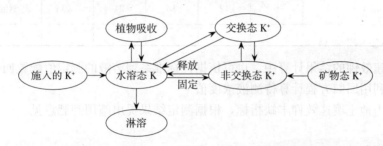

图 10-5　土壤中各种形态钾之间转化的动态平衡

（3）土壤速效钾测定原理。用中性 1mol/L 乙酸铵溶液为浸提剂，NH_4^+ 与土壤胶体表面的 K^+ 进行交换，连同水溶性钾一起进入溶液。浸出液中的钾可直接用火焰光度计或原子吸收分光光度计测定。

4. 操作规程和质量要求　选择处理好的当地农田、菜园、果园、绿化地土壤分析样品，进行表 10-5 全部或部分内容。

表 10-5　土壤速效钾含量的测定

工作环节	操作规程	质量要求
称样	称取通过 1mm 筛孔的风干土壤样品 5.0g 置于 250mL 三角瓶中	样品称量精确到 0.01g
土壤浸提液制备	准确加入乙酸铵溶液 50mL，塞紧瓶口，摇匀，在 20～25℃下，150～180r/min 振荡 30min，过滤	若滤液不清，重新过滤
标准曲线绘制	吸取钾标准液 0mL、3.00mL、6.00mL、9.00mL、12.00mL、15.00mL 于 50mL 容量瓶中，用乙酸铵定容至刻度。此系列溶液钾的浓度分别为 0μg/mL、6μg/mL、12μg/mL、18μg/mL、24μg/mL、30μg/mL	标准曲线绘制应以样品同时进行。也可通过计算回归方程，代替标准曲线绘制
空白实验	在样品测定同时进行两个空白实验。除不加土样外，其他步骤同样品测定	

（续）

工作环节	操作规程	质量要求
比色测定	以乙酸铵溶液调节仪器零点，滤液直接在火焰光度计上测定或用乙酸铵稀释后在原子吸收分光光度计上测定	若样品含量过高需要稀释，应采用乙酸铵浸提剂稀释定容，以消除基体效应
结果计算	从标准曲线查得或计算待测液的质量浓度后，按下式计算土壤速效钾含量： 土壤速效钾（mg/kg）= $\dfrac{\rho \times V_{提}}{m}$ 式中：ρ 为从标准曲线上查得或计算待测液中钾的质量浓度，mg/kg；$V_{提}$ 为土壤浸提液总体积，mL；m 为风干土样质量，g	平行测定结果以算术平均值表示，结果取整数。平行测定结果的相对相差≤5％。不同实验室测定结果的相对相差≤8％

5. 问题处理

（1）将土壤速效钾等测定结果填入表 10-6 中，方便结果计算。

表 10-6　土壤速效钾测定记录

标准液浓度（μg/mL）	0	6	12	18	24	30	待测液 1	待测液 2
吸光度值								

（2）土壤速效钾的结果计算中，也可依据钾标准系列溶液的测定值配置回归方程，依据待测液测定值利用回归方程计算待测液浓度值。

（3）结合当地土壤速效钾丰缺指标，根据测定结果提出施用钾肥意见。

任务二　化学肥料的合理施用

【任务目标】

● **知识目标**：了解化肥的种类、特点和作用；熟悉各种常见氮肥、磷肥、钾肥、微量元素肥料、复合（混）肥料的性质与施用方法。

● **能力目标**：熟练进行氮肥、磷肥、钾肥、微量元素肥料、复合（混）肥料的合理施用技术。

【背景知识】

化学肥料的种类与作用

化学肥料，简称为化肥，也称为无机肥料。是用化学和（或）物理方法人工制成的含有一种或几种作物生长需要的营养元素的肥料。

1. 化学肥料分类　化学肥料的分类主要有：一是根据作物需要量的多少，可分为大量元素肥料、中量元素肥料和微量元素肥料。二是根据营养成分可划分为氮肥、磷肥、钾肥、钙肥、硫肥等。三是根据所含元素多寡可分为单一元素肥料和多元素肥料。四是根据加工方法可分为复合肥料、复混肥料、掺混肥料等。五是根据使用目的可分为配方肥料、专用肥料等。六是根据肥料性质可划分为水溶肥料、缓释肥料、非水溶肥料等。

生产中化学肥料常按其所含元素的多少分为：单质肥料（如氮肥：尿素、硫酸铵、碳酸氢铵等；磷肥：过磷酸钙、磷矿粉、钙镁磷肥等；钾肥：氯化钾、硫酸钾等）、复合肥料（如磷酸二氢钾、硝酸钾、磷酸铵等）和微量元素肥料（如硫酸亚铁、硼酸、硫酸锌、硫酸锰、钼酸铵等）。

2. 化学肥料特点　相对有机肥料，化学肥料的基本特性主要体现在：

第一，成分单一、含量高。化学肥料的化学成分比较单纯，其含量相对较高，含有一种或数种作物所必需的营养元素。

第二，作物易吸收。多数是水溶性或弱酸溶性化合物，对作物来说属于速效性的营养物质，能被作物吸收利用。

第三，易于人工调控。施入土壤后，在一定程度上能按人们的要求改变或调控土壤中某种或数种营养元素的浓度，同时也可能影响到某种土壤的某些理化性质（如 pH 等）。化学肥料施入土壤中也会改变其原有养分的形态，从而导致原有养分有效性的下降或提高。

第四，对贮存、运输条件有一定要求。化学肥料的贮存、运输、二次加工与施用等各方面都应有一定的科学要求，若处理不当，有可能使肥料本身的理化性状变坏、养分损失或有效性降低，使农作物减产、品质恶化或对生态环境产生不良影响。

3. 化学肥料作用　化学肥料施用得科学正确，就能对植物生长发育产生积极作用，造福人类；但若施用不当，就有可能给人类带来危害甚至灾难。

（1）化学肥料的积极作用。化肥是作物的粮食，在其他因素不变的情况下，作物施用化肥可增加产量 40%～60%。化肥主要作用有：第一，提供大量农产品。化肥施用得当，每千克养分能增产粮食 8.5～9.5kg，经济效益较好。我国化肥对于作物产量的贡献为 40%左右。第二，能促进和改善土壤—植物—动物系统中营养元素的平衡、交换和循环，提高土壤肥力，即提高单位面积土地的农牧产品的数量与质量，使土壤资源获得永续利用。第三，使植物生长茂盛，提高地面覆盖率，减缓或防止土壤侵蚀，维护地表水域、水体不受污染。第四，改善农副产品的品质，保护人体健康。品质包括商业品质、市场价值、营养价值，以及对各种有害影响的抗性等。

（2）化学肥料的负面作用。肥料施用或处置不当，会污染生态环境，导致人体健康受到威胁：第一，污染生态环境，如氮肥、磷肥等施用不当，易引起大气环境污染、水体环境污染或富营养化；农业、工业废弃物的不合理处置易引起水域的污染。第二，植物抗逆能力降低，从而导致减产和产品品质恶化。第三，恶化土壤理化性状，土壤养分比例失调，导致土壤肥力下降。

活动一　常见氮肥的性质及合理施用技术

1. 活动目标　熟悉常见氮肥的性质和施用要点；掌握当地合理施用氮肥，提高氮肥利用率的技术。

2. 活动准备　准备尿素、碳酸氢铵、氯化铵、硫酸铵、硝酸铵、硝酸钙等氮肥样品少许。并通过网站、图书馆等查阅相关书籍、期刊等收集相关氮肥合理施用资料或图片。

3. 相关知识

（1）氮肥的种类及性质概述。氮肥按氮素化合物的形态可分为铵态氮肥、硝态氮肥和酰胺态氮肥等类型。各种类型氮肥的性质、在土壤中的转化和施用既有共同之处，也各有其特点（表 10-7）。

表 10-7　主要氮肥类型的特点

类型	主要品种	主要特点
铵态氮肥	碳酸氢铵、硫酸铵、氯化铵、氨水、液氨等	易溶于水，为速效氮肥；施入土壤后，肥料中 NH_4^+ 被吸附在土壤胶体上成为交换态养分，部分进入黏土矿物晶层并固定；在通气良好的土壤中，铵态氮可进行硝化作用转变为硝态氮，便于植物吸收，但也易引起氮素的损失；在碱性环境中，易引起氨的挥发损失
硝态氮肥	硝酸钠、硝酸钙、硝酸铵等	易溶于水，溶解度大，为速效性氮肥；植物一般主动吸收 NO_3^-，过量吸收对植物基本无害；吸湿性强，易吸湿结块；受热易分解，易燃易爆，贮运中应注意安全；NO_3^- 不易被土壤胶体吸附，易随水流失，水田不宜使用；通过反硝化作用，硝酸盐还原成气体状态（NO、N_2O、N_2）挥发损失
酰胺态氮肥	尿素	易溶于水，吸湿性较强；施于土壤之后以分子态存在，与土壤胶体形成氢键吸附后，移动缓慢，淋溶损失少；经脲酶的水解作用产生氨盐；肥效比铵态氮和硝态氮迟缓；容易吸收，适宜叶面追肥；对钙、镁、钾等阳离子的吸收无明显影响

（2）常见氮肥——碳酸氢铵。碳酸氢铵又称为重碳酸铵，简称为碳铵。分子式为 NH_4HCO_3，含氮 16.5%～17.5%，氮素形态是 NH_4^+。碳酸氢铵为白色或微灰色，呈粒状、板状或柱状结晶。易溶于水，化学碱性，pH 为 8.20～8.40，容易吸湿结块、挥发，有强烈的刺激性臭味。碳酸氢铵适于作基肥，也可作追肥，但要深施。常用的有以下几种方式：

旱地作基肥每公顷用碳酸氢铵 450～750kg，小麦和玉米的基肥，可结合耕翻进行，将碳酸氢铵随撒随翻，耙细盖严。旱地作追肥每公顷用碳酸氢铵 300～600kg，一般采用沟施与穴施。如小麦等条播植物，可在行间开 7cm 左右深沟，撒肥随即覆土；中耕植物如玉米、棉花等，在株旁 7～9cm 处，开 7～10cm 深的沟，随后撒肥覆土。

稻田基肥与面肥，作基肥每公顷用碳酸氢铵 450～600kg。在施肥前先犁翻土地，碳酸氢铵撒在毛糙湿润土面上，再将之翻入土层，立即灌水，耕细耙平即可；水耕时，在田面灌一层水，施肥后耕翻耙平后插秧。作面肥时，在犁田后灌浅水，每公顷用碳酸氢铵 150～300kg，撒施后再耙一次，拖板拉平随即插秧。稻田作追肥，施肥前先把稻田中的水排掉，每公顷用碳酸氢铵 450～600kg，撒施后，结合中耕除草进行耕田，使其均匀分布在 7～10cm 的土层里。

（3）常见氮肥——尿素。尿素分子式为 $CO(NH_2)_2$，含氮 45%～46%。尿素是一种化学合成的有机酰胺态氮肥，广泛存在于自然界中。尿素为白色或浅黄色结晶体，无味无臭，稍有清凉感；易溶于水，水溶液呈中性反应。尿素吸湿性强，在温度超过 20℃、相对湿度超过 80% 时，吸湿性随之增大。由于尿素在造粒中加入石蜡等疏水物质，因此肥料级尿素吸湿性明显下降。尿素在造粒中温度过高就会产生缩二脲，甚至三聚氰酸等产物，对植物有抑制作用。缩二脲含量超过 1% 时不能作种肥、苗肥和叶面肥。

合理施用尿素的基本原则是：适量、适时和深施覆土。因为尿素在转化前是分子态的，不宜被土壤吸持，应防止随水流失；转化后形成氨易挥发损失。尿素适于作基肥和追肥，也可作种肥。

尿素作基肥可以在翻耕前撒施，也可以和有机肥掺混均匀后进行条施或沟施。北方在小麦上施用基肥一般每公顷为225～300kg与磷酸二铵共同施用。水田一般在灌水前5～7d撒施，然后翻耕入土后再灌溉，每公顷用量为225～300kg。蔬菜上应用可以与有机肥同时施用，也可以作面肥先施再做畦，起垄时将尿素施入土中。果树秋季施肥采用穴施的方法，每棵成年树施用3～4kg。尿素作基肥深施比表施效果好。

尿素作种肥，须与种子分开，用量也不宜多。粮食作物每公顷用尿素75kg左右，须先和干细土混匀，施在种子下方2～3cm处。如果土壤墒情不好，天气过于干旱，尿素最好不要作种肥。

作追肥每公顷用尿素150～225kg。旱作植物可采用沟施或穴施，施肥深度7～10cm，施后覆土。小麦用尿素作追肥也可撒施，随即灌水。水田追肥可采用"以水带氮"深施法，即施肥前先排水，在土壤水分呈不饱和状态下，将尿素撒施于土表后随即灌水，尿素随水而进入耕层中。尿素作追肥应提前4～8d。

尿素最适宜作根外追肥，其原因是：尿素为中性有机物，电离度小，不易烧伤茎、叶；尿素分子体积小，易透过细胞膜；尿素具有吸湿性，容易被叶片吸收，吸收量高；尿素进入细胞后，易参与物质代谢，肥效快。几种植物叶面肥施用尿素的适宜浓度见表10-8。

表10-8　尿素叶面施用的适宜浓度（％）

作　　物	浓　　度	作　　物	浓　　度
稻、麦、禾本科牧草	1.5～2.0	西瓜、茄子、甘薯、花生	0.4～0.8
黄瓜	1.0～1.5	桑、茶、苹果、梨	0.5
白菜、萝卜、菠菜、甘蓝	1.0	番茄、柿子、花卉	0.2～0.3

（4）其他氮肥。其他氮肥的性质和施用要点见表10-9。

表10-9　常见氮肥的性质和施用要点

肥料名称	化学成分	含氮量（％）	酸碱性	主要性质	施用要点
硫酸铵	$(NH_4)_2SO_4$	20～21	弱酸性	白色结晶，因含有杂质有时呈淡灰色、淡绿色或淡棕色，吸湿性弱，热反应稳定，是生理酸性肥料，易溶于水	宜作种肥、基肥和追肥；在酸性土壤中长期施用，应配施石灰和钙镁磷肥，以防土壤酸化。水田不宜长期大量施用，以防 H_2S 中毒；适于各种植物尤其是油菜、马铃薯、葱、蒜等喜硫植物
氯化铵	NH_4Cl	24～25	弱酸性	白色或淡黄色结晶，吸湿性小，热反应稳定，生理酸性肥料，易溶于水	一般作基肥或追肥，不宜作种肥。忌氯植物如烟草、葡萄、柑橘、茶叶、马铃薯等和盐碱地不宜施用
液氨	NH_3	82	碱性	液体，副成分少，须贮存于特殊耐压容器中	可作基肥和追肥；水田施用可随水注入稀释，然后多次犁耙，旱地宜采用注入方式，但不能接触植物根系
硝酸铵	NH_4NO_3	34～35	弱酸性	白色或浅黄色结晶，易结块，易溶于水，易燃烧和爆炸，生理中性肥料。施后土壤中无残留	贮存时要防燃烧、爆炸、防潮，适宜作追肥，不宜作种肥和基肥。在水田中施用效果差，不宜与未腐熟的有机肥混合施用

（续）

肥料名称	化学成分	含氮量（%）	酸碱性	主要性质	施用要点
硝酸钙	Ca（NO₃）₂	13～15	中性	钙质肥料，吸湿性强，是生理碱性肥料	适用于各类土壤和植物，宜作追肥，不宜作种肥，不宜在水田中施用，贮存时要注意防潮

4. 操作规程和质量要求　根据当地土壤碱解氮含量测定结果，完成表 10-10 操作。

表 10-10　氮肥的合理施用技术

工作环节	操作规程	质量要求
当地土壤碱解氮含量测定	根据当地土壤类型和植物种植规划，通过采集耕层土样，分析土壤碱解氮含量，评价土壤氮素养分状况，为确定氮肥施用量提供依据	参见土壤样品采集、土壤碱解氮含量测定等质量要求
当地常见氮肥种类的性质与施用要点认识	常见氮肥的种类主要有：尿素、碳酸氢铵、氯化铵、硫酸铵、硝酸铵、硝酸钙等。根据当地生产中常用的氮肥品种，抽取样品，熟悉它们的性质和施用要点	要求能准确认识当地常见氮肥品种，并熟悉其含量、化学成分、主要性质和施用要点
根据气候条件合理分配和施用氮肥	（1）氮肥分配上，北方以分配硝态氮肥适宜；南方则应分配铵态氮肥 （2）施用时，硝态氮肥尽可能施在旱作土壤上，铵态氮肥施于水田	北方干旱少雨，南方气候湿润，因此北方易挥发损失，南方易淋溶和反硝化损失
根据植物特性确定施肥量和施肥时期	（1）根据植物种类施用。豆科植物一般只需要在生长初期施用一些氮肥；淀粉和糖料植物一般在生长初期需要氮素充足供应；蔬菜则须多次补充氮肥，使得氮素供给均匀 （2）根据品种特性施用。同一植物的不同品种需氮量也不同，如杂交稻及矮秆水稻品种需氮量较常规稻、籼稻和高秆水稻品种需氮量多 （3）根据植物对肥料特殊要求施用。马铃薯最好施用硫酸铵，麻类植物喜硝态氮，甜菜以硝酸钠最好；番茄在苗期以铵态氮较好，结果期以硝态氮较好	（1）叶菜类如大白菜、甘蓝和以叶为收获物的植物需氮较多；禾谷类植物需氮次之；豆科植物能共生固氮 （2）同一品种植物不同生长期需氮量也不同，一般在生长盛期需氮量多
根据土壤特性施用不同的氮肥品种和控制施肥量	（1）根据土壤质地施用。沙土、沙壤土氮肥应该少量多次；轻壤土、中壤土可适当地多施一些氮肥；黏土可减少施肥次数 （2）根据土壤酸碱性施用。碱性土壤施用铵态氮肥应深覆土；酸性土壤宜选择生理碱性肥料或碱性肥料，如施用生理酸性肥料应结合有机肥料和石灰	沙土、沙壤土保肥性能差，氨的挥发比较严重；轻壤土、中壤土有一定的保肥性能；黏土的保肥、供肥性能强
根据氮肥特性合理分配与施用	（1）各种铵态氮肥如氨水、碳酸氢铵、硫酸铵、氯化铵，可作基肥深施覆土；硝态氮肥如硝酸铵宜作旱田追肥；尿素适宜于一切植物和土壤。尿素、碳酸氢铵、氨水、硝酸铵等不宜作种肥，而硫酸铵等可作种肥 （2）硫酸铵可分配施用到缺硫土壤和需硫植物上，如大豆、菜豆、花生、烟草等；氯化铵忌施在烟草、茶、西瓜、甜菜、葡萄等植物上，但可施在纤维类植物上，如麻类植物；尿素适宜作根外追肥 （3）铵态氮肥要深施。氮肥深施的深度以植物根系集中分布范围为宜，如水稻以 10cm 为宜	氮肥深施能增强土壤对 NH_4^+ 的吸附作用，可以减少氨的直接挥发，随水流失以及反硝化脱氮损失，提高氮肥利用率和增产途径。氮肥深施还具有前缓、中稳、后长的供肥特点，其肥效可长达 60～80d，能保证植物后期对养分的需要。深施有利于促进根系发育，增强植物对养分的吸收能力

（续）

工作环节	操作规程	质量要求
氮肥与有机肥料、磷肥、钾肥配合施用	（1）氮肥与有机肥、磷肥、钾肥配合施用，既可满足植物对养分的全面需要，又能培肥土壤，使之供肥平稳，提高氮肥利用率 （2）应注意微量元素肥料的适当补充	我国土壤普遍缺氮，长期大量的氮肥投入，而磷、钾肥的施用相应不足，植物养分供应不均匀
加强水肥综合管理，提高氮肥利用率	（1）水田实施"无水层混施法"（施用基肥）和"以水带氮法"（施用追肥）等水稻节氮水肥综合管理技术 （2）旱作撒施氮肥随即灌水，也有利于降低氮素损失，提高氮肥利用率。如河南省在小麦返青时，撒施尿素或碳酸氢铵，随即灌水	（1）水稻节氮水肥综合管理技术，较习惯施用法可提高氮肥利用率12%，增产11% （2）撒施氮肥随即灌水的氮素损失降低7%，其增产效果接近于深施
施用长效肥料、脲酶抑制剂和硝化抑制剂	（1）推广缓释氮肥、长效氮肥。如脲甲醛、丁烯叉二脲、异丁叉二脲、草酰胺、硫衣尿素、涂层尿素、长效碳酸氢铵等 （2）施用脲酶抑制剂、硝化抑制剂	（1）施用长效氮肥，有利于植物的缓慢吸收，减少氮素损失和生物固定，降低施用成本 （2）施用脲酶抑制剂，可抑制尿素的水解，减少氨的挥发损失。硝化抑制剂的作用是抑制硝化细菌防止铵态氮向硝态氮转化

5. 问题处理　活动结束后，完成以下问题：

（1）调查当地主要施用哪些氮肥品种，存在什么问题，有哪些典型经验。

（2）调查当地有关农业技术专家、有经验农户或种植大户，总结当地氮肥的合理施用技术。

（3）查阅有关网络、图书，总结常见氮肥施用要点歌。

硫酸铵

硫铵俗称肥田粉，氮肥以它作标准；含氮高达二十一，各种作物都适宜；
生理酸性较典型，最适土壤偏碱性；混合普钙变一铵，氮磷互补增效应。

碳酸氢铵

碳酸氢铵偏碱性，施入土壤变为中；含氮十六到十七，各种作物都适宜；
高温高湿易分解，施用千万要深埋；牢记莫混钙镁磷，还有草灰人尿粪。

氯化铵

氯化铵、生理酸，含有二十五个氮；施用千万莫混碱，用作种肥出苗难；
牢记甘薯马铃薯，烟叶甜菜都忌氯；重用棉花和水稻，掺和尿素肥效高。

硝酸铵

硝酸铵、生理酸，内含三十四个氮；铵态硝态各一半，吸湿性强易爆燃；
施用最好作追肥，不施水田不混碱；掺和钾肥氯化钾，理化性质大改观。

尿　素

尿素性平呈中性，各类土壤都适用；含氮高达四十六，根外追肥称英雄；
施入土壤变碳铵，然后才能大水灌；千万牢记要深施，提前施用最关键。

活动二　常见磷肥的性质及合理施用技术

1. 活动目标　熟悉常见磷肥的性质和施用要点；掌握当地合理施用磷肥、提高磷肥利用率的技术。

2. 活动准备　准备过磷酸钙、重过磷酸钙、钙镁磷肥、钢渣磷肥、脱氟磷肥、偏磷酸钙、沉淀磷肥、磷矿粉、骨粉等磷肥样品少许。并通过网站、图书馆等查阅相关书籍、期刊等收集相关磷肥合理施用资料或图片。

3. 相关知识　按其中所含磷酸盐溶解度不同可分为 3 种类型：①水溶性磷肥，主要有过磷酸钙和重过磷酸钙等，所含的磷易被植物吸收利用，肥效快，是速效性磷肥。②枸溶性磷肥，主要有钙镁磷肥、钢渣磷肥、脱氟磷肥、沉淀磷肥和偏磷酸钙等。其肥效较水溶性磷肥要慢。③难溶性磷肥，主要有磷矿粉、骨粉和磷质海鸟粪等。肥效迟缓而长，为迟效性磷肥。

（1）过磷酸钙。过磷酸钙又称为普通过磷酸钙、过磷酸石灰，简称为普钙。其产量占全国磷肥总产量的 70% 左右，是磷肥工业的主要基石。

过磷酸钙主要成分为磷酸一钙和硫酸钙的复合物 $[Ca(H_2PO_4)_2 \cdot H_2O + CaSO_4]$，其中磷酸一钙约占其重量的 50%，硫酸钙约占 40%，此外 5% 左右的游离酸，2%~4% 的硫酸铁、硫酸铝。其有效磷（P_2O_5）含量为 14%~20%。

过磷酸钙为深灰色、灰白色或淡黄色等粉状物，或制成粒径为 2~4mm 的颗粒。其水溶液呈酸性反应，具有腐蚀性，易吸湿结块。由于硫酸铁、铝盐存在，吸湿后，磷酸一钙会逐渐退化成难溶性磷酸铁、磷酸铝，从而失去有效性，这种现象称为过磷酸钙的退化作用，因此在贮运过程中要注意防潮。

过磷酸钙施入土壤后，能很快地进行化学的、物理化学的和生物的转化，产生异成分溶解，形成难溶性的磷酸盐。在石灰性土壤中，过磷酸钙的转化过程为：磷酸一钙—二水磷酸二钙→无水磷酸二钙→磷酸八钙→磷酸十钙。每转化一步的磷酸化合物，磷的水溶性就降低一些，有效性也随之降低。在酸性土壤中，过磷酸钙的转化过程为：磷酸一钙—磷酸铁、磷酸铝→闭蓄态的磷酸铁、磷酸铝。转化的总趋势是磷的有效性逐渐降低。

因此，在农业生产上，提高过磷酸钙施用效果的原则就是尽量减少肥料与土壤颗粒的接触，以避免磷的化学固定；又要尽量增加肥料与植物根系的接触面积，应将磷肥施于植物根系密集分布的区域。

过磷酸钙可以作基肥、种肥和追肥，具体施用方法为：

①集中施用。过磷酸钙不管作基肥、种肥和追肥，均应集中施用和深施。旱地以条施、穴施、沟施的效果为好，水稻采用塞秧根和蘸秧根的方法。

②分层施用。在集中施用和深施原则下，可采用分层施用，即 2/3 磷肥作基肥深施，其余 1/3 在种植时作面肥或种肥施于表层土壤中。

③与有机肥料混合施用。混合施用可减少过磷酸钙与土壤的接触，同时有机肥料在分解过程中产生的有机酸能与铁、铝、钙等络合对水溶性磷有保护作用；有机肥料还能促进土壤微生物活动，释放二氧化碳，有利于土壤中难溶性磷酸盐的释放。

④酸性土壤配施石灰。施用石灰可调节土壤 pH 到 6.5 左右，减少土壤磷素固定，改善

植物生长环境，提高肥效。

⑤制成颗粒肥料。颗粒磷肥表面积小，与土壤接触也小，因而可以减少吸附和固定，也便于机械施肥。颗粒直径以 3～5mm 为宜。密植植物、根系发达植物还是粉状过磷酸钙好。

⑥根外追肥。根外追肥可减少土壤对磷的吸附固定，也能提高经济效果。浓度为：水稻、大麦、小麦 1%～2%；棉花、油菜、果蔬 0.5%～1%。方法是将过磷酸钙与水充分搅拌并放置过夜，取上层清液喷施。

（2）其他磷肥。几种常见磷肥的特点及施用要点见表 10-11。

表 10-11 常用磷肥的性质及施用特点

肥料名称	主要成分	P_2O_5（%）	主要性质	施用技术要点
重过磷酸钙	$Ca(H_2PO_4)_2$	36～42	深灰色颗粒或粉状，吸湿性强；含游离磷酸 4%～8%，呈酸性，腐蚀性强，又称为双料磷肥或三料磷肥	适用于各种土壤和植物，宜作基肥、追肥和种肥，施用量比过磷酸钙减少一半以上
钙镁磷肥	α-$Ca_3(PO_4)_2$、CaO、MgO、SiO_2	14～18	黑绿色、灰绿色粉末，不溶于水，溶于弱酸，物理性状好，呈碱性反应	一般作基肥，与生理酸性肥料混施，以促进肥料的溶解；在酸性土壤上也可作种肥或蘸秧根；与有机肥料混合或堆沤后施用可提高肥效
钢渣磷肥	$Ca_4P_2O_5 \cdot Ca$-SiO_3	8～14	黑色或棕色粉末，不溶于水，溶于弱酸，强碱性	一般作基肥；适于酸性土壤，水稻、豆科植物等肥效较好；其他施用方法参考钙镁磷肥
脱氟磷肥	α-$Ca_3(PO_4)_2$	14～18	深灰色粉末，物理性状好；不溶于水，溶于弱酸，碱性	施用方法参考钙镁磷肥
沉淀磷肥	$CaHPO_4 \cdot 2H_2O$	30～40	白色粉末，物理性状好；不溶于水，溶于弱酸，碱性	施用方法参考钙镁磷肥
偏磷酸钙	$Ca_3(PO_4)_2$	60～70	微黄色晶体，玻璃状，施于土壤后经水化可转变为正磷酸盐	施用方法参考钙镁磷肥，但用量要减少
磷矿粉	$Ca_3(PO_4)_2$或$Ca_5(PO_4)_8 \cdot F$	>14	褐灰色粉末，其中 1%～5% 为弱酸溶性磷，大部分是难溶性磷	宜于作基肥，一般为每公顷 750～1 500kg，施在缺磷的酸性土壤上，可与硫酸铵、氯化铵等生理酸性肥料混施
骨粉	$Ca_3(PO_4)_2$	22～23	灰白色粉末，含有 3%～5% 的氮素，不溶于水	酸性土壤上作基肥；与有机肥料混合或堆沤后施用可提高肥效

4. 操作规程和质量要求 根据当地土壤速效磷含量，完成表 10-12 操作。

表 10-12 磷肥的合理施用技术

工作环节	操作规程	质量要求
当地土壤速效磷含量测定	根据当地土壤类型和植物种植规划，通过采集耕层土样，分析土壤速效磷含量，评价土壤磷素养分状况，为确定磷肥施用量提供依据	参见土壤样品采集、土壤速效磷含量测定等质量要求
当地常见磷肥种类的性质与施用要点认识	常见磷肥的种类主要有：过磷酸钙、重过磷酸钙、钙镁磷肥、钢渣磷肥、脱氟磷肥、偏磷酸钙、沉淀磷肥、磷矿粉、骨粉等。根据当地生产中常用的磷肥品种，抽取样品，熟悉它们的性质和施用要点	要求能准确认识当地常见磷肥品种，并熟悉其含量、化学成分、主要性质和施用要点

（续）

工作环节	操作规程	质量要求
根据植物特性和轮作制度合理施用磷肥	（1）根据植物种类。油菜、荞麦、肥田萝卜、番茄、豆科植物等施用量大些，可用弱酸溶性磷肥；马铃薯、甘薯等应施水溶性磷肥最好 （2）根据植物吸磷特性。磷肥要早施，一般作底肥深施于土壤，而后期可通过叶面喷施进行补充 （3）根据轮作方式。水旱轮作如油—稻、麦—稻轮作中，应本着"旱重水轻"原则分配和施用磷肥。旱地轮作中应本着越冬植物重施、多施；越夏植物早施、巧施原则分配和施用磷肥	（1）不同植物对磷的敏感程度为：豆科和绿肥植物＞糖料植物＞小麦＞棉花＞杂粮（玉米、高粱、谷子）＞早稻＞晚稻 （2）磷肥具有后效性，在轮作周期中，不需要每季植物都施用磷肥，而应当重点施在最能发挥磷肥效果的茬口上
根据土壤条件合理分配与施用	（1）土壤供磷水平。缺磷土壤要优先施用、足量施用，中度缺磷土壤要适量施用、根据苗的情况施用；含磷丰富土壤要少量施用、巧施磷肥 （2）土壤有机质含量。有机质含量高（＞25g/kg）土壤，适当少施磷肥，有机质含量低的土壤，适当多施 （3）土壤酸碱性。酸性土壤可施用碱性磷肥和枸溶性磷肥，石灰性土壤优先施用酸性磷肥和水溶性磷肥	（1）土壤 pH 在 5.5 以下土壤有效磷含量低，pH 在 6.0～7.5 范围含量高，pH＞7.5 时有效磷含量又低 （2）边远山区多分配和施用高浓度磷肥，城镇附近多分配和施用低浓度磷肥
根据磷肥特性合理分配与施用	（1）普钙、重钙等为水溶性、酸性速效磷肥，适用于大多数植物和土壤，但在石灰性土壤上更适宜，可作基肥、种肥和追肥集中施用 （2）钙镁磷肥、脱氟磷肥、钢渣磷肥、偏磷酸钙等呈碱性，作基肥最好施在酸性土壤上 （3）磷矿粉和骨粉最好作基肥施在酸性土壤上	由于磷在土壤中移动性小，宜将磷肥施在活动根层的土壤中；为了满足植物不同生长发育期对磷的需要，最好采用分层施用和全层施用
与其他肥料配合施用	（1）与氮肥、钾肥配合施用；在酸性土壤和缺乏微量元素的土壤上，还需要增施石灰和微量元素肥料 （2）磷肥与有机肥料混合或堆沤施用，可减少土壤对磷的固定作用，促进弱酸溶性磷肥溶解，防止氮素损失，起到"以磷保氮"的作用	只有在协调氮、钾平衡营养的基础上，合理配施磷肥，才能有明显的增产效果。如小麦，氮、磷、钾配比为 1∶0.4∶0.6，甘蓝为 1∶0.3∶0.3，大麦为 3∶1∶1
合理施用方法	（1）采用条施、穴施、沟施、塞秧根、蘸秧根等集中施用方法 （2）分层施用、根外追肥也是经济有效施用磷肥的方法之一 （3）制成颗粒磷肥。颗粒直径以 3～5mm 为宜，易于机械化施肥。但密植植物、根系发达植物还是粉状过磷酸钙为好	（1）磷肥应深施于根系密集分布的土层中 （2）分层施用：2/3 磷肥作基肥深施，其余 1/3 在种植时作面肥或种肥施于表层土壤中

5. 问题处理 活动结束后，完成以下问题：

（1）调查当地主要施用哪些磷肥品种，存在什么问题，有哪些典型经验。

（2）调查当地有关农业技术专家、有经验农户或种植大户，总结当地磷肥的合理施用技术。

（3）查阅有关网络、图书，总结常见磷肥施用要点歌。

过磷酸钙

过磷酸钙水能溶，各种作物都适用；混沤厩肥分层施，减少土壤磷固定；

配合尿素硫酸铵，以磷促氮大增产；含磷十八性呈酸，运贮施用莫遇碱。

重过磷酸钙

过磷酸钙名加重，也怕铁铝来固定；含磷高达四十六，俗称重钙呈酸性；
用量掌握要灵活，它与普钙用法同；由于含磷比较高，不宜拌种蘸根苗。

钙镁磷肥

钙镁磷肥水不溶，溶于弱酸属枸溶；作物根系分泌酸，土壤酸液也能溶；
含磷十八呈碱性，还有钙镁硅锰铜；酸性土壤施用好，石灰土壤不稳定；
小麦油料和豆科，施用效果各不同；施用应作基肥使，一般不作追肥用；
五十千克施一亩*，用前堆沤肥效增；若与铵态氮肥混，氮素挥发不留情。

活动三 常见钾肥的性质及合理施用技术

1. 活动目标 熟悉常见钾肥的性质和施用要点；掌握当地合理施用钾肥，提高钾肥施用效果技术。

2. 活动准备 准备硫酸钾、氯化钾、草木灰等常见钾肥样品少许。并通过网站、图书馆等查阅相关书籍、期刊等收集相关钾肥合理施用资料或图片。

3. 相关知识

（1）氯化钾。分子式为 KCl，氯化钾含氧化钾 $50\%\sim60\%$，含 2% 左右的氯化钠，纯品氯化钾为白色结晶，含杂质为浅黄色或紫红色（含铁盐）。吸湿性小，但长期贮存会结块。易溶于水，化学中性、生理酸性肥料。

氯化钾一般作基肥和追肥，不作种肥。作基肥应深施到作物根系密集土层中。在酸性土壤中施用，应注意配合施用石灰和有机肥料。追肥要注意深施和早施。氯化钾是含氯肥料，不宜在盐碱地和葡萄、烟草、甜菜等忌氯作物上施用。氯化钾适用于麻类、棉花等纤维作物，因为氯对提高纤维含量和质量有良好作用。

（2）硫酸钾。分子式为 K_2SO_4，硫酸钾含 K_2O $50\%\sim52\%$，白色晶体，含杂质时为淡黄色，物理性状好，吸湿性小，易溶于水，是化学中性、生理酸性肥料。硫酸钾在石灰性土壤上施用量多时，由于生成溶解度小的硫酸钙，易堵塞土壤孔隙，导致土壤板结，因此，施用时应注意配合施用有机肥。

硫酸钾适于多种土壤和作物，可作基肥、追肥、种肥和根外追肥。硫酸钾作基肥和追肥应深施，追肥应早施。硫酸钾特别适用于喜钾忌氯作物，如烟草、甘薯、甜菜、马铃薯、西瓜等。

（3）草木灰。植物残体燃烧后，剩余的灰分称为草木灰。草木灰是我国农村重要的钾肥资源。草木灰的成分复杂，含有钾、钙、磷、镁和各种微量元素，含 K_2O $5\%\sim15\%$。不同植物灰分中磷、钾、钙等含量各不相同。一般木灰含钙、钾、磷较多，而草灰含硅量较多，磷、钾、钙较少。草木灰中的钾，以 K_2CO_3 为主，K_2SO_4 次之，KCl 少量，都溶于水，贮存时应防雨淋。颜色灰白色至灰黑色。它的水溶液呈碱性，是一种碱性肥料。

草木灰可作基肥、种肥和追肥，也可用于拌种、盖种或根外追肥。作基肥可沟施或穴施，每公顷用量 $750\sim1\,025kg$，用湿土拌和均匀，防止被风吹散。作追肥条施或穴施，也可用 1% 草木灰浸出液进行根外喷施。草木灰适合于水稻、蔬菜等作物育苗的盖顶肥，既可

---

* 亩为非法定计量单位，1 亩＝667m²。

供给养分，又能提高地温，防止烂秧。

草木灰适用于各种作物，尤其是喜钾和忌氯作物，如棉花、蔬菜及烟草、马铃薯等。草木灰不能与铵态氮肥、磷肥、腐熟的有机肥料混合施用，也不宜与人粪尿混存，以免造成氮素损失。

4. 操作规程和质量要求 根据当地土壤速效钾含量状况，完成表 10-13 操作。

表 10-13 钾肥的合理施用技术

工作环节	操作规程	质量要求
当地土壤速效钾含量测定	根据当地土壤类型和植物种植规划，通过采集耕层土样，分析土壤速效钾含量，评价土壤钾素养分状况，为确定钾肥施用量提供依据	参见土壤样品采集、土壤速效钾含量测定等质量要求
当地常见钾肥种类的性质与施用要点认识	根据当地生产中常用的钾肥品种，抽取样品，熟悉它们的性质和施用要点	能准确认识当地常见钾肥品种，并熟悉其含量、化学成分、主要性质和施用要点
根据土壤条件合理施用钾肥	（1）土壤供钾水平。钾肥应优先施用在缺钾地区和土壤上。土壤速效钾含量小于 80mg/kg 应施用钾肥 （2）土壤质地。质地较黏的土壤钾肥用量应适当增加。沙质土壤上应掌握分次、适量的施肥原则，而且应优先分配和施用在缺钾的沙质土壤上 （3）土壤水分。干旱地区和土壤，钾肥施用量适当增加。水田、盐土、酸性强的土壤应适当增加钾肥用量	（1）植物对钾肥的反应首先取决于土壤供钾水平，钾肥的增产效果与土壤供钾水平呈负相关（表 10-14） （2）盐碱地应避免施用高量氯化钾，酸性土壤施硫酸钾更好些
根据植物特性合理施用钾肥	（1）植物种类。钾肥应优先施用在需钾量大的喜钾植物上，而禾谷类植物及禾本科牧草等植物施用钾肥效果不明显 （2）植物生长发育期。对一般植物来说，苗期对钾较为敏感。但棉花需钾量最大在现蕾期至成熟阶段，葡萄在浆果着色初期 （3）轮作方式。在绿肥—稻—稻轮作中，钾肥应施到绿肥上；在双季稻和麦—稻轮作中，钾肥应施在后季稻和小麦上；在麦—棉、麦—玉米、麦—花生轮作中，钾肥应重点施在夏季植物（棉花、玉米、花生等）上	（1）喜钾植物主要是：油料植物、薯类植物、糖料植物、棉麻植物、豆科植物以及烟草、果、茶、桑等植物 （2）水稻矮秆高产品种比高秆品种对钾的反应敏感，粳稻比籼稻敏感，杂交稻优于常规稻 （3）轮作中钾肥应施用在最需要钾的植物中
采用合理施用方法	（1）钾肥只有在充足供给氮、磷养分基础上才能更好地发挥作用。因此，要与有机肥、氮肥、磷肥配合施用 （2）钾肥宜深施、早施和相对集中施。施用时掌握重施基肥，看苗早施追肥原则。对保肥性差的土壤，钾肥应基肥、追肥兼施和根据苗情况分次追肥。宽行植物（玉米、棉花等）采用条施或穴施都比撒施效果好；而密植植物（小麦、水稻等）可采用撒施效果较好	在一定氮肥用量范围内，钾肥肥效有随氮肥施用水平提高而提高趋势；磷肥供应不足，钾肥肥效常受影响。有机肥施用量高时，会降低钾肥的肥效

表 10-14 土壤供钾水平与钾肥肥效

级别	土壤速效钾（K，mg/kg）	肥效反应	每千克 K_2O 增量（kg）	建议每公顷用钾肥（K_2O，kg）
严重缺钾	<40	极显著	>8	75～120
缺钾	40～80	较显著	5～8	75
含钾中等	80～130	不稳定	3～5	<75
含钾偏高	130～180	很差	<3	不施或少施
含钾丰富	>180	不显效	不增产	不施

5. 问题处理 活动结束后，完成以下问题：

（1）调查当地主要施用哪些钾肥品种，存在什么问题，有哪些典型经验。

（2）调查当地有关农业技术专家、有经验农户或种植大户，总结当地钾肥的合理施用技术。

（3）查阅有关网络、图书，总结常见钾肥施用要点歌。

硫酸钾

硫酸钾、较稳定，易溶于水性为中；吸湿性小不结块，生理反应呈酸性；

含钾四八至五十，基种追肥均可用；集中条施或穴施，施入湿土防固定；

酸土施用加矿粉，中和酸性又增磷；石灰土壤防板结，增施厩肥最可行；

每亩用量十千克，块根块茎用量增；易溶于水肥效快，氮磷配合增效应。

氯化钾

氯化钾、早当家，钾肥家族数它大；易溶于水性为中，生理反应呈酸性；

白色结晶似食盐，也有淡黄与紫红；含钾五十至六十，施用不易作种肥；

酸性土施加石灰，中和酸性增肥力；盐碱土上莫用它，莫施忌氯作物地；

亩用一十五千克，基肥追肥都可以；更适棉花和麻类，提高品质增效益。

活动四 常见微量元素肥料的性质及合理施用技术

1. 活动目标 掌握常见微量元素肥料的性质和施用要点；掌握当地合理施用微肥技术。

2. 活动准备 将全班按2人一组分为若干组，每组准备以下材料和用具：硼砂、硼酸、硫酸锌、钼酸铵、硫酸锰、硫酸亚铁、硫酸铜等常见微量元素肥料样品少许。

3. 相关知识

（1）微量元素肥料的种类和性质。微量元素肥料主要是一些含硼、锌、钼、锰、铁、铜等营养元素的无机盐类和氧化物。我国目前常用的品种20余种（表10-15）。

表 10-15 微量元素肥料的种类和性质

微量元素肥料		主要成分	有效成分含量（以元素计，%）	性 质
硼肥	硼酸	H_3BO_3	17.5	白色结晶或粉末，溶于水，常用硼肥
	硼砂	$Na_2B_4O_7 \cdot 10H_2O$	11.3	白色结晶或粉末，溶于水，常用硼肥
	硼、镁肥	$H_3BO_3 \cdot MgSO_4$	1.5	灰色粉末，主要成分溶于水
	硼泥	—	约0.6	是生产硼砂的工业废渣，呈碱性，部分溶于水
锌肥	硫酸锌	$ZnSO_4 \cdot 7H_2O$	23	白色或淡橘红色结晶，易溶于水，常用锌肥
	氧化锌	ZnO	78	白色粉末，不溶于水，溶于酸和碱
	氯化锌	$ZnCl_2$	48	白色结晶，溶于水
	碳酸锌	$ZnCO_3$	52	难溶于水
钼肥	钼酸铵	$(NH_4)_2MoO_4$	49	青白色结晶或粉末，溶于水，常用钼肥
	钼酸钠	$Na_2MoO_4 \cdot 2H_2O$	39	青白色结晶或粉末，溶于水
	氧化钼	MoO_3	66	难溶于水
	含钼矿渣	—	10	是生产钼酸盐的工业废渣，难溶于水，其中含有效态钼1%～3%
锰肥	硫酸锰	$MnSO_4 \cdot 3H_2O$	26～28	粉红色结晶，易溶于水，常用锰肥
	氯化锰	$MnCl_2$	19	粉红色结晶，易溶于水
	氧化锰	MnO	41～68	难溶于水
	碳酸锰	$MnCO_3$	31	白色粉末，较难溶于水

（续）

微量元素肥料		主要成分	有效成分含量 （以元素计,%）	性　　质
铁肥	硫酸亚铁	$FeSO_4 \cdot 7H_2O$	19	淡绿色结晶，易溶于水，常用铁肥
	硫酸亚铁铵	$(NH_4)_2SO_4 \cdot FeSO_4 \cdot 6H_2O$	14	淡绿色结晶，易溶于水
铜肥	五水硫酸铜	$CuSO_4 \cdot 5H_2O$	25	蓝色结晶，溶于水，常用铜肥
	一水硫酸铜	$CuSO_4 \cdot H_2O$	35	蓝色结晶，溶于水
	氧化铜	CuO	75	黑色粉末，难溶于水
	氧化亚铜	Cu_2O	89	暗红色晶状粉末，难溶于水
	硫化铜	Cu_2S	80	难溶于水

（2）微量元素肥料施用技术。微量元素肥料有多种施用方法。既可作基肥、种肥或追肥施入土壤，又可直接作用于植物，如种子处理、蘸秧根或根外喷施等。

直接施入土壤中的微量元素肥料，能满足植物整个生长发育期对微量元素的需要，同时由于微肥有一定后效，因此土壤施用可隔年施用一次。微量元素肥料用量较少，施用时必须均匀，作基肥时，可与有机肥料或大量元素肥料混合施用。

①拌种。用少量温水将微量元素肥料溶解，配制成较高浓度的溶液，喷洒在种子上。一般每千克种子0.5～1.5g，一般边喷边拌，阴干后可用于播种。

②浸种。把种子浸泡在含有微量元素肥料的溶液中6～12h，捞出晾干即可播种，浓度一般为0.01%～0.05%。

③蘸秧根。具体做法是将适量的肥料与肥沃土壤少许制成稀薄的糊状液体，在播秧前或植物移栽前，把秧苗或幼苗根浸入液体中数分钟即可。如水稻用1%氧化锌悬浊液蘸根30s即可插秧。

④根外喷施。这是施用微量元素肥料既经济又有效的方法。常用浓度为0.01%～0.2%，具体用量视植物种类、植株大小而定，一般每公顷600～1 125kg溶液。

⑤枝干注射。果树、林木缺铁时常用0.2%～0.5%硫酸亚铁溶液注射入树干内，或在树干上钻一小孔，每棵树用1～2g硫酸亚铁盐塞入孔内，效果很好。

4. 操作规程和质量要求　根据当地土壤微量元素丰缺状况，完成表10-16操作。

表10-16　微量元素肥料合理施用技术

工作环节	操作规程	质量要求
当地常见微量元素肥料种类的性质与施用要点认识	根据当地生产中常用的微量元素肥料品种，抽取样品，熟悉它们的性质和施用要点（表10-17）	要求能准确认识当地常见微量元素肥品种，并熟悉其含量、化学成分、主要性质和施用要点
针对植物对微量元素的反应施用	微量元素肥料应施在需要量较多、对缺素比较敏感的植物上，发挥其增产效果	各种植物对不同的微量元素有不同的反应，敏感程度也不同，需要量也有差异（表10-18）
针对土壤中微量元素状况而施用	（1）铁、硼、锰、锌、铜等微量元素肥料应施在北方石灰性土壤上，而钼肥应施在酸性土壤上 （2）施用时应针对土壤中微量元素状况（表10-19）酸性土壤施用石灰会明显影响许多种微量元素养分的有效性	一般来说缺铁、硼、锰、锌、铜，主要发生在北方石灰性土壤上，而缺钼主要发生在酸性土壤上

（续）

工作环节	操作规程	质量要求
针对天气状况而施用	早春遇低温时，早稻容易缺锌；冬季干旱，会影响根系对硼的吸收，翌年油菜容易出现大面积缺硼；降雨较多的沙性土壤，容易引起土壤铁、锰、钼的淋洗，会促使植物产生缺铁、缺锰和缺钼症；在排水不良的土壤又易发生铁、锰、钼的毒害	生产实际中，应根据当年天气反常情况，及时诊断植物对微量元素的缺乏情况，及时预防

表 10-17　常见微量元素肥料的施用方法

肥料名称	基　肥	拌　种	浸　种	根外喷施
硼肥	硼泥 $225\sim375kg/hm^2$，硼砂 $7.5\sim11.25kg/hm^2$ 可持续 $3\sim5$ 年	—	—	硼砂或硼酸浓度为 $0.1\%\sim0.2\%$，喷施 $2\sim3$ 次
锌肥	硫酸锌 $15\sim30kg/hm^2$，可持续 $2\sim3$ 年	硫酸锌每千克种子 $4g$	硫酸锌浓度为 $0.02\%\sim0.05\%$；水稻 0.1%	硫酸锌浓度为 $0.1\%\sim0.2\%$，喷施 $2\sim4$ 次
钼肥	钼渣 $3.75kg/hm^2$ 左右，可持续 $2\sim4$ 年	钼酸铵每千克种子 $1\sim2g$	钼酸铵浓度为 $0.05\%\sim0.1\%$	钼酸铵浓度为 $0.05\%\sim0.1\%$，喷施 $1\sim2$ 次
锰肥	硫酸锰 $15\sim45kg/hm^2$，可持续 $1\sim2$ 年，效果较差	硫酸锰每千克种子 $4\sim8g$	硫酸锰浓度为 0.1%	硫酸锰浓度为 $0.1\%\sim0.2\%$，果树 0.3%，喷施 $2\sim3$ 次
铁肥	大田植物，硫酸亚铁 $30\sim75kg/hm^2$，果树 $75\sim150kg/hm^2$	—	—	大田植物硫酸亚铁浓度为 $0.2\%\sim1.0\%$；果树为 $0.3\%\sim0.4\%$，喷 $3\sim4$ 次
铜肥	硫酸铜 $15\sim30kg/hm^2$，可持续 $3\sim5$ 年	硫酸铜每千克种子 $4\sim8g$	硫酸铜浓度为 $0.01\%\sim0.05\%$	硫酸铜浓度为 $0.02\%\sim0.04\%$，喷 $1\sim2$ 次

表 10-18　主要植物对微量元素需求状况

元素	需要较多	需要中等	需要较少
B	甜菜、苜蓿、萝卜、向日葵、白菜、油菜、苹果	棉花、花生、马铃薯、番茄、葡萄	大麦、小麦、柑橘、西瓜、玉米
Mn	甜菜、马铃薯、烟草、大豆、洋葱、菠菜	大麦、玉米、萝卜、番茄、芹菜	苜蓿、花椰菜、包心菜
Cu	小麦、高粱、菠菜、莴苣	甘薯、马铃薯、甜菜、苜蓿、黄瓜、番茄	玉米、大豆、豌豆、油菜
Zn	玉米、水稻、高粱、大豆、番茄、柑橘、葡萄、桃	马铃薯、洋葱、甜菜	小麦、豌豆、胡萝卜
Mo	大豆、花生、豌豆、蚕豆、绿豆、紫云英、苕子、油菜、花椰菜	番茄、菠菜	小麦、玉米
Fe	蚕豆、花生、马铃薯、苹果、梨、桃、杏、李、柑橘	玉米、高粱、苜蓿	大麦、小麦、水稻

表 10-19　土壤中微量元素的丰缺指标（mg/kg）

元素	有效指标	低	适量	丰富	备注
B	有效硼	0.25～0.5	0.5～1.0	1.0～2.0	
Mn	有效锰	50～100	100～200	200～300	
Zn	有效锌	0.5～1.0 1.0～1.5	1～2 1.5～3.0	2～4 3.0～5.0	中性和石灰性土壤 酸性土壤
Cu	有效铜	0.1～0.2	0.2～1.0	1.0～1.8	
Mo	有效钼	0.1～0.15	0.15～0.2	0.2～0.3	

5. 问题处理　活动结束后，完成以下问题：

（1）调查当地主要施用哪些微量元素肥料品种，存在什么问题，有哪些典型经验。

（2）调查当地有关农业技术专家、有经验农户或种植大户，总结当地微量元素肥料的合理施用技术。

（3）查阅有关网络、图书，总结常见微量元素肥料施用要点歌。

活动五　常见复（混）合肥料的性质与合理施用技术

1. 活动目标　了解复（混）合肥料的类型及特点；了解混合肥料的混合原则与类型；掌握常见复（混）合肥料的性质和施用要点；掌握当地合理施用复（混）合肥料技术。

2. 活动准备　将全班按 2 人一组分为若干组，每组准备以下材料和用具：磷酸铵系列、硝酸磷肥、磷酸二氢钾、硝磷、钾肥、硝铵磷肥、磷酸钾铵等肥料样品少许。

3. 相关知识　复（混）合肥料是指氮、磷、钾 3 种养分中，至少有 2 种养分标明量的，由化学方法和（或）掺混方法制成的肥料。由化学方法制成的称为复合肥料，由干混方法制成的称为混合肥料。

（1）复（混）合肥料类型。复（混）合肥料按其制造方法一般可分为化成复合肥料、混成复合肥料和配成复合肥料。化成复（混）合肥料是在一定工艺条件下，利用化学合成或化学提取分离等加工过程而制成的具有固定养分含量和配比的肥料，如磷酸二铵、硝酸钾、磷酸二氢钾等，一般简称为复合肥。混成复（混）合肥料是根据农艺和农民的需要将 2 种或 2 种以上的单质肥料经过掺混而制成的复（混）合肥料，简称为掺混肥料，又称为 BB 肥。配成复（混）合肥料是采用 2 种或多种单质肥料在化肥生产厂家经过一定的加工工艺重新制造而成的复（混）合肥料，简称为复混肥。生产上一般根据植物的需要常配成氮、磷、钾比例不同的专用肥，如小麦专用肥、西瓜专用肥、花卉专用肥等。

复（混）合肥料的有效成分，一般用 N-P_2O_5-K_2O 的含量百分数来表示。如含 N 13%、K_2O 44% 的硝酸钾，可用 13-0-44 来表示。

（2）复（混）合肥料的特点。与单质肥料相比，复（混）合肥料具有以下特点：

一是养分齐全，科学配比。多数复（混）合肥料含有 2 种或 2 种以上的养分，能比较均衡地、较长时间地同时供应植物所需要的多种养分，并能充分发挥营养元素之间互相促进的作用。

二是物理性状好，适合于机械化施肥。复（混）合肥料一般副成分少，比表面积小，不易结块，具有较好的流动性，堆密度小，粒径一般在1～5mm，因此适宜于机械化施肥。

三是简化施肥，节省劳动力。选用有较强针对性的复（混）合肥料，在施用基肥基础上，只需追施一定量氮肥，因此既可节省劳动力，又可简化施肥程序。

四是效用与功能多样。生产复（混）合肥料时，可加入硝化及尿酶抑制剂、稀土元素、除草剂、农药等成分，增加功效；也可利用包膜技术，生产缓释性复（混）合肥料，应用于草坪、高尔夫球场等，扩展应用范围。

五是养分比例固定，难于满足施肥技术要求。这也是复合肥料的不足之处，因此，可采取多功能与专用型相结合，研制肥效调节型肥料来克服其缺点。

（3）混合肥料。混合肥料是各种基础肥料经二次加工的产品。复混肥料和掺混肥料属于混合肥料。制备混合肥料的基础肥料中单质肥料可用硝酸铵、尿素、硫酸铵、氯化铵、过磷酸钙、重过磷酸钙、钙镁磷肥、氯化钾和硫酸钾等，二元肥料可用磷酸一铵、磷酸二铵、聚磷酸铵、硝酸磷肥等。

①肥料的混合原则。肥料混合必须遵循的原则是：肥料混合不会造成养分损失或有效性降低；肥料混合不会产生不良的物理性状；肥料混合有利于提高肥效和功效。根据这3条原则，肥料是否适宜混合通常3种情况：可以混合；可以暂时混合；不可混合。各种肥料混合的适宜性如图10-6所示。

②混合肥料的类型。混合肥料的类型主要有两类：一是掺混肥料，是基础肥料之间干混、随混随用，通常不发生化学反应；二是复混肥料，是基础肥料之间发生某些化学反应。

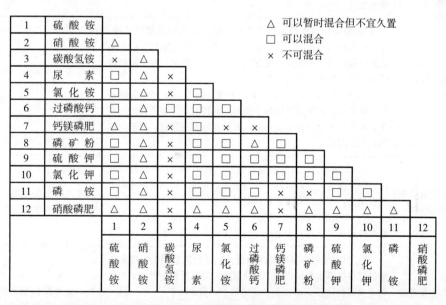

图 10-6　各种肥料的可混性

掺混肥料是把含有氮、磷、钾及其他营养元素的基础肥料按一定比例掺混而成的混合肥料，简称为 BB 肥。BB 肥是散装掺混的英文字母缩写。BB 肥近年来在我国得到迅速发展，其原因主要是 BB 肥有以下特点：生产工艺简单，投资省，能耗少，成本低；养分配方灵活，针对性强，符合农业平衡施肥的需要；能做到养分全面，浓度适宜，达到增产增收的效果；减少施肥对环境污染。BB 肥除原料肥料的互配性要求外，对颗粒原料肥有特殊的要求，以满足养分均匀性的规定，其影响因素有：颗粒原料肥料的粒度、比重和形态，特别是粒度。因此，要保证原料肥料的颗粒粒径、密度，尽量相一致（即匹配性）。

4. 操作规程和质量要求　根据当地土壤养分丰缺状况，结合单质肥料施用情况，完成表 10-20 操作。

表 10-20　复（混）合肥料的合理施用技术

工作环节	操作规程	质量要求
当地常见复（混）合肥料种类的性质与施用要点认识	常见复（混）合肥料的性质与施用要点见表 10-21。根据当地生产中常用的微量元素肥料品种，抽取样品，熟悉它们的性质和施用要点	要求能准确认识当地常见复（混）合肥料品种，并熟悉其含量、化学成分、主要性质和施用要点
根据土壤条件合理施用	（1）土壤养分供应情况。在某种养分供应水平较高的土壤上应选用该养分含量低的复混肥料；在某种养分供应水平较低的土壤上则选用该养分含量高的复混肥料 （2）土壤水分状况。一般水田优先施用尿素磷铵钾、尿素钙镁磷肥钾等品种；旱地则优先施用硝酸磷肥系复混肥料，也可施用尿素磷铵钾、氯磷铵钾、尿素过磷酸钙钾等 （3）土壤酸碱性。在石灰性土壤宜选用酸性复混肥料，如硝酸磷肥系、氯磷铵系等，而不宜选用碱性复混肥料；酸性土壤则相反	（1）在含速效钾较高的土壤上，宜选用高氮、高磷、低钾复混肥料或氮、磷二元复混肥料 （2）水田不宜施用硝酸磷肥系复混肥料；旱地不宜施用尿素钙镁磷肥钾等品种
根据植物特性合理施用	（1）根据植物种类和营养特点施用适宜的复混肥料品种。一般粮食植物以提高产量为主，可施用氮、磷复混肥料；豆科植物宜施用磷、钾为主的复混肥料；果树、西瓜等经济植物施用氮、磷、钾三元复混肥料 （2）根据轮作方式。南方稻—稻轮作制中，在同样为缺磷的土壤上磷肥的肥效早稻好于晚稻，而钾肥的肥效则相反。在北方小麦—玉米轮作中，小麦应施用高磷复混肥料，玉米应施用低磷复混肥料	（1）烟草、柑橘等忌氯植物应施用不含氯的三元复混肥料 （2）在轮作中上、下茬植物施用的复混肥料品种也应有所区别
根据复混肥料的养分形态合理施用	（1）含铵态氮、酰胺态氮的复混肥料在旱地和水田都可施用，但应深施覆土，以减少养分损失；含硝态氮的复混肥料宜施在旱地，在水田和多雨地区肥效较差 （2）含水溶性磷的复混肥料在各种土壤上均可施用，含弱酸溶性磷的复混肥料更适合于酸性土壤上施用	含氯的复混肥料不宜在忌氯植物和盐碱地上施用
以基肥为主合理施用	（1）复混肥料作基肥要深施覆土，防止氮素损失，施肥深度最好在根系密集层，利于植物吸收；复混肥料作种肥必须将种子和肥料隔开 5cm 以上，否则影响出苗而减产 （2）施肥方式有条施、穴施、全耕层深施等，在中低产土壤上，条施或穴施比全耕层深施效果更好，尤其是以磷、钾为主的复混肥料穴施于植物根系附近，既便于吸收，又减少固定	由于复混肥料一般含有磷或钾，且为颗粒状，养分释放缓慢，所以作基肥或种肥效果较好

表 10-21　常见复合肥料性质及施用要点

肥料名称		组成和含量	性质	施用要点
二元复合肥	磷酸铵	$(NH_4)_2HPO_4$ 和 $NH_4H_2PO_4$ N $16\%\sim18\%$，P_2O_5 $46\%\sim48\%$	水溶性，性质较稳定，多为白色结晶颗粒状	基肥或种肥，适当配合施用氮肥
	硝酸磷肥	NH_4NO_3，$(NH_4)_2HPO_4$ 和 $CaHPO_4$ N $12\%\sim20\%$，P_2O_5 $10\%\sim20\%$	灰白色颗粒状，有一定吸湿性，易结块	基肥或追肥，不适宜于水田，豆科植物效果差
	磷酸二氢钾	KH_2PO_4 P_2O_5 52%，K_2O 35%	水溶性，白色结晶，化学酸性，吸湿性小，物理性状良好	多用于根外喷施和浸种
	硝酸钾	KNO_3 N $12\%\sim15\%$，K_2O $45\%\sim46\%$	水溶性，白色结晶，吸湿性小，无副成分	多作追肥，施于旱地和马铃薯、甘薯、烟草等喜钾植物
三元复合肥	硝磷、钾肥	NH_4NO_3、$(NH_4)_2HPO_4$ 和 KNO_3 N $11\%\sim17\%$，P_2O_5 $6\%\sim17\%$，K_2O $12\%\sim17\%$	淡黄色颗粒，有一定吸湿性。其中，N、K 为水溶性，P 为水溶性和弱酸溶性	基肥或追肥，目前已成为烟草专用肥
	硝铵磷肥	N，P_2O_5，K_2O 均为 17.5%	高效、水溶性	基肥、追肥
	磷酸钾铵	$(NH_4)_2HPO_4$ 和 K_2HPO_4 N、P_2O_5、K_2O 总含量达 70%	高效、水溶性	基肥、追肥

5. 问题处理　活动结束后，完成以下问题：

（1）调查当地主要施用哪些复合（混）肥料品种，存在什么问题，有哪些典型经验。

（2）调查当地有关农业技术专家、有经验农户或种植大户，总结当地复合（混）肥料的合理施用技术。

（3）调查当地配方肥料的施用情况。

任务三　有机肥料及新型肥料的合理施用

【任务目标】

● **知识目标**：了解有机肥料、生物肥料的类型与作用，熟悉常见有机肥料、生物肥料的性质；了解新型肥料的类型与作用，熟悉常见新型肥料的特点。

● **能力目标**：熟练进行有机肥料、生物肥料、新型肥料的合理施用技术。

【背景知识】

有机肥料与新型肥料概述

1. 有机肥料概述　有机肥料是指利用各种有机废弃物料，加工积制而成的含有有机物质的肥料总称，是农村就地取材，就地积制，就地施用的一类自然肥料，也称为农家肥。目前已有工厂化积制的有机肥料出现，这些有机肥料被称为商品有机肥料。

（1）有机肥料类型。有机肥料按其来源、特性和积制方法一般可分为四类：

一是粪尿肥类。主要是动物的排泄物,包括人粪尿、家畜粪尿、家禽粪、海鸟粪、蚕沙以及利用家畜粪便积制的厩肥等。二是堆沤肥类。主要是有机物料经过微生物发酵的产物,包括堆肥(普通堆肥、高温堆肥和工厂化堆肥)、沤肥、沼气池肥(沼气发酵后的池液和池渣)、秸秆直接还田等。三是绿肥类。这类肥料主要是指直接翻压到土壤中作为肥料施用的植物整体和植物残体,包括野生绿肥、栽培绿肥等。四是杂肥类。包括各种能用作肥料的有机废弃物,如泥炭(草炭)和利用泥炭、褐煤、风化煤等为原料加工提取的各种富含腐殖酸的肥料,饼肥(榨油后的油粕)与食用菌的废弃营养基,河泥、湖泥、塘泥、污水、污泥,垃圾肥和其他含有有机物质的工农业废弃物等,也包括以有机肥料为主配置的各种营养土。

(2)有机肥料的作用。有机肥料在农业生产中所起到的作用,可以归结为以下几个方面:

①为植物生长提供营养。有机肥料几乎含有作物生长发育所需的所有必需营养元素,尤其是微量元素,长期施用有机肥料的土壤,作物是不缺乏微量元素的。此外,有机肥料中还含有少量氨基酸、酰胺、磷脂、可溶性糖类等一些有机分子,可以直接为作物提供有机碳、氮、磷营养。

②活化土壤养分,提高化肥利用率。施用有机肥料可以有效地增加土壤养分含量,有机肥料中所含的腐殖酸可使这些金属阳离子(如锰、钙、铁等)的有效性提高,间接提高土壤中闭蓄态磷的释放。

③改良土壤理化性质。有机肥料含有大量腐殖质,长期施用可以起到改良土壤理化性质和协调土壤肥力因素状况的作用。促进土壤团粒结构形成,从而协调土壤孔隙状况,提高土壤的保蓄性能,协调土壤水、气、热的矛盾;还能增强土壤的缓冲性,改善土壤氧化还原状况,平衡土壤养分。

④改善农产品品质和刺激作物生长。施用有机肥料能提高农产品的营养品质、风味品质、外观品质;有机肥料中还含有维生素、激素、酶、生长素和腐殖酸等,它们能促进作物生长和增强作物抗逆性;腐殖酸还能够刺激植物生长。

⑤提高土壤微生物活性和酶的活性。有机肥料给土壤微生物提供了大量的营养和能量,加速了土壤微生物的繁殖,提高了土壤微生物的活性,同时还使土壤中一些酶(如脱氢酶、蛋白酶、脲酶等)的活性提高,促进了土壤中有机物质的转化,加速了土壤有机物质的循环,有利于提高土壤肥力。

⑥提高土壤容量,改善生态环境。施用有机肥料还可以降低作物对重金属离子铜、锌、铅、汞、铬、镉、镍等的吸收,降低了重金属对人体健康的危害。有机肥料中的腐殖质对一部分农药(如狄氏剂等)的残留有吸附、降解作用,有效地消除或减轻农药对食品的污染。

2. 生物肥料概述　生物肥料是指肥料自身含有相当(特定)数量的对植物有益的微生物,应用后即可获得特定的肥料效应,而这个效应的结果及其发生过程,肥料中的有益微生物处于关键或主要的地位。凡符合该定义的肥料,即统称为生物肥料。

(1)生物肥料的种类。生物肥料按微生物的种类划分,有根瘤菌、固氮菌、芽孢杆菌、硅酸盐细菌、光合细菌、纤维素分解菌、乳酸菌、酵母菌、放线菌和真菌等制剂;按作用机理可划分为固氮类、溶磷类、有机物料腐熟类等生物肥料产品。

按目前做生物肥料制品的功能可将微生物肥料主要分为两大类：一类是微生物肥料通过其中所含微生物的生命活动，增加了植物元素营养的供应，从而改善植物营养状况而导致增加产量。其代表品种为各种根瘤菌肥料。另一类的微生物肥料是通过其中所含活的微生物生命活动导致作物增产，但关键作用不只限于提高植物营养元素的供应水平，还包括它们本身产生的各类植物生长刺激素对植物生长的刺激作用，颉颃某些病原微生物而产生的抑制病害作用，活化被土壤固定的磷、钾等矿物营养，使之能被植物吸收利用，帮助植物根吸收水分及多种微量元素而导致的增产作用，加速作物秸秆腐熟及促进有机废物发酵等作用。

（2）生物肥料的作用。生物肥料是活体肥料，它的作用主要靠它含有的大量有益微生物的生命活动来完成，这也是它区别于化肥和有机肥料的主要特征。生物肥料对农业生产起着重要的作用，这不仅体现在改善土壤养分供应状况，而且体现在对作物生长的促进作用、抗病、抗逆性、提高产量、改善品质等方面。

①改善土壤养分供应状况。生物肥料主要通过各种菌剂促进土壤中难溶性养分的溶解和释放。同时，由于菌剂的代谢过程中释放出大量的无机和有机酸性物质，促进土壤中微量元素硅、铝、铁、镁、钼等的释放及螯合，有效打破土壤板结，促进团粒结构的形成，使被土壤固定的无效肥料转化成有效肥料，改善了土壤中养分的供应情况、通气状况及疏松程度。如各种自生、联合、共生的固氮微生物肥料，可以增加土壤中的氮素来源；多种解磷、解钾微生物的应用，可以将土壤中难溶的磷、钾分解出来，从而能为作物吸收利用，增加土壤肥力。

②促进作物生长。生物肥料的施用，促进了激素即植物生长调节剂的产生，调节、促进作物的生长发育。微生物菌剂还可使其产生植物激素类物质，能刺激和调节作物生长，使植物生长健壮，营养状况得到改善。

③增强作物抗病、抗逆能力。生物肥料中部分菌种具有分泌抗菌素和多种活性酶的功能，抑制或杀死致病真菌和细菌；由于在作物根部接种微生物肥料，微生物在作物根部大量生长繁殖，为作物根际的优势菌，限制了其他病原微生物的繁殖机会。同时有的微生物对病原微生物还具有颉颃作用，起到了减轻作物病害的功效，同时它也有明显的抗旱、耐寒、抗倒伏、抗盐碱的效果，增强作物的抗病性，从而有效预防作物生理性病害的发生。

④提高产量、改善品质。使用生物肥料可以提高农产品中的维生素 C、氨基酸和糖分的含量，有效降低硝酸盐含量。

3. 新型肥料概述 新型肥料是指利用新方法、新工艺生产的，具有复合高效、全营养控释、环境友好等特点的一类肥料的总称。新型肥料作为新开发的产品，它的发展速度和前景相当广泛。目前，市场上存着多种新型肥料，主要类型有缓释、控释氮肥，新型磷肥，长效钾肥，新型水溶肥料，新型复混肥料等。

新型肥料的主要作用是：能够直接或间接地为作物提供必需的营养成分；调节土壤酸碱度、改良土壤结构、改善土壤理化性质和生物学性质；调节或改善作物的生长机制；改善肥料品质和性质或能提高肥料的利用率。

活动一 常见有机肥料的性质及合理施用技术

1. 活动目标 了解常见有机肥料的成分和性质，熟悉常见有机肥料的施用技术。

2. 活动准备　查阅有关土壤肥料书籍、杂志、网站，收集有机肥料的施用知识，总结有机肥料的合理利用情况。将全班按 5 人一组分为若干组，每组准备以下材料和用具：常见粪尿肥类、堆沤肥类、绿肥类、杂肥类等肥料样品少许。

3. 相关知识

（1）人粪尿。人粪尿是一种养分含量高、肥效快的有机肥料。人粪是食物经过消化后未被吸收而排出体外的残渣，混有多种消化液、微生物和寄生虫等物质，含有 $70\%\sim80\%$ 的水分、20% 左右的有机物和 5% 左右的无机物。新鲜人粪一般呈中性。

人尿是食物经过消化吸收，并参加人体代谢后产生的废物和水分，含 95% 的水分、5% 左右的水溶性有机物和无机盐类。新鲜的尿液为淡黄色透明液体，不含有微生物，因含有少量磷酸盐和有机酸而呈弱酸性。

人粪尿的排泄量和其中的养分及有机质的含量因人而异，不同的年龄、饮食状况和健康状况都不相同（表 10-22）。

表 10-22　人粪尿的养分含量

种　类	主要成分含量（鲜基，%）				
	水分	有机物	氮（N）	磷（P_2O_5）	钾（K_2O）
人　粪	>70	约 20	1.00	0.50	0.37
人　尿	>90	约 3	0.50	0.13	0.19
人粪尿	>80	5～10	0.5～0.8	0.2～0.4	0.2～0.3

（2）家畜粪尿。家畜粪尿肥主要指人们饲养的牲畜，如猪、牛、羊、马、驴、骡、兔等的排泄物及鸡、鸭、鹅等禽类排泄的粪便。家畜粪成分较为复杂，主要是纤维素、半纤维素、木质素、蛋白质及其降解物、脂肪、有机酸、酶、大量微生物和无机盐类。家畜尿成分较为简单，全部是水溶性物质，主要为尿素、尿酸、马尿酸和钾、钠、钙、镁的无机盐。不同的家畜排泄物成分略有不同。各类家畜粪的性质见表 10-23。

表 10-23　家畜粪尿的性质

家畜粪尿	性　质
猪粪	质地较细，含纤维少，碳氮比低，养分含量较高，且蜡质含量较多；阳离子交换量较高；含水量较多，纤维分解细菌少，分解较慢，产热少
牛粪	粪质地细密，碳氮比 21：1，含水量较高，通气性差，分解较缓慢，释放出的热量较少，称为冷性肥料
羊粪	质地细密干燥，有机质和养分含量高，碳氮比 12：1 分解较快，发热量较大，热性肥料
马粪	纤维素含量较高，疏松多孔，水分含量低，碳氮比 13：1，分解较快，释放热量较多，称为热性肥料
兔粪	富含有机质和各种养分，碳氮比低，易分解，释放热量较多，热性肥料
禽粪	纤维素较少，粪质细腻，养分含量高于家畜粪，分解速度较快，发热量较低

（3）厩肥。厩肥是以家畜粪尿为主，和各种垫圈材料（如秸秆、杂草、黄土等）和饲料残渣等混合积制的有机肥料统称。北方称为"土粪"或"圈粪"，南方称为"草粪"或"栏粪"。厩肥中富含丰富的有机质和各种养分，属完全肥料（表 10-24）。

表 10-24　新鲜厩肥的养分含量（鲜基，%）

种　类	水分	有机质	氮（N）	磷（P_2O_5）	钾（K_2O）	钙（CaO）	镁（MgO）
猪厩肥（圈粪）	72.4	25.0	0.45	0.19	0.40	0.08	0.08
马厩肥	71.9	25.4	0.38	0.28	0.53	0.31	0.11
牛厩肥（栏粪）	77.5	20.3	0.34	0.18	0.40	0.21	0.14
羊厩肥（圈粪）	64.6	31.8	0.83	0.23	0.67	0.33	0.28

厩肥常用的积制方法有 3 种，即深坑圈、平底圈和浅坑圈。

①深坑圈。我国北方农村常用的一种养猪积肥方式。圈内设有一个 1m 左右的深坑为猪活动和积肥的场所，每日向坑中添加垫圈材料，通过猪的不断践踏，使垫圈材料和猪粪尿充分混合，并在缺氧的条件下就地腐熟，待坑满后一次出圈。出圈后的厩肥，下层已达到腐熟或半腐熟状态，可直接施用，上层未腐熟的厩肥可在圈外堆制，待腐熟后施用。

②平底圈。地面多为紧实土底，或采用石板、水泥筑成，无粪坑设置，采用每日垫圈每日或数日清除的方法，将厩肥移至圈外堆制。牛、马、驴、骡等大牲畜常采用这种方法，每日垫圈每日清除。对于养猪来说，此法适合于大型养猪场，或地下水位较高、雨水较充足而不宜采用深坑圈的地区，一般采用每日垫圈，数日清除的方法。平底圈积制的厩肥未经腐熟，需要在圈外堆腐，费时费工，但比较卫生和有利于家畜健康。

③浅坑圈。介于深坑圈和平底圈之间，在圈内设 13～17cm 浅坑，一般采用勤垫勤起的方法，类似于平底圈。此法和平底圈差不多，厩肥腐熟程度较差，需要在圈外堆腐。

（4）堆肥。堆肥主要是以秸秆、落叶、杂草、垃圾等为主要原料，再配合定量的含氮丰富的有机物，在不同条件下积制而成的肥料。堆肥的性质基本和厩肥类似，其养分含量因堆肥原料和堆制方法不同而有差别（表 10-25）。堆肥一般含有丰富的有机质，碳氮比较小，养分多为速效态；堆肥还含有维生素、生长素及微量元素等。

表 10-25　堆肥的养分含量（%）

种类	水分	有机质	氮（N）	磷（P_2O_5）	钾（K_2O）	碳氮比
高温堆肥	-	24～42	1.05～2.00	0.32～0.82	0.47～2.53	9.7～10.7
普通堆肥	60～75	15～25	0.4～0.5	0.18～0.26	0.45～0.70	16～20

堆肥的腐熟是一系列微生物活动的复杂过程。堆肥初期矿质化过程占主导，堆肥后期则是腐殖化过程占主导。普通堆肥因加入土多，发酵温度低，腐熟时间较长，需 3～5 个月。高温堆肥以纤维素多的原料为主，加入适量的人、畜粪尿，腐熟时间短，发酵温度高，有明显的高温过程，能杀灭病菌虫卵、草籽等。

其腐熟程度可从颜色、软硬程度及气味等特征来判断。半腐熟的堆肥材料组织变松软易碎，分解程度差，汁液为棕色，有腐烂味，可概括为"棕、软、霉"。腐熟的堆肥，堆肥材料完全变形，呈褐色泥状物，可捏成团，并有臭味，特征是"黑、烂、臭"。

（5）沤肥。沤肥是利用有机物料与泥土在淹水条件下，通过厌氧性微生物进行发酵积制的有机肥料。沤肥因积制地区、积制材料和积制方法的不同而名称各异，如江苏的草塘泥、湖南的凼肥、江西和安徽的窖肥、湖北和广西的垱肥、北方地区的坑沤肥等，都属于沤肥。

沤肥是在低温厌氧条件下进行腐熟的，腐熟速度较为缓慢，腐殖质积累较多。沤肥的养分含量因材料配比和积制方法的不同而有较大的差异，一般而言，沤肥的 pH 为 6～7，有机质含量为 3％～12％，全氮量为 2.1～4.0g/kg，速效氮含量为 50～248mg/kg，全磷（P_2O_5）量为 1.4～2.6g/kg，速效磷（P_2O_5）含量为 17～278mg/kg，全钾（K_2O）量为 3.0～5.0g/kg，速效钾（K_2O）含量为 68～185mg/kg。

（6）沼气发酵肥。沼气发酵产生的沼气可以缓解农村能源的紧张，协调农牧业的均衡发展，发酵后的废弃物（池渣和池液）还是优质的有机肥料，即沼气发酵肥料，也称为沼气池肥。沼气发酵产物除沼气可作为能源使用、粮食贮藏、沼气孵化和柑橘保鲜外，沼液（占总残留物 13.2％）和池渣（占总残留物 86.8％）还可以进行综合利用。

沼液含速效氮 0.03％～0.08％，速效磷 0.02％～0.07％，速效钾 0.05％～1.40％，同时还含有 Ca、Mg、S、Si、Fe、Zn、Cu、Mo 等各种矿质元素，以及各种氨基酸、维生素、酶和生长素等活性物质。池渣含全氮 5～12.2g/kg（其中速效氮占全氮的 82％～85％），速效磷 50～300mg/kg，速效钾 170～320mg/kg，以及大量的有机质。

（7）绿肥。绿肥是指栽培或野生的植物，利用其植物体的全部或部分作为肥料，称之为绿肥。绿肥的种类繁多，一般按照来源可分为栽培型（绿肥植物）和野生型；按照种植季节可分为冬季绿肥（如紫云英、毛叶苕子等）、夏季绿肥（如田菁、柽麻、绿豆等）和多年生绿肥（如紫穗槐、沙打旺、多变小冠花等）；按照栽培方式可分为旱生绿肥（如黄花苜蓿、箭筈豌豆、金花菜、沙打旺、黑麦草等）和水生绿肥（如绿萍、水浮莲、水花生、凤眼莲等）。此外，还可以将绿肥分为豆科绿肥（如紫云英、毛叶苕子、紫穗槐、沙打旺、黄花苜蓿、箭筈豌豆等）和非豆科绿肥（如绿萍、水浮莲、水花生、凤眼莲、肥田萝卜、黑麦草等）。

绿肥适应性强，种植范围比较广，可利用农田、荒山、坡地、池塘、河边等种植，也可间作、套种、单种、轮作等。绿肥产量高，平均每公顷产鲜草 15～22.5t。绿肥植物鲜草产量高，含较丰富的有机质，有机质含量一般在 12％～15％（鲜基），而且养分含量较高。种植绿肥可增加土壤养分，提高土壤肥力，改良低产田。绿肥能提供大量新鲜有机质和钙素营养，根系有较强的穿透能力和团聚能力，有利于水稳性团粒结构形成。绿肥还可固沙护坡，防止冲刷，防止水土流失和土壤沙化。绿肥还可作饲料，发展畜牧业。

（8）杂肥类。包括泥炭及腐殖酸类肥料、饼肥或菇渣、城市有机废弃物等，它们的养分含量及施用见表 10-26。

表 10-26 杂肥类有机肥料的养分含量与施用

名称	养分含量
泥炭	含有机质 40％～70％，腐殖酸 20％～40％，全氮 0.49％～3.27％，全磷 0.05％～0.6％，全钾 0.05％～0.25％，多酸性至微酸性反应
腐殖酸类	主要是腐殖酸铵（游离腐殖酸 15％～20％、含氮 3％～5％）、硝基腐殖酸铵（腐殖酸 40％～50％、含氮 6％）、腐殖酸钾（腐殖酸 50％～60％）等，多黑色或棕色，溶于水
饼肥	主要有大豆饼、菜籽饼、花生饼等，含有机质 75％～85％、全氮 1.1％～7.0％、全磷 0.4％～3.0％、全钾 0.9％～2.1％、蛋白质及氨基酸等
菇渣	含有机质 60％～70％、全氮 1.62％、全磷 0.454％、全钾 0.9％～2.1％、速效氮 212mg/kg、速效磷 188mg/kg，并含丰富微量元素
城市有机废弃物	处理后垃圾肥含有机质 2.2％～9.0％、全氮 0.18％～0.20％、全磷 0.23％～0.29％、全钾 0.29％～0.48％

4. 操作规程和质量要求 根据当地有机肥资源状况和种植作物、土壤肥力等，完成表

10-27 操作。

表 10-27　常见有机肥料的合理施用

工作环节	操作规程	质量要求
人粪尿的合理施用	（1）人粪尿的认识。了解人粪尿、人粪、人尿的成分、性质、养分含量等 （2）人粪尿的贮存。在我国南方常将人粪尿制成水粪贮存，采用加盖粪缸或三格化粪池等方式。我国北方则采用人粪拌土堆积，或用堆肥、厩肥、草炭制成土粪，或单独积存人尿，也可用干细土垫厕所保存人粪尿 （3）人粪尿的施用。人粪尿可作基肥和追肥施用，人尿还可以作种肥用来浸种。一般以人粪尿为原料积制的大粪土、堆肥和沼气池渣等肥料宜作基肥。人粪尿在作基肥时，一般用量为 7 500～15 000kg/hm²，还应配合其他有机肥料和磷、钾肥。人粪尿在作追肥时，应分次施用，并在施用前加水稀释，以防止盐类对作物产生危害	（1）人粪尿腐熟快慢与季节有关，人粪尿混存时，夏季腐熟需 6～7d，其他季节腐熟需 10～20d （2）人尿作追肥在苗期施用时要注意，直接施用新鲜人尿有烧苗的可能，需要增大稀释倍数再施用
畜禽粪尿的合理施用	（1）畜禽粪尿的认识。了解猪、牛、马、羊、家禽等的成分、性质、养分含量等 （2）各类畜禽粪尿的施用。猪粪适宜于各种土壤和植物，可作基肥和追肥。牛粪适宜于有机质缺乏的轻质土壤，作基肥。羊粪适宜于各种土壤，可作基肥。马粪适宜于质地黏重的土壤，多作基肥。兔粪多用于茶、桑、果树、蔬菜、瓜等植物，可作基肥和追肥。禽粪适宜于各种土壤和植物，可作基肥和追肥	各种畜禽粪具有不同特点，在施用时必须加以注意，以充分发挥肥效；并注意施用量
厩肥的合理施用	（1）厩肥的认识。厩肥的成分依垫圈材料及用量、家畜种类、饲料质量等不同而不同 （2）厩肥的积制。厩肥常用的积制方法有 3 种，即深坑圈、平底圈和浅坑圈。应根据家畜种类进行选择 （3）厩肥的腐熟。常采用的腐熟方法有冲圈和圈外堆制。冲圈是将家畜粪尿集中于化粪池沤制，或直接冲入沼气发酵池，利用沼气发酵的方法进行腐熟。圈外堆制有两种方式：紧密堆积法和疏松堆积法 （4）厩肥的施用。未经腐熟的厩肥不宜直接施用，腐熟的厩肥可用作基肥和追肥。厩肥作基肥时，要根据厩肥的质量、土壤肥力、植物种类和气候条件等综合考虑。一般在通透性良好的轻质土壤上，可选择施用半腐熟的厩肥；在温暖湿润的季节和地区，可选择半腐熟的厩肥；在种植生长发育期较长的植物或多年生植物时，可选择腐熟程度较差的厩肥。而在黏重的土壤上，应选择腐熟程度较高的厩肥；在比较寒冷和干旱的季节和地区，应选择完全腐熟的厩肥；在种植生长发育期较短的植物时，则需要选择腐熟程度较高的厩肥	（1）养猪采用深坑圈，牛、马、驴、骡等大牲畜和大型养猪场采用平底圈和浅坑圈 （2）厩肥半腐熟特征可概括为"棕、软、霉"，完全腐熟可概括为"黑、烂、臭"，过于腐熟则为"灰、粉、土" （3）在施用厩肥时，可根据当地的土壤、气候和作物等条件，选择不同腐熟程度的厩肥
堆肥的合理施用	（1）堆肥的认识。堆肥的性质基本和厩肥类似，其养分含量因堆肥原料和堆制方法不同而有差别 （2）堆肥的腐熟。堆肥腐熟过程可分为 4 个阶段，即：发热、高温、降温和腐熟阶段。其腐熟程度可从颜色、软硬程度及气味等特征来判断 （3）堆肥的施用。堆肥主要作基肥，施用量一般为 15 000～30 000kg/hm²。堆肥作种肥时常与过磷酸钙等磷肥混合施用，作追肥时应提早施用	（1）高温堆肥和普通堆肥成分不同 （2）半腐熟的堆肥可概括为"棕、软、霉"。腐熟的堆肥特征是"黑、烂、臭"
沤肥、沼气发酵肥的合理施用	（1）沤肥的施用。沤肥一般作基肥施用，多用于稻田，也可用于旱地。在旱地上施用时，也应结合耕地作基肥。沤肥的施用量一般在 30 000～75 000kg/hm²，并注意配合化肥和其他肥料一起施用 （2）沼气发酵肥的施用。沼液可作追肥施用，一般土壤追肥施用量为 30 000kg/hm²，而且要深覆湿土。沼气池液还可以作叶面追肥，将沼液和水按 1∶（1～2）稀释，7～10d 喷施一次，可收到很好的效果。沼液还可以用来浸种，可以和池渣混合作基肥和追肥施用。池渣可以单独作基肥或追肥施用	（1）沤肥在水田中施用时，应在耕作和灌水前将沤肥均匀施入土壤，然后进行翻耕、耙地，再进行插秧 （2）池渣可以和沼液混合施用，作基肥施用

（续）

工作环节	操作规程	质量要求
秸秆直接还田	秸秆直接还田还可以节省人力、物力。在还田时应注意： （1）秸秆预处理。一般在前茬收获后将秸秆预先切碎或撒施地面后用圆盘耙切碎翻入土中；或前茬留高茬 15～30cm，收获后将根茬及秸秆翻入土中 （2）配施氮、磷化肥。一般每公顷配施碳酸氢铵 150～225kg 和过磷酸钙 225～300kg （3）耕埋时期和深度。旱地要在播种前 30～40d 还田为好，深度 17～22cm；水田需要在插秧前 40～45d 为好，深度 10～13cm （4）稻草和麦秸的用量为 2 250～3 000kg/hm²，玉米秸秆可适当增加，也可以将秸秆全部还田 （5）水分管理。对于旱地土壤，应及时灌溉，保持土壤相对含水量为 60%～80%。水田则要浅水勤灌，干湿交替	（1）秸秆还田在酸性土壤配施适量石灰、水田浅水勤灌和干湿交替，利于有害物质的及早排除 （2）染病秸秆和含有害虫虫卵的秸秆一般不能直接还田，应经过堆、沤或沼气发酵等处理后再施用
绿肥的合理施用	（1）绿肥的认识。了解当地经常种植的绿肥种类及其栽培特性 （2）绿肥的翻压利用。①绿肥翻压时期。常见绿肥品种中紫云英应在盛花期；苕子和田菁应在现蕾期至初花期；豌豆应在初花期；柽麻应在初花期至盛花期。翻压绿肥时应与播种和移栽期有一段时间间距，10d 左右。②绿肥压青技术。绿肥翻压量一般应控制在 15 000～25 000kg/hm²，然后再配合施用适量的其他肥料。绿肥翻压深度大田应控制在 15～20cm。③翻压后，应配合施用磷、钾肥，对于干旱地区和干旱季节还应及时灌溉	（1）可利用农田、荒山、坡地、池塘、河边等种植，也可间作、套种、单种、轮作等 （2）绿肥可与秸秆、杂草、树叶、粪尿、河塘泥、含有机质的垃圾等有机废弃物配合进行堆肥或沤肥
杂肥的合理施用	（1）泥炭的施用。多作垫圈或堆肥材料、肥料生产原料、营养钵无土栽培基质，一般较少直接施用 （2）腐殖酸类肥料的施用。可作基肥和追肥，作追肥要早施；液体类可浸种、蘸根、浇根或喷施，浓度 0.01%～0.05% （3）饼肥的施用。一般作饲料，不作肥料。若用作肥料，可作基肥和追肥 （4）菇渣的施用。可作饲料、吸附剂、栽培基质。腐熟后可作基肥和追肥 （5）城市垃圾的施用。经腐熟并达到无害化后多作基肥施用	饼肥或菇渣要注意腐熟后才能施用

5. 问题处理 活动结束后，完成以下问题：

（1）调查当地主要施用哪些有机肥料，存在什么问题，有哪些典型经验。

（2）调查当地有关农业技术专家、有经验农户或种植大户，总结当地有机肥料的合理施用技术。

活动二 常见生物肥料的性质及合理施用技术

1. 活动目标 了解生物肥料及其施用知识，熟悉生物肥料的合理施用技术。

2. 活动准备 查阅有关土壤肥料书籍、杂志、网站，收集生物肥料及其施用知识；将全班按 5 人一组分为若干组，每组准备常见生物肥料样品少许。

3. 相关知识 生物肥料主要有根瘤菌肥料、固氮菌肥料、磷细菌肥料、钾细菌肥料、复合微生物肥料等。

（1）根瘤菌肥料。根瘤菌能和豆科植物共生、结瘤、固氮，用人工选育出来的高效根瘤菌株，经大量繁殖后，用载体吸附制成的生物菌剂称为根瘤菌肥料。在培养条件下，根瘤菌的个体形态为杆状，革兰氏反应为阴性，周生、端生或侧生鞭毛，能运动，不形成芽孢。细胞内含许多聚 β-羟基丁酸颗粒，细胞外形成荚膜和黏液物质。根瘤菌为化能异养微生物、好气菌，具有专一性、侵染性、有效性等特点。

（2）固氮菌肥料。固氮菌肥料是指含有大量好氧性自生固氮菌的生物制品。具有自生固氮作用的微生物种类很多，在生产上得到广泛应用的是固氮菌科的固氮菌属，以圆褐固氮菌应用较多。固氮菌常为两个菌体聚在一起，形成"8"字形孢囊。生长旺盛时期个体形态为杆状，单生或成对，周生鞭毛，能运动；在培养基上，荚膜丰富，菌落光滑，无色透明，进一步变成褐色或黑色，色素不溶于水。固氮菌为中温性微生物，具有固氮作用、生长调节作用。

（3）磷细菌肥料。磷细菌肥料是指含有能强烈分解有机或无机磷化合物的磷细菌的生物制品。这一类群微生物分为 2 种：一种是解有机磷微生物（如芽孢杆菌属、节细菌属、沙雷氏菌属等中的某些种），能使土壤中有机磷水解；另一种是解无机磷微生物（如色杆菌属等），能利用生命活动产生的二氧化碳和各种有机酸，将土壤中一些难溶性的矿质态磷酸盐溶解，改善土壤磷素营养。磷细菌还能促进土壤中自生固氮菌和硝化细菌的活动。此外，在其生命活动过程中，能分泌激素类物质，刺激种子发芽和植物生长。

（4）钾细菌肥料。又名硅酸盐细菌、生物钾肥。钾细菌肥料是指含有能对土壤中云母、长石等含钾的铝硅酸盐及磷灰石进行分解，释放出钾、磷与其他灰分元素，改善植物营养条件的钾细菌的生物制品。钾细菌主要对磷、钾等矿物元素有特殊的利用能力，它可借助荚膜包围岩石矿物颗粒而吸收磷、钾养分，细胞内含钾量很高，其灰分中的钾含量高达 33％～34％，菌株死亡后钾可以从菌体中游离出来，供植物吸收利用。钾细菌可以抑制植物病害，提高植物的抗病性。菌体内存在着生长素和赤霉素，具有一定刺激作用。此外，该菌还有一定的固氮作用。

4. 操作规程和质量要求　根据当地生物肥料资源状况和种植作物、土壤肥力等，完成表 10-28 操作。

表 10-28　常见生物肥料的合理施用

工作环节	操作规程	质量要求
根瘤菌肥料的施用	根瘤菌肥料多用于拌种，用量为每公顷用 225～450g 菌剂加 3.75kg 水混匀后拌种，或根据产品说明书施用。拌种时要掌握互接种族关系，选择与植物相对应的根瘤菌肥	根瘤菌结瘤最适温度为 20～40℃，土壤含水量为田间持水量的 60％～80％，适宜中性到微碱性（pH 6.5～7.5）
固氮菌肥料的施用	可作基肥、追肥和种肥，施用量按说明书确定。作基肥施用时可与有机肥配合沟施或穴施，施后立即覆土。作追肥时把菌肥用水调成糊状，施于植物根部，施后覆土，一般在植物开花前施用较好。种肥一般作拌种施用，加水混匀后拌种，将种子阴干后即可播种。对于移栽植物，可采取蘸秧根的方法施用	固氮菌属中温好气性细菌，最适温度为 25～30℃。要求土壤通气良好，含水量为田间持水量的 60％～80％，最适 pH 7.4～7.6
磷细菌肥料的施用	磷细菌肥料可作基肥、追肥和种肥。基肥用量为每公顷 22.5～75kg，可与有机肥料混合沟施或穴施，施后立即覆土。作追肥在植物开花前施用为宜，菌液施于根部。也可先将菌剂加水调成糊状，然后加入种子拌匀，阴干后立即播种	磷细菌还能促进土壤中自生固氮菌和硝化细菌的活动。此外，在其生命活动过程中，能分泌激素类物质，刺激种子发芽和植物生长

（续）

工作环节	操作规程	质量要求
钾细菌肥料的施用	钾细菌肥料可作基肥、拌种或蘸秧根。作基肥与有机肥料混合沟施或穴施，每公顷用量150～300kg，液体用量30～60kg菌液。拌种时将固体菌剂加适量水制成菌悬液或液体菌加适量水稀释，然后喷到种子上拌匀。也可将固体菌剂适当稀释或液体菌稍加稀释，把根蘸入，蘸后立即插秧	钾细菌可以抑制植物病害，提高植物的抗病性；菌体内存在着生长素和赤霉素，具有一定刺激作用

5. 问题处理 活动结束后，完成以下问题：

（1）调查当地主要施用哪些生物肥料类型，存在什么问题，有哪些典型经验。

（2）调查当地有关农业技术专家、有经验农户或种植大户，总结当地生物肥料的合理施用技术。

活动三 主要新型肥料的性质与合理施用技术

1. 活动目标 了解缓释肥料、新型磷肥、长效钾肥、新型水溶肥料、新型复混肥料等新型肥料的性质；熟悉缓释肥料、新型磷肥、长效钾肥、新型水溶肥料、新型复混肥料等新型肥料的施用。

2. 活动准备 将全班按2人一组分为若干组，每组准备以下材料和用具：缓释肥料、新型磷肥、长效钾肥、新型水溶肥料、新型复混肥料等样品或图片或资料。

3. 相关知识

（1）缓释控释肥料。国际肥料工业协会对缓释和控释肥料的定义为：缓释和控释肥料是那些所含养分形式在施肥后能缓慢被植物吸收与利用的肥料；所含养分比速效肥料有更长肥效的肥料。

按其缓释、控释原理可分为4类：一是生物化学方法，如添加脲酶抑制剂或硝化抑制剂类肥料；二是物理方法，如微囊法（聚合物包膜肥料、硫包膜尿素、包裹型肥料、涂层尿素等）、整体法（扩散控制基质型肥料、营养吸附基质型肥料）；三是化学方法，如脲醛类、异丁叉二脲、丁烯叉二脲、草酰胺、眯基硫脲、三聚氰胺、磷酸镁铵、长效硅酸钾肥、节酸磷肥、聚磷酸盐等；四是生物化学—物理包膜相结合方法，如添加抑制剂与物理包膜相结合控释肥料，添加抑制剂、促释剂与物理包膜相结合控释肥料等。

（2）新型水溶肥料。新型水溶肥料是我国目前大量推广应用的一类新型肥料，多为通过叶面喷施或随灌溉施入（又称为冲施肥）的一类水溶性肥料。可分为清液型、氨基酸型、腐殖酸型和生长调节剂型等。

①清液型水溶肥料。是多种营养元素无机盐类的水溶液，一般可分为微量元素水溶肥料和大量元素水溶肥料两种，一般要求其所含营养元素的总量不少于10%。

②氨基酸型水溶肥料。是以氨基酸为络合剂加入各种营养元素组成，要求微生物发酵制成的氨基酸液，其氨基酸含量不低于8%；水解法制成的氨基酸液，其含量不低于10%，二者中微量元素含量均不低于4%。

③腐殖酸型水溶肥料。以黄腐酸为络合剂加入各种微量元素制成，其技术要求同氨基酸

型水溶肥料。

④生长调节剂型水溶肥料。是在清液型、氨基酸型、腐殖酸型 3 种水溶肥料基础上加入生长调节剂和叶面展着剂（如烷基苯磺酸铵、有机硅表面活性剂等）制成的水溶肥料。

4. 操作规程和质量要求 根据当地新型肥料资源状况和种植作物、土壤肥力等，完成表 10-29 操作。

表 10-29 新型肥料的合理施用

工作环节	操作规程	质量要求
缓效氮肥的合理施用	(1) 脲甲醛，代号为 UF，含脲分子 2～6 个，白色粒状或粉末状的微溶无臭固体，吸湿性小，含氮量 36%～38%。脲甲醛常作基肥一次性施入 (2) 丁烯叉二脲，代号为 CDU，白色微溶粉末，不具有吸湿性，长期贮存不结块，含氮量 28%～32%。丁烯叉二脲适宜酸性土壤施用，特别适合于果树、蔬菜、草坪、糖料植物、马铃薯、烟草、禾谷类植物。常作基肥一次性施入 (3) 异丁叉二脲，代号为 IBDU，是尿素与异丁醛反应的缩合物，白色粉末，不吸湿，水溶性很低，含氮量 32.18%。异丁叉二脲适用于牧草、草坪和观赏植物，不必掺入其他速效氮肥；用于稻、麦、蔬菜时，可掺入一定量的速效氮肥 (4) 草酰胺，代号为 OA，白色粉末，含氮量 31.8%，多以塑料工业的副产品氰酸为原料合成，成本低。常作基肥一次性施入 (5) 硫衣尿素，代号为 SCU，含氮量 34.2%，主要成分为尿素和硫黄，其中尿素约 76%、硫黄 19%、石蜡 3%、煤焦油 0.25%、高岭土 1.5%。其氮素释放机理为微生物分解和渗透压，温暖潮湿条件下释放较快，低温干旱时较慢。因此，冬性植物施用时须补施速效氮肥 (6) 涂层尿素是用海藻胶作为涂层液，再加入适量的微量元素，用高压喷枪将涂层液从造粒塔底部喷至造粒塔上部，使涂层液在尿素的表面形成一层较薄的膜，在尿素表面的余热条件下，水分被蒸发，生产出涂层黄色尿素。涂层尿素施入土壤后，由于海藻胶的作用，可以延缓脲酶对尿素的酶解速度，延长肥效期，提高氮肥利用率	(1) 脲甲醛、丁烯叉二脲施在一年生植物上时必须配合施用一些速效氮肥，以避免植物前期因氮素供应不足而生长不良 (2) 在日本将异丁叉二脲压制成 34mm × 34mm × 20mm 的砖形"IB 砖片"肥料，能持续供应养分 3～5 年，主要用于林业、城市绿化以及果树、茶叶等经济植物 (3) 草酰胺施于土壤后易导致 NH_3 挥发损失，造成局部 pH 升高和 NH_4^+ 的浓度增大，施用时应特别注意
新型磷肥的合理施用	(1) 聚磷酸盐的主要成分是焦磷酸、三聚磷酸或环状磷酸组成，含有效磷（P_2O_5）76%～85%，是一种超高浓度磷肥，具有较高水溶性。聚磷酸盐是一种白色小颗粒，粒径 1.4～2.8mm。在酸性土壤上施用效果与正磷酸盐相等，在中性和碱性土壤上施用优于正磷酸盐，但其具有较长的后效，其后效超过正磷酸盐。常作基肥一次性施入 (2) 磷酸甘油酯是一种有机磷化合物，含有效磷（P_2O_5）41%～46%，溶于水。施用方便，可以撒施，也可以与灌溉水结合施入土壤；在土壤中被磷酸酶水解为正磷酸盐后缓慢供植物利用 (3) 酰胺磷酯是一种具有 N—P 共价键的有机氮、磷化合物，其主要成分为 $(C_2H_5O)_2PONH_2$、$[(C_2H_5O)_2N]_2PONH_2$ 等。其特点是：水解前不易被土壤固定，水解后能不断供给植物氮、磷、钙。但其价格昂贵，目前难以在生产中推广应用	聚磷酸盐特点是：可与金属离子形成可溶性络合物，减少磷的固定；制成液体肥料时，加入微量元素仍呈可溶态；能在土壤中逐步分解为正磷酸盐，一次足量施用可满足植物整个生长发育期的需要；在酸性土壤中施用不宜被铁、铝固定，在石灰性土壤中易于分解，有效性高
长效钾肥的合理施用	美国生产的偏磷酸钾（0-60-40）、聚磷酸钾（0-57-37）是两种主要的长效钾肥，二者均不溶于水，而溶于 2% 的柠檬酸，在土壤中不易被淋失，可以逐步水解，对植物不产生盐害，其肥效与水溶性钾的含量及粒径大小有关，大体上与氯化钾、硫酸钾相当或略低。常作基肥一次性施入	目前有关长效钾肥的研究较少

（续）

工作环节	操作规程	质量要求
新型水溶的合理施用	新型水溶肥料主要用作叶面喷施和浸种，适用于多种植物。浸种时一般用水稀释 100 倍，浸种 6～8h，沥水晾干后即可播种。而叶面喷施应注意以下几点： （1）喷施浓度。可参考肥料包装上推荐浓度。一般每公顷喷施 600～750kg 溶液 （2）喷施时期。喷施时期多数在苗期、花蕾期和生长盛期 （3）喷施部位。应重点喷洒上、中部叶片，尤其是多喷洒叶片反面。若为果树则应重点喷洒新梢和上部叶片 （4）增添助剂。可在肥料溶液中加入助剂（如中性洗衣粉、肥皂粉等），提高肥料利用率	（1）溶液湿润叶面时间要求能维持 0.5～1h，一般选择傍晚无风时进行喷施较宜 （2）为提高喷施效果，可将多种水溶肥料混合或肥料与农药混合喷施，但应注意营养元素之间的关系、肥料与农药之间是否有害
新型复混肥料的合理施用	（1）有机无机复混肥。一是作基肥：旱地宜全耕层深施或条施；水田是先将肥料均匀地撒在耕翻前的湿润土面，耕翻入土后灌水，耕细耙平。二是作种肥：可采用条施或穴施，将肥料施于种子下方 3～5cm，防止烧苗；如用作拌肥，可将肥料与 1～2 倍细土拌匀，再与种子搅拌，随拌随播 （2）微生物复混肥。是指 2 种或 2 种以上的微生物，或 1 种微生物与其他营养物质复配而成的肥料。每公顷用复合微生物肥料 15～30kg，与有机肥料或细土混匀后沟施、穴施、撒施作基肥；果树或园林树木幼树每棵 200g 环状沟施、成年树每棵 0.5～1kg 放射状沟施；每公顷用 15～30kg 对水 3～4 倍，移栽时蘸根或栽后灌根；每平方米苗床土用肥 200～300g，与之混匀后播种；花卉、草坪可用复合微生物肥料 10～15g/kg 盆土或作基肥；根据不同植物每公顷用 15～30kg 复合微生物肥料与化肥混合，用适量水稀释后灌溉时随水冲施 （3）稀土复混肥。稀土复混肥是将稀土制成固体或液体的调理剂，以每吨复混肥加入 0.3% 的硝酸稀土的量配入生产复混肥的原料而生产的复混肥料。施用稀土复混肥不仅可以起到叶面喷施稀土的作用，还可以对土壤中一些酶的活性有影响，对植物的根有一定的促进作用。施用方法同一般复混肥料	微生物复混肥有 2 种类型：一是菌与菌复合微生物肥料；二是菌与各种营养元素或添加物、增效剂的复合微生物肥料，主要有：菌与大量元素复合、菌与微量元素复合、菌与稀土元素复合、菌与植物生长激素复合等

5. 问题处理　活动结束后，完成以下问题：

（1）调查当地主要施用哪些新型肥料类型，存在什么问题，有哪些典型经验。

（2）调查当地有关农业技术专家、有经验农户或种植大户，总结当地新型肥料的合理施用技术。

任务四　测土配方施肥技术及应用

【任务目标】

● **知识目标**：了解测土配方施肥技术的基本知识，熟悉测土配方施肥技术中施肥量与配方的确定方法。

● **能力目标**：能根据当地情况，进行测土配方施肥技术中施肥量的计算、田块及县域施肥配方的确定，并能进行具体作物的测土配方施肥技术运用。

【背景知识】

测土配方施肥技术概述

1. 测土配方施肥技术目标及增产途径　测土配方施肥是以肥料田间试验和土壤测试为基础，根据作物需肥规律、土壤供肥性能和肥料效应，在合理施用有机肥料的基础上，提出氮、磷、钾及中微量元素等肥料的施用品种、数量、施肥时期和施用方法。配方肥料是以肥料田间试验和土壤测试为基础，根据作物需肥规律、土壤供肥性能和肥料效应，用各种单质肥料和（或）复混肥料为原料，配制成的适合于特定区域、特定作物的肥料。

测土配方施肥技术是一项科学性、应用性很强的农业科学技术，它有 5 方面目标：一是高产目标，即通过该项技术使作物单产水平在原有水平上有所提高，能最大限度地发挥作物的生产潜能。二是优质目标，通过该项技术实施均衡作物营养，改善作物品质。三是高效目标，即养分配比平衡，分配科学，提高了产投比，施肥效益明显增加。四是生态目标，即减少肥料的挥发、流失等损失，使大气、土壤和水源不受污染。五是改土目标，即通过有机肥和化肥配合施用，实现耕地用养平衡，达到培肥土壤、增加土地生产力的目的。

测土配方施肥技术的增产途径：一是调肥增产，即不增加化肥施用总量情况下，调整化肥 $N：P_2O_5：K_2O$ 比例，获得增产效果。二是减肥增产，即对一些施肥量高或偏施肥严重的地区，采取科学计量和合理施用方法，减少某种肥料用量，获得平产或增产效果。三是增肥增产，即在生产水平不高、化肥用量很少的地区，增施化肥后作物获得增产效果。四是区域间有限肥料的合理分配，使现有肥源发挥最大增产潜力。

2. 测土配方施肥技术的原则　测土配方施肥技术是一项科学性很强的综合性施肥技术，它涉及作物、土壤、肥料和环境条件，因此，它继承一般施肥理论的同时又有新的发展。其理论依据主要有：养分归还学说、最小养分律、报酬递减率、因子综合作用律、必需营养元素同等重要律和不可代替律、作物营养关键期等。推广测土配方施肥技术在遵循这些基本原理基础上，还需要掌握以下基本原则。

（1）氮、磷、钾相配合。氮、磷、钾相配合是测土配方施肥技术的重要内容。随着产量的不断提高，在土壤高强度消耗养分的情况下，必须强调氮、磷、钾相互配合，并补充必要的微量元素，才能获得高产稳产。

（2）有机与无机相结合。实施测土配方施肥技术必须以有机肥料施用为基础。增施有机肥料可以增加土壤有机质含量，改善土壤理化性状，提高土壤保水保肥能力，增强土壤微生物的活性，促进化肥利用率的提高。因此，必须坚持多种形式的有机肥料投入，培肥地力，实现农业可持续发展。

（3）大量、中量、微量元素配合。各种营养元素的配合是测土配方施肥技术的重要内容，随着产量的不断提高，在耕地高度集约利用的情况下，必须进一步强调氮、磷、钾肥的相互配合，并补充必要的中量、微量元素，才能获得高产稳产。

（4）用地与养地相结合，投入与产出相平衡。要使作物—土壤—肥料形成物质和能量的良性循环，必须坚持用养结合，投入产出相平衡，维持或提高土壤肥力，增强农业可持续发展能力。

3. 测土配方施肥技术的方法 我国配方施肥方法归纳为三大类6种方法：第一类，地力分区（级）配方法；第二类，目标产量配方法，其中包括养分平衡法和地力差减法；第三类，田间试验配方法，其中包括养分丰缺指标法、肥料效应函数法和氮、磷、钾比例法。在确定施肥量的方法中以养分丰缺指标法、养分平衡法和肥料效应函数法应用较为广泛。

（1）地力分区（级）配方法。是根据土壤肥力高低分成若干等级或划出一个肥力相对均等的田块，作为一个配方区，利用土壤普查资料和肥料田间试验成果，结合群众的实践经验估算出这一配方区内比较适宜的肥料种类及施用量。

（2）养分平衡法。是以实现作物目标产量所需养分量与土壤供应养分量的差额作为施肥的依据，以达到养分收支平衡的目的。

（3）地力差减法。地力差减法就是目标产量减去地力产量，就是施肥后增加的产量，肥料需要量可按下式计算：

$$肥料需要量 = \frac{作物单位产量养分吸收量（目标产量－空白田产量）}{肥料中所含养分 \times 肥料当季利用率}$$

（4）肥料效应函数法。肥料效应函数法是以田间试验为基础，采用先进的回归设计，将不同处理得到的产量和相应的施肥量进行数理统计，求得在供试条件下产量与施肥量之间的数量关系，即肥料效应函数，或称为肥料效应方程式。从肥料效应方程式中不仅可以直观地看出不同肥料的增产效应和两种肥料配合施用的交互效应，而且还可以通过它计算出最大施肥量和最佳施肥量，作为配方施肥决策的重要依据。

（5）养分丰缺指标法。在一定区域范围内，土壤速效养分的含量与植物吸收养分的数量之间有良好的相关性，利用这种关系，可以把土壤养分的测定值按照一定的级差划分养分丰缺等级，提出每个等级的施肥量。

（6）氮、磷、钾比例法。通过田间试验可确定不同地区、不同作物、不同地力水平和产量水平下氮、磷、钾三要素的最适用量，并计算三者比例。实际应用时，只要确定其中一种养分用量，然后按照比例就可确定其他养分用量。

活动一 测土配方施肥技术的施肥量计算

1. 活动目标 了解测土配方施肥技术的基本方法；掌握通过养分平衡法计算施肥量。

2. 活动准备 将全班按5人一组分为若干组，每组准备以下材料和用具：计算工具、有关测土配方施肥技术等图片或资料。

3. 相关知识 施肥量是构成施肥技术的核心要素，确定经济合理施肥用量是合理施肥的中心问题。估算施肥用量的方法很多，如养分平衡法、肥料效应函数法、土壤养分校正系数法、土壤肥力指标法等。这里主要介绍养分平衡法。

养分平衡法是根据植物需肥量和土壤供肥量之差来计算实现目标产量施肥量的一种方法。其中土壤供肥量是通过土壤养分测定值来进行计算。应用养分平衡法必须求出下列参数：

（1）植物目标产量。目标产量是根据土壤肥力水平来确定的，而不是凭主观愿望任定一个指标。土壤肥力是决定产量高低的基础，某一种植物计划产量多高，要依据当地的综合因素进行确定，不可盲目过高或过低。在实际中推广配方施肥时，常常不易预先获得空白产量，常用的方法是以当地前3年植物平均产量为基础，增加10%~15%作为目标产量。

（2）植物目标产量需养分量。常以下式来推算：

$$植物目标产量所需养分量（kg）=\frac{目标产量（kg）}{100（kg）}×百千克产量所需养分量（kg）$$

式中：百千克产量所需养分是指形成100kg植物产品时，该植物必须吸收的养分量，可通过对正常植物全株养分化学分析来获得。也可参照表10-30。

（3）土壤供肥量。土壤供肥量指一季植物在生长期中从土壤中吸收的养分量。养分平衡法一般是用土壤养分测定值来计算。土壤养分测定值是一个相对值，土壤养分不一定全部被植物吸收，同时缓效态养分还不断地进行转化，故还要经田间试验求出土壤养分测定值与产量相关的校正系数，经校正后，才能作为土壤养分的供应量，与植物吸收养分量相加减。

$$土壤供肥量=土壤养分测定值（mg/kg）×2.25×校正系数$$

式中：2.25为换算系数，即将1mg/kg养分折算成1hm²耕层土壤养分的实际质量；校正系数为植物实际吸收养分量占土壤养分测定值的比值，常常通过田间试验用下式求得：

$$校正系数=\frac{空白产量/100×植物百千克产量养分吸收量}{土壤养分测定值×2.25}$$

（4）肥料利用率。肥料利用率是指当季植物从所施肥料中吸收的养分占施入肥料养分总量的百分数。它是把营养元素换成肥料实物量的重要参数，它对肥料定量的准确性影响很大。在进行田间试验的情况下，其计算公式为：

$$肥料利用率=\frac{施肥区植物吸收养分量-无肥区植物吸收养分量}{肥料施用量×肥料中养分含量}×100\%$$

表10-30　不同植物形成百千克经济产量所需养分（kg）

植物名称		收获物	从土壤中吸收 N、P₂O₅、K₂O 数量		
			N	P_2O_5	K_2O
大田植物	水稻	稻谷	2.1~2.4	1.25	3.13
	冬小麦	籽粒	3.00	1.25	2.50
	春小麦	籽粒	3.00	1.00	2.50
	大麦	籽粒	2.70	0.90	2.20
	荞麦	籽粒	3.30	1.60	4.30
	玉米	籽粒	2.57	0.86	2.14
	谷子	籽粒	2.50	1.25	1.75
	高粱	籽粒	2.60	1.30	3.00
	甘薯	块根	0.35	0.18	0.55
	马铃薯	块茎	0.50	0.20	1.06
	大豆	豆粒	7.20	1.80	4.00
	豌豆	豆粒	3.09	0.86	2.86
	花生	荚果	6.80	1.30	3.80
	棉花	籽棉	5.00	1.80	4.00
	油菜	菜籽	5.80	2.50	4.30
	芝麻	籽粒	8.23	2.07	4.41
	烟草	鲜叶	4.10	0.70	1.10
	大麻	纤维	8.00	2.30	5.00
	甜菜	块根	0.40	0.15	0.60

（续）

植物名称		收获物	从土壤中吸收 N、P_2O_5、K_2O 数量		
			N	P_2O_5	K_2O
蔬菜植物	黄瓜	果实	0.40	0.35	0.55
	茄子	果实	0.81	0.23	0.68
	架芸豆	果实	0.30	0.10	0.40
	蕃茄	果实	0.45	0.50	0.50
	胡萝卜	块根	0.31	0.10	0.50
	萝卜	块根	0.60	0.31	0.50
	卷心菜	叶球	0.41	0.05	0.38
	洋葱	葱头	0.27	0.12	0.23
	芹菜	全株	0.16	0.08	0.42
	菠菜	全株	0.36	0.18	0.52
	大葱	全株	0.30	0.12	0.40
果树	柑橘（温州蜜柑）	果实	0.60	0.11	0.40
	梨（20 世纪）	果实	0.47	0.23	0.48
	柿（富有）	果实	0.59	0.14	0.54
	葡萄（玫瑰露）	果实	0.60	0.30	0.72
	苹果（国光）	果实	0.30	0.08	0.32
	桃（白凤）	果实	0.48	0.20	0.76

计算肥料利用率的另一种方法为同位素法，即直接测定施入土壤中的肥料养分进入植物体的数量，而不必用上述差值法计算，但其难于广泛用于生产实际中。常见肥料的利用率见表 10-31。

表 10-31　肥料当年利用率

肥料	利用率（%）	肥料	利用率（%）
堆肥	25～30	尿素	60
一般圈粪	20～30	过磷酸钙	25
硫酸铵	70	钙镁磷肥	25
硝酸铵	65	硫酸钾	50
氯化铵	60	氯化钾	50
碳酸氢铵	55	草木灰	30～40

（5）施肥量的确定。得到了上述各项数据后，即可用下式计算各种肥料的施用量。

$$肥料用量 = \frac{目标产量所需养分总量（kg/hm^2）}{肥料中养分含量（\%）\times 肥料当季利用率（\%）}$$

$$= \frac{土壤养分测定值（mg/kg）\times 2.25 \times 校正系数}{肥料中养分含量（\%）\times 肥料当季利用率（\%）}$$

4. 操作规程和质量要求　以养分平衡法为例，计算施肥量（表 10-32）。

表 10-32　当地测土配方施肥技术方法调查及施肥量计算

工作环节	操作规程	质量要求
当地测土配方施肥技术方法调查	走访当地农业局、农业技术推广站或土壤肥料站，访问负责测土配方施肥技术推广的技术人员，调查当地采用的测土配方施肥技术方法有哪些	调查前了解测土配方施肥技术方法有哪些

（续）

工作环节	操作规程	质量要求
作物目标产量的确定	（1）调查当地主要作物的前3年产量，计算平均产量。如某地小麦2011年、2012年、2013年产量分别为6 840 kg/hm²、6 970 kg/hm²、7 012 kg/hm²，则其平均产量为6 940.7 kg/hm² （2）确定当地主要作物的目标产量。根据本例的目标产量，以增产幅度10%～15%为依据，则目标产量范围在7 634.8～7 981.8 kg/hm²，因此建议确定为7 700 kg/hm²	目标产量的确定方法主要有：以地定产、以水定产、以土壤有机质定产等，在实际中以地定产和前3年平均产量为常用
植物目标产量需养分量计算	根据种植的作物种类和确定的目标产量，查阅表10-30中百千克经济产量所需养分，分别计算目标产量所需的氮、磷、钾养分量 以本例为基础，则需要的氮、磷、钾养分量分别为： （1）需氮量＝（7700÷100）×3.00＝231.00（kg） （2）需磷量＝（7700÷100）×1.25＝96.25（kg） （3）需钾量＝（7700÷100）×2.50＝192.50（kg）	如果有实验条件，可自己测定，确定百千克经济产量所需养分，结果更为可靠
土壤供肥量计算	（1）土壤速效养分测定。采取推广用地土壤样品，测定土壤碱解氮、速效磷和速效钾含量。假如本例中的地块经过取样测定结果为：碱解氮62.7 mg/kg、速效磷为9.8 mg/kg、速效钾112.3 mg/kg （2）校正系数确定：一般条件下，为计算方便，碱解氮的校正系数为1、速效磷为0.5、速效钾为0.7 （3）土壤供肥量计算。根据计算公式可得： 土壤供氮量＝62.7×2.25×1＝141.08（kg） 土壤供磷量＝9.8×2.25×0.5＝11.03（kg） 土壤供钾量＝112.3×2.25×0.7＝176.87（kg）	（1）测定方法和质量要求参见项目十任务一 （2）有实验条件的校正系数可通过空白区产量、土壤测试值确定
肥料利用率确定	生产中如果没有条件，可参考表10-31。假如本例施用的氮肥为尿素、磷肥为过磷酸钙、钾肥为硫酸钾，则三者的肥料利用率分别为60%、25%、50%	肥料利用率一般可通过"3414"中的五处理实验来确定
肥料中养分含量确定	一般购买肥料时，如果产品合格，包装袋上会标有肥料中养分含量，可直接使用。如本例中尿素含氮为46%、过磷酸钙含五氧化二磷为20%、硫酸钾含氧化钾为52%	如果肥料产品不合格，可实际测定其养分含量
施肥量确定	根据上述5个参数，分别计算氮肥、磷肥和钾肥的用量 （1）尿素用量确定。尿素用量＝（231.00－141.08）/（46%×60%）＝325.80（kg/hm²） （2）过磷酸钙用量确定。过磷酸钙用量＝（96.25－11.03）/（20%×25%）＝1704.40（kg/hm²） （3）硫酸钾用量确定。硫酸钾用量＝（192.50－176.87）/（52%×50%）＝60.12（kg/hm²）	实际生产中，经常施用有机肥，因此应将有机肥提供的氮、磷、钾量考虑在内

5. 问题处理　一般推广测土配方施肥技术是在施用有机肥基础上进行的，因此在计算施肥量时，往往要把有机肥料提供的氮、磷、钾养分计算出来，并从用量中减去。例如，表10-32的例中施用有机肥30 t/hm²，其中有机肥含氮0.4%、含磷0.2%、含钾0.8%，当季利用率分别为20%、15%、20%，那么有机肥当季可提供的氮、磷、钾养分为：

有机肥提供的氮量＝30000×0.4%×20%＝24（kg）

有机肥提供的磷量＝30000×0.2%×15%＝9（kg）

有机肥提供的钾量＝30000×0.8％×20％＝48（kg）

那么氮肥、磷肥、有机肥的施用量则分别为：

（1）尿素用量确定。尿素用量＝（231.00－141.08－24）/（46％×60％）＝238.84（kg/hm²）。

（2）过磷酸钙用量确定。过磷酸钙用量＝（96.25－11.03－9）/（20％×25％）＝1524.40（kg/hm²）。

（3）硫酸钾用量确定。硫酸钾用量＝（192.50－176.87－48）/（52％×50％）＝－124.50（kg/hm²）。硫酸钾用量为负值，由于有机肥提供的钾已经能满足需要，说明不需要再施化学钾肥。

活动二　肥料配方设计及配方肥料施用

1. 活动目标　掌握基于田块的肥料配方设计，熟悉县域施肥分区与肥料配方设计，学会配方肥料的合理施用与田间示范。

2. 活动准备　将全班按 5 人一组分为若干组，每组准备有关测土配方施肥技术等图片或资料。

3. 相关知识　根据当前我国测土配方施肥技术工作的经验，肥料配方设计的核心是肥料用量的确定。肥料配方设计首先确定氮、磷、钾养分的用量，然后确定相应的肥料组合，通过提供配方肥料或发放配肥通知单，指导农民使用。基于田块的肥料配方的确定方法主要包括土壤与植株测试推荐施肥方法、肥料效应函数法、土壤养分丰缺指标法和养分平衡法。

（1）土壤与植株测试推荐施肥方法。该技术综合了目标产量法、养分丰缺指标法和作物营养诊断法的优点。对于大田作物，在综合考虑有机肥、作物秸秆应用和管理措施的基础上，根据氮、磷、钾和中微量元素养分的不同特征，采取不同的养分优化调控与管理策略。该技术包括氮素实时监控氮、磷、钾养分恒量监控和中微量元素养分矫正施肥技术。

①氮素实时监控施肥技术。根据目标产量确定作物需氮量，以需氮量的 30％～60％作为基肥用量。具体基施比例根据土壤全氮含量，同时参照当地丰缺指标来确定，一般在全氮含量偏低时，采用需氮量的 50％～60％作为基肥；在全氮含量居中时，采用需氮量的 40％～50％作为基肥；在全氮含量偏高时，采用需氮量的 30％～40％作为基肥。30％～60％基肥比例也可根据该方法确定，并通过"3414"田间试验进行校验，建立当地不同作物的施肥指标体系。

氮肥追肥用量推荐以作物关键生长发育期的营养状况诊断或土壤硝态氮的测试为依据。这是实现氮肥准确推荐的关键环节，也是控制过量施氮或施氮不足、提高氮肥利用率和减少损失的重要措施。测试项目主要是土壤全氮、土壤硝态氮。此外，小麦可以通过诊断拔节期茎基部硝酸盐浓度、玉米最新展开叶叶脉中部硝酸盐浓度来了解作物氮素情况，水稻则采用叶色卡或叶绿素仪进行叶色诊断。

②磷、钾养分恒量监控施肥技术。根据土壤有（速）效磷、钾含量水平，以土壤有（速）效磷、钾养分不成为实现目标产量的限制因子为前提，通过土壤测试和养分平衡监控，

使土壤有（速）效磷、钾含量保持在一定范围内。对于磷肥，基本思路是根据土壤有效磷测试结果和养分丰缺指标进行分级，当有效磷水平处在中等偏上时，可以将目标产量需要量（只包括带出田块的收获物）的 100%～110% 作为当季磷用量；随着有效磷含量的增加，需要减少磷用量，直至不施；而随着有效磷含量的降低，需要适当增加磷用量；在极缺磷的土壤上，可以施到需要量的 150%～200%。在 2～4 年后再次测土时，根据土壤有效磷和产量的变化再对磷肥用量进行调整。钾肥首先需要确定施用钾肥是否有效，再参照上面方法确定钾肥用量，但需要考虑有机肥和秸秆还田带入的钾量。一般大田作物磷、钾肥料全部做基肥。

③中微量元素养分矫正施肥技术。中微量元素养分的含量变幅大，作物对其需要量也各不相同。这主要与土壤特性（尤其是母质）、作物种类和产量水平等有关。通过土壤测试评价土壤中微量元素养分的丰缺状况，进行有针对性的因缺补缺的矫正施肥。

（2）肥料效应函数法。常以"3414"肥料试验为依据进行确定。根据"3414"方案田间试验结果建立当地主要作物的肥料效应函数，直接获得某一区域、某种作物的氮、磷肥料的最佳施用量，为肥料配方和施肥推荐提供依据。

（3）土壤养分丰缺指标法。土壤养分丰缺指标田间试验也可采用部分"3414"实施方案。"3414"方案中的处理 1 为无肥区（对照），处理 6 为氮、磷、钾区（NPK），处理 2、4、8 为缺素区（即 PK、NK 和 NP），收获后计算产量，用素区产量占全肥区产量百分数即相对产量的高低来表达土壤养分的丰缺情况。相对产量低于 50% 的土壤养分为极低；50%～75% 为低；75%～95% 为中；大于 95% 为高，从而确定出适用于某一区域、某种作物的土壤养分丰缺指标及对应的施用肥料数量。

（4）养分平衡法。根据作物目标产量需肥量与土壤供肥量之差估算目标产量的施肥量，通过施肥实践土壤供应不足的那部分养分。施肥量的计算公式为：

$$\text{每 } 667\text{m}^2 \text{ 施肥量（kg）} = \frac{（\text{目标产量所需养分总量} - \text{土壤供肥量}）}{\text{肥料中养分含量} \times \text{肥料当季利用量}}$$

养分平衡法涉及目标产量、作物需肥量、土壤供肥量、肥料利用率和肥料中有效养分含量五大参数。土壤供肥量即为"3414"方案中处理 1 的作物养分吸收量。基础产量即为"3414"方案中处理 1 的产量。

肥料利用率一般通过差减法来计算：

$$\text{肥料利用率} = \left(\frac{\text{施肥区每 } 667\text{m}^2 \text{ 农作物吸收养分量（kg）}}{\text{每 } 667\text{m}^2 \text{ 肥料施用量（kg）} \times \text{肥料中养分含量（%）}} \right.$$
$$\left. - \frac{\text{缺素区每 } 667\text{m}^2 \text{ 农作物吸收养分量（kg）}}{\text{每 } 667\text{m}^2 \text{ 肥料施用量（kg）} \times \text{肥料中养分含量（%）}} \right) \times 100\%$$

上式以计算氮肥利用率为例来进一步说明。施肥区（NPK 区）每 667m^2 农作物吸收养分量（kg）："3414"方案中处理 6 的作物总吸氮量；缺氮区（PK 区）每 667m^2 农作物吸收养分量（kg）："3414"方案中处理 2 的作物总吸氮量；每 667m^2 肥料施用量（kg）：施用的氮肥肥料用量；肥料中养分含量（%）：施用的氮肥肥料所标明的含氮量。如果同时使用了不同品种的氮肥，应计算所用的不同氮肥品种的总氮量。

4. 操作规程和质量要求　根据当地田块肥力和种植作物现状，分别进行田块和县域肥料配方确定（表 10-33）。

表 10-33　肥料配方确定与配方肥料的合理施用

工作环节	操作规程	质量要求
基于田块的肥料配方设计	（1）土壤、植株测试推荐施肥方法。其中，氮素推荐根据土壤供氮状况和作物需氮量，进行实时动态监测和精确调控，包括基肥和追肥的调控；磷、钾肥通过土壤测试和养分平衡进行监控；中微量元素采用因缺补缺的矫正施肥策略 （2）肥料效应函数法。其具体操作参照有关试验设计与统计技术资料 （3）土壤养分丰缺指标法。通过"3414"方案确定丰缺指标。然后对该区域其他田块，通过土壤养分测定，就可以了解土壤养分的丰缺状况，提出相应的推荐施肥量 （4）养分平衡法。参见施肥量的确定	具体确定方法参见相关知识和施肥量确定
县域施肥分区与肥料配方设计	（1）确定研究区域。一般以县级行政区域为施肥分区和肥料配方设计的研究单元 （2）GPS定位指导下的土壤样品采集。土壤样品采集要求使用GPS定位，采样点的空间分布应相对均匀，如每 6.7hm^2 采集一个土壤样品，先在区域土壤图上大致确定采样位置，然后标记附近采集多点混合土样 （3）土壤测试与土壤养分空间数据库的建立。将土壤测试数据和空间位置建立对应关系，形成空间数据库，以便能在 GIS 中进行分析 （4）土壤养分分区图的制作。基于区域土壤养分分级指标，以 GIS 为操作平台，使用 Kriging 方法进行土壤养分空间插值，制作土壤养分分区图 （5）施肥分区和肥料配方的生成。针对土壤养分的空间分布特征，结合作物养分需求规律和施肥决策系统，生成县域施肥分区图和分区肥料配方 （6）肥料配方的校验，在肥料配方分区域内针对特定作物进行肥料配方验证	在 GPS 定位土壤采样与土壤测试的基础上，综合考虑行政区划、土壤类型、土壤质地、气象资料、种植结构、作物需肥规律等因素，借助信息技术生成区域性土壤养分空间变异图和县域施肥分区，优化设计不同分区的肥料配方
配方肥料的合理施用	（1）配方肥料的施肥时期。根据配方肥料性质和作物营养特性，适时施肥。一般来说，配方肥料多作基肥施用，以含硝态氮配方肥料可作追肥 （2）配方肥料的施肥深度。作物根系在土壤中分布多数与地面呈30°～60°的夹角，且农作物在生长发育期间绝大部分根系分布在地面以下 5～10cm 的耕层内。因此，为了使施用的配方肥料能尽量接近吸收的耕层，基本趋势是：减少表面施用，增加施肥深度 （3）配方肥料的施肥用量。对于分区配方的地区，根据每一特定分区，在确定肥料种类之后，利用基于田块的肥料配方设计中肥料用量的推荐法，确定该区肥料的推荐用量。而对于田块配方的地区，在进行田块配方的同时就确定了肥料推荐用量，无需重新确定施肥数量	（1）作物生长旺盛和吸收养分的养分时期应重点施肥，有灌溉条件的地区应分期施肥。对作物不同时期的氮肥推荐量的确定，有条件区域应建立并采用实时监控技术 （2）注意不同深度的施肥方法。不提倡表面施肥，提倡全耕层施肥和分层施肥 （3）注意不同施肥时期的施肥深度。种肥施肥深度以 5～6cm 为宜。追肥，窄行作物的追肥深度以 6～8cm 为宜，宽行作物的追肥深度以 8～12cm 为宜。基肥深施常为 15～20cm 或更深
测土配方施肥中的配方校正	每县在主要作物上设 20～30 个测土配方施肥示范点，进行田间对比示范。示范设置常规施肥对照区和测土配方施肥区两个处理，另外加设一个不施肥的空白处理（图 10-7）。大田作物测土配方施肥、农民常规施肥处理面积不少于 200m^2、空白对照（不施肥）处理不少于 30m^2；蔬菜两个处理面积不少于 100m^2；果树每个处理果树数不少于 25 株。田间示范应包括规范的田间记录档案和示范报告	其他参照一般肥料试验要求。通过田间示范，综合比较肥料投入、作物产量、经济效益、肥料利用率等指标，客观评价测土配方施肥效益，为测土配方施肥技术参数的校正及进一步优化肥料配方提供依据

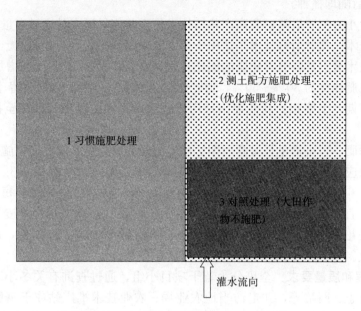

图 10-7　测土配方施肥示范小区排列示意

注：习惯施肥处理完全由农民按照当地习惯进行施肥管理；测土配方施肥处理只是按照试验要求改变施肥数量和方式，对照处理则不施任何化学肥料，其他管理与习惯施肥处理相同。处理间要筑田埂及排、灌沟，单灌单排，禁止串排串灌。

5. 问题处理　对于每一个示范点，可以利用 2～3 个处理产量、肥料成本、产值等方面的比较，从增产和增收等角度进行分析，同时也可以通过测土配方施肥产量结果与计划产量之间的比较，进行参数校验。

活动三　测土配方施肥技术应用案例（以冬小麦为例）

1. 活动目标　了解冬小麦科学施肥技术，熟悉冬小麦测土配方施肥技术。

2. 活动准备　将全班按 5 人一组分为若干组，每组准备以下材料和用具：调查表格及工具、有关冬小麦测土配方施肥技术等图片或资料。

3. 相关知识　根据小麦的生长发育规律和营养特点，应重视基肥和早施追肥。基肥用量一般应占总施肥量的 60％～80％，追肥占 40％～20％为宜。

（1）基肥。对于土壤质地偏黏，保肥性能强，又无浇水条件的麦田，将全部肥料一次施作基肥，俗称"一炮轰"。具体方法是：把全量的有机肥、2/3 氮肥、磷肥、钾肥撒施地表后，立即深耕，耕后将余下的肥料撒垡头上，再随即耙入土中。

对于保肥性能差的沙土或水浇地，可采用重施基肥、巧施追肥的分次施肥方法。即把 2/3 的氮肥和全部磷肥、钾肥、有机肥作为基肥，其余氮肥作为追肥。施种肥是最经济有效的施肥方法。

微肥可作基肥，也可拌种。作基肥时，由于用量少，很难撒施均匀，可将其与细土掺和后撒施地表，随即耕翻入土。用锌、锰肥拌种时，每千克种子用硫酸锌 2～6g，硫酸锰

0.5～1g，拌种后随即播种。

（2）追肥。小麦氮肥后移延衰高产栽培技术是近几年科研人员通过大量试验研究出的小麦高产施肥新技术。氮肥后移技术是适用于冬麦区中高产田块，晚茬弱苗、群体不足等麦田不宜采用。其技术要点是将氮素化肥的底肥比例减少到 50%，追肥比例增加到 50%，土壤肥力高的麦田底肥比例为 30%～50%，追肥比例为 50%～70%；同时将春季追肥时间后移，一般后移至拔节期，土壤肥力高的麦田采用分蘖成穗率高的品种，可移至拔节期至旗叶露尖时。

（3）根外喷肥。若小麦生长发育后期必须追施肥料时，可采用叶面喷施的方法，这也是小麦增产的一项应急措施。小麦抽穗期可喷施 2%～3% 的尿素溶液和 0.3%～0.4% 的磷酸二氢钾溶液，每 667m² 喷施量为 50～60kg。微肥喷施浓度一般为 0.1%，每 667m² 喷施量为50kg。喷施锌肥宜在苗期和抽穗以后进行，可喷施 1～2 次。硼肥可在小麦孕穗期喷施，锰肥可在拔节、扬花期各喷 1 次，喷肥的时间宜选择在无风的 16：00 以后，以避免水分过快蒸发，降低肥效。

4. 操作规程和质量要求　全班分为若干项目小组，通过查询有关冬小麦测土配方施肥技术的书籍、杂志、网站等，并走访当地农业局、农业技术推广站或土壤肥料站的技术人员、当地种植能手，了解冬小麦测土配方施肥技术的推广应用内容，参考华北平原地区灌溉冬小麦测土配方施肥技术应用案例，进行推广应用。

【应用案例】

华北平原地区灌溉冬小麦测土配方施肥技术

该地区小麦一般在 10 月上、中旬播种，第二年 5 月下旬至 6 月上旬收获，全生长发育期 230～270d。通常将小麦生长发育期划分为出苗、分蘖、越冬、起身、拔节、孕穗、抽穗、开花、灌浆和成熟。生产中基本苗数一般为每 667m² 10 万～30 万，多穗性品种 667m² 穗数为 50 万穗，大穗型品种为 30 万穗左右。

1. 氮肥总量控制，分期调控　平原灌溉区不同产量水平冬小麦氮肥推荐用量可参考表10-34。

表 10-34　不同产量水平下冬小麦氮肥推荐用量

每 667m² 目标产量（kg）	土壤肥力	每 667m² 氮肥用量（kg）	基肥/追肥比例（%）
<300	极低	11～13	70/30
	低	10～11	70/30
	中	8～10	60/40
	高	6～8	60/40
300～400	极低	13～15	70/30
	低	11～13	70/30
	中	10～11	60/40
	高	8～10	50/50
400～500	低	14～16	60/40
	中	12～14	50/50
	高	10～12	40/60
	极高	8～10	30/40/30

（续）

每 667m² 目标产量（kg）	土壤肥力	每 667m² 氮肥用量（kg）	基肥/追肥比例（%）
500~600	低	16~18	60/40
	中	14~16	50/50
	高	12~14	40/60
	极高	10~12	30/40/30
>600	中	16~18	50/50
	高	14~16	40/60
	极高	12~14	30/40/30

2. 磷、钾恒量监控技术 该地区多以冬小麦/夏玉米轮作为主，因此，磷、钾管理要将整个轮作体系统筹考虑，将 2/3 的磷肥施在冬小麦季，1/3 的磷肥施在夏玉米季；将 1/3 的钾肥施在冬小麦季，2/3 的磷肥施在夏玉米季。磷肥、钾肥分级及推荐用量参考表 10-35、表 10-36。

表 10-35 土壤磷素分级及冬小麦磷肥（五氧化二磷）推荐用量

每 667m² 产量水平（kg）	肥力等级	有效磷（mg/kg）	每 667m² 磷肥用量（kg）
<300	极低	<7	6~8
	低	7~14	4~6
	中	14~30	2~4
	高	30~40	0~2
	极高	>40	0
300~400	极低	<7	7~9
	低	7~14	5~7
	中	14~30	3~5
	高	30~40	1~3
	极高	>40	0
400~500	极低	<7	8~10
	低	7~14	6~8
	中	14~30	4~6
	高	30~40	2~4
	极高	>40	0~2
500~600	低	<14	8~10
	中	14~30	7~9
	高	30~40	5~7
	极高	>40	2~5
>600	低	<14	9~11
	中	14~30	8~10
	高	30~40	6~8
	极高	>40	3~6

表 10-36 土壤钾素分级及钾肥（氧化钾）推荐用量

肥力等级	速效钾（mg/kg）	每 667m² 钾肥用量（kg/）	备注
低	50~90	5~8	连续 3 年以上实行秸秆还
中	90~120	4~6	田的可酌减；没有实行秸秆
高	120~150	2~5	还田的适当增加
极高	>150	0~3	

3. 微量元素因缺补缺 该地区微量元素丰缺指标及推荐用量见表 10-37。

表 10-37 微量元素丰缺指标及推荐用量

元素	提取方法	临界指标（mg/kg）	每 667m² 基施用量（kg）
锌	DTPA	0.5	硫酸锌 1～2
锰	DTPA	10	硫酸锰 1～2
硼	沸水	0.5	硼砂 0.5～0.75

4. 施肥指导意见 针对该地区氮、磷化肥用量普遍偏高，肥料增产效率下降，而有机肥施用不足，微量元素锌和硼缺乏时有发生等问题，提出以下施肥原则：依据土壤肥力条件，适当调减氮、磷化肥用量；增施有机肥，提倡有机无机配合，实施秸秆还田；依据土壤钾素状况，高效施用钾肥，并注意硼和锌的配合施用；氮肥分期施用，适当增加生长发育中、后期的氮肥比例；肥料施用应与高产、优质栽培技术相结合。

若基肥施用了有机肥，可酌情减少化肥用量。每 667m² 单产水平在 400kg 以下时，氮肥作基肥、追肥可各占一半。每 667m² 单产超过 500kg 时，氮肥总量的 1/3 作基肥施用，2/3 为追肥在拔节期施用。磷肥、钾肥和微量元素肥料全部作基肥施用。

5. 问题处理

（1）其他地区冬小麦和春小麦测土配方施肥技术可根据当地实际情况，参考华北平原地区灌溉冬小麦测土配方施肥技术，查阅有关资料，走访当地农业技术部门，进行推广应用。

（2）其他作物测土配方施肥技术的应用，可访问当地农业局土肥站或农技站技术人员，也可查阅有关书籍、网站。

任务五 综合技能应用

【任务目标】

● **知识目标**：了解肥料标识和肥料标准有关知识；熟悉测土配方施肥技术实施体系。

● **能力目标**：能进行常见化学肥料的真假识别；熟悉当地测土配方施肥技术的推广应用。

活动一 常见化学肥料的真假识别

1. 活动目标 借助少数试剂和简单工具，能准确而又迅速地对各种主要化学肥料的特性及其化学组成进行鉴定，以达到识别常用化学肥料的目的，为准确无误地施用化肥提供依据。

2. 活动准备 将全班按 2 人一组分为若干组，每组准备以下材料和用具：烧杯、试管、酒精灯、石蕊试纸、10 种常见化肥（碳酸氢铵、氨水、尿素、硫酸铵、氯化铵、钾肥、过磷酸钙等）、石灰、0.5%硫酸铜溶液、1%硝酸银溶液、2.5%氯化钡溶液、硝酸—钼酸铵溶液、20%亚硝酸钴钠溶液、稀盐酸、10%氢氧化钠溶液。

3. 相关知识　各种肥料都有规范的标识、外形特点及不同的物理和化学性质。根据肥料包装标识、外表情况、气味、水溶性、加碱的变化和遇火燃烧的情况可初步判断出肥料的类型和真假。但要知道养分含量是否符合产品标准，肥料是否无毒、无害、无污染，杂菌数量、重金属、有机污染物等含量是否符合国家规定的标准，还需要将肥料样品送相关部门测定。

（1）包装标识。根据 GB 18382—2001 的标准规定：肥料产品的包装标识上必须有中文标明的肥料名称、商标、重量、养分含量、生产许可证号和肥料登记证号、产品执行标准、生产者的厂名、厂址和电话号码以及警示说明等。同时，在产品包装袋内应附有产品使用说明书，限期使用的产品还应标明生产日期和有效期。凡包装上缺少产品执行标准、生产许可证号等任何一项都应视为无证产品，严禁在市场上销售。凡包装袋上未标明肥料厂名、企业地址及电话号码的肥料产品，应一律视为假、劣肥料产品。

（2）常见的误导性标识。以中微量元素钙、硅、镁、硫中的任何一种或几种元素代替氮、磷、钾三要素中的任何一种元素。如将本应标明氮、磷、钾（N、P_2O_5、K_2O）养分含量的复混肥料改为氮、磷、硫（N、P_2O_5、S）或硅、镁、钙（Si、Mg、Ca），缺少了钾或氮、磷、钾的含量，欺骗和误导农民。

将氮、磷、钾三要素肥料与中量、微量元素钙、镁、硅、硫及微量元素锌、硼、铁、锰、钼、铜等养分加在一起作为总养分含量。

将有机质含量作为有效养分含量与氮、磷、钾养分加在一起误导农民。

有的将含 P_2O_5 只有 3% 的含钙、镁、硅肥料标识为钙镁硅肥，农民极易把此肥料误认为是钙镁磷肥

（3）肥料标准。有机—无机复混肥料：根据国家标准 GB 18877—2002 规定：有机—无机复混肥料的有机质含量≥20%，总养分含量氮、磷、钾（N＋P_2O_5＋K_2O）≥15%。凡低于这 2 个指标的有机—无机复混肥料均为不合格肥料产品。

有机肥料：农业行业标准 NY 525—2002 规定：有机肥料的有机质含量≥30%，总养分含量氮、磷、钾（N＋P_2O_5＋K_2O）≥4%，水分（游离水）<20%，pH5.5～8.0，凡低于上述指标的有机肥均为不合格肥料产品。

叶面肥料：要注意可溶性如何、有无沉淀等。叶面肥料应符合以下技术指标：①大量元素（N＋P_2O_5＋K_2O）可溶性肥料≥50%。②微量元素（Fe＋Zn＋B＋Mo＋Mn＋Cu）叶面肥料≥10%。③根据国家标准 GB 17419—1998 规定，含氨基酸叶面肥料中氨基酸含量：化学水解类≥10%，发酵类≥8%；微量元素≥2%。④腐殖酸可溶性肥料中腐殖酸总含量≥8%。⑤植物生长调节剂加元素类型，其中单质微量元素含量之和≥4%。

目前，我国的肥料标准有国家标准、省部行业标准和地方行业标准等，行业（企业）、标准遵循国家标准并高于国家标准。

4. 操作规程和质量要求　根据当地农业生产常用的化学肥料品种，从市场上选取若干品种，完成表10-38操作。

表 10-38　常见化学肥料的鉴别

工作环节	操作规程	质量要求
外表观察	可将肥料给予总的区别，一般氮肥和钾肥多为结晶体，如碳酸氢铵、硝酸铵、氯化铵、硫酸铵、尿素、氯化钾、硫酸钾等；磷肥多为粉末状，如过磷酸钙、钙镁磷肥、磷矿粉、钢渣磷肥等	样品一定要干燥，保持原状
加水溶解	准备 1 只烧杯或玻璃杯，内放半杯蒸馏水或凉开水，将 1 小勺化肥样品慢慢倒入杯中，并用玻璃棒充分搅拌，静止一会后观察其溶解情况，以鉴别肥料样品 　（1）全部溶解的有：硫酸铵、硝酸铵、氯化铵、尿素、硝酸钠、氯化钾、硫酸钾、磷酸铵、硝酸钾等 　（2）部分溶解的有：过磷酸钙、重过磷酸钙、硝酸铵钙等 　（3）不溶或绝大部分不溶的有：钙镁磷肥、沉淀磷肥、钢渣磷肥、脱氟磷肥、磷矿粉等	在用外表观察分辨不出它的品种时，采用此法
加碱性物质混合	取样品同石灰或其他碱性物质（如烧碱）混合，如闻到氨臭味，则可确定为铵态氮肥或含铵态的复合肥料或混合肥料	注意以免刺激眼睛
灼烧检验	将待测的少量样品直接放在铁片或烧红的木炭上燃烧，观察其熔化、烟色、烟味与残烬等情况 　（1）逐渐熔化并出现沸腾状，冒白烟，可闻到氨味，有残烬，是硫酸铵 　（2）迅速熔解时冒白烟，有氨味，是尿素。无变化但有爆裂声，没有氨味，是硫酸钾或氯化钾 　（3）不易熔化，但白烟甚浓，又闻到氨味和盐酸味，是氯化铵 　（4）边熔化边燃烧，冒白烟，有氨味，是硝酸铵 　（5）燃烧并出现黄色火焰是硝酸钠，燃烧出现带紫色火焰的是硝酸钾	样品量不宜过多，注意安全
化学检验	（1）取少量样品，放在干净的试管中，将试管放在酒精灯上灼烧，观察识别。①结晶在试管中逐渐熔化、分解、能嗅到氨味，用湿的红色石蕊试纸试一下，变成蓝色，是硫酸铵。②结晶在试管中不熔化，而固体像升华一样，在试管壁冷的部分生成白色薄膜，是氯化铵。③结晶在试管中能迅速熔化、沸腾，用湿的红色石蕊试纸在管口试一下，能变成蓝色，但继续加热，试纸则又由蓝色变成红色，是硝酸铵。④结晶在试管中加热后，立即熔化，能产生氨臭味，并且很快挥发，在试管中有残渣，是尿素 　（2）取少量肥料样品在试管中，加水 5mL 待其完全溶解后，用滴管加入 2.5％氯化钡溶液 5 滴，产生白色沉淀：①当加入稀盐酸呈酸性时，沉淀不溶解，证明含有硫酸根；当化学方法鉴定出含有氨，又经此法确定含有硫酸根，则肥料为硫酸铵。②当用灼烧检验方法证明是钾肥，又经此法检验含有硫酸根，则为硫酸钾 　（3）取少量肥料样品放在试管中，加水 5mL 待其完全溶解后，用滴管加入 1％硝酸银 5 滴，产生白色絮状沉淀，证明含有氯根：①当用化学方法鉴定出含有氨，又经此法证明含有氯根，则为氯化铵。②当用灼烧检验方法证明是钾肥，又经此法检验含有氯根，则为氯化钾 　（4）取极少量肥料样品放在试管中，加水 5mL 使其溶解，如溶液混浊，则需过滤，取清液鉴定，于滤液中加入钼酸铵—硝酸溶液 2mL，摇匀后，如出现黄色沉淀，证明是水溶性磷肥 　（5）取少量样品（加碱性物质不产生氨味）放在试管中，加水使其完全溶解，滴加亚硝酸钴钠溶液 3 滴，用玻璃棒搅匀，产生黄色沉淀，证明是钾化肥 　（6）取肥料样品约 1g 放在试管中，在酒精灯上加热熔化，稍冷却，加入蒸馏水 2mL 及 10％氢氧化钠 5 滴，溶解后，再加入 0.5％硫酸铜溶液 3 滴，如出现紫色，证明是尿素	注意化学试剂使用的安全

5. 问题处理　根据实验结果，认真填写肥料系统鉴定表（表 10-39），并掌握其主要内容。

表 10-39　化学肥料系统鉴定表

样品	外表观察	加水溶解	加碱性物质混合	灼烧检验	化学检验	肥料名称
1						
2						
3						
4						
5						
6						
7						
8						
9						
10						

活动二　测土配方施肥技术的实施

1. 活动目标　熟悉测土配方施肥新技术的实施步骤，掌握土壤、植株氮素养分快速测试方法。

2. 活动准备　将全班按 5 人一组分为若干组，每组准备以下材料和用具：有关测土配方施肥技术等图片或资料。

3. 相关知识　测土配方施肥技术的实施是一个系统工程，整个实施过程需要农业教育、科研、技术推广部门与广大农户或农业合作社、农业企业等相结合，配方肥料的研制、销售、应用相结合，现代先进技术与传统实践经验相结合。从土样采集、养分分析、肥料配方制订、按配方施肥、田间试验示范监测到修订配方，形成一个完整的测土配方施肥技术体系。

测土配方施肥技术包括"测土、配方、配肥、供应、施肥指导"5 个核心环节、11 项重点内容（图 10-8）。

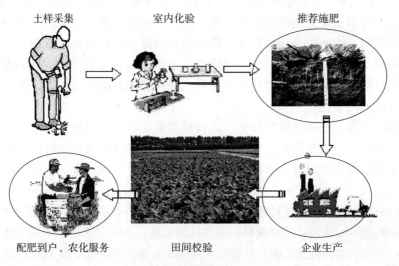

图 10-8　测土配方施肥技术示意

（1）野外调查。资料收集整理与野外定点采样调查相结合，典型农户调查与随机抽样调查相结合，通过广泛深入的野外调查和取样地块农户调查，掌握耕地地理位置、自然环境、土壤状况、生产条件、农户施肥情况以及耕作制度等基本信息进行调查，以便有的放矢地开展测土配方施肥技术工作。

（2）田间试验。田间试验是获得各种作物最佳施肥量、施肥时期、施肥方法的根本途径，也是筛选、验证土壤养分测试技术、建立施肥指标体系的基本环节。通过田间试验，掌握各个施肥单元不同作物优化施肥量，基、追肥分配比例，施肥时期和施肥方法；摸清土壤养分校正系数、土壤供肥量、农作物需肥参数和肥料利用率等基本参数；构建作物施肥模型，为施肥分区和肥料配方依据。

（3）土壤测试。土壤测试是肥料配方的重要依据之一，随着我国种植业结构的不断调整，高产作物品种不断涌现，施肥结构和数量发生了很大的变化，土壤养分库也发生了明显改变。通过开展土壤氮、磷、钾及中、微量元素养分测试，了解土壤供肥能力状况。

（4）配方设计。肥料配方设计是测土配方施肥工作的核心。通过总结田间试验、土壤养分数据等，划分不同区域施肥分区；同时，根据气候、地貌、土壤、耕作制度等相似性和差异性，结合专家经验，提出不同作物的施肥配方。

（5）校正试验。为保证肥料配方的准确性，最大限度地减少配方肥料批量生产和大面积应用的风险，在每个施肥分区单元设置配方施肥、农户习惯施肥、空白施肥3个处理，以当地主要作物及其主栽品种为研究对象，对比配方施肥的增产效果，校验施肥参数，验证并完善肥料施用配方，改进测土配方施肥技术参数。

（6）配方加工。配方落实到农户田间是提高和普及测土配方施肥技术的最关键环节。目前不同地区有不同的模式，其中最主要的也是最具有市场前景和运作模式的就是市场化运作、工厂化加工、网络化经营。这种模式适应我国农村农民科技水平低、土地经营规模小、技物分离的现状。

（7）示范推广。为促进测土配方施肥技术能够落实到田间地点，既要解决测土配方施肥技术市场化运作的难题，又要让广大农民亲眼看到实际效果，这是限制测土配方施肥技术推广的"瓶颈"。建立测土配方施肥示范区，为农民创建窗口，树立样板，全面展示测土配方施肥技术效果。将测土配方施肥技术物化成产品，打破技术推广"最后一公里"的"坚冰"。

（8）宣传培训。测土配方施肥技术宣传培训是提高农民科学施肥意识，普及技术的重要手段。农民是测土配方施肥技术的最终使用者，迫切需要向农民传授科学施肥方法和模式；同时还要加强对各级技术人员、肥料生产企业、肥料经销商的系统培训，逐步建立技术人员和肥料经销持证上岗制度。

（9）数据库建设。运用计算机技术、地理信息系统和全球卫星定位系统，按照规范化测土配方施肥数据库，以野外调查、农户施肥状况调查、田间试验和分析化验数据为基础，时时整理历年土壤肥料田间试验和土壤监测数据资料，建立不同层次、不同区域的测土配方施肥数据库。

（10）效果评价。农民是测土配方施肥技术的最终执行者和落实者，也是最终受益者。检验测土配方施肥的实际效果，及时获得农民的反馈信息，不断完善管理体系、技术体系和服务体系。同时，为科学地评价测土配方施肥的实际效果，必须对一定的区域进行动态调查。

（11）技术创新。技术创新是保证测土配方施肥工作长效性的科技支撑。重点开展田间试验方法、土壤养分测试技术、肥料配制方法、数据处理方法等方面的创新研究工作，不断提升测土配方施肥技术水平。

4. 操作规程和质量要求 根据当地土壤肥力、种植作物情况，配合当地农业部门技术人员，进行表 10-40 的操作。

表 10-40 测土配方施肥技术的实施

工作环节	操作规程	质量要求
制订计划，收集资料	收集采样区域土壤图、土地利用现状图、行政区划图等资料，绘制样点分布图，制订采样工作计划；准备 GPS、采样工具、采样袋、采样标签等	要做好人员、物资、资金等各方面准备
样品采集与制备	（1）土壤样品的采集与制备。参考县级土壤图做好采样规划；划分采样单元，每个土壤采样单元为 6～15hm²，采样地块面积为 0.5～5hm²；确定采样时间，一般在作物收获后或施肥前；采样深度为 0～20cm；做好样品标记；做好新鲜样品、风干样品的制备和贮存 （2）植物样品的采集与制备。根据要求分别采集粮食作物、水果样品、蔬菜样品；填好标签；做好植株样品的处理与保存	具体见土壤样品采集与制备要求。植物样品采集应做到：代表性、典型性、适时性等要求
土壤、植株养分测试	（1）土壤测试。按照测试标准，土壤测试项目有：土壤质地、容重、水分、酸碱度、阳离子交换量、水溶性盐分、氧化还原电位、有机质、全氮、有效氮、全磷、有效磷、全钾、有效钾、交换性钙镁、有效硫、有效硅、有效微量元素等 （2）植株测试。植株测试项目有：全氮、全磷、全钾、水分、粗灰分、全钙、全镁、全硫、微量元素全量等	具体测试原理与要求参见国家有关标准
田间基本情况调查	调查田间基本情况，开展农户施肥情况调查	完成表 10-41、表 10-42 内容
田间试验	按照农业部《测土配方施肥技术规范》推荐采用的"3414"试验方案，根据研究目的选择完全实施或部分实施方案	具体要求见农业部《测土配方施肥技术规范》
调查数据的整理和初步分析	（1）作物产量。实际产量以单位面积产量表示，当地平均产量一般采用加权平均数法。产量的分布直接用调查表产量数据进行分析 （2）氮、磷、钾养分投入量。施肥明细中各种肥料要进行折纯。方法是每种肥料的数量分别乘以其氮、磷、钾含量，然后将有机肥和化肥中的养分纯量加和 （3）氮、磷、钾比例。根据氮、磷、钾养分投入量就可以计算氮、磷、钾比例，并分析其比例分布情况 （4）有机无机肥料养分比例。分别计算有机肥料和无机肥料氮、磷、钾的平均用量，然后进行比较 （5）施肥时期和底追比例。在计算各种作物施肥量时，可以分别计算底肥和追肥的氮、磷、钾平均用量，然后分析底追比例的合理程度 （6）肥料品种。将本地区所有农户的该种肥料用量乘以各自面积再加和，除以总面积，即得到该作物上该肥料的加权平均用量；将所有施用该肥料的农户作物面积加和再除以总调查面积，乘以 100%，可得施用面积比例 （7）肥料成本。以单位面积数量来表示，计算方法同作物产量	（1）当样本农户作物面积差别不大时，平均产量也可用简单平均数 （2）要对农户施肥量逐个检查，剔除异常数据。平均值也应采用加权平均数 （3）所有农户某肥料加权平均用量＝施用该肥料农户某肥料加权平均用量×施肥面积比例 （4）要注意数据处理过程，以免产生错误，最好 2 人完成，1 人录入，1人校验
基础数据库的建立	（1）属性数据库，其内容包括田间试验示范数据、土壤与植株测试数据、田间基本情况及农户调查数据等，要求在 SQL 数据库中建立 （2）空间数据库，内容包括土壤图、土地利用图、行政区划图、采样点位图等，利用 GIS 软件，采用数字化仪或扫描后屏幕数字化的方式录入。图样比例为 1：5 万 （3）施肥指导单元属性数据获取，可由土壤图和土地利用图或行政区划图叠加生成施肥指导单元图	具体要求见农业部《测土配方施肥技术规范》

（续）

工作环节	操作规程	质量要求
施肥配方设计	（1）田块的肥料配方设计，首先采用养分平衡法等确定氮、磷、钾养分的用量，然后确定相应的肥料组合，通过提供配方肥料或发放配肥通知单，指导农户使用 （2）施肥分区与肥料配方设计，其步骤为：确定研究区域，GPS 定位指导下的土壤样品采集，土壤测试与土壤养分空间数据库的建立，土壤养分分区图的制作，施肥分区和肥料配方的生成，肥料配方的检验	具体要求见农业部《测土配方施肥技术规范》
校正试验	对上述肥料配方通过田间试验来校验施肥参数，验证并完善肥料配方，改进测土配方施肥参数	要依据当地土壤类型、土壤肥力校正
配方加工	配方落实到农户田间是提高和普及测土配方施肥技术的最关键环节。根据相关的配方施肥参数，以各种单质或复混肥料为原料，配置配方肥。目前推广上有两种方式：一是农民根据配方建议卡自行购买各种肥料，配合施用；二是由配肥企业按配方加工配方肥，农民直接购买施用	配方实施要结合农户田块的土壤肥力高低、植物种植情况灵活应用
示范推广	（1）每 667hm² 设 2～3 个示范点，进行田间对比示范。设置 2 个处理：常规施肥对照区和测土配方施肥区，面积不小于 200m² （2）制订测土配方施肥建议卡，使农民容易接受（表 10-43）	建立测土配方施肥示范区，为农民创建窗口，树立样板，把测土配方施肥技术落实到田头
效果评价	（1）农户（田块）测土配方施肥前后比较。从农户执行测土配方施肥前后的养分投入量、产量、效益进行评价，并计算增产率、增收情况和产投比等进行比较 增产率 $A(\%) = (Y_p - Y_c)/Y_c$ 增收 $I(元/hm^2) = (Y_p - Y_c) \times P_y - \sum F_i \times P_i$ 产投比 $D = [(Y_p - Y_c) \times P_y - \sum F_i \times P_i]/\sum F_i \times P_i$ 式中：Y_p 为测土施肥产量，kg/hm^2；Y_c 为常规施肥（或实施测土配方施肥前）产量，kg/hm^2；F_i 为肥料用量，kg/hm^2；P_i 为肥料价格，元/kg （2）测土配方施肥农户（田块）与常规施肥农户（田块）比较。根据对测土配方施肥农户（田块）与常规施肥农户（田块）调查表的汇总分析，从农户执行测土配方施肥前后的养分投入量、产量、效益进行评价，并计算增产率、增收情况和产投比等进行比较 （3）测土配方施肥 5 年跟踪调查分析。从农户执行测土配方施肥 5 年中的养分投入量、产量、效益进行评价。并计算增产率、增收情况和产投比等进行比较	在测土配方施肥项目区进行动态调查并随机调查农民，征求农民的意见，检验其实际效果，以完善管理体系、技术体系和服务体系
宣传培训	测土配方施肥技术宣传培训是提高农民科学施肥意识、普及技术的重要手段。及时对各级农技人员、肥料生产企业、肥料经销商、农民进行系统培训，有效提高测土配方施肥的实施效果	在农户购肥、施肥前，请技术人员面对农户、村组干部进行技术培训讲座，同时推荐印发测土配方平衡施肥方案，使技术入户到田，指导农户购买和施用优质的配方适宜的配方肥料
技术创新	在田间试验方法、土壤测试、肥料配制方法、数据处理等方面开展创新研究，以不断提升测土配方施肥技术水平	最终形成适合当地的测土配方施肥技术体系

表 10-41　测土配方施肥采样地块基本情况调查

统一编号：_____　　　　调查组号：_____　　　　采样序号：_____

采样目的：_____　　　　采样日期：_____　　　　上次采样日期：_____

地理位置	省市名称		地市名称		县旗名称	
	乡镇名称		村组名称		邮政编码	
	农户名称		地块名称		电话号码	
	地块位置		距村距离（m）		—	—
	纬度		经度		海拔高度（m）	
自然条件	地貌类型		地形部位		—	—
	地面坡度		田面坡度		坡向	
	通常地下水位（m）		最高地下水位（m）		最深地下水位（m）	
	常年降水量（mm）		常年有效积温（℃）		常年无霜期（d）	
生产条件	农田基础设施		排水能力		灌溉能力	
	水源条件		输水方式		灌溉方式	
	熟制		典型种植制度		常年产量水平（kg/hm²）	
土壤情况	土类		亚类		土属	
	土种		俗名		—	—
	成土母质		剖面构型		土壤质地（手测）	
	土壤结构		障碍因素		侵蚀程度	
	耕层厚度（cm）		采样深度（cm）		—	—
	田块面积（hm²）		代表面积（hm²）		—	—

		第一季	第二季	第三季	第四季	第五季
来年种植情况	茬口					
	作物名称					
	品种名称					
	目标产量					

采样调查单位	单位名称			联系人	
	地址			邮政编码	
	电话		传真	采样调查人	
	E-mail				

表 10-42　农户施肥情况调查表

施肥相关情况	生长季节		作物名称		品种名称
	播种季节		收获日期		产量水平
	生长期内降水次数		生长期内降水总量		—
	生长期内灌水次数		生长期内灌水总量		灾害情况

（续）

推荐施肥情况	是否推荐施肥指导			推荐单位性质			推荐单位名称				
	配方内容	目标产量 (kg/hm²)	推荐肥料成本 (元/hm²)	化肥 （kg/hm²)					有机肥 （kg/hm²)		
				大量元素			其他元素		肥料名称	实物量	
				N	P₂O₅	K₂O	名称	用量			

实际施肥总体情况	实际产量 (kg/hm²)	实际肥料成本 (元/hm²)	化肥 （kg/hm²)					有机肥 （kg/hm²)		
			大量元素			其他元素		肥料名称	实物量	
			N	P₂O₅	K₂O	名称	用量			

实际施肥明细	汇总										
	施肥明细	施肥次序	施肥时期	项目			施肥情况				
							第一种	第二种	第三种	第四种	第五种	第六种

（表中 N、P₂O₅、K₂O 等养分含量情况（%）、实物量（kg/hm²）分第一次、第二次、第三次填写）

施肥次序	项目			第一种	第二种	第三种	第四种	第五种	第六种
第一次	肥料种类								
	肥料名称								
	养分含量情况（%）	大量元素	N						
			P₂O₅						
			K₂O						
		其他元素	名称						
			含量						
	实物量（kg/hm²)								
第二次	肥料种类								
	肥料名称								
	大量元素	N							
		P₂O₅							
		K₂O							
	其他元素	名称							
		含量							
	实物量（kg/hm²)								
第三次	肥料种类								
	肥料名称								
	大量元素	N							
		P₂O₅							
		K₂O							
	其他元素	名称							
		含量							
	实物量（kg/hm²)								

（续）

实际施肥明细	施肥明细	施肥次序	施肥时期	项目		施肥情况					
						第一种	第二种	第三种	第四种	第五种	第六种
		第四次		肥料种类							
				肥料名称							
				大量元素	N						
					P_2O_5						
					K_2O						
				其他元素	名称						
					含量						
				实物量（kg/hm²）							

表 10-43　测土配方施肥建议卡

农户姓名：_____　　省_____县（市）_____乡（镇）_____村　　编号：_____
地块面积（hm²）：_____　　　　地块位置：_____

土壤测试数据	测试项目	测试值	丰缺指标	养分水平评价		
				偏低	适宜	偏高
	全氮（g/kg）					
	速效氮（mg/kg）					
	有效磷（mg/kg）					
	速效钾（mg/kg）					
	有机质（g/kg）					
	pH					
	有效铁（mg/kg）					
	有效锰（mg/kg）					
	有效铜（mg/kg）					
	有效锌（mg/kg）					
	有效硼（mg/kg）					

	作物		目标产量（kg/hm²）			
	肥料配方		用量（kg/hm²）	施肥时间	施肥方式	施肥方法
推荐方案一	基肥					
	追肥					
推荐方案二	基肥					
	追肥					

技术指导单位：_____　　联系方式：_____　　联系人：_____　　日期：_____

5. 问题处理　活动结束后，完成以下问题：

（1）调查当地推广测土配方施肥技术情况，存在什么问题，有哪些典型经验。

（2）调查当地有关农业技术专家、有经验农户或种植大户，总结当地主要作物测土配方施肥技术经验。

 知识拓展

如果想了解更多的知识，可以通过下面渠道进行学习：

1. 阅读杂志：

（1）《中国土壤与肥料》

（2）《土壤通报》

（3）《植物营养与肥料学报》

2. 浏览网站：

（1）中国化肥网 http：//www. fert. cn/

（2）中国肥料信息网 http：//www. natesc. gov. cn/

（3）中肥网农资通 http：//vip. ferinfo. com/

（4）中国有机肥料网 http：//yjfl. toocle. com/

3. 通过本校图书馆借阅有关土壤肥料、测土配方施肥技术方面的书籍。

考证提示

获得农艺工、农作物种子繁育员、农作物植保员、蔬菜园艺工、花卉园艺工、果树园艺工、农业试验工、林木种苗工、绿化工、草坪建植工、中药材种植员、牧草工等中级资格证书，须具备以下知识和能力：

1. 土壤碱解氮含量、速效磷含量、速效钾含量的测定。

2. 常见化学肥料的性质与合理施用技术。

3. 常见有机肥料、生物肥料、新型肥料的性质与合理施用技术。

4. 测土配方施肥技术的基本原理。

5. 当地主要作物的测土配方施肥技术运用。

6. 常见化学肥料的真假识别。

师生互动

1. 根据当地环境条件，制订一个合理施用氮肥、磷肥、钾肥、微量元素肥料、复合肥料等技术方案；调查当地农户施用这些肥料中存在的主要问题与典型经验。

2. 结合实际情况，对当地常用的化学肥料（包括碳酸氢铵、氯化铵、尿素、硫酸钾、氯化钾、过磷酸钙、磷酸铵等肥料品种）进行识别与定性鉴定。

3. 根据当地环境条件，制订一个合理施用有机肥料、生物肥料的技术方案；调查当地目前正在推广应用农村清洁能源典型经验。

4. 走访当地农业企业员工或有经验的农户，并与之进行有效沟通，调查当地推广作物施用新型肥料情况。

5. 根据当地主要作物的目标产量和土壤养分测试值，利用养分平衡法计算施用尿素、过磷酸钙、氯化钾的用量？能够进行肥料配方设计，并能合理施用配方肥料。

项目十一

植物生长的气候环境

项目目标

　　熟悉主要气象要素、天气系统、二十四节气和农业小气候知识；了解气候与中国气候特征；熟悉我国主要气象灾害的类型与特点。能熟练进行气压、风、农业小气候观测；能根据当地情况，进行极端温度灾害、旱灾、雨灾、风灾等气象灾害的防御。

任务一　植物生长的气候状况

【任务目标】

　　● **知识目标：**认识气压和风等主要气象要素；了解天气系统；熟悉二十四节气知识；了解农业小气候知识。

　　● **能力目标：**能熟练进行气压和风的观测；能进行二十四节气的农业生产应用；能初步进行农业小气候观测。

【背景知识】

气象要素与天气系统

　　1. 气象要素　大气中所发生的各种物理现象（风、雨、雷、电、云、雪、霜、雾、光等）和物理过程（气温的升高或降低、水分的蒸发或凝结等）常用各种定性和定量的特征量来描述，这些特征量被称为气象要素。与农业关系最密切的气象要素主要有：气压、风、云、太阳辐射、土壤温度、空气温度、空气湿度、降水等。这里主要介绍气压和风。

　　（1）气压。地球周围的大气，在地球重力场和空气的分子运动综合作用下，对处于其中的物体表面产生的压力称为大气压力。被测高度在单位面积上所承受的大气柱的重量称为大气压强，简称气压。国际上规定，将纬度 45°的海平面上，气温为 0℃时，大气压力为760mmHg 称为一个标准大气压。气压单位是 Pa（帕斯卡，简称帕），$1Pa=1N/m^2$（牛顿/平方米）。气压单位常用百帕（hPa）和毫米水银柱高（mmHg）表示。而两者的关系为：$1hPa=100Pa=0.75mmHg$。一般一个标准大气压等于 1 013.25hPa。

　　①气压的变化。一是气压随高度变化。在同一时间同一地点，气压随高度升高而减小。

当温度一定时，地面气压随海拔高度的升高而降低的速度是不等的。据实测，近地层大气中，高度每升高100m，气压平均降低12.7hPa，在高层则小于此数值，因此在低空随高度增加，气压很快降低，而高空的递减较缓慢。气压随高度的分布如表11-1所示。

表11-1　气压随高度的变化（气柱平均温度0℃）

海拔高度（m）	海平面	1.5	3.0	5.5	11.0	16.0	30.0
气压（hPa）	1 000	850	700	500	250	100	12

二是气压随时间变化。由于同一个地方的空气密度决定于气温，气温升高，空气密度减小，则气压降低；气温下降，空气密度增大，则气压升高。因此，一天中，一般夜间气压高于白天，上午气压高于下午；一年中，冬季（1月）气压高于夏季（7月）。而当暖空气来临时，会引起气压下降；当冷空气来临时，则会使气压升高。

②气压的水平分布。气压随高度增加而降低，由于各地热力和动力条件不同，使得在同一高度水平面上各处气压值也不同。气压在水平方向上的分布，常用等压线或等压面来表示。等压线是指在海拔高度相同的平面上，气压相等各点的连线；等压面是指空间气压相等各点所构成的面。海平面图上等压线的各种组合形式称为气压系统。气压系统的主要类型有：低压、高压、低压槽、高压脊和鞍形场。

低压是由一组闭合等压线构成的中心气压低、四周气压高的区域；等压面形状类似于凹陷的盆地。高压是由一组闭合等压线构成的中心气压高、四周气压低的区域；等压面形状类似凸起的山丘。低压槽是指由低压延伸出的狭长区域；在槽中各等压线弯曲最大处的连线，称为槽线；气压沿槽线向两边递增，槽线附近的空间等压面形如山谷。高压脊是指由高压延伸出的狭长区域；在脊中各条等压线弯曲最大处的连线，称为脊线；气压沿脊线向两边递减，脊线附近的空间等压面形如山脊。鞍形场是指由两个高压和两个低压交错相对而组成的中间区域。其空间分布形状如马鞍。

（2）风。空气时刻处于运动状态，空气在水平方向上的运动称为风，它是重要的植物生态因子，直接或间接地影响作物的生长和发育，对热量、水汽和二氧化碳的输送和交换起重要作用。风是矢量，包括风向和风速，具有阵性。风向是指风吹来的方向，风速是单位时间内空气水平移动的距离，单位是m/s。气象预报中常用风力等级来表示风的大小。通常用13个等级表示，如表11-2所示。

表11-2　风力等级

风力等级	名称	海面和渔船征象	陆上地面物征象	相当风速（m/s）	
				范围	中数
0	无风	静	静，烟直上	0～0.2	0.1
1	软风	有微波，寻常渔船略觉摇动	烟能表示风向，树叶有摇动	0.3～1.5	0.9
2	轻风	有小波纹，渔船摇动	人面感觉有风，树叶有微响，旌旗开始飘动	1.6～3.3	2.5
3	微风	有小波，渔船渐觉簸动	树叶及小枝摇动不息，旌旗展开	3.4～5.4	4.4
4	和风	浪顶有些白色泡沫，渔船满帆时，可使船身倾于一侧	能吹起地面灰尘和纸张，树枝摇动	5.5～7.9	6.7

（续）

风力等级	名称	海面和渔船征象	陆上地面物征象	相当风速（m/s）	
				范围	中数
5	清风	浪顶白色泡沫较多，渔船缩帆	有叶的小树摇摆，内陆的水面有小波	8.0～10.7	9.4
6	强风	白色泡沫开始被风吹离浪顶，渔船加倍缩帆	大树枝摇动，电线呼呼有声，撑伞困难	10.8～13.8	12.3
7	劲风	白色泡沫离开浪顶被吹成条纹状，渔船停泊港中，在海面下锚	全树摇动，大树枝弯下来，迎风步行感觉不便	13.9～17.1	15.5
8	大风	白色泡沫被吹成明显的条纹状，进港的渔船停留不出	可折毁小树枝，人迎风前行感觉阻力甚大	17.2～20.7	19.0
9	烈风	被风吹起的浪花使水平能见度减小，机帆船航行困难	烟囱及瓦屋屋顶受到损坏，大树枝可折断	20.8～24.4	22.6
10	狂风	被风吹起的浪花使水平能见度明显减小，机帆船航行颇危险	陆地少见，树木可被吹倒，一般建筑物遭破坏	24.5～28.4	26.5
11	暴风	吹起的浪花使水平能见度显著减小，机帆船遇暴风极危险	陆上很少，大树可被吹倒，一般建筑物遭严重破坏	28.5～32.6	30.6
12	飓风	海浪滔天	陆上绝少，其摧毁力极大	＞32.6	＞30.6

①风的变化。

一是风的日变化。在气压形势稳定时，可以观测到风有明显的日变化。在100m以下的近地大气层内，日出后风速逐渐增大，午后最大，夜间风速逐渐减小，以清晨为最小；100m以上的大气中，风速的日变化与下层大气的变化情况正好相反，最大值出现在夜间，最小值出现在午后。

二是风随高度的变化。运动着的空气质点与地面之间、空气与空气之间，都有摩擦作用存在。1 500m以下的大气层称为摩擦层，在摩擦层中，空气运动受到的摩擦力随海拔高度的升高而减弱，因此，随着海拔高度的升高，风速增大。同理，海洋上空的风速大于陆地上空；沿海的风速大于山区。它们都是由于摩擦力影响不同造成的。

三是风的年变化。风的年变化与气候和地理条件有关，在北半球的中纬度地区，一般风速的最大值出现在冬季，最小值出现在夏季。我国大部分地区春季风速最大，因为春季是冷暖空气交替较为频繁的时期。

四是风的阵性。风的阵性是指摩擦层中，由于空气运动受山脉、丘陵、建筑物或森林等影响，呈涡旋状的乱流，造成风向不定，风速忽大忽小的现象。一日之中，夏季中午前后，风的阵性较大，夜晚阵性较小。一年之中，春季风的阵性较大，冬季风的阵性较小。

②风的类型。风的类型主要有季风和地方性风。

季风是指以一年为周期，随着季节的变化而改变风向的风。冬季大陆冷却快而剧烈，海洋冷却慢且降温小。因此，在大陆上因温度下降使气压升高，风从大陆吹向海洋，称为冬季风；夏季则相反，风从海洋吹向大陆，称为夏季风。我国的季风性很明显，夏季盛行温暖而潮湿的东南风；冬季盛行寒冷而干燥的西北风。我国的西南地区还受印度洋的影响，夏季吹西南风，冬季吹东北风。

地方性风是由于局部自然、地理条件的影响，常形成某些局地性空气环流。常见的地方性风有：海陆风、山谷风和焚风。

第一，海陆风。在沿海地区，以一天为周期，随昼夜交替而转换方向的风，称为海陆风。白天，风从海洋吹向陆地，称为海风；夜间，风从陆地吹向海洋，称为陆风。白天，陆地增温比海洋强烈，近地面低层大气中，产生从海洋指向陆地的水平气压梯度力，下层风从海洋吹向陆地形成海风。上层则相反，风从陆地吹向海洋，构成白天的海风环流（图11-1）；夜间，陆地降温比海洋剧烈而迅速，低层大气中，产生了从陆地指向海洋的水平气压梯度力，下层风从陆地吹向海洋形成陆风。高层风则从海洋吹向陆地，构成夜间的陆风环流。

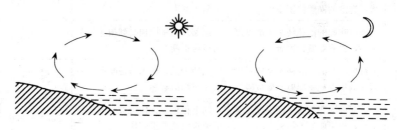

图 11-1　海陆风

海风给沿海地区带来丰沛的水汽，易在陆地形成云雾，缓和了温度的变化。所以在海滨地区，夏季比内陆凉爽，冬季比内陆温和。

第二，山谷风。在山区，风随昼夜交替而转换方向。白天，风从山谷吹向山坡，称为谷风；夜间，风从山坡吹向山谷，称为山风。两者合称为山谷风。白天，靠近山坡的空气温度比同高度谷地上空的气温要高，其空气密度较小，因此暖空气沿山坡上升到山顶，然后流向谷地上空。谷中气流则下沉补充坡面上升的空气，就形成了谷风环流（图11-2）；夜晚，山坡由于地面有效辐射强烈使气温比同高度谷地上空气温降低得快，冷而重的空气沿坡下滑，流入山谷，气流在谷地又辐合上升形成了山风环流（图11-2）。

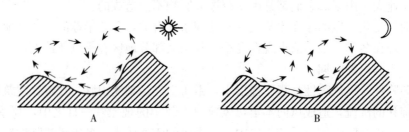

图 11-2　山谷风
A. 谷风环流　B. 山风环流

谷风能把暖空气向山上输送，使山前的物候期、成熟期提前。谷风还可以把谷地水汽带上山顶，在夏季水汽充足时常常成云致雨，对山区林木和作物生长有利。山风可以降低温度，对植物同化产物的积累尤其是在秋季对块根、块茎等贮藏器官的膨大比较有利。山风还可使冷空气聚集在谷地，在寒冷季节造成"霜打洼"现象（图11-3）。而山腰和坡地中部，由于冷空气不在此沉积，霜冻往往较轻。

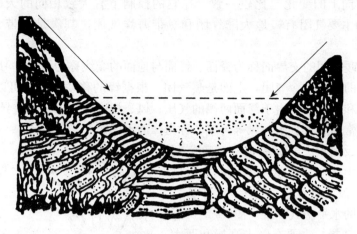

图 11-3　"霜打洼"示意

第三，焚风。当气流跨过山脊时，在山的背风坡，由于空气的下沉运动产生一种热而干燥的风，称为焚风。焚风的形成是由于未饱和的暖湿空气在运行途中遇山受阻，在山的迎风坡被迫抬升，温度下降，上升到一定高度后，因气温降低，空气中水汽达到饱和，水汽凝结产生云、雨、雪降落在迎风坡。气流到达山顶之后，由于失去了那部分已凝结降落的水汽而变得干燥了。当气流越过山顶后，就沿背风坡下滑，空气在下沉运动中温度升高，空气相对湿度减小，形成了炎热而干燥的焚风（图 11-4）。不论冬夏昼夜，焚风在山区都可出现。焚风易形成旱灾和森林火灾，也可使初春的冰雪融化，利于灌溉。夏季的焚风可使谷物和水果提早成熟。

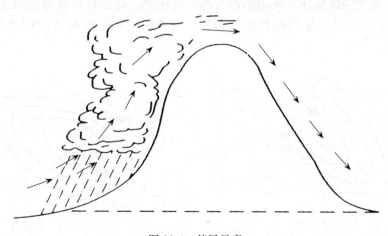

图 11-4　焚风示意

2. 天气系统　天气是指一定地区气象要素和天气现象表示的一定时段或某时刻的大气状况，如晴、阴、冷、暖、雨、雪、风、霜、雾和雷等。天气系统是表示天气变化及其分布的独立系统。活动在大气里的天气系统种类很多。如气团、锋、气旋、反气旋、低压槽、高压脊等。这些天气系统都与一定的天气相联系。

（1）气团。气团是占据广大空间的一大块空气，它的物理性质在水平方向上比较均匀，在垂直方向上的变化也比较一致，在它的控制下有大致相同的天气特点。影响我国大范围天气的主要气团有极地大陆气团和热带海洋气团，其次是热带大陆气团和赤道气团。

（2）锋。冷暖气团的交界面称为锋面。锋面与地面的交线称为锋线，习惯上把锋面和锋线统称为锋。锋的下面是冷气团，上面是暖气团。根据锋的移动方向，可以把锋分为暖锋、冷锋、准静止锋和锢囚锋。由于锋面两侧的气压、风、湿度等气象要素差异比较大，具有突变性，锋面附近常形成云、雨、风等天气，称为锋面天气。

（3）气旋和反气旋。气旋是占有三度空间的，在同一高度上中心气压低于四周的大尺度漩涡（图11-5）。反气旋也称为高压，是中心气压比四周气压高的水平空气涡旋（图11-5）。影响我国天气的反气旋，主要有蒙古高压和西太平洋副热带高压。蒙古高压是一种冷性反气旋即冷高压，是冬半年影响我国的主要天气系统，活动较频繁、势力强大。强冷高压侵入我国时，带来大量冷空气，气温骤降，出现寒潮天气；西太平洋副热带高压是夏半年影响我国的主要天气系统。

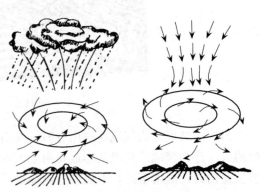

图11-5　气旋与反气旋

（4）低压槽和高压脊。大气中不同区域的气压是不均等的，不同气压区交错存在。低压区向高压区突出的部分称为低压槽，低压槽最突出点的连线称为槽线，槽线上任意一点的气压比它两侧的气压都低，槽线附近的空气是辐合上升的，易形成云雨天气（图11-6、图11-7）。高压区向低压区突出的部分称为高压脊，高压脊最突出点的连线称为脊线，脊线上任意一点的气压比它两侧的气压都高，脊线附近的空气是下沉运动的，易形成晴朗的好天气。

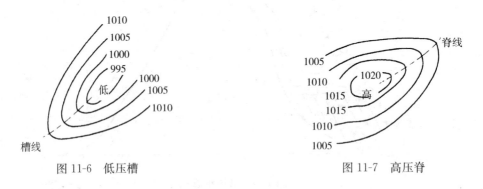

图11-6　低压槽　　　　　　　　　　　图11-7　高压脊

活动一　气压和风的观测

1. 活动目标　能熟练进行气压和风的观测操作，能够正确使用水银气压表、空盒气压表、电接风向风速计和轻便风向风速表，会目测风向风力。

2. 活动准备 根据班级人数，每 2 人一组，分为若干组，每组准备以下材料和用具：水银气压表、空盒气压表、气压计、电接风向风速计和轻便风向风速表。

3. 相关知识

（1）测定气压的仪器。测定气压的仪器有水银气压表、空盒气压表和气压计等。

①水银气压表。水银气压表有动槽式和定槽式两种，这里主要介绍动槽式水银气压表的构造原理。动槽式水银气压表是根据水银柱的重量与大气压力相平衡的原理制成的，其构造如图 11-8 所示。

②空盒气压表。空盒气压表是利用空盒弹力与大气压力相平衡的原理制成的。空盒气压表不如水银气压表准确，但其使用和携带都比较方便，适于野外考察。其构造如图 11-9 所示。空盒气压表是以弹性金属做成的薄膜空盒作为感应元件，它将大气压力转换成空盒的弹性位移，通过杠杆和传动机构带动指针。当顺时针方向偏转时，指针就指示出气压升高的变化量；反之，当指针逆时针方向偏转时，指示出气压降低的变化量。当空盒的弹性应力与大气压力相平衡时，指针就停止转动，这时指针所指示的气压值就是当时的大气压力值。

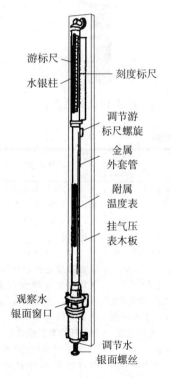

图 11-8 动槽式水银气压表

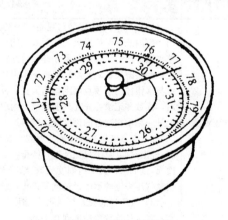

图 11-9 空盒气压表

③气压计。气压计是连续记录气压变化的自记仪器，其构造和其他自记仪器一样，分为感应、传递放大和自记装置三部分。感应部分是由几个空盒串联而成的，最上的一个空盒与机械部分连接，最下一个空盒的轴固定在一块双金属板上，用以补偿对空盒变形的影响。传递放大部分：由于感应部分的变形很小，常采用两次放大。空盒上的连接片与杠杆相连，此杠杆的支点为第一水平轴，杠杆借另一连接片与第二水平轴的转臂连接。这一部分的作用是

将空盒的变化放大后传到自记部分去。这样两次放大能够提高仪器的灵敏度。自记部分与其他自记仪器相同。

（2）测定风的仪器。风的测定包括风向和风速。常用的测风仪器有电接风向风速计和轻便风向风速表。前者用于台站长期定位观测；后者多用于野外流动观测。在没有测风仪器或仪器出现故障时，可用目测风向风力。

①EL 型电接风向风速计。此测风仪是由感应器、指示器和记录器组成的有线遥测仪器。

②轻便风向风速表。仪器结构如图 11-10所示，由风向部分（包括风向标、风向指针、方位盘和制动小套）、风速部分（包括十字护架、风杯和风速表刻度盘、风速按钮）和手柄三个部分组成。

4. 操作规程和质量要求 根据当地气象条件，选择学校气象站或当地气象观测场观测气压和风（表 11-3）。

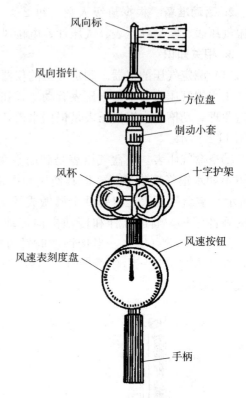

图 11-10 轻便风向风速表

表 11-3 气压和风等气象要素的观测

工作环节	操作规程	质量要求
气压观测	（1）水银气压表安装与观测。首先，将气压表安装在温度少变的气压室内，室内既要保持通风，又无太大的空气流动。其次，观测附属温度表，调整水银槽内的水银面与象牙针尖恰好相接，直到象牙针尖相接完全无空隙为止；调整游尺，先使游尺稍高于水银柱顶端，然后慢慢下降直到游尺的下缘恰与水银柱凸面顶点刚刚相切为止。读数后转动调整螺旋使水银面下降。最后，读数并记录：先在刻度标尺上读取整数，然后在游尺上找出一条与标尺上某一刻度相吻合的刻度线，则游尺上这条刻度线的数字就是小数读数 （2）空盒气压表的安装与观测。观测和记录时先打开盒盖，先读附属温度表；轻击盒面（克服机械摩擦），待指针静止后再读数；读数时视线应垂直于刻度面，读取指针尖所指刻度示数，精确到 0.1；读数后立即复读，并关好盒盖。空盒气压表上的示度经过刻度订正、温度订正和补充订正，即为本站气压 （3）气压计的安装与观测。气压计应水平安放，离地高度以便于观测为宜。气压计读数要精确到 0.1hpa	（1）气压室要求门窗少开，经常关闭，光线要充足，但又要避免太阳光的直接照射 （2）由于水银气压表的读数常常是在非标准条件下测得的，须经仪器差、温度差、重力差订正后，才是本站气压，未经订正的气压读数仅供参考 （3）气压计的换纸时间和方法与其他自记仪器相同
风的观测	（1）EL 型电接风向风速计的安装与观测。首先，将感应器安装在牢固的高杆或塔架上，并附设避雷装置，风速感应器（风杯）中心距地面高度 10～12m；指示器、记录器平稳地安放在室内桌面上，用电缆与感应器相连接，电源使用交流电 220V 或干电池 12V。其次是观测和记录：打开指示器的风向、风速开关，观测 2min 风速指针摆动的平均位置，读取整数记录。风速小时开关拨到"20"档上，读 0～20m/s 标尺刻度；风速大时开关拨到"40"档上，读 0～40m/s 标尺刻度。观测风向指示灯，读取 2min 的最多风向，用 16 个方位记录。静风时，风速记"0"，风向记"C"；平均风速超过 40m/s，记为>40	（1）EL 型电接风向风速计记录器部分的使用方法与温度计基本相同。从自记纸上可知各时风速、各时风向及日最大风速

（续）

工作环节	操作规程	质量要求
风的观测	（2）轻便风向风速表的安装与观测。在测风速时，待风杯旋转约0.5min，按下风速按钮，待1min后指针停止转动，即可从刻度盘上读出风速示值（m/s），将此值从风速检定曲线中查出实际风速（取一位小数），即为所测的平均风速 　观测者应站在仪器的下风向，将方位盘的制动小套管向下拉，并向右转一角度，启动方位盘，使其能自由转动，按地磁子午线的方向固定下来，注视风向指针约2min，记录其最多的风向，就是所观测的风向。观测完毕后随手将方位盘自动小套管向左转一小角度，让小套管弹回上方，固定好方位盘 　（3）目测风向风力。根据风对地面或海面物体的影响而引起的各种现象，按风力等级表估计风力，并记录其相应风速的中数值。根据炊烟、旌旗、布条展开的方向及人的感觉，按8个方位估计风向	（2）用轻便风向风速表观测时，人应保持直立（若是手持仪器，要使仪器高出头部），风速表刻度盘与当时风向平行。测风速可与测风向同时进行 　（3）目测风向风力时，观测者应站在空旷处，多选几个物体，认真观测，尽量减少主观的估计误差

5. 问题处理　课余时间，到当地气象站进行资料的收集包括气温、湿度、风向、风速、降水、日照时间等，然后设计表格，进行资料整理（表11-4）。对整理后的资料进行分析，根据所收集到的资料，分析温度、湿度、日照等对农业生产的利弊。

表 11-4　当地主要农业气象要素资料整理

月	1	2	3	4	5	6	7	8	9	10	11	12	年均
平均气温（℃）													
最高温度（℃）													
最低温度（℃）													
相对湿度（%）													
降水量（mm）													
日照时间（h）													
风速、风向													
有效积温（℃）													

活动二　二十四节气的农业生产应用

1. 活动目标　了解我国气候特点，根据二十四节气特点指导当地农业生产。

2. 活动准备　将班级按学生3～5人一组分成若干组，到学校气象站或当地气象站进行资料查阅或收集。或通过有关网站进行查阅，也可到图书馆借阅图书、期刊进行查阅。

3. 相关知识　二十四节气的划分是从地球公转所处的相对位置推算出来的。地球围绕太阳转动称为公转，公转轨道为一个椭圆形，太阳位于椭圆的一个焦点上。地球的自转轴称为地轴，由于地轴与地球公转轨道面不垂直，地球公转时，地轴方向保持不变，致使一年中太阳光线直射地球上的地理纬度是不同的，这是产生地球上寒暑季节变化和日照长短随纬度和季节而变化的根本原因。地球公转一周需时约365.23d，公转一周是360°，将地球公转一周均分为24份，每一份间隔15°定一位置，并给一"节气"名称，全年共分二十四节气，每个节气为15°，时间大约为15d（图11-11）。

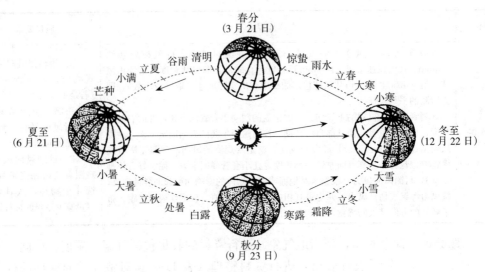

图 11-11　地球公转与二十四节气的形成

二十四节气是我国劳动人民几千年来从事农业生产，掌握气候变化规律的经验总结，为了便于记忆，总结出二十四节气歌：春雨惊春清谷天，夏满芒夏暑相连；秋处露秋寒霜降，冬雪雪冬小大寒；上半年逢六二一，下半年逢八二三，每月两节日期定；最多相差一两天。前四句是二十四节气的顺序，后四句是指每个节气出现的大体日期。按阳历计算，每月有两个节气，上半年一般出现在每月的 6 日和 21 日，下半年一般出现在 8 日和 23 日，年年如此，最多相差不过一两天（表 11-5）。

表 11-5　二十四节气的含义和农业意义

节气	月	日	含义和农业意义
立春	2	4 或 5	春季开始
雨水	2	19 或 20	天气回暖，降水开始以雨的形态出现，或雨量开始逐渐增加
惊蛰	3	6 或 5	开始打雷，土壤解冻，蛰伏的昆虫被惊醒开始活动
春分	3	21 或 20	平分春季的节气，昼夜长短相等
清明	4	5 或 6	气候温和晴朗，草木开始繁茂生长
谷雨	4	20 或 21	春播开始，降雨增加，雨生百谷
立夏	5	6 或 5	夏季开始
小满	5	21 或 22	麦类等夏熟作物的籽粒开始饱满，但尚未成熟
芒种	6	5 或 7	麦类等有芒作物成熟，夏播作物播种
夏至	6	22 或 21	夏季热天来临，白昼最长，夜晚最短
小暑	7	7 或 8	炎热季节开始，尚未达到最热程度
大暑	7	23 或 24	一年中最热时节
立秋	8	8 或 7	秋季开始
处暑	8	23 或 24	炎热的暑天即将过去，渐渐转向凉爽
白露	9	8 或 9	气温降低较快，夜间很凉，露水较重

（续）

节气	月	日	含义和农业意义
秋分	9	23 或 24	平分秋季的节气，昼夜长短相等
寒露	10	8 或 9	气温已很低，露水发凉，将要结霜
霜降	10	24 或 23	气候渐冷，开始见霜
立冬	11	8 或 7	冬季开始
小雪	11	23 或 22	开始降雪，但降雪量不大，雪花不大
大雪	12	7 或 8	降雪较多，地面可以积雪
冬至	12	22 或 23	寒冷的冬季来临，白昼最短，夜晚最长
小寒	1	6 或 5	较寒冷的季节，但还未达到最冷程度
大寒	1	20 或 21	一年中最寒冷的节气

从表 11-5 中每个节气的含义可以看出，二十四节气反映了一年中季节、气候、物候等自然现象的特征和变化。立春、立夏、立秋、立冬，这"四立"表示农历四季的开始；春分、夏至、秋分、冬至，这"两分""两至"表示昼夜长短的更换。雨水、谷雨、小雪、大雪，表示降水。小暑、大暑、处暑、小寒、大寒，反映温度。白露、寒露、霜降，既反映降水又反映温度。而惊蛰、清明、芒种和小满，则反映物候。应该注意的是，二十四节气起源于黄河流域地区，对于其他地区运用二十四节气时，不能生搬硬套，必须因地制宜地灵活运用。不仅要考虑本地区的特点，还要考虑气候的年际变化和生产发展的需求。

4. 操作规程和质量要求　根据当地气象条件，通过访问有经验的农民和气象部门技术人员，查阅当地气象资料，完成表 11-6 内容。

表 11-6　二十四节气与农事操作

工作环节	节气	农事操作指导
1 月		
2 月		
3 月		
4 月		
5 月		
6 月		
7 月		
8 月		
9 月		
10 月		
11 月		
12 月		

5. 问题处理　课余时间汇总当地有关二十四节气的农谚谚语，指导当地农业生产。

表 11-7　当地常见二十四节气谚语

常见农谚谚语	含义	农业生产意义

活动三　农田小气候的观测与分析

1. 活动目标　通过训练，能利用常见的观测仪器进行农田小气候观测，熟练掌握其主要的观测方法和农田小气候观测资料的整理和分析方法。

2. 活动准备　根据班级人数，每 2 人一组，分为若干组，每组准备以下材料和用具：通风干湿表、风向风速表、照度计、地面温度表和曲管地温表、特制纱布、铁锹、测杆、直尺。

3. 相关知识　小气候就是指在小范围的地表状况和性质不同的条件下，由于下垫面的辐射特征与空气交换过程的差异而形成的局部气候特点。小气候的特点主要是"范围小、差异大、很稳定"。近代小气候学在各生产领域得到迅速的发展，如农田小气候、设施小气候、地形小气候、防护林带小气候、果园小气候等。

（1）农田小气候的特征。农田小气候是以农作物为下垫面的小气候，不同的农作物有不同的小气候特征，同一种作物又因不同品种、种植方式、生长发育期、生长状况以及田间管理措施等造成不同作物群体，产生相应的小气候特征。

①农田中光的分布。太阳辐射到达农田植被表面后，一部分辐射能被植物叶片吸收，一部分被反射，还有一部分透过枝叶空隙，或透过叶片到达下面各层或地面上。农田植被中，光照度由株顶向下逐渐减弱，株顶附近递减较慢，植株中间迅速减弱，再往下又缓慢下来。光照度在株间的分布直接影响作物对光能的有效利用，植株稀少，漏光严重，单株光合作用强，但群体光能利用不充分；农田密度较大，株间各层光照度相差较大，株顶光过强，冠层下部光不足，单株生长不良，易产生倒伏现象。

②农田中温度的分布。作物生长发育初期，因茎、叶幼小稀疏，不论昼夜，农田的温度分布和变化，白天的最高温度和夜间的最低温度均在地表附近。作物封行以后，进入生长盛期，茎高叶茂，农田外活动面形成，午间活动层附近热量容易保持，温度可达最高。夜间农

田放热多，降温快，外活动面的温度达到最低。因此，生长发育盛期昼夜的最高、最低温度由地表转向作物的外活动面。作物生长发育后期，茎、叶枯黄脱落，太阳投入株间的光合辐射增多，农田温度分布又接近于生长发育初期，昼夜的最高温度和最低温度又出现在地面附近。

　　③农田中湿度的分布。农田中湿度分布和变化决定于温度、农田蒸发和乱流交换强度的变化。植物生长发育初期基本相似于裸地，不论白天和夜间，相对湿度都随高度的增加而降低。植物到了生长发育盛期，白天由于蒸腾作用的结果，外活动面附近相对湿度增大，内活动面较低；夜间由于气温较低，株间相对湿度在所有高度上都比较接近。植物生长发育后期，白天相对湿度都随高度的增加而降低，夜间因为地表温度较低，相对湿度增大。

　　④农田中风的分布。作物生长初期，植株矮小，这时农田中风的分布与裸地相似，越接近地面风速越小，风速趋于0的高度在地表附近，随着高度增加风速增大。作物生长旺盛时期，进入农田中的风受作物的阻挡，一部分被抬升由植株冠层顶部越过，风速随高度增加按指数规律增大；另一部分气流进入作物层中，株间风速的变化呈S形分布（图11-12）。农田中风速的水平分布自边行向里不断递减。

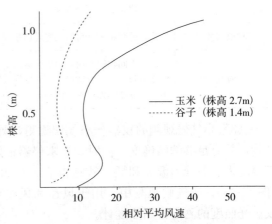

图11-12　玉米、谷子株间风速的垂直分布示意

　　⑤农田中二氧化碳的分布。农田中二氧化碳浓度有明显的日变化。白天作物进行光合作用要大量地吸收二氧化碳，使农田二氧化碳浓度降低，通常在午后达到最低；夜间作物的呼吸作用要放出二氧化碳，使农田二氧化碳浓度增高。由于土壤一直是地面二氧化碳的源地，株间二氧化碳浓度常常是贴地层最大。夜间二氧化碳浓度随高度升高而降低，而白天二氧化碳浓度随高度升高而增大。

　　一般说来，在作物层以上二氧化碳浓度逐渐增加，作物层以内则迅速减少，在叶面积密度最大层附近为最低。白天特别是中午，农田的二氧化碳是从上向下输送，到地面附近则从地面向上输送。

　　（2）农田小气候的改良。植物生产中，由于自然和人类活动的结果，特别是一些农业技术措施的影响，各种下垫面的特征常有很大差异，光、热、水、气等要素有不同的分布和组合，形成小范围的性质不同的气候特征称为农业小气候。如农田小气候、果园小气候、防护林小气候等。这里主要介绍一些农业技术措施的小气候效应（表11-8）。

表11-8　耕作、栽培措施的小气候效应

措施	小气候效应
耕翻	使土壤疏松，增加透水性和透气性，提高土壤蓄水能力，对下层土壤有保墒效应。使土壤热容量和导热率减小，削弱上下层间热交换，增加土壤表层温度的日较差。低温季节，上土层有降温效应，下层有增温效应，高温季节，上层有升温效应，下层有降温效应

（续）

措施	小气候效应
垄作	使土壤疏松，小气候效应同耕翻。增加了土表与大气的接触面积，白天增加对太阳辐射的吸收面，热量聚集在土壤表面，温度比平作高；夜间垄上有效辐射大，垄温比平作温度低。蒸发面大，上层土壤有效辐射大，下层土壤湿润；有利于排水防涝；有利于通风透光
间套作	间套作变平面受光为立体受光，增加光能利用率；同时可以延长光合作用时间，增加光合面积，延续、交替合理利用光能，增加复种指数，提高光能利用率。间套作可增加边行效应，改善通风条件，加强株间乱流交换，调节二氧化碳浓度，提高光合效率。上茬植物对下茬植物能起到一定的保护作用
种植行向	改善植物受光时间和辐射强度。若行向与植物生长发育关键期盛行的风向一致，可调节农田中二氧化碳、温度和湿度
种植密度	适宜的种植密度可增加光合面积和光合能力；调节田间温度和湿度
灌溉	调节田间辐射平衡，由于灌溉的土壤湿润，颜色变暗，一方面使反射率减小，同时也使地面温度下降，空气湿度增加，导致有效辐射减小，使辐射平衡增加。调节农田蒸散，在干旱条件下，灌溉使蒸发耗热急剧增大。影响土壤热交换和土壤的热学特性

（3）小气候观测的仪器。小气候观测，要求所用仪器本身不会扰乱测点附近的小气候环境，并有足够的精确度。同时，要求仪器最好体积小，便于携带。观测土壤温度一般用地面温度表、曲管地温表和插入式地温表。观测空气的温度和湿度的主要仪器是通风干湿表（图 11-13）。小气候观测中，用于风速和风向观测的仪器是轻便风向风速表和热球式微风仪。光照度的测定常用照度计。

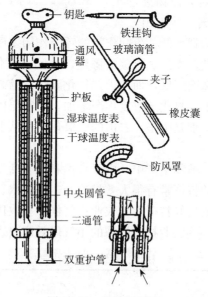

图 11-13　通风干湿表

4. 操作规程和质量要求　根据当地农田种植作物情况，选择适当场地，进行小气候观测（表 11-9）。

表 11-9　农田小气候观测

工作环节	操作规程	质量要求
观测地段的确定	农田小气候观测中选择测点时应该掌握以下原则： （1）代表性原则。指选定的测点在自然地理条件、作物种类、作物长势以及农业技术措施等方面要能够代表农田或研究地段的一般情况 （2）比较性原则。指作为对比因子的观测时间、观测高度等要保持一致。如在进行水稻田小气候效应观测时，水稻田内外2个对比点的仪器安置高度、观测时间、观测方法以及使用的仪器型号等要一致。这样所测得的资料才能说明水稻田小气候与外界气候的差异	农田小气候观测点一般分为基本测点和辅助测点两种。基本测点是主要测点，基本测点应选在观测地段中最有代表性的点上，其观测项目、高度、深度要求比较齐全和完整，观测时间要求固定，观测次数要求多些；辅助测点是为某一特殊项目而设置的测点，目的是补充基本测点的不足和更加完整地了解基本测点的小气候特征，辅助测点可以是流动的，也可以是固定的，重点的观测项目、观测高度和深度应与基本测点一致，辅助测点的多少应根据人力和仪器的条件而定
测点面积的确定	进行多个项目的观测时，仪器要布置在一定面积的地段上。面积过小，仪器间相互影响较大；而观测地段过大时，又可能造成观测时间上的差异，同时也给观测工作带来了很大的不便。因此，确定最小观测面积时，可掌握以下原则：当研究地段的活动面与周围地段的活动面差异大时，观测地段的最小面积要大些；反之，可适当小些。一般情况下，可掌握在10m×10m即可	
观测项目的确定	农田小气候的观测项目要根据研究目的和任务来确定。常见的观测项目有：不同高度的空气温、湿度，不同深度的土壤温、湿度，风速风向，光照度，地面最高温度，地面最低温度以及观测时的日光状况等。根据需要还可以进行太阳直接辐射、天空反射辐射以及地面反射辐射的观测 空气温度和湿度的农业小气候观测中，一般取20cm、150cm、作用面附近（一般为株高的2/3处）和作物层顶处。风的观测通常取20cm、作用面和作物层顶以上1m三个高度。光照度的观测通常取作物层顶、作用面和地面三个高度。土壤温度的观测通常取0cm、5cm、10cm、15cm、20cm等土壤深度	实际工作当中还应当注意：第一，各观测高度和深度是指一般情况，观测中可以根据研究任务的具体要求进行调整。第二，需要进行全生长发育期观测时，由于作物在不断长高，仪器高度也要相应调整，一般作物每长高20cm仪器高度就要调整一次
观测仪器的设置	通风干湿表应离地面、地中温度表1.5m左右，其他仪器间隔也要在1m左右；轻便风速表要安装在上风位置上。在农田中，可安装在同一行间或两个行间，若作物行间很窄，地面温度表和地面最高、最低温度表也可排成一线。在垂直方向上，由于越靠近活动面，气象要素的垂直变化就越大	在一个测点上观测不同项目的仪器设置，必须遵循仪器间互不影响、尽量与观测顺序一致的原则。设置的观测高度必须越靠近活动面越密，而不能机械地按几何等距离分布
资料的整理	在确定所测数据无误的情况下，将一个测点的原始记录填写在资料整理表中，进行仪器误差订正，并检查记录有无突变现象，根据日光情况和风的变化决定取舍，然后计算读数的平均值、进行湿度查算等工作，再根据报表资料绘制气象要素的时间变化图和空间变化分布图。通过气象要素随时间和空间分布及变化规律，可以总结一测点气象要素的变化特点	气象要素的时间分布图，以纵坐标表示要素值，横坐标表示时间，从图中可以得出气象要素随时间变化的特点。气象要素的空间分布图，以纵坐标表示高度或深度，横坐标表示气象要素值随高度（或深度）的分布情况和变化规律
各测点资料的对比分析	在完成各测点的基本资料整理后，为在各测点的小气候特征中寻找它们的差异，必须根据研究任务，进行测点资料对比分析。如只有同裸地的资料比较，才能显示出农田小气候特征，同其他作物田的小气候资料进行对比，才能发现某一作物的小气候特征	在对比分析时，要特别注意自然地理环境条件以及天气情况的一致性

（续）

工作环节	操作规程	质量要求
农田小气候观测报告	当对比分析完成以后，就可以进行书面总结，其中要对测点情况、观测项目、高度（深度）、使用仪器和天气条件等情况进行说明，对观测过程也要适当介绍，但中心内容是气象要素的定性和定量的对比描述，对产生的现象和特征，必须根据气象学的原理，说明物理本质，用表格和图解来揭示各现象之间的联系，从而得出农田小气候观测的初步结论	报告内容要做到：内容简洁、事实确凿、论据充足、结论合理

5. 问题处理 课余时间到学校气象站或当地气象站进行资料查阅或收集。或通过有关网站进行查阅，也可到图书馆借阅图书、期刊进行查阅。总结出当地常出现的天气以及当地的气候特征（表 11-10），并分析在这种气候条件下可采用的种植制度及适宜生长的树木和作物。

表 11-10 当地天气与气候特征

类型	当地天气	当地气候
特征描述		
农业生产影响		
农业小气候描述		

任务二 农业气象灾害及其防御

【任务目标】

● **知识目标**：了解气候知识，认识中国气候特征；熟悉我国主要气象灾害的类型与特点。

● **能力目标**：能根据当地情况，进行极端温度灾害、旱灾、雨灾、风灾等气象灾害的防御。

【背景知识】

气候与中国气候

1. 气候 气候是指一个地区多年平均或特有的天气状况，包括平均状态和极端状态，用温度、湿度、风、降水等气象要素的各种统计量来表达。因此气候是天气的统计状况，在一定时期内具有相对的稳定性。

（1）气候的形成。气候形成的基本因素主要有太阳辐射、大气环流和下垫面性质。不同地区间的气候差异和各地气候的季节交替，主要是太阳辐射在地球表面分布不均及其随时间变化的结果。季风环流引导气团移动，使各地的热量、水分得以转移和调整，维持着地球的热量和水分平衡；季风环流常使太阳辐射的主导作用减弱，在气候的形成中起着重要作用。下垫面是指地球表面的状况，包括海陆分布、地形地势、植被及土壤等。由于它们的特性不同，因而影响辐射过程和空气的性质。

除太阳辐射、大气环流和下垫面性质对气候起重要作用外，人类活动对气候的形成也起着至关重要的作用。目前主要表现在：一是在工农业生产中排放至大气中的温室气体和各种污染物，改变了大气的化学组成；二是在农牧业发展和其他活动中改变下垫面的性质，如城市化、破坏森林和草原植被、海洋石油污染等。

（2）气候带和气候型。气候带是指围绕地球表面呈纬向带状分布、气候特征比较一致的地带。划分气候带的方法很多，通常把全球划分成 11 个气候带（图 11-14），即赤道带，南、北热带，南、北副热带，南、北暖温带，南、北寒温带，南、北极地气候带。

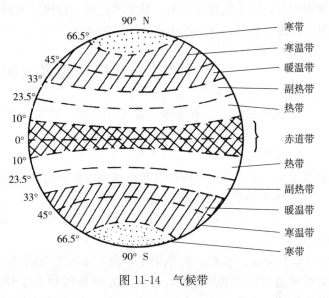

图 11-14　气候带

在同一气候带内或在不同的气候带内，由于下垫面的性质和地理环境相似，往往出现一些气候特征相似的气候类型称为气候型。常见的气候型有：海洋性气候和大陆性气候，季风气候和地中海气候，高原气候和高山气候，草原气候和沙漠气候。

2. 中国气候特征　我国地域辽阔，南北跨纬度 $49°33'$，相距约 5 400 km。地形极为复杂，气候类型复杂多样，气候资源丰富。我国气候的主要特点是：季风性气候明显，大陆性气候强，气候类型多样，气象灾害频繁。

（1）季风气候明显。我国处于欧亚大陆的东南部，东临辽阔的太平洋，南临印度洋，西部和西北部是欧亚大陆。在海陆之间常形成季风环流，因而出现季风气候。冬季盛行大陆季风，风从大陆吹向海洋，我国大部分地区天气寒冷干燥；夏季盛行海洋季风，我国多数地区为东南风到西南风，天气高温多雨。

（2）大陆性气候强。由于我国背靠欧亚大陆，因而气候受大陆的影响大于受海洋的影响，成为大陆性季风气候。气温年较差大，气温年较差分布的总趋势是北方大，南方小；冬季寒冷，南北温差大，夏季普遍高温，南北温差小，最冷月多出现在 1 月，最热月多出现在 7 月。降水季节分配不均匀，夏季降水量最多，冬季最少；年降水量分布的总趋势是东南多、西北少，从东南向西北递减。

（3）气候类型多样。从气候带来看，自南到北有热带、亚热带、温带，还有高原寒冷气候。温带、亚热带、热带的面积占 87%，其中亚热带和南温带面积占 41.5%。从干燥类型来说，从东到西有湿润、半湿润、半干旱、干旱、极干旱等类型，其中半干旱、干旱面积占 50%。

（4）气象灾害频发。特点是气象灾害种类多，范围广，发生频率高，持续时间长，群发性突出，连续效应显著，灾情严重，给农业生产造成巨大损失。

农业气象灾害是农业体系运行（包括农业生产过程）中所发生的各种不利天气或不利气候条件的总称。我国的农业气象灾害有如下特点：普遍性、区域性、季节性、持续性、交替性和阶段性。东北地区以雨涝、干旱、夏季低温、秋季霜冻等为主；西北地区以干旱、冷冻害、干热风等危害严重；华北及黄淮地区以旱、涝为主，干热风、霜冻等也较常见；西南地区常见的有干旱、雨涝、秋季连阴雨、霜冻和冰雹；长江中下游地区主要有洪涝、伏夏和秋季的干旱，春季低温连阴雨、秋季寒露风、台风、冰雹等也常造成危害；华南地区主要是干旱、雨涝、台风、秋季低温连阴雨、寒露风、台风、冰雹等。

活动一　极端温度灾害及其防御

1. 任务目标　了解寒潮、霜冻、冻害、冷害、热害的发生、类型及对农作物的危害、对农业生产的影响，掌握其在生产上的防御措施。

2. 任务准备　根据班级人数，每 4 人一组，分为若干组，每组准备以下材料和用具：温度计、芦苇、草帘、秸秆及塑料薄膜等覆盖物、喷灌设备等。

3. 相关知识　温度的变化对农业生产影响很大，过高和过低都会给农业生产带来一定的危害。在农业生产中影响较大的极端温度灾害主要有：寒潮、霜冻、冻害、冷害、热害等。

（1）寒潮。寒潮是在冬半年，由于强冷空气活动引起的大范围剧烈降温的天气过程。冬季寒潮引起的剧烈降温，造成北方越冬作物和果树经常发生大范围冻害，也使江南一带作物遭受严重冻害。同时，冬季强大的寒潮给北方带来暴风雪，常使牧区畜群被大风吹散，草场被大雪掩盖，导致大量牲畜冻饿死亡。春季，寒潮天气常使作物和果树遭受霜冻危害。尤其是晚春时节，当一段温暖时期来临时，作物和果树开始萌芽和生长，如果此时突然有强大的寒潮侵入，常使幼嫩的作物和果树遭受霜冻危害。另外，春季寒潮引起的大风，常给北方带来风沙天气。因为内蒙古、华北一带土壤已解冻，气温升高、地表干燥，一遇大风便尘沙飞扬，摧毁庄稼，吹走肥沃的表土并影响春播。另外，大风带来的风沙淹没农田，造成大面积沙荒。秋季，寒潮天气虽然不如冬、春季那样强烈，但它能引起霜冻，使农作物不能正常成熟而减产。夏季，冷空气的活动已达不到寒潮的标准，但对农业生产也产生不同程度的低温危害。同时这些冷空气的活动对我国东部降水有很大影响。

（2）霜冻。霜冻指在温暖季节（日平均气温在 0℃以上）土壤表面或植物表面的温度下降到足以引起植物遭到伤害或死亡的短时间低温冻害。

霜冻按季节分类主要有秋霜冻和春霜冻两种。一是秋霜冻。秋季发生的霜冻称为秋霜冻，又称为早霜冻，是秋季作物尚未成熟、陆地蔬菜还未收获时产生的霜冻。秋季发生的第一次霜冻称为初霜冻。秋季初霜冻来临越早，对作物的危害越大。纬度越高，初霜冻日越早，霜冻强度也越大。二是春霜冻。春季发生的霜冻称为春霜冻，又称为晚霜冻，是春播作物苗期、果树花期、越冬作物返青后发生的冻害。春季最后一次霜冻称为终霜冻。春季终霜冻发生越晚，作物抗寒能力越弱，对作物危害就越大。纬度越高，终霜冻日越晚，霜冻强度也越弱。从终霜冻至初霜冻之间持续的天数称为无霜冻期。无霜冻期的长短，是反映一个地区热量资源的重要指标。

当冷空气侵入时，晴朗无风或微风，空气湿度小的天气条件最有利于地面或贴地气层的强烈辐射冷却，容易出现较严重的霜冻。洼地、谷地、盆地等闭塞地形，冷空气容易堆积，容易形成较严重的霜冻，故有"风打山梁霜打洼"之说；此外，霜冻迎风坡比背风坡重，北坡比南坡重，山脚比山坡中段重，缓坡比陡坡重。由于沙土和干松土壤的热容量和导热率较小，所以，易发生霜冻，黏土和坚实土壤则相反，在临近湖泊、水库的地方霜冻较轻，并可以推迟早霜冻的来临、提前结束晚霜冻。

（3）冻害。冻害是指在越冬期间，植物较长时间处于0℃以下的强烈低温或剧烈降温条件下，引起体内结冰，丧失生理活动，甚至造成死亡的现象。不论何种作物，都可用50%植株死亡的临界致死温度作为其冻害指标。此外，也有用冬季负积温、极端最低气温、最冷月平均温度等作为冻害指标。我国作物的冻害类型主要有三类：一是冬季严寒型，当冬季有2个月以上平均气温比常年偏低2℃以上时，可能发生这种冻害。如果冬季积温偏少，麦苗弱，则受害更重。二是入冬剧烈降温型，是指麦苗停止生长前后因气温骤降而发生的冻害。三是，如播种过早或前期气温偏高，生长过旺，再遇冷空气，更易使冬小麦受害。三是早春融冻型，早春回暖解冻，麦苗开始萌动，这时抗寒力下降，如遇较强冷空气可使麦苗受害。

（4）冷害。冷害是指在作物生长发育期间遭受到0℃以上（有时在20℃左右）的低温危害，引起作物生长发育期延迟或使生殖器官的生理活动受阻造成农业减产的低温灾害。春季在长江流域，将冷害称为春季冷害或倒春寒。倒春寒是指春季在天气回暖过程中，出现间歇性的冷空气侵袭，形成前期气温回升正常或偏高、后期明显偏低而对作物造成损害的一种灾害性天气。

秋季在长江流域及华南地区将冷害称为秋季冷害，在广东、广西称为寒露风。寒露风天气是指寒露节气前后，由于北方强冷空气侵入，使气温剧烈下降，北风（通常可使南方气温连续降低4～5℃）致使双季晚稻受害的一种低温天气。东北地区将6～8月出现的低温危害称为夏季冷害。冷害主要影响水稻孕穗期减数分裂，造成抽穗灌浆后形成大量空粒，对产量影响极大。

根据对农作物危害的特点划分：一是延迟型冷害，是指作物营养生长期（有时生殖生长期）遭受较长时间低温，削弱了作物的生理活性，使作物生长发育期显著延迟，以至不能在初霜前正常成熟，造成减产。二是障碍型冷害，是指作物生殖生长期（主要是孕穗期和抽穗开花期）遭受短时间低温，使生殖器官的生理活动受到破坏，造成颖花不育而减产的冷害。秋后突出表现是空粒增多。三是混合型冷害，是指延迟型冷害与障碍型冷害交混发生的冷害，对作物生长发育和产量影响更大。

（5）热害。热害是高温对植物生长发育以及产量形成所造成的一种农业气象灾害。包括高温逼熟和日灼。

高温逼熟是高温天气对成熟期作物产生的热害。华北地区的小麦、马铃薯，长江以南的水稻，北方和长江中下游地区的棉花常受其危害。形成热害的原因是高温，因为高温使植株叶绿素失去活性，阻滞光合作用的暗反应，降低光合效率，呼吸消耗大大增强；

高温使细胞内蛋白质凝聚变性，细胞膜半透性丧失，植物的器官组织受到损伤；高温还能使光合同化物输送到穗和粒的能力下降，酶的活性降低，致使灌浆期缩短，籽粒不饱满，产量下降。

日灼是因强烈太阳辐射所引起的果树枝干、果实伤害，亦称为日烧或灼伤。日灼常常在干旱天气条件下产生，主要危害果实和枝条的皮层。由于水分供应不足，使植物蒸腾作用减弱。在夏季灼热的阳光下，果实和枝条的向阳面受到强烈辐射，因而遭受伤害。受害果实上出现淡紫色或淡褐色干陷斑，严重时出现裂果，枝条表面出现裂斑。夏季日灼在苹果、桃、梨和葡萄等果树上均有发生，它的实质是干旱失水和高温的综合危害。冬季日灼发生在隆冬和早春，果树的主干和大枝的向阳面白天接受阳光的直接照射，温度升高到0℃以上，使处于休眠状态的细胞解冻；夜间树皮温度又急剧下降到0℃以下，细胞内又发生结冰。冻融交替的结果使树干皮层细胞死亡，树皮表面呈现浅红紫色块状或长条状日烧斑。日灼常常导致树皮脱落、病害寄生和树干朽心。

4. 操作规程和质量要求　根据当地极端温度灾害发生情况，进行适时正确防御（表11-11）。

表 11-11　极端温度灾害的防御

工作环节	操作规程	质量要求
寒潮的防御	（1）牧区防御。在牧区采取定居、半定居的放牧方式，在定居点内发展种植业，搭建塑料棚，以便在寒潮天气引起的暴风雪和严寒来临时，保证牲畜有充足的饲草饲料和温暖的保护性畜场所，达到抗御寒潮的目的 （2）农业区防御。可采用露天增温、加覆盖物、设风障、搭拱棚等方法保护菜畦、育苗地和葡萄园。对越冬作物除选择优良抗冻品种外，还应加强冬前管理，提高植株抗冻能力。此外还应改善农田生态条件，如冬小麦越冬期间可采用冬灌、耧麦、松土、镇压、盖粪（或盖土）等措施，改善农田生态环境，达到防御寒潮的目的	防御寒潮灾害，必须在寒潮来临前，根据不同情况采取相应的防御措施
霜冻的防御	（1）减慢植株体温下降速度。一是覆盖法，利用芦苇、草帘、秸秆、草木灰、树叶及塑料薄膜等覆盖物，达到保温防霜冻的目的。对于果树采用不传热的材料（如稻草）包裹树干，根部堆草或培土10～15cm，也可以起到防霜冻的作用。二是加热法，霜冻来临前在植株间燃烧草、煤等燃料，直接加热近地气层空气。一般用于小面积的果园和菜园。三是烟雾法，利用秸秆、谷壳、杂草、枯枝落叶，按一定距离堆放，上风方向分布要密些，当温度下降到霜冻指标1℃时点火熏烟。一直持续到日出后1～2h气温回升时为止。四是灌溉法，在霜冻来临前1～2d灌水。也可采用喷水法，利用喷灌设备在霜冻前把温度在10℃左右的水喷洒到作物或果树的叶面上。喷水时不能间断，霜冻轻时15～30min喷一次，如霜冻较重7～8min喷一次。五是防护法，在平流辐射型霜冻比较重的地区，采取建立防护林带、设置风障等措施都可以起到防霜冻的作用 （2）提高作物的抗霜冻能力：选择抗霜冻能力较强的品种；科学栽培管理；北方大田作物多施磷肥，生长发育后期喷施磷酸二氢钾；在霜冻前1～2d在果园喷施磷、钾肥；在秋季喷施多效唑，翌年11月采收时果实抗冻能力大大提高	首先要采取避霜措施，减少灾害损失。一是选择气候适宜的种植地区和适宜的种植地形。二是根据当地无霜期长短选用与之熟期相当的品种和选择适宜的播（栽）期，做到"霜前播种，霜后出苗"。三是用一些化学药剂处理作物或果树，使其推迟开花或萌芽。如用生长抑制剂处理油菜，能推迟抽薹开花；用2，4-D或马来酰肼喷洒茶树、桑树，能推迟萌芽，从而避开霜冻，使作物遭受霜冻的危险性降低。四是采取其他避霜技术。如树干涂白，反射阳光，降低树体温度，推迟萌芽；在地面逆温很强的地区，把葡萄枝条放在高架位上，使花芽远离地面；果树修剪时去掉下部枝条，植株成高大形，从而避开霜冻

（续）

工作环节	操作规程	质量要求
冻害的防御	（1）提高植株抗性。选用适宜品种，适时播种。强冬性品种以日平均气温降到17～18℃，或冬前0℃以上的积温500～600℃时播种为宜，弱冬性品种则应在日平均气温15～16℃时播种。此外可采用矮壮素浸种，掌握播种深度使分蘖节达到安全深度，施用有机肥、磷肥和适量氮肥作种肥以利于壮苗，提高抗寒力 （2）改善农田生态条件。提高播种前整地质量，冬前及时松土，冬季耱麦、反复进行镇压，尽量使土达到上虚下实。在日消夜冻初期适时浇上冻水，以稳定地温。停止生长前后适时覆土，加深分蘖节，稳定地温，返青时注意清土。在冬麦种植北界地区，黄土高原旱地、华北平原低产麦田和盐碱地上可采用沟播，不但有利于苗全、苗壮，越冬期间还可以起到代替覆土、加深分蘖节的作用	确定合理的冬小麦种植北界和上限。目前一般以年绝对最低气温－24～22℃为北界或上限指标；冬春麦兼种地区可根据当地冻害、干热风等灾害的发生频率和经济损失确定合理的冬、春麦种植比例；根据当地越冬条件选用抗寒品种，采用适应当地条件的防冻保苗措施
冷害的防御	通过选择避寒的小气候生态环境，如采用地膜覆盖、以水增温等方法来增强植物抗低温能力；可以针对本地区冷害特点，运用科学方法找出作物适宜的复种指数和最优种植方案；选择耐寒品种，促进早发，合理施肥，促进早熟；加强田间管理，提高栽培技术水平，增强根系活力和叶片的同化能力，使植株健壮，提高冷害防御能力	冷害在我国相当普遍，各地可以根据当地的低温气候规律，因地制宜安排品种搭配和播栽期，以期避免低温的影响；可以利用低温冷害长期趋势预报调整作物布局，及时做出准确的中、短期预报为采取应急防御措施提供可靠的依据
热害的防御	（1）高温逼熟的防御。可以通过改善田间小气候，加强田间管理，改革耕作制度，合理布局，选择抗高温品种 （2）日灼的防御。夏季可采灌溉和果园保墒等措施，增加果树的水分供应，满足果树生长发育所需要的水分；在果面上喷洒波尔多液或石灰水，也可减少日灼病的发生；冬季可采用在树干涂白以缓和树皮温度骤变；修剪时在向阳方向应多留些枝条，以减轻冬季日灼的危害	林木灼伤可采取合理的造林方式，阴性树种与阳性树种混交搭配；对苗木可采取喷水、盖草、搭遮阳棚等办法来防御

5. 问题处理 由于各院校所在地区的气候条件、地理条件差异较大，极端温度所引起的灾害发生情况也不完全相同。因此，在防御时，一定要因地制宜，及时通过访谈专家和有经验的农户，总结当地典型经验，合理制订防御措施。总结当地容易发生哪些极端温度灾害，有哪些成功的防御经验。

活动二 旱灾及其防御

1. 任务目标 了解干旱及其危害、干旱的类型，掌握干旱的防御措施；了解干热风及其危害、干热风的类型，掌握干热风的防御措施。

2. 任务准备 根据班级人数，每4人一组，分为若干组，每组准备以下材料和用具：温度计、防旱资料与设施、预防干热风的资料与设施等。

3. 相关知识

（1）干旱。因长期无雨或少雨，空气和土壤极度干燥，植物体内水分平衡受到破坏，影响正常生长发育，造成损害或枯萎死亡的现象称为干旱。干旱是气象、地形、土壤条件和人类活动等多种因素综合影响的结果。干旱对作物的危害，就作物生长发育的全过程而言，在下列三个时期危害最大：一是作物播种期，此时干旱，影响作物适时播种或播种后不出苗，造成缺苗断垄。二是作物水分临界期，指作物对水分供应最敏感的时期。对禾谷类作物来说，一般是生殖器官的形成时期。此时干旱会影响结实，对产量影响很大。如玉米水分临界期在抽雄前的大喇叭口时期，此时干旱会影响抽雄，也称之为"卡脖旱"。三是谷类作物灌浆成熟期，此时干旱影响谷类作物灌浆，常造成籽粒不饱满，秕粒增多，千粒重下降而显著减产。

根据干旱的成因分类，可将干旱分为土壤干旱、大气干旱和生理干旱。土壤干旱是指土壤水分亏缺，植物根系不能吸收到足够的水分，致使体内水分平衡失调而受害。大气干旱是由于高温低湿，作物蒸腾强烈而引起的植物水分平衡的破坏而受害。生理干旱是指土壤有足够的水分，但由于其他原因使作物根系的吸水发生障碍，造成体内缺水而受害。

根据干旱发生季节分类，可分为春旱、夏旱、秋旱和冬旱。春旱是春季移动性冷高压常自西北经华北、东北东移入海；在其经过地区，晴朗少云，升温迅速而又多风，蒸发很盛，而产生干旱。夏旱是夏季副热带太平洋高压向北推进，长江流域常在它的控制下，7～8月有时甚至一个多月，天晴酷热，蒸发很强，造成干旱。秋旱是秋季副热带太平洋高压南退，西伯利亚高压增强南伸，形成秋高气爽天气，而产生干旱。冬旱是冬季副热带太平洋高压减弱，使得我国华南地区有时被冬季风控制，造成降水稀少，易出现冬旱。

(2) 干热风。干热风是指高温、低湿、并伴有一定风力的大气干旱现象。主要影响小麦和水稻。北方麦区一般出现在5～7月。干热风主要对小麦、水稻生产影响严重。小麦受到干热风危害后，轻者使茎尖干枯、炸芒、颖壳发白、叶片卷曲；重者严重炸芒，顶部小穗、颖壳和叶片大部分干枯呈现灰白色，叶片卷曲，枯黄而死。雨后突然放晴遇到干热风，则使茎秆青枯，麦粒干秕，提前枯死。水稻受到干热风危害后，穗呈灰白色，秕粒率增加，甚至整穗枯死，不结实。小麦受害主要发生在乳熟中、后期，水稻在抽穗和灌浆成熟期。

我国北方麦区干热风主要三种类型：高温低湿型、雨后枯熟型和旱风型。高温低湿型的特点是：高温、干旱，地面吹偏南或西南风而加剧干、热的影响；这种天气易使小麦干尖、炸芒、植株枯黄、麦粒干秕，而影响产量；它是北方麦区干热风的主要类型。雨后枯熟型的特点是：雨后高温或猛晴，日晒强烈，热风劲吹，造成小麦青枯或枯熟；多发生在华北和西北地区。旱风型的特点是：湿度低、风速大（多在3级以上），但日最高气温不一定高于30℃；常见于苏北、皖北地区。

冬、春麦区干热风指标见表11-12，水稻干热风指标见表11-13。

表 11-12　小麦干热风指标

麦类	区域	轻干热风			重干热风		
		T_M（℃）	R_{14}（%）	V_{14}（m/s）	T_M（℃）	R_{14}（%）	V_{14}（m/s）
冬麦区	黄淮海平原	≥32	≤30	≥2	≥35	≤25	≥3
	旱塬	≥29	≤30	≥3	≥32	≤25	≥4
	汾渭盆地	≥31	≤35	≥2	≥34	≤30	≥3
春麦区	河套与河西走廊东部	≥31	≤30	≥2	≥34	≤25	≥3
	新疆与河西走廊西部	≥34	≤25	≥2	≥36	≤20	≥2

注：T_M是指日平均气温；R_{14}是指14时相对湿度；V_{14}是指14时风速。

表 11-13　水稻干热风指标

区域	I_M（℃）	R_{14}（%）	V_{14}（m/s）
长江中下游	≥30	≤60	≥5

4. 操作规程和质量要求　根据当地旱灾发生情况，进行适时正确防御（表 11-14）。

表 11-14　旱灾的防御

工作环节	操作规程	质量要求
干旱的防御	（1）建设高产稳产农田。农田基本建设的中心是平整土地、保土、保水；修建各种形式的沟坝地；进行小流域综合治理 （2）合理耕作蓄水保墒。在我国北方运用耕作措施防御干旱，其中心是伏雨春用，春旱秋防 （3）兴修水利、节水灌溉。首先要根据当地条件实行节水灌溉，即根据作物的需水规律和适宜的土壤水分指标进行科学灌溉。其次采用先进的喷灌、滴灌和渗灌技术 （4）地面覆盖栽培，抑制蒸发。利用沙砾、地膜、秸秆等材料覆盖在农田表面，可有效地抑制土壤蒸发，起到很好的蓄水保墒效果 （5）选育抗旱品种。选用抗旱性强、生长发育期短和产量相对稳定的作物和品种 （6）抗旱播种。其方法有：抢墒早播、适当深播、垄沟种植、镇压提墒播种、"三湿播种"（即湿种、湿粪、湿地）等 （7）人工降雨。人工降雨是利用火箭、高炮和飞机等工具把冷却剂（干冰、液氮等）或吸湿性凝结核（碘化银、硫化铜、盐粉、尿素等）送入对流层云中，促使云滴增大而形成降水的过程	（1）小流域综合治理要以小流域为单位，工程措施与生物措施相结合，实行缓坡修梯田，种耐旱作物，陡坡种草种树，坡下筑沟坝地，起到增加降水入渗，遏止地表径流，控制土壤冲刷，集水蓄墒的作用 （2）耕作保墒的要点是要适时耕作，必须讲究耕作方法的质量，注意耕、耙、耱、压、锄等技术环节的巧妙配合 （3）尽量要防止大水漫灌，提高灌溉水的利用率 （4）化学控制措施是防旱抗旱的一种新途径。目前运用的化学控制物质有：化学覆盖剂、保水剂和抗旱剂一号等
干热风的防御	（1）浇麦黄水。在小麦乳熟中、后期至蜡熟初期，适时灌溉，可以改善麦田小气候条件，降低麦田气温和土壤温度对抵御干热风有良好的作用 （2）药剂浸种。播种前用氯化钙溶液浸种或闷种，能增加小麦植株细胞内钙离子，提高小麦抗高温和抗旱的能力 （3）调整播期。根据当地干热风发生的规律，适当调整播种期，使最易受害的生长发育时期与当地干热风发生期错开 （4）选用抗干热风品种。根据品种特性，选用抗干热风或耐干热风的品种 （5）根外追肥。在小麦拔节期喷洒草木灰溶液、磷酸二氢钾溶液等 （6）营造防护林带。可以改善农田小气候，削弱风速，降低气温，提高相对湿度，减少土壤水分蒸发，减轻或防止干热风的危害	防御干热风的根本途径是：第一，改变局部地区气候条件，如植树造林、营造护田林网，改土治水等；第二，综合运用农业技术措施，改变种植方式和作物布局。因此，需要当地政府主管部门要有长期规划和措施才能从根本上解决干热风的防御问题

5. 问题处理　由于各院校所在地区的气候条件、地理条件差异较大，干旱、干热风等灾害发生情况也不完全相同。当地容易发生哪些旱灾，有什么特点？及时通过访谈专家和有经验的农户，总结当地典型经验，合理制订防御措施。

活动三　雨涝灾害及其防御

1. 任务目标　了解湿害及其危害，掌握湿害的防御措施；了解洪涝及其危害、洪涝的类型，掌握洪涝的防御措施。

2. 任务准备 根据班级人数，每 4 人一组，分为若干组，每组准备以下材料和用具：预防湿害的资料与设施，预防洪灾的资料与设施等。

3. 相关知识

（1）湿害及其危害。湿害是指土壤水分长期处于饱和状态使作物遭受的损害，又称为渍害。雨水过多，地下水位升高，或水涝发生后排水不良，都会使土壤水分处于饱和状态。土壤水分饱和时，土中缺氧使作物生理活动受到抑制，影响水、肥的吸收，导致根系衰亡，缺氧又会使厌氧过程加强，产生硫化氢，恶化环境。

湿害的危害程度与雨量、连阴雨天数、地形、土壤特性和地下水位等有关，不同作物及不同发育期耐湿害的能力也不同。麦类作物苗期虽较耐湿，但也会有湿害。表现烂根烂种，拔节后遭受湿害，常导致根系早衰，茎、叶早枯，灌浆不良，并且容易感染赤霉病，湿害是南方小麦的主要灾害之一。玉米在土壤水分超过田间持水量的 90％ 以上时，也会因湿害造成严重减产。幼苗期遭受湿害，减产更重，有时甚至绝收；油菜受湿害后，常引起烂根、早衰、倒伏、结实率和千粒重降低，并且容易发生病虫害；棉花受害时常引起棉苗烂根、死苗、抗逆力减弱，后期受害引起落铃、烂桃，影响产量和品质。

（2）洪涝及其危害。洪涝是指由于长期阴雨和暴雨，短期的雨量过于集中，河流泛滥，山洪暴发或地表径流大，低洼地积水，农田被淹没所造成的灾害。洪涝是我国农业生产中仅次于干旱的一种主要自然灾害。每年都有不同程度的危害。1998 年 6～7 月，我国长江、嫩江、松花江流域出现了有史以来的特大洪涝灾害，直接经济损失达 1 660 亿元。

洪涝对农业生产的危害包括物理性破坏、生理性损伤和生态性危害。物理性破坏主要指洪水泛滥引起的机械性破坏。洪水冲坏水利设施，冲毁农田，撕破作物叶片，折断作物茎秆，以至冲走作物等；物理性的破坏一般是毁坏性的，当季很难恢复。生理性损伤是指作物被淹后，因土壤水分过多，旱田作物根系的生长及生理机能受到严重影响，进而影响地上部分生长发育；作物被淹后，土壤中缺乏氧气并积累了大量的二氧化碳和有机酸等有毒物质，严重影响作物根系的发育，并引起烂根，影响正常的生命活动，造成生理障碍以至死亡。生态性危害则是在长期阴雨湿涝环境条件下，极易引发病虫害的发生和流行。同时，洪水冲毁水利设施后，使农业生产环境受到破坏，引起土壤条件、植被条件的变化。

根据洪涝发生的季节和危害特点，将洪涝分为春涝、春夏涝、夏涝、夏秋涝和秋涝等几种类型。春涝及春夏涝主要发生在华南及长江中下游一带，多由准静止锋形成的连阴雨造成，引起小麦、油菜烂根、早衰、结实率低、千粒重下降；阴雨高湿还会引起病虫害流行。夏涝主要发生在黄淮海平原、长江中下游、华南、西南和东北；多数由暴雨及连续大雨造成。夏秋涝或秋涝主要发生在西南地区，其次是华南沿海、长江中下游地区及江淮地区；由暴雨和连绵阴雨造成，对水稻、玉米、棉花等作物的产量品质影响很大。

4. 操作规程和质量要求 根据当地雨灾发生情况，进行适时正确防御（表 11-15）。

表 11-15　雨灾的防御

工作环节	操作规程	质量要求
湿害的防御	主要是开沟排水，田内挖深沟与田外排水渠要配套，以降低土壤湿度。在低洼地和土质黏重地块采取深松耕法，使水分向犁底层以下传导，减轻耕层积水	也可采取深耕和大量施用有机肥、调整作物布局等措施进行改善

（续）

工作环节	操作规程	质量要求
洪涝的防御	（1）治理江河，修筑水库。通过疏通河道、加筑河堤、修筑水库等措施。治水与治旱相结合是防御洪涝的根本措施 （2）加强农田基本建设。在易涝地区，田间合理开沟，修筑排水渠，搞好垄、腰、围三沟配套，使地表水、潜层水和地下水能迅速排出 （3）改良土壤结构，降低涝灾危害程度。实行深耕打破犁底层，消除或减弱犁底层的滞水作用，降低耕层水分。增加有机肥，使土壤疏松。采用秸秆还田或与绿肥作物轮作等措施，减轻洪涝灾害的影响 （4）调整种植结构，实行防涝栽培。在洪涝灾害多发地区，适当安排种植旱生与水生作物的比例，选种抗涝作物种类和品种。根据当地条件合理布局，适当调整播栽期，使作物易受害时期躲过灾害多发期。实行垄作，有利于排水，提高地温，散表墒 （5）封山育林，增加植被覆盖。植树造林能减少地表径流和水土流失，从而起到防御洪涝灾害的作用	洪灾过后，应加强涝后管理，减轻涝灾危害。洪涝灾害发生后，要及时清除植株表面的泥沙，扶正植株。如农田中大部分植株已死亡，则应补种其他作物。此外，要进行中耕松土，施速效肥，注意防止病虫害，促进作物生长

5. 问题处理　由于各院校所在地区的气候条件、地理条件差异较大，湿害、洪涝等灾害发生情况也不完全相同。当地易发生哪些雨灾，有什么特点？及时通过访谈专家和有经验的农户，总结当地典型经验，合理制订防御措施。

活动四　风雹灾及其防御

1. 任务目标　了解大风的标准和危害，掌握大风的防御措施；了解台风对农业生产的影响及台风的活动情况；了解龙卷风的形成及危害。

2. 任务准备　根据班级人数，每4人一组，分为若干组，每组准备以下材料和用具：预防大风、龙卷风的资料与设施。

3. 相关知识

（1）大风的标准及危害。风力大到足以危害人们的生产活动和经济建设的风，称为大风。我国气象部门以平均风力达到或超过6级或瞬间风力达到或超过8级，作为发布大风预报的标准。在我国冬、春季节，随着冷空气的暴发，大范围的大风常出现在北方各省，以偏北大风为主。夏、秋季节大范围的大风主要由台风造成，常出现在沿海地区。此外，局部强烈对流形成的雷暴大风在夏季也经常出现。

大风是一种常见的灾害性天气，对农业生产的危害很大。主要表现在以下四个方面：一是机械损伤。大风造成作物和林木倒伏、折断、拔根或造成落花、落果、落粒。北方春季大风造成吹走种子、吹死幼苗，造成毁种；南方水稻花期前后遇暴风侵袭而倒伏，造成严重减产。秋季大风可使成熟的谷类作物严重落粒或成片倒伏，影响收割而造成减产。大风能使东南沿海的橡胶树折断或倒伏。二是生理危害，干燥的大风能加速植被蒸腾失水，致使林木枯顶，作物萎蔫直至枯萎。北方春季大风可加剧土壤蒸发失墒，引起作物旱害，冬季大风会加剧越冬作物冻害。三是风蚀沙化，在常年多风的干旱半干旱地区，大风使土壤蒸发加剧，吹走地表土壤，形成风蚀，破坏生态环境。在强烈的风蚀作用下，可造成土壤沙化，沙丘迁移，埋没附近的农田、水源和草场。四是影响农牧业生产活动，在牧区大风会破坏牧业设施，造成交通中断，农用能源供应不足，影响牧区畜群采食或吹散牧群。冬季大风可造成牧区大量牲畜受冻饿死亡。

（2）大风的类型。按大风的成因，将影响我国的大风分为下列四种类型：一是冷锋后偏北大风，即寒潮大风，主要由于冷锋（指冷暖气团相遇，冷气团势力较强）后有强冷空气活动而形成。一般风力可达6~8级，最大可达10级以上。可持续2~3d。春季最多，冬季次之，夏季最少，影响范围几乎遍及全国。二是低压大风，由东北低压、江淮气旋、东海气旋发展加深时形成。风力一般6~8级。如果低压稳定少动，大风常可持续维持几天，以春季最多。在东北及内蒙古东部、河北北部、长江中下游地区最为常见。三是高压后偏南大风，随大陆高压东移入海在其后出现偏南大风，多出现在春季。在我国东北、华北、华东地区最为常见。四是雷暴大风，多出现在强烈的冷锋前面，在发展旺盛的积雨云前部因气压低气流猛烈上升，而云中的下沉气流到达地面时受前部低压吸引，而向前猛冲，形成大风。阵风可达8级以上，破坏力极大，多出现在炎热的夏季，在我国长江流域以北地区常见。其中内蒙古、河南、河北、江苏等地每年均有出现。

4. 操作规程和质量要求　根据当地风灾发生情况，进行适时正确防御（表11-16）。

表11-16　风灾的防御

工作环节	操作规程	质量要求
大风的防御	（1）植树造林。营造防风林、防沙林、固沙林、海防林等。扩大绿色覆盖面积，防止风蚀。 （2）建造小型防风工程。设防风障、筑防风墙、挖防风坑等。减弱风力，阻拦风沙。 （3）保护植被。调整农林牧结构，进行合理开发。在山区实行轮牧养草，禁止陡坡开荒和滥砍滥伐森林，破坏草原植被 （4）营造完整的农田防护林网。农田防护林网可防风固沙，改善农田的生态环境，从而防止大风对作物的危害 （5）农业技术措施。选育抗风品种，播种后及时培土镇压。高秆作物及时培土，将抗风力强的作物或果树种在迎风坡上，并用卵石压土等。此外，加强田间管理，合理施肥等多项措施	防御大风的最根本措施就是植树造林。因此，大风经常发生的地区，要把植树造林作为一项长期措施来进行规划实施，从根本上解决问题
台风、龙卷风、沙尘暴知识了解	通过查阅资料、浏览网站、阅读相关杂志等，收集台风、龙卷风、沙尘暴等资料，增强防御能力	整理关于预防台风、龙卷风、沙尘暴的小卡片

5. 问题处理　由于各院校所在地区的气候条件、地理条件差异较大，湿害、洪涝等灾害发生情况也不完全相同。当地易发生哪些风灾，有什么特点？及时通过访谈专家和有经验的农户，总结当地典型经验，合理制订防御措施。

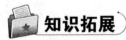 **知识拓展**

如果想了解更多的知识，可以通过下面渠道进行学习：

1. 阅读杂志：

（1）《气象》

（2）《中国农业气象》

（3）《气象知识》

（4）《中国气象》

（5）《贵州气象》《广东气象》《山东气象》《陕西气象》

（6）《气候与环境研究》

（7）《气候变化》

2. 浏览网站：

（1）农博天气 http：//weather. aweb. com. cn/

（2）中国天气网 http：//www. weather. com. cn/

（3）新气象 http：//www. zgqxb. com. cn/

（4）中国气象台 http：//www. nmc. gov. cn/

（5）××省（市）气象信息网

（6）中国气候变化网 http：//www. ipcc. cma. gov. cn/

（7）气候变化及能源 http：//www. greenpeace. org/

3. 通过本校图书馆借阅有关气象、农业气象方面的书籍。

考证提示

获得农艺工、农作物种子繁育员、农作物植保员、蔬菜园艺工、花卉园艺工、果树园艺工、农业试验工、林木种苗工、绿化工、草坪建植工、中药材种植员、牧草工等中级资格证书，须具备以下知识和能力：

1. 主要气象要素、天气系统、二十四节气和农业小气候知识。

2. 气候与中国气候特征。

3. 我国主要气象灾害的类型与特点。

4. 气压、风、农业小气候观测。

5. 极端温度灾害、旱灾、雨灾、风灾等气象灾害的防御。

师生互动

1. 调查当地常发生哪些气象灾害，有哪些规律，如何预防。

2. 到当地气象站或访问有关技术人员，总结当地的气候有什么规律，举例说明当地农田小气候、设施小气候的特征是什么。

3. 了解近年有关农业气象方面的最新研究进展或新近出现的气象灾害等资料，写一篇综述。

参 考 文 献

包云轩.2013.农业气象［M］.2版.北京：中国农业出版社.

鲍士旦.2000.土壤农化分析［M］.3版.北京：中国农业出版社.

卞勇，杜广平，刘艳华.2012.植物与植物生理［M］.北京：中国农业大学出版社.

蔡庆生.2012.植物生理学［M］.北京：中国农业大学出版社.

陈忠辉.2007.植物与植物生理［M］.2版.北京：中国农业出版社.

崔学明.2006.农业气象学［M］.北京：高等教育出版社.

邓洪平，孙敏，张家辉.2012.植物学实验教程［M］.重庆：西南师范大学出版社.

邓玲姣，朱国兵.2012.植物与植物生理［M］.大连：大连理工大学出版社.

杜广平，赵岩.2012.植物与植物生理［M］.2版.北京：北京大学出版社.

范兴亮，冯天福.2000.新编肥料实用手册［M］.郑州：中原农民出版社.

高凯.2011.植物及植物生理学［M］.北京：中国农业出版社.

顾立新.2011.植物与植物生理［M］.北京：化学工业出版社.

关继东.2009.园林植物生长与环境［M］.北京：科学出版社.

何生根，李红梅，刘伟，等.2010.植物生长调节剂在观赏植物上的应用［M］.北京：化学工业出版社.

何晓明，谢大森.2010.植物生长调节剂在蔬菜上的应用［M］.北京：化学工业出版社.

胡宝忠，张友民.2011.植物学［M］.2版.北京：中国农业出版社.

胡金良.2012.植物学［M］.北京：中国农业大学出版社.

黄凌云.2012.植物生长环境［M］.杭州：浙江大学出版社.

姜佰文，戴建军.2013.土壤肥料学实验［M］.2版.北京：北京大学出版社.

姜会飞.2013.农业气象学［M］.2版.北京：科学出版社.

蒋小满.1998.植物激素对植物器官脱落的调节实验的改进［J］.烟台师范学院学报（自然科学版），14
（3）：238-240.

金为民，宋志伟.2009.土壤肥料.2版［M］.北京：中国农业出版社.

金银根.2013.植物生理学［M］.2版.北京：科学出版社.

李春奇，罗丽娟.2013植物学［M］.北京：化学工业出版社.

李建明.2010.设施农业概论［M］.北京：化学工业出版社.

李玲.2011.植物生理学模块实验指导［M］.北京：科学出版社.

李亚敏，杨凤书.2013.农业气象［M］.2版.北京：化学工业出版社.

李燕婷，肖艳，李秀英，等.2009.作物叶面肥施肥技术与应用［M］.北京：科学出版社.

李有，任中兴，崔日群.2012.农业气象学［M］.北京：化学工业出版社.

刘立军，刘新.2012.植物生理学［M］.2版.北京：科学出版社.

卢树昌.2011.土壤肥料学［M］.北京：中国农业出版社.

鲁剑巍，曹卫东.2010.肥料使用技术手册［M］.北京：金盾出版社.

陆欣，谢英荷.2013.土壤肥料学［M］.2版.北京：中国农业大学出版社.

陆自强.2012.植物学实验教程［M］.北京：中国农业大学出版社.

闵炜.2007.植物与植物生理［M］.上海：上海交通大学出版社.

潘瑞炽，李玲.2007.植物生长调节剂原理与应用［M］.广州：广东高等教育出版社.

全国农业技术推广服务中心.2006.土壤分析技术规范［M］.2版.北京：中国农业出版社.

全国农业技术推广服务中心.2011.冬小麦测土配方施肥技术［M］.北京：中国农业出版社.

沈阿林2004.新编肥料实用手册［M］.郑州：中原农民出版社.

沈其荣.2003.土壤肥料学通论［M］.北京：高等教育出版社.

石伟勇.2005.植物营养诊断与施肥［M］.北京：中国农业出版社.

宋志伟,刘戈.2014.农作物秸秆综合利用新技术［M］.北京：中国农业出版社.

宋志伟,王阳.2012.土壤肥料［M］.3版.北京：中国农业出版社.

宋志伟,张爱中.2013.肥料配方师［M］.郑州：中原农民出版社.

宋志伟,张爱中.2013.果树实用测土配方施肥技术［M］.北京：中国农业出版社.

宋志伟,张爱中.2013.农作物实用测土配方施肥技术［M］.北京：中国农业出版社.

宋志伟,张爱中.2013.蔬菜实用测土配方施肥技术［M］.北京：中国农业出版社.

宋志伟,张宝生.2006.植物生产与环境［M］.2版.北京：高等教育出版社.

宋志伟.2006.普通生物学［M］.北京：中国农业出版社.

宋志伟.2007.农业生态与环境保护［M］.北京：北京大学出版社.

宋志伟.2008.园林生态与环境保护［M］.北京：中国农业大学出版社.

宋志伟.2009.土壤肥料［M］.北京：高等教育出版社.

宋志伟.2011.农艺工培训教程［M］.北京：中国农业科学技术出版社.

宋志伟.2011.现代农艺基础［M］.北京：高等教育出版社.

宋志伟.2011.植物生长环境［M］.2版.北京：中国农业大学出版社.

宋志伟.2012.种植基础［M］.北京：中国农业出版社.

宋志伟.2013.植物生产与环境［M］.3版.北京：高等教育出版社.

谭伟明,樊高琼.2010.植物生长调节剂在农作物上的应用［M］.北京：化学工业出版社.

唐蓉,朱广慧.2010.植物与植物生理［M］.北京：中国电力出版社.

王宝库.2011.植物与植物生理［M］.北京：中国轻工业出版社.

王孟宇.2009.作物生长与环境［M］.北京：化学工业出版社.

王衍安.2011.植物与植物生理［M］.北京：高等教育出版社.

王忠.2011.植物生理学［M］.2版.北京：中国农业出版社.

武维华.2013.植物生理学［M］.2版.北京：科学出版社.

武志杰,陈利军.2003.缓释/控释肥料原理与应用［M］.北京：科学出版社.

奚广生,姚运生.2005.农业气象［M］.高等教育出版社.

萧浪涛,王三根.2004.植物生理学［M］.北京：中国农业出版社.

闫凌云.2010.农业气象［M］.3版.北京：中国农业出版社.

杨晴,杨晓玲,蔡玲.2012.植物生理学［M］.北京：中国农业科学技术出版社.

杨玉芳.2008.观赏植物花期调控的方法及探讨［J］.山西农业科学,36（7）：46-48.

杨玉珍,朱雅安.2010.植物生理学［M］.北京：化学工业出版社.

姚发兴.2011.植物学实验［M］.武汉：华中科技大学出版社.

叶明儿.2010.植物生长调节剂在果树上的应用［M］.北京：化学工业出版社.

叶珍.2011.植物生长与环境实训教程［M］.北京：化学工业出版社.

于立芝,宝昌,孙治军.2011.测土配方施肥技术［M］.北京：化学工业出版社.

张洪昌,赵春山.2010.作物专用肥配方与施肥技术［M］.北京：中国农业出版社.

张乃明.2010.设施农业理论与实践［M］.北京：化学工业出版社.

张慎举.2009.土壤肥料［M］.北京：化学工业出版社.

张蜀秋.2011.植物生理学［M］.北京：科学出版社.

赵义涛，姜佰文，梁运江 . 2010. 土壤肥料学［M］. 北京：化学出版社 .

赵永志 . 2012. 粮经作物测土配方施肥技术理论与实践［M］. 北京：中国农业科学技术出版社 .

郑宝仁，赵静夫 . 2007. 土壤与肥料［M］. 北京：北京大学出版社 .

郑彩霞 . 2013. 植物生理学［M］. 3 版 . 北京：中国林业出版社 .

周政华 . 2006. 多效唑在高羊茅草坪中的应用［J］. 草业科学，23（11）：107-109.

卓开荣，逯昀 . 2010. 园林植物生长环境［M］. 北京：化学工业出版社 .

邹良栋 . 2009. 植物生长与环境［M］. 北京：高等教育出版社 .